战略性新兴领域“十四五”高等教育系列教材
纳米材料与技术系列教材　总主编　张跃

磁性材料与功能器件

王守国　郑新奇　徐晓光　冯　春　张静言　吴燕飞　黄　河
孟康康　吴　勇　路丽英　戎马屹飞　曹　易　赵云驰　滕　蛟
李明华　姜　勇　于广华　李宝河　编

机 械 工 业 出 版 社

在新工科背景下，北京科技大学材料科学与工程学院立足磁性功能薄膜、磁电子材料、拓扑磁性材料等研究方向，坚持面向世界科技前沿、面向经济主战场、面向国家重大需求、面向人民生命健康的科研导向，组建新型磁性功能材料及应用研究室。本书结合研究团队近年来的教学和科研成果，系统地介绍了磁性基础理论及典型磁性材料与功能器件的原理、方法和发展现状。

本书内容涉及磁性材料与功能器件领域的先进技术、新观点及前沿进展，具有鲜明的新时代特色。本书对磁性材料尤其是低维磁性材料进行了系统介绍和深入探讨，可供有志于从事磁性材料与功能器件研究的学生和从事磁性材料相关工作的工程技术人员参考使用。

图书在版编目（CIP）数据

磁性材料与功能器件 / 王守国等编. -- 北京 : 机械工业出版社, 2024. 12. -- (战略性新兴领域“十四五”高等教育系列教材) (纳米材料与技术系列教材).

ISBN 978-7-111-77365-8

Ⅰ. TM27; TN6

中国国家版本馆 CIP 数据核字第 2024SP1164 号

机械工业出版社（北京市百万庄大街 22 号　邮政编码 100037）

策划编辑：丁昕祯　　责任编辑：丁昕祯　杨晓花

责任校对：樊钟英　刘雅娜　　封面设计：王　旭

责任印制：李　昂

北京捷迅佳彩印刷有限公司印刷

2024 年 12 月第 1 版第 1 次印刷

184mm×260mm · 16.25 印张 · 396 千字

标准书号：ISBN 978-7-111-77365-8

定价：59.00 元

电话服务　　网络服务

客服电话：010-88361066　　机　工　官　网：www.cmpbook.com

010-88379833　　机　工　官　博：weibo.com/cmp1952

010-68326294　　金　书　网：www.golden-book.com

机工教育服务网：www.cmpedu.com

编 委 会

序

人才是衡量一个国家综合国力的重要指标。习近平总书记在党的二十大报告中强调："教育、科技、人才是全面建设社会主义现代化国家的基础性、战略性支撑。"在"两个一百年"交汇的关键历史时期，坚持"四个面向"，深入实施新时代人才强国战略，优化高等学校学科设置，创新人才培养模式，提高人才自主培养水平和质量，加快建设世界重要人才中心和创新高地，为2035年基本实现社会主义现代化提供人才支撑，为2050年全面建成社会主义现代化强国打好人才基础是新时期党和国家赋予高等教育的重要使命。

当前，世界百年未有之大变局加速演进，新一轮科技革命和产业变革深入推进，要在激烈的国际竞争中抢占主动权和制高点，实现科技自立自强，关键在于聚焦国际科技前沿、服务国家战略需求，培养"向极宏观拓展、向极微观深入、向极端条件迈进、向极综合交叉发力"的交叉型、复合型、创新型人才。纳米科学与工程学科具有典型的学科交叉属性，与材料科学、物理学、化学、生物学、信息科学、集成电路、能源环境等多个学科深入交叉融合，不断探索各个领域的四"极"认知边界，产生对人类发展具有重大影响的科技创新成果。

经过数十年的建设和发展，我国在纳米科学与工程领域的科学研究和人才培养方面积累了丰富的经验，产出了一批国际领先的科技成果，形成了一支国际知名的高质量人才队伍。为了全面推进我国纳米科学与工程学科的发展，2010年，教育部将"纳米材料与技术"本科专业纳入战略性新兴产业专业；2022年，国务院学位委员会把"纳米科学与工程"作为一级学科列入交叉学科门类；2023年，在教育部战略性新兴领域"十四五"高等教育教材体系建设任务指引下，北京科技大学牵头组织，清华大学、北京大学、浙江大学、北京航空航天大学、国家纳米科学中心等二十余家单位共同参与，编写了我国首套纳米材料与技术系列教材。该系列教材锚定国家重大需求，聚焦世界科技前沿，坚持以战略导向培养学生的体系化思维、以前沿导向鼓励学生探索"无人区"、以市场导向引导学生解决工程应用难题，建立基础研究、应用基础研究、前沿技术融通发展的新体系，为纳米科学与工程领域的人才培养、教育赋能和科技进步提供坚实有力的支撑与保障。

纳米材料与技术系列教材主要包括基础理论课程模块与功能应用课程模块。基础理论课程与功能应用课程循序渐进、紧密关联、环环相扣，培育扎实的专业基础与严谨的科学思维，培养构建多学科交叉的知识体系和解决实际问题的能力。

在基础理论课程模块中，《材料科学基础》深入剖析材料的构成与特性，助力学生掌握材料科学的基本原理；《材料物理性能》聚焦纳米材料物理性能的变化，培养学生对新兴材料物理性质的理解与分析能力；《材料表征基础》与《先进表征方法与技术》详细介绍传统与前沿的材料表征技术，帮助学生掌握材料微观结构与性质的分析方法；《纳米材料制备方法》引入前沿制备技术，让学生了解材料制备的新手段；《纳米材料物理基础》和《纳米材料化学基础》从物理、化学的角度深入探讨纳米材料的前沿问题，启发学生进行深度思考；《材料服役损伤微观机理》结合新兴技术，探究材料在服役过程中的损伤机制。功能应用课程模块涵盖了信息领域的《磁性材料与功能器件》《光电信息功能材料与半导体器件》《纳米功能薄膜》，能源领域的《电化学储能电源及应用》《氢能与燃料电池》《纳米催化材料与电化学应用》《纳米半导体材料与太阳能电池》，生物领域的《生物医用纳米材料》。将前沿科技成果纳入教材内容，学生能够及时接触到学科领域的最前沿知识，激发创新思维与探索欲望，搭建起通往纳米材料与技术领域的知识体系，真正实现学以致用。

希望本系列教材能够助力每一位读者在知识的道路上迈出坚实步伐，为我国纳米科学与工程领域引领国际科技前沿发展、建设创新国家、实现科技强国使命贡献力量。

張跃
北京科技大学
中国科学院院士

前言

在科技日新月异的今天，磁性材料与功能器件作为现代科技的璀璨明珠，正引领着科技进步的浪潮。本书是集体编写，参编者都有多年从事磁学教学和磁性材料及器件研究的一线经验，熟悉该领域并深感其重要性。本书旨在以精炼而富有启发性的笔触，融合基础理论与应用和科研前沿，带领读者深入探索磁性材料的魅力及其在功能器件中的广泛应用，并展望未来的科技蓝图。

本书包含磁性基础理论、磁性材料的理论模型与方法、磁性材料的制备与表征、磁存储材料与器件、磁电子材料与器件、磁性纳米颗粒材料、拓扑磁性材料与器件、二维范德瓦尔斯磁性材料及磁热效应与磁制冷材料，共9章。本书内容编排不仅为读者奠定了坚实的磁学理论基础，同时兼顾前沿科技的最新动态，展现磁性材料在电子信息、新能源、生物医学等领域的广泛应用实例，揭示其推动科技进步的无限潜力。

展望未来，随着科技的持续进步和全球合作的深化，磁性材料与功能器件的研究与应用将迎来更加广阔的发展前景，更多创新成果进一步涌现，包括新型磁性材料的开发、制备工艺的优化及功能器件的智能化与集成化。这些进步不仅将推动相关产业的升级转型，更将为人类社会的可持续发展注入新的动力。

期待通过本书的学习，能够激发更多读者对磁性材料及功能器件的研究与应用的关注与热情，并参与到磁性材料与功能器件的研发工作中来，共同推动这一领域的繁荣发展。

编　者

于北京科技大学

目　录

第 1 章

磁性基础理论

1.1 原子的磁性

本节讨论自由原子，即孤立原子在磁场中磁矩的性质，原子之间的任何相互作用都忽略不计。首先介绍一些基本的磁学术语，并解释材料内部和外部磁场的差异。然后，简要介绍不同种类的磁性（抗磁性、顺磁性、铁磁性、反铁磁性、铁磁性），0K 以上的磁化不能用经典力学来理解。最后，使用量子物理学解释磁性。原子的磁性看似简单，但实际上，由于一个原子中所有电子的相互作用，磁性行为的描述是相当复杂的。

1.1.1 基本术语

1. 磁矩和磁偶极子

在经典电磁学中，磁矩 $\boldsymbol{\mu}$ 可以用电流环的物理图像来解释。假设在面积为 $\mathrm{d}A$ 的无限小环路周围有电流 I，则相应的磁矩 $\mathrm{d}\boldsymbol{\mu}$ 为

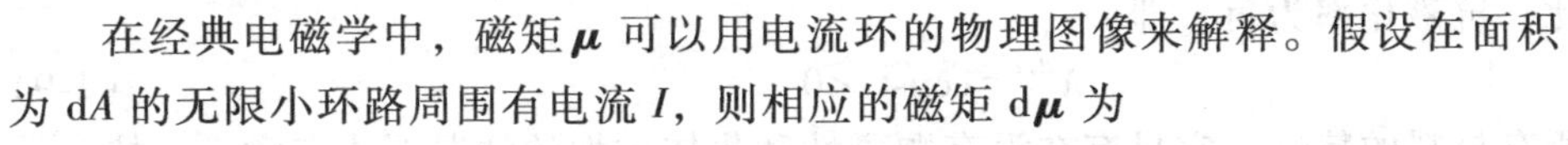

$$\mathrm{d}\boldsymbol{\mu} = I\mathrm{d}\boldsymbol{A} \tag{1-1}$$

面积的方向由右手定则给出。将这些“小”环的磁矩相加，就可以计算出有限大的磁矩 $\boldsymbol{\mu}$ 为

$$\boldsymbol{\mu} = \int \mathrm{d}\boldsymbol{\mu} = I\int \mathrm{d}\boldsymbol{A} \tag{1-2}$$

因为相邻环路的电流相互抵消，只留下电流在有限大的环路上运行。磁偶极子相当于电流环的磁矩，磁矩的能量计算公式为

$$E = -\mu_0 \boldsymbol{\mu} \cdot \boldsymbol{H} = -\mu_0 \boldsymbol{\mu} H\cos\theta \tag{1-3}$$

式中，θ 为磁矩 $\boldsymbol{\mu}$ 与外加磁场强度 $\boldsymbol{H}$ 之间的夹角；μ_0 为真空磁导率。

2. 磁化强度

磁化强度 $\boldsymbol{M}$ 定义为单位体积的总磁矩，即

$$\boldsymbol{M} = \frac{\sum \boldsymbol{\mu}}{V} \tag{1-4}$$

通常给出的长度尺度足够大，可以对至少几个原子磁矩进行平均。在这种情况下，磁化强度可以看作是一个平滑变化的矢量场。

3. 磁感应强度

当施加外部磁场强度 $\boldsymbol{H}$ 时，材料的响应称为磁感应强度或磁通密度 $\boldsymbol{B}$。$\boldsymbol{H}$ 和 $\boldsymbol{B}$ 之间的

关系是材料本身的特性。在真空中，**B** 和 **H** 呈线性相关，即

$$\boldsymbol{B}=\mu_0\boldsymbol{H} \tag{1-5}$$

但在磁性材料内部，由于磁化强度 **M** 的不同，**B** 和 **H** 的大小和方向可能不同，其关系表达式为

$$\boldsymbol{B}=\mu_0(\boldsymbol{H}+\boldsymbol{M}) \tag{1-6}$$

根据文献中常用的用法，在下面的介绍中将两者简单地称为磁场。这种说法本身直接解释了这两个术语的含义。

4. 磁化率和磁导率

若磁化强度 **M** 平行于外磁场 **H**，即

$$\boldsymbol{M}=\chi\boldsymbol{H} \tag{1-7}$$

式中，χ 为磁化率。该磁性材料称为线性材料。在这种情况下，**B** 和 **H** 之间仍然存在线性关系，即

$$\begin{aligned}\boldsymbol{B}&=\mu_0(1+\chi)\boldsymbol{H}\\&=\mu_0\mu_r\boldsymbol{H}\end{aligned} \tag{1-8}$$

式中，μ_r 为相对磁导率，$\mu_r=1+\chi$。相对磁导率的典型值为，真空中：$\mu_r=1$；一般物质：$\mu_r\geqslant1$；某些物质：$\mu_r\approx100.000$。

1.1.2 磁性材料的分类

利用磁化率 χ 将磁性材料大致分为三类。

1. 抗磁性

抗磁性纯粹是一种感应效应。根据楞次定律，外加磁场 **H** 诱导出与激励场反向平行的磁偶极子。因此，抗磁化率为负，即

$$\chi^{\text{dia}}=\text{const.}<0 \tag{1-9}$$

抗磁性是所有材料的特性，它只有在没有顺磁性和集体磁性的情况下才有意义。抗磁性材料包括：①几乎所有的有机物质；②汞等金属；③低于临界温度的超导体。这些材料是理想的抗磁体，即 $\chi^{\text{dia}}=-1$（迈斯纳效应）。

2. 顺磁性

顺磁性材料磁化率的特征为

$$\chi^{\text{para}}>0 \tag{1-10}$$

$$\chi^{\text{para}}=\chi^{\text{para}}(T) \tag{1-11}$$

顺磁性出现的一个关键前提是永久磁偶极子的存在。它们在外磁场 **H** 中取向，取向可能受到热扰动的阻碍。磁矩可以是局域的，也可以是巡游的。

（1）局域电子磁矩

局域电子磁矩是由只被部分填满的内层电子引起的。典型的例子有稀土金属中的 4f 层电子、锕系元素中的 5f 层电子。这类材料表现出所谓的朗之万顺磁性，磁化率 χ^{Langevin} 与温度有关。在高温下，居里定律是有效的，即

$$\chi^{\text{Langevin}}(T)=\frac{c}{T} \tag{1-12}$$

（2）巡游电子磁矩

巡游电子磁矩价带中近自由电子的永久磁矩为 $1\mu_B$，μ_B 为玻尔磁子。这种类型称为泡

利顺磁性。相应的磁化率几乎与温度无关，即

$$\frac{\partial \chi^{\text{Pauli}}}{\partial T} \approx 0 \tag{1-13}$$

这些磁化率的量级区别很大，即

$$\chi^{\text{Pauli}} \ll \chi^{\text{Langevin}} \tag{1-14}$$

3. 集体磁性

集体磁性材料磁化率在不同参数下表现出比抗磁性和顺磁性更为复杂的情况，即

$$\chi^{\text{coll}} = \chi^{\text{coll}}(T, \boldsymbol{H}, \text{"history"}) \tag{1-15}$$

集体磁性是永久磁偶极子之间交换相互作用的结果，只能用量子力学来解释。对于具有集体磁性的材料，出现一个临界温度 T^*，其特征是观察到在 T^* 以下存在自发磁化，即磁偶极子表现出不受外部磁场强制的取向。集体磁性材料的磁矩可以是由局域电子（如 Gd、EuO……）或巡游电子（如 Fe、Co、Ni）产生的。

集体磁性材料可以分为三类：

（1）铁磁性

铁磁性材料的临界温度 T^* 称为居里温度 T_C。$0<T<T_C$ 时，磁矩表现出优先取向（↖↑↗↖↑）；$T=0$ 时，所有磁矩都平行排列（↑↑↑↑）。磁矩由巡游电子产生的铁磁材料称为巡游铁磁体。

（2）亚铁磁性

亚铁磁材料晶格分裂成两个具有不同磁化强度的铁磁亚晶格 A 和 B，即

$$\boldsymbol{M}_A \neq \boldsymbol{M}_B \tag{1-16}$$

$$\boldsymbol{M} = \boldsymbol{M}_A + \boldsymbol{M}_B \neq 0 \quad (T<T_C) \tag{1-17}$$

式中，$\boldsymbol{M}$ 为总磁化强度。

（3）反铁磁性

反铁磁性是铁磁性的一种特殊情况，其临界温度 T^* 称为奈尔温度 T_N，其特征为

$$|\boldsymbol{M}_A| = |\boldsymbol{M}_B| \neq 0 \quad (T<T_N) \tag{1-18}$$

$$\boldsymbol{M}_A = -\boldsymbol{M}_B \quad (\text{如}\uparrow\downarrow\uparrow\downarrow\uparrow) \tag{1-19}$$

因此，总磁化强度消失，即

$$\boldsymbol{M} = \boldsymbol{M}_A + \boldsymbol{M}_B \equiv 0 \tag{1-20}$$

集体磁性在临界温度 T^* 以上合并为顺磁性，并具有相应的磁化率特征。

不同类型磁性材料的磁化率和磁化率倒数随温度的变化规律如图 1-1 所示。表 1-1 列出了部分铁磁、亚铁磁和反铁磁材料的临界温度。

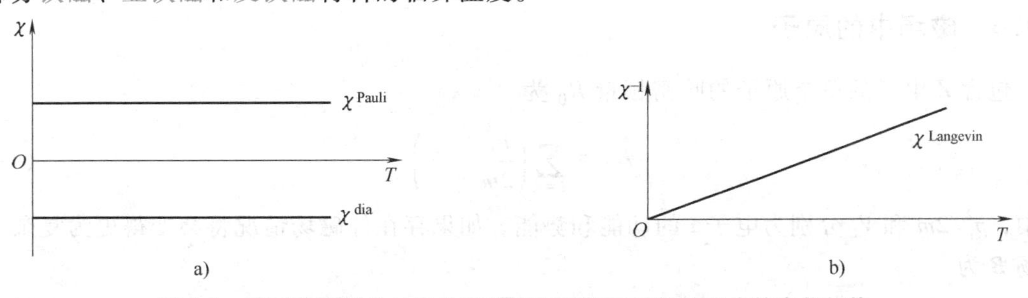

图 1-1　不同类型磁性材料的磁化率和磁化率倒数随温度的变化规律

a）抗磁性和泡利顺磁性　b）朗之万顺磁性

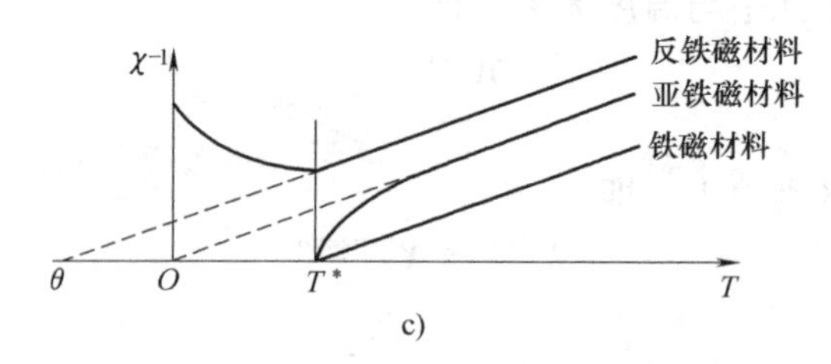

图 1-1 不同类型磁性材料的磁化率和磁化率倒数随温度的变化规律（续）

c）铁磁、亚铁磁和反铁磁材料（T^* 为临界温度，θ 为顺磁性居里温度）的磁化率χ 和磁化率倒数χ^{-1} 的温度依赖性

表 1-1 铁磁和亚铁磁材料的居里温度 T_C 和反铁磁材料的奈尔温度 T_N

材料	T_C/K	T_N/K	材料	T_C/K	T_N/K
Fe	1043		Fe_3O_4	853	
Co	1388		CrO_2	387	
Ni	627		Cr	311	
Gd	293		CoO	293	
Dy	88		NiO	525	
EuO	69				

1.1.3 玻尔-范莱文定理

磁性，即抗磁性、顺磁性和集体磁性，呈现出一种不能用经典力学和电动力学解释的量子力学效应。证明只能以草图的形式提供。设 μ 为单个原子的磁矩，可得

$$\mu=-\frac{\partial H}{\partial B} \tag{1-21}$$

式中，H 为经典的哈密顿函数；B 为外磁场。平均值$<\mu>$计算公式为

$$<\mu>=\frac{kT}{Z}\frac{\partial Z}{\partial B} \tag{1-22}$$

式中，Z 为经典配分函数；T 为温度。可以证明 Z 不依赖于外磁场的大小，即

$$Z\neq Z(B) \tag{1-23}$$

因此，可以得出结论

$$<\mu>\equiv 0 \tag{1-24}$$

1.1.4 磁场中的原子

包含 Z 电子的单个原子的哈密顿量 H_0 为

$$H_0=\sum_{i=1}^{Z}\left(\frac{p_i^2}{2m}+V_i\right) \tag{1-25}$$

式中，$p_i^2/2m$ 和 V_i 分别为电子 i 的动能和势能。如果存在外磁场情况将会变得更为复杂，外磁场 $\boldsymbol{B}$ 为

$$\boldsymbol{B}=\nabla\times\boldsymbol{A} \tag{1-26}$$

式中，$\boldsymbol{A}$ 为磁矢势，它的选择方法是使原子内的磁场是均匀的，并且符合库仑规范，即

$$\nabla \cdot \boldsymbol{A}=0 \tag{1-27}$$

在这种情况下，磁矢势可以写为

$$\boldsymbol{A}(\boldsymbol{r})=\frac{1}{2}(\boldsymbol{B}\times\boldsymbol{r}) \tag{1-28}$$

相应的动能可表示为

$$\begin{aligned} E_{\text{kin}} &=\frac{1}{2m}[\boldsymbol{p}+e\boldsymbol{A}(\boldsymbol{r})]^2 \\ &=\frac{1}{2m}[\boldsymbol{p}^2+e(\boldsymbol{p}\cdot\boldsymbol{A}+\boldsymbol{A}\cdot\boldsymbol{p})+e^2\boldsymbol{A}\cdot\boldsymbol{A}] \end{aligned} \tag{1-29}$$

根据库仑规范，可得

$$\boldsymbol{p}\cdot\boldsymbol{A}=\boldsymbol{A}\cdot\boldsymbol{p} \tag{1-30}$$

因此，电子 i 的哈密顿量 H^i 为

$$H^i=\frac{\boldsymbol{p}_i^2}{2m}+V_i+\frac{e}{m}\boldsymbol{A}\cdot\boldsymbol{p}+\frac{e^2}{2m}\boldsymbol{A}\cdot\boldsymbol{A} \tag{1-31}$$

最后一项可以写成外磁场的函数，即

$$\begin{aligned} \frac{e^2}{2m}\boldsymbol{A}\cdot\boldsymbol{A} &=\frac{e^2}{2m}\left[\frac{1}{2}(\boldsymbol{B}\times\boldsymbol{r})\right]^2 \\ &=\frac{e^2}{8m}(\boldsymbol{B}\times\boldsymbol{r})^2 \end{aligned} \tag{1-32}$$

对于式（1-31）中的第三项，可得

$$\begin{aligned} \boldsymbol{A}\cdot\boldsymbol{p} &=\frac{1}{2}(\boldsymbol{B}\times\boldsymbol{r})\cdot\boldsymbol{p} \\ &=\frac{1}{2}(\boldsymbol{r}\times\boldsymbol{p})\cdot\boldsymbol{B} \\ &=\frac{1}{2}\hbar\boldsymbol{L}\cdot\boldsymbol{B} \end{aligned} \tag{1-33}$$

式中，$\hbar\boldsymbol{L}$ 为轨道角动量。因此，可以将哈密顿函数 H^i 表示为

$$H^i=\frac{\boldsymbol{p}_i^2}{2m}+V_i+\mu_{\text{B}}\boldsymbol{L}\cdot\boldsymbol{B}+\frac{e^2}{8m}(\boldsymbol{B}\times\boldsymbol{r}_i)^2 \tag{1-34}$$

式中，μ_{B} 为玻尔磁子，$\mu_{\text{B}}=e\hbar/2m$。考虑电子自旋（角动量）$\boldsymbol{S}$ 引入一个额外项 $\mu_{\text{B}}g\boldsymbol{S}\cdot\boldsymbol{B}$，其中 $g\approx 2$ 表示一个电子的 g 因子，完整的哈密顿函数可表示为

$$\begin{aligned} H &= \sum_{i=1}^{Z}\left(\frac{p_i^2}{2m}+V_i\right)+\mu_{\text{B}}(\boldsymbol{L}+g\boldsymbol{S})\cdot\boldsymbol{B}+\frac{e^2}{8m}\sum_{i=1}^{Z}(\boldsymbol{B}\times\boldsymbol{r}_i)^2 \\ &= H_0+H_1 \end{aligned} \tag{1-35}$$

式中，H_1 为由外磁场 $\boldsymbol{B}$ 引起的哈密顿量的改变，其值为

$$\begin{aligned} H_1 &=\mu_{\text{B}}(\boldsymbol{L}+g\boldsymbol{S})\cdot\boldsymbol{B}+\frac{e^2}{8m}\sum_{i=1}^{Z}(\boldsymbol{B}\times\boldsymbol{r}_i)^2 \\ &=H_1^{\text{para}}+H_1^{\text{dia}} \end{aligned} \tag{1-36}$$

式中，H_1^{para} 为顺磁项；H_1^{dia} 为抗磁项。

1. 原子的抗磁性

每种材料都具有抗磁性行为，即一定程度的负磁化率，因此，外部磁场会在材料内部诱导出一个反向平行的磁矩，这种行为在经典物理学中可用楞次定律（Lenz's law）来解释。然而，根据玻尔-范莱文定理（Bohr-van Leeuwen theorem），磁性在经典物理学的框架内不能得到很好的解释。

因此使用量子力学的方法对磁性行为进行研究。为简化起见，假设所有的电子壳层都被填满，且轨道角动量和自旋角动量为 0，即

$$\boldsymbol{L}=\boldsymbol{S}=\boldsymbol{0} \tag{1-37}$$

因此，可得

$$\mu_{\mathrm{B}}(\boldsymbol{L}+g\boldsymbol{S})\cdot\boldsymbol{B}\equiv 0 \tag{1-38}$$

即式（1-36）中的顺磁项为零。另外，假设外磁场 $\boldsymbol{B}$ 的方向平行于 z 轴，即

$$\boldsymbol{B}=(0,0,B) \tag{1-39}$$

由于

$$\boldsymbol{B}\times\boldsymbol{r}_i=B\begin{pmatrix}-y_i\\ x_i\\ 0\end{pmatrix} \tag{1-40}$$

可得

$$(\boldsymbol{B}\times\boldsymbol{r}_i)^2=B^2(x_i^2+y_i^2) \tag{1-41}$$

因此，由抗磁项产生的基态能量变化为

$$\Delta E_0=\frac{e^2B^2}{8m}\sum_i\langle 0|x_i^2+y_i^2|0\rangle \tag{1-42}$$

式中，$|0\rangle$ 是基态的波函数。满电子壳层的基态原子表现出球对称的电子波函数，即

$$\langle x_i^2\rangle=\langle y_i^2\rangle=\langle z_i^2\rangle=\frac{1}{3}\langle r_i^2\rangle \tag{1-43}$$

因此，可得

$$\Delta E_0=\frac{e^2B^2}{12m}\sum_i\langle 0|r_i^2|0\rangle \tag{1-44}$$

利用亥姆霍兹自由能 F，即

$$F=E-TS \tag{1-45}$$

式中，S 为熵。可得 $T=0$ K 时，有

$$\begin{aligned}M&=-\frac{\partial F}{\partial B}\\&=-\frac{N}{V}\frac{\partial\Delta E_0}{\partial B}\\&=-\frac{N}{V}\frac{e^2B}{6m}\sum_i\langle r_i^2\rangle\end{aligned} \tag{1-46}$$

式中，N 为体积 V 中的原子数目。假设为线性材料，且相对磁导率 $\mu_r\approx1$，可得

$$\chi=\frac{\mu_0M}{B} \tag{1-47}$$

由于 $M=\chi H$，$B=\mu_0 H$，可得

$$\chi=-\frac{N}{V}\frac{\mu_0 e^2}{6m}\sum_i\langle r_i^2\rangle \tag{1-48}$$

由式（1-48）可以得到以下结果，在本节假设前提下：

1）磁化率为负值，$\chi^{dia}<0$。

2）只有最外层的电子对磁化率有显著贡献，由于 $\chi\propto\langle r_i^2\rangle$。

3）磁化率对于温度的依赖性可以忽略不计。

2. 原子的顺磁性

顺磁性与正磁化率有关，即磁化强度 $\boldsymbol{M}$ 与外加磁场 $\boldsymbol{B}$ 平行。

以上假设前提的特点是没有不成对的电子，这意味着没有外部磁场时磁矩就会消失。下面假设未成对电子存在，故会有一个非零的磁矩。在没有外部磁场的情况下，磁矩没有偏好的方向，因此产生的磁化强度趋向于零；但是，施加外部磁场会导致存在一定的优先取向，即 $\boldsymbol{M}\neq\boldsymbol{0}$，总磁化强度取决于外部磁场的大小和温度，即

$$M\propto\frac{B}{T} \tag{1-49}$$

（1）半经典模型

在不失一般性的前提下，可以假设外磁场沿 z 轴方向，即 $\boldsymbol{B}=(0,0,B)$，则相对于外部磁场角度为 θ 的磁矩能量为

$$E=-\mu B\cos\theta \tag{1-50}$$

式中，μ 为磁矩。沿 $\boldsymbol{B}$ 方向的净磁矩为

$$\mu_z=\mu\cos\theta \tag{1-51}$$

在假设磁矩沿任意角度 θ 出现概率相等的前提下，对于一个表面积为 4π 的单位球，处于 θ 和 $\theta+\mathrm{d}\theta$ 角度之间的概率与 $2\pi\sin\theta\mathrm{d}\theta$ 成正比，其几何因子计算公式为

$$\frac{1}{2}\sin\theta\mathrm{d}\theta=\frac{2\pi\sin\theta\mathrm{d}\theta}{4\pi} \tag{1-52}$$

在温度 T 下，磁矩处于 θ 和 $\theta+\mathrm{d}\theta$ 角度之间的概率 $\mathrm{d}w$ 是几何因子 $\frac{1}{2}\sin\theta\mathrm{d}\theta$ 和玻尔兹曼因子的乘积，即

$$\mathrm{d}w=\frac{1}{2}\sin\theta\mathrm{e}^{\mu B\cos\theta/kT}\mathrm{d}\theta \tag{1-53}$$

式中，$\mathrm{e}^{\mu B\cos\theta/kT}$ 为玻尔兹曼因子，且

$$\mathrm{e}^{\mu B\cos\theta/kT}=\mathrm{e}^{-E/kT} \tag{1-54}$$

因此，沿外部磁场 $\boldsymbol{B}$ 方向的平均磁矩为

$$\begin{aligned}\langle\mu_z\rangle&=\frac{\int\mu_z\mathrm{d}w}{\int\mathrm{d}w}\\&=\frac{\int_0^\pi\mu\cos\theta\mathrm{e}^{\mu B\cos\theta/kT}\frac{1}{2}\sin\theta\mathrm{d}\theta}{\int_0^\pi\mathrm{e}^{\mu B\cos\theta/kT}\frac{1}{2}\sin\theta\mathrm{d}\theta}\end{aligned} \tag{1-55}$$

假设

$$y = \frac{\mu B}{kT} \tag{1-56}$$

$$x = \cos\theta \tag{1-57}$$

可得

$$dx = -\sin\theta d\theta \tag{1-58}$$

$$\int_0^{\pi} \to \int_{-1}^{1} \tag{1-59}$$

由此可得沿外部磁场 **B** 方向的平均磁矩可表示为

$$\langle \mu_z \rangle = \mu \frac{\int_{-1}^{1} x e^{xy} dx}{\int_{-1}^{1} e^{xy} dx} \tag{1-60}$$

由于

$$\int e^{xy} dx = \frac{1}{y} e^{xy} \tag{1-61}$$

$$\int x e^{xy} dx = \frac{1}{y^2} e^{xy}(xy - 1) \tag{1-62}$$

可得

$$\begin{aligned} \frac{\langle \mu_z \rangle}{\mu} &= \frac{\int_{-1}^{1} x e^{xy} dx}{\int_{-1}^{1} e^{xy} dx} = \frac{ye^{y} + ye^{-y} - e^{y} + e^{-y}}{ye^{y} - ye^{-y}} \\ &= \frac{e^{y} + e^{-y}}{e^{y} - e^{-y}} - \frac{1}{y} \\ &= \coth y - \frac{1}{y} \\ &= L(y) \end{aligned} \tag{1-63}$$

函数 $L(y)$ 就是所谓的朗之万（Langevin）函数，如图 1-2 所示。假设外磁场很小或温度很高，即 $y \ll 1$［见式（1-56）］，则可以近似为

$$\coth y = \frac{1}{y} + \frac{y}{3} + 0(y^3) \tag{1-64}$$

因此，有

$$L(y) = \frac{y}{3} + 0(y^3) \approx \frac{y}{3} \tag{1-65}$$

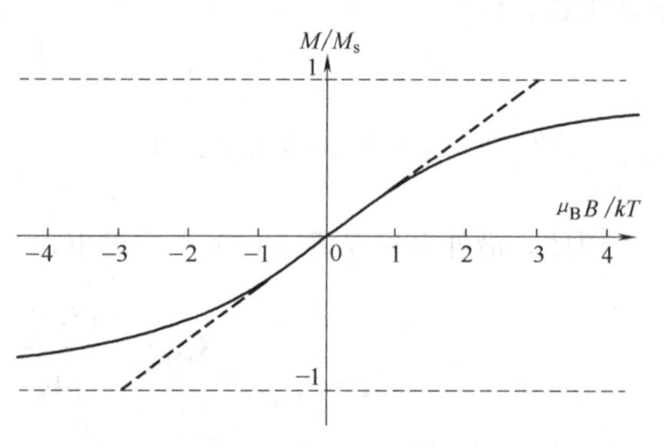

图 1-2　用朗之万函数 $L(y) = \coth y - 1/y$ 表示的经典顺磁体的相对磁化强度（对于较小的 y 值，朗之万函数可以用虚线表示的 $y/3$ 近似表示）

因此，当 y 值很小时，就会出现朗之万函数对 y 的线性行为。设 n 为每个单元格的磁矩数，如果所有磁矩都平行，则达到饱和

磁化强度 M_S：

$$M_S = n\mu \tag{1-66}$$

时，沿外部磁场 **B** 方向的磁化强度 M 为

$$M = n\langle\mu_z\rangle \tag{1-67}$$

对于相对磁化强度，即磁化强度与饱和磁化强度的比值，可得

$$\frac{M}{M_S} = \frac{n\langle\mu_z\rangle}{n\mu} = L(y) \overset{y=1}{\approx} \frac{y}{3} = \frac{\mu B}{3kT} \tag{1-68}$$

对于较小的外磁场，磁化率可表示为

$$\chi = \frac{M}{H} \approx \frac{\mu_0 M}{B} \tag{1-69}$$

因此，有

$$\chi = \frac{\mu_0 \mu B M_S}{3kTB} = \frac{n\mu_0\mu^2}{3k}\frac{1}{T} = \frac{c}{T} \tag{1-70}$$

最后一个等式表示居里（Curie）定律，即

$$\chi = \frac{c}{T} \tag{1-71}$$

式中，$c = \frac{n\mu_0\mu^2}{3k}$。

（2）量子力学模型

下面将对量子力学系统进行类似的计算，并用 $J=1/2$ 的量子力学自旋代替经典磁矩。J 是通过 J 的本征值 $\boldsymbol{J}(J+1)$ 来定义的，其中 $\boldsymbol{J}$ 为总角动量。磁矩的 z 轴分量（磁量子数）仅允许两个值：$m_J = \pm 1/2$，即它们分别与 **B** 平行或反平行。系统的能量计算公式为

$$E = g m_J \mu_B B \tag{1-72}$$

代入相应的电子值（$g=2$，$m_J=\pm 1/2$），可得

$$\langle\mu_z\rangle = \frac{-\mu_B e^{\mu_B B/kT} + \mu_B e^{-\mu_B B/kT}}{e^{\mu_B B/kT} + e^{-\mu_B B/kT}} = \mu_B \tanh\left(\frac{\mu_B B}{kT}\right) \tag{1-73}$$

代入

$$y = \frac{\mu_B B}{kT} \tag{1-74}$$

可得相对磁化强度为

$$\frac{M}{M_S} = \frac{\langle\mu_z\rangle}{\mu_B} = \tanh y \overset{y=1}{\approx} y \tag{1-75}$$

由 tanh$y$ 函数给出的自旋为 1/2 的顺磁体的相对磁化强度如图 1-3 所示，与朗之万函数给出的（见图 1-2）不同，但形状看起来很相似。

接着考虑 J 是整数或半整数值的一般情况。利用配分函数 Z 进行讨论，有

$$Z=\sum_{m_J=-J}^{J}\exp(m_Jg_J\mu_B B/kT)=\sum_{m_J=-J}^{J}e^{xm_J} \tag{1-76}$$

其中

$$x=\frac{g_J\mu_B B}{kT} \tag{1-77}$$

因此，可得

$$\langle m_J\rangle=\frac{\sum m_Je^{xm_J}}{\sum e^{xm_J}}=\frac{1}{Z}\frac{\partial Z}{\partial x} \tag{1-78}$$

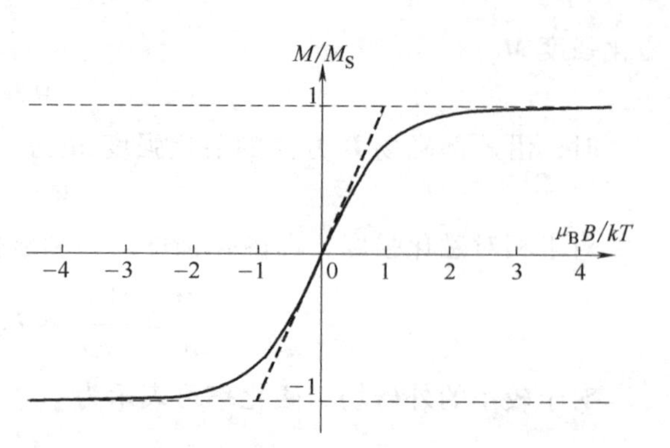

图 1-3　由 tanhy 的函数给出自旋为 1/2 的顺磁体的相对磁化强度（对于较小的 y 值，tanh$y$ 的函数可以用虚线表示的 y 来近似表示）

磁化强度可以表示为

$$\begin{aligned}M&=ng_J\mu_B\langle m_J\rangle\\&=\frac{ng_J\mu_B}{Z}\frac{\partial Z}{\partial x}\\&=\frac{ng_J\mu_B}{Z}\frac{\partial Z}{\partial B}\frac{\partial B}{\partial x}\end{aligned} \tag{1-79}$$

利用关系

$$\frac{\partial \ln Z}{\partial B}=\frac{1}{Z}\frac{\partial Z}{\partial B} \tag{1-80}$$

以及式（1-77）可得

$$\frac{\partial B}{\partial x}=\frac{kT}{g_J\mu_B} \tag{1-81}$$

因此，磁化强度可表示为

$$M=nkT\frac{\partial \ln Z}{\partial B} \tag{1-82}$$

对配分函数进行计算，有

$$\begin{aligned}Z&=\sum_{m_J=-J}^{J}e^{xm_J}\\&=e^{-Jx}+e^{-(J-1)x}+\cdots+e^{(J-1)x}+e^{Jx}\\&=e^{-Jx}+e^{-Jx}e^{x}+e^{-Jx}e^{2x}+\cdots+\\&\quad e^{-Jx}e^{(2J-1)x}+e^{-Jx}e^{2Jx}\\&=e^{-Jx}[1+e^{x}+e^{2x}+\cdots+e^{(2J-1)x}+e^{2Jx}]\end{aligned} \tag{1-83}$$

令

$$b=e^{-Jx} \tag{1-84}$$

$$t=e^{x} \tag{1-85}$$

可将配分函数 Z 写为

$$\begin{aligned}Z&=b(1+t+t^{2}+\cdots+t^{2J})\\&=b+bt+bt^{2}+\cdots+bt^{M-1}\\&=\sum_{j=1}^{M}bt^{j-1}\end{aligned} \tag{1-86}$$

式（1-86）表示一个几何级数，其中 $M=2J+1$。因此可得

$$\begin{aligned}Z&=b\frac{1-t^{M}}{1-t}\\&=b\frac{1-t^{2J+1}}{1-t}\\&=e^{-Jx}\frac{1-e^{(2J+1)x}}{1-e^{x}}\\&=\frac{e^{-Jx}-e^{Jx}e^{x}}{1-e^{x}}\\&=\frac{e^{Jx}e^{x/2}-e^{-Jx}e^{-x/2}}{e^{x/2}-e^{-x/2}}\\&=\frac{\frac{1}{2}[e^{(2J+1)x/2}-e^{-(2J+1)x/2}]}{\frac{1}{2}(e^{x/2}-e^{-x/2})}\end{aligned} \tag{1-87}$$

由于

$$\sinh x=\frac{1}{2}(e^{x}-e^{-x}) \tag{1-88}$$

配分函数为

$$Z=\frac{\sinh[(2J+1)x/2]}{\sinh(x/2)} \tag{1-89}$$

饱和磁化强度为

$$M_{S}=ng_{J}\mu_{B}J \tag{1-90}$$

令

$$y=xJ=g_{J}\mu_{B}JB/kT \tag{1-91}$$

结合式（1-79）可得相对磁化强度为

$$\begin{aligned}\frac{M}{M_{S}}&=\frac{1}{J}\frac{1}{Z}\frac{\partial Z}{\partial x}\\&=\frac{1}{Z}\frac{\partial Z}{\partial y}\end{aligned} \tag{1-92}$$

令

$$a=\frac{y}{2J}=\frac{xJ}{2J}=\frac{x}{2} \tag{1-93}$$

可得

$$\partial y = 2J\partial a \tag{1-94}$$

因此，有

$$\frac{M}{M_S} = \frac{1}{Z}\frac{1}{2J}\frac{\partial Z}{\partial a} \tag{1-95}$$

将式（1-93）代入式（1-89），有

$$Z = \frac{\sinh[(2J+1)a]}{\sinh a} \tag{1-96}$$

利用

$$\frac{\mathrm{d}}{\mathrm{d}x}\sinh x = \cosh x \tag{1-97}$$

可得

$$\frac{\partial Z}{\partial a} = \frac{(2J+1)\cosh[(2J+1)a]\sinh a - \sinh[(2J+1)a]\cosh a}{\sinh^2 a} \tag{1-98}$$

则有

$$\begin{aligned}\frac{1}{Z}\frac{\partial Z}{\partial a} &= (2J+1)\frac{\cosh[(2J+1)a]}{\sinh[(2J+1)a]} - \frac{\cosh a}{\sinh a} \\ &= (2J+1)\coth[(2J+1)a] - \coth a\end{aligned} \tag{1-99}$$

将式（1-99）代入式（1-95），可得

$$\begin{aligned}\frac{M}{M_S} &= \frac{1}{2J}\frac{1}{Z}\frac{\partial Z}{\partial a} \\ &= \frac{2J+1}{2J}\coth\left(\frac{2J+1}{2J}y\right) - \frac{1}{2J}\coth\left(\frac{y}{2J}\right) \\ &= B_J(y)\end{aligned} \tag{1-100}$$

式（1-100）描述了布里渊（Brillouin）函数 $B_J(y)$，如图 1-4 所示。

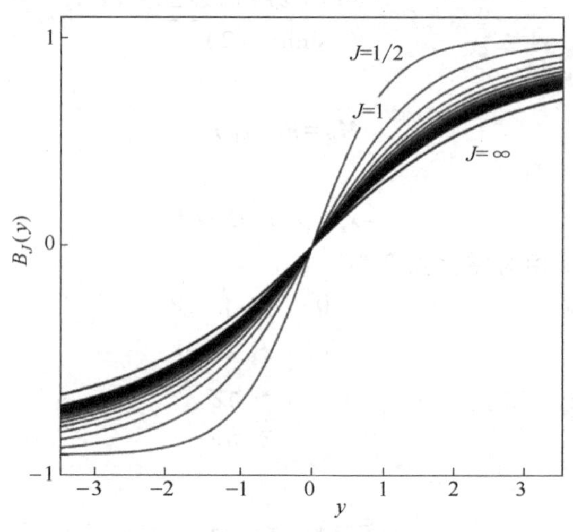

图 1-4　描述顺磁体磁化强度的不同磁矩量子数 J 的布里渊函数 $B_J(y)$

1.2　固体的磁性

1.1 节中讨论了孤立和局域磁矩的性质。本节中将允许它们相互作用，并集中讨论固态，不涉及气相分子和流体的磁性行为。金属表现出非局域的导电电子，这些电子（所谓的巡游电子）在金属内部几乎可以自由移动，因此，从自由电子模型开始讨论固态磁性。固态中的磁矩可以是局域的，也可由巡游的导电电子携带而表现出非局域性。这两种情况都会导致顺磁性和抗磁性。本节末尾还讨论了类似铁磁性的集体磁性，将在自发的自旋分裂电子态中得以体现。

1.2.1　自由电子模型

自由电子模型只是一种估计模型，但可以对最重要的性质进行合理的描述。该模型假设构成原子的体积电子成为传导电子，并且这些电子在金属中自由运动，并未考虑晶格的周期性势能。

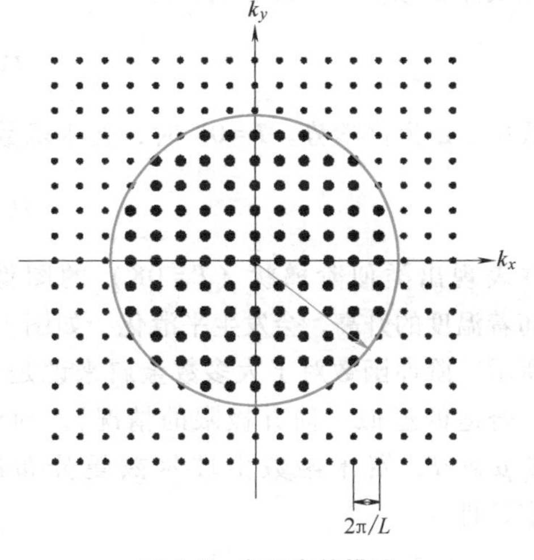

图 1-5　电子态的描述

电子态的描述是通过平面波来进行的。在基态中，所有波矢 k 在费米球内（$|k|\leqslant k_F$）的态都被占据，而在费米球外的态都是空的。电子态的描述如图 1-5 所示。电子态之间相隔 $2\pi/L$，每个态包含的体积为 $(2\pi/L)^3$，根据泡利不相容原理，每个态最多可被 2 个电子占据，在费米球内（见圆圈）的状态才被占据。

k 空间中不同态之间的距离为 $2\pi/L$，样品体积为 $V=L^3$，k 和 $k+\mathrm{d}k$ 之间的态数为 $4\pi k^2\mathrm{d}k$，态密度（Density of States，DOS）计算公式为

$$g(k)\mathrm{d}k=2\times\frac{1}{(2\pi/L)^3}\times4\pi k^2\mathrm{d}k=\frac{Vk^2}{\pi^2}\mathrm{d}k \tag{1-101}$$

式中，因子 2 源于电子的两个自旋态。当 $T=0$ K 时，态被 N 个电子占据至 k_F，即

$$N=\int_0^{k_F}g(k)\mathrm{d}k=\frac{V}{\pi^2}\int_0^{k_F}k^2\mathrm{d}k=\frac{Vk_F^3}{3\pi^2} \tag{1-102}$$

因此，可得

$$k_F^3=3\pi^2 n \tag{1-103}$$

式中，n 为单位体积的电子数，$n=N/V$。占能最高的电子具有费米能 E_F 作为动能，即

$$E_F=\frac{\hbar^2k_F^2}{2m_e} \tag{1-104}$$

$$k_F^3=\left(\frac{2m_e}{\hbar^2}\right)^{3/2}E_F^{3/2} \tag{1-105}$$

态密度作为能量的函数可以由关系式导出：

$$n=\int_0^{E_F}g(E)\,\mathrm{d}E=\frac{k_F^3}{3\pi^2}=\frac{1}{3\pi^2}\left(\frac{2m_e}{\hbar^2}\right)^{3/2}E^{3/2} \tag{1-106}$$

因此，有

$$g(E_F)=\left.\frac{\mathrm{d}n}{\mathrm{d}E}\right|_{E=E_F}=\frac{3n}{2E_F}=\frac{m_e k_F}{\pi^2\hbar^2} \tag{1-107}$$

$$g(E_F)\propto m_e \tag{1-108}$$

式中，m_e 为电子有效质量，它可以大于自由电子的质量。

前面的讨论是针对 $T=0\mathrm{K}$ 进行的。对于非零温度 $T>0\mathrm{K}$，态密度保持不变，而占据状态受费米函数 $f(E)$ 的影响，即

$$f(E)=\frac{1}{1+\mathrm{e}^{E-\mu/kT}} \tag{1-109}$$

式中，μ 为化学势。$T=0\mathrm{K}$ 时，费米函数为

$$f(E)=\begin{cases}0, E>\mu\\ 1, E<\mu\end{cases} \tag{1-110}$$

并表现出类似阶梯状（$T=0\mathrm{K}$）的图像。随着温度的升高，会发生平滑化，如图 1-6 所示。阶梯函数对于大多数金属来说是一个合适的近似（简并极限的情况）。对于 $E-\mu\gg kT$，费米函数由玻尔兹曼分布决定，即

$$f(E)\propto\frac{1}{\mathrm{e}^{E-\mu/kT}} \tag{1-111}$$

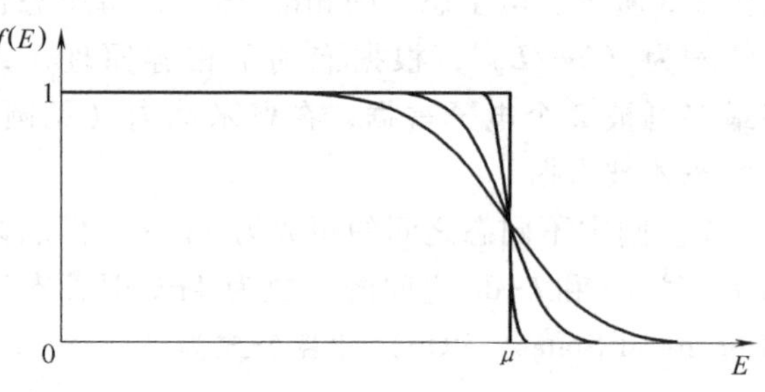

图 1-6 由式（1-109）定义的费米函数 $f(E)$

由于

$$\frac{1}{1+\mathrm{e}^x}\to\frac{1}{\mathrm{e}^x}(x\to 0) \tag{1-112}$$

这种情况称为非简并极限。对于 $T>0\mathrm{K}$，可得

$$n=\int_0^{E_F}g(E)f(E)\,\mathrm{d}E \tag{1-113}$$

$g(E)$ 的能量依赖关系如图 1-7 所示。$f(E)$ $g(E)$ 在不同温度下的能量依赖关系如图 1-8 所示。$T=0\mathrm{K}$ 时，有 $\mu=E_F$；对于 $T>0\mathrm{K}$，化学势可以展开成泰勒级数：

$$\mu=E_F\left\{1-\frac{\pi^2}{12}\left(\frac{kT}{E_F}\right)^2+O\left[\left(\frac{kT}{E_F}\right)^4\right]\right\} \tag{1-114}$$

式中，O 项表示高阶小量。

在室温（$T\approx300\mathrm{K}$）下，大多数金属 E_F 和 μ 之间的偏差约为 0.01%，这意味着费米能和化学势几乎是相等的。

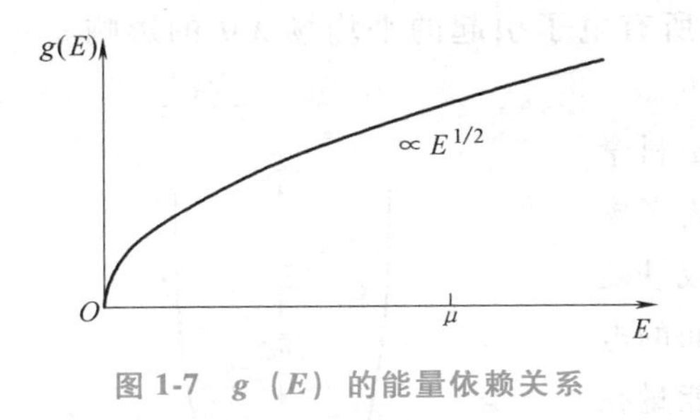

图 1-7　g（E）的能量依赖关系

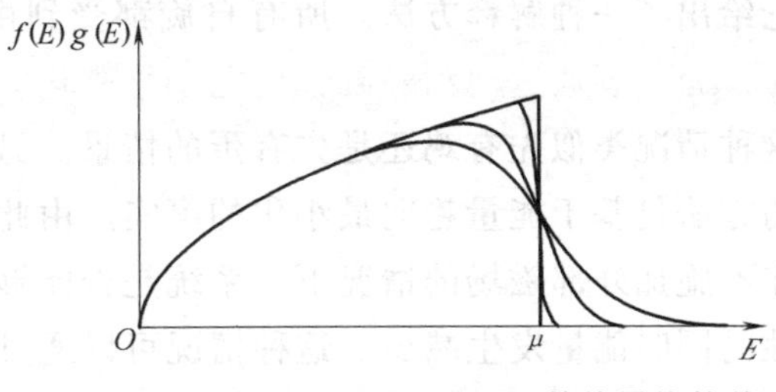

图 1-8　不同温度下 f（E）g（E）的能量依赖关系

k 空间中位于费米面的态的特征是 $E(k)=\mu$，对于半导体或绝缘体，化学势位于能带间隙或态密度间隙中，因此在费米面上不存在电子，而金属在费米面上存在电子。

1.2.2　泡利（Pauli）顺磁性

在金属中，由于两种可能的自旋态，k 空间中每个态由两个电子占据，即每个电子都是自旋向上或自旋向下。施加外部磁场会导致电子能量增加或减少，依赖于相应的自旋方向，能量会改变 $\pm g\mu_B B m_S$，这导致了电子气体的顺磁性，即泡利顺磁性。

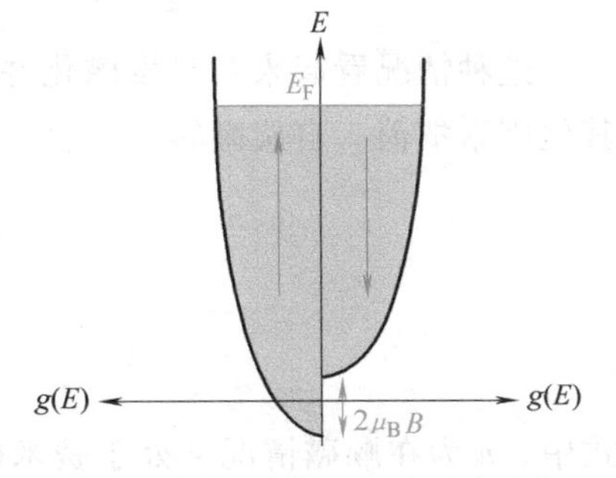

图 1-9　外加磁场 B 时自旋向上和自旋向下电子的态密度

忽略在 $T=0\text{K}$ 时的轨道动量，得到 $g=2$ 以及费米函数的阶梯状行为。此时引入一个外部磁场会导致两个自旋电子带发生 $2g\mu_B B m_S \approx 2\mu_B B$ 的分裂，如图 1-9 所示。假设 $g\mu_B B$ 表示一个相当小的能量，每单位体积中自旋向上电子的增加量为

$$n_{\uparrow}=\frac{1}{2}g(E_F)\mu_B B \tag{1-115}$$

自旋向下电子的减少量为

$$-n_{\downarrow}=\frac{1}{2}g(E_F)\mu_B B \tag{1-116}$$

因此，磁化强度 M 为

$$\begin{aligned}M&=\mu_B(n_{\uparrow}-n_{\downarrow})\\&=g(E_F)\mu_B^2 B\end{aligned} \tag{1-117}$$

由于 $g(E_F)=\dfrac{3n}{2E_F}$，相应的泡利磁化率为

$$\begin{aligned}\chi^{\text{Pauli}}&=\frac{M}{H}\approx\frac{\mu_0 M}{B}=\mu_0\mu_B^2 g(E_F)\\&=\frac{3n\mu_0\mu_B^2}{2E_F}\end{aligned} \tag{1-118}$$

1.2.3　自发自旋分裂态

每个固态铁原子的磁矩为 $2.2\mu_B$，非整数值表明局域磁矩的描述是失败的，这种情况可以用带或巡游铁磁性来描述，其特征是由于价带的自发自旋分裂而产生磁化。对此分子场理

论给出了一种解释方法。所有自旋都受到由其他所有电子引起的平均场 λM 的影响。一方面，分子场通过泡利顺磁性使电子气磁化；另一方面，电子气产生的磁化是分子场的来源。这种情况类似先有鸡还是先有蛋的情景。另一种更科学的方法是基于能量趋向最小化的事实。由此，首先考虑在不施加外部磁场的情况下，系统是否能够在变成铁磁性的同时能量发生减少。这种情况可以通过费米面的电子从向下自旋转变为向上自旋来实现，这意味着能量在 $(E_F-\delta E)\sim E_F$ 之间的自旋向下的电子必须进行自旋翻转，随后被整合到能量在 $E_F\sim(E_F+\delta E)$ 之间的自旋向上带中，如图 1-10 所示。每个电子的能量增幅为 δE，移动的电子数为 $1/2g(E_F)\delta E$。则总的动能增量为

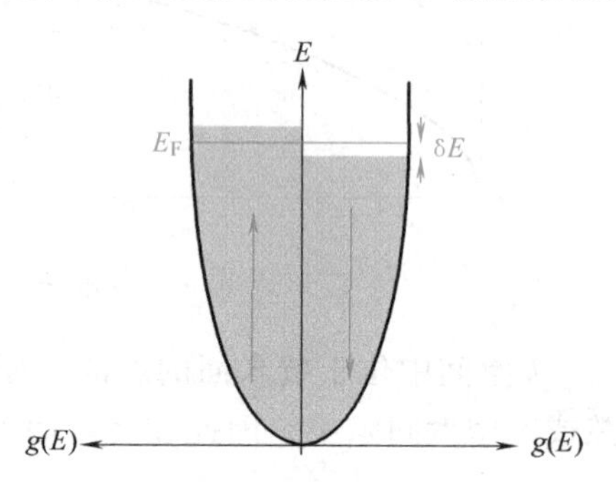

图 1-10 自旋向上和自旋向下电子的态密度（在没有外加磁场的情况下表现出自发的自旋分裂）

$$\Delta E_{kin}=\frac{1}{2}g(E_F)(\delta E)^2 \tag{1-119}$$

这种情况看起来对自发磁化并不有利，但与分子场的磁化交换而导致的动能增加可能被其他因素抵消。自旋翻转后，自旋向上和自旋向下的电子数分别为

$$n_{\uparrow}=\frac{1}{2}n+\frac{1}{2}g(E_F)\delta E \tag{1-120}$$

$$n_{\downarrow}=\frac{1}{2}n-\frac{1}{2}g(E_F)\delta E \tag{1-121}$$

式中，n 为在顺磁情况下处于费米能的电子数。由于每个电子的磁矩为 $1\mu_B$，故磁化强度可表示为

$$M=\mu_B(n_{\uparrow}-n_{\downarrow}) \tag{1-122}$$

势能或分子场的能量为

$$\begin{aligned}\Delta E_{pot}&=-\frac{1}{2}\mu_0 M\lambda M\\&=-\frac{1}{2}\mu_0\lambda M^2\\&=-\frac{1}{2}\mu_0\mu_B^2\lambda(n_{\uparrow}-n_{\downarrow})^2\end{aligned} \tag{1-123}$$

引入库仑能的度量 $U=\mu_0\mu_B^2\lambda$，可得

$$\Delta E_{pot}=-\frac{1}{2}U[g(E_F)\delta E]^2 \tag{1-124}$$

能量的总变化量为

$$\begin{aligned}\Delta E&=\Delta E_{kin}+\Delta E_{pot}\\&=\frac{1}{2}g(E_F)(\delta E)^2-\frac{1}{2}U[g(E_F)\delta E]^2\\&=\frac{1}{2}g(E_F)(\delta E)^2[1-Ug(E_F)]\end{aligned} \tag{1-125}$$

因此，当 $\Delta E<0$ 时，自发自旋分裂就能发生，即

$$Ug(E_F)\geqslant 1 \tag{1-126}$$

这就是所谓的对于铁磁性的斯通纳判据。前 50 个元素的 U、$g(E_F)$ 及 $Ug(E_F)$ 的值如图 1-11 所示。可以直接看到，只有 Fe、Co 和 Ni 满足 $Ug(E_F)>1$，这主要是由费米能级处极大的态密度引起的。如果满足斯通纳判据，在不施加外部磁场的情况下，自旋向上和自旋向下的能带会发生 Δ 的分裂，该值表示交换分裂。当 $Ug(E_F)<1$ 时，不存在自发磁化，但磁化率可能与顺磁性不同。

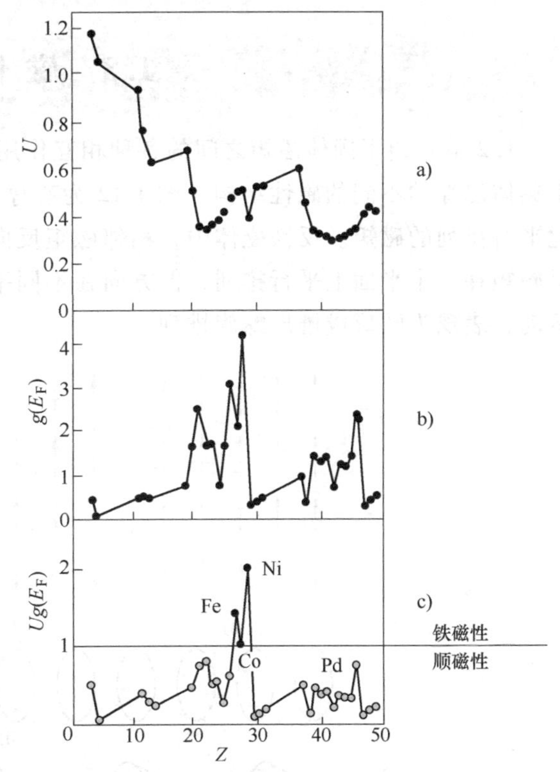

图 1-11　前 50 个元素的 U、$g(E_F)$ 及 $Ug(E_F)$ 的值

a) U　b) $g(E_F)$　c) $Ug(E_F)$

下面将在考虑外加磁场和电子相互作用的情况下，进一步讨论磁化率的变化。产生的能量变化引起的磁化强度为

$$\begin{aligned}M&=\mu_B(n_\uparrow-n_\downarrow)\\&=\mu_B g(E_F)\delta E\end{aligned} \tag{1-127}$$

相应的总能量变化为

$$\begin{aligned}\Delta E&=\frac{1}{2}g(E_F)(\delta E)^2[1-Ug(E_F)]-MB\\&=\frac{M^2}{2\mu_B^2 g(E_F)}[1-Ug(E_F)]-MB\end{aligned} \tag{1-128}$$

在 $\partial\Delta E/\partial M$ 时达到最小值：

$$\frac{M}{\mu_B^2 g(E_F)}[1-Ug(E_F)]-B=0 \tag{1-129}$$

可得

$$M=B\frac{\mu_B^2 g(E_F)}{1-Ug(E_F)} \tag{1-130}$$

因此，可以计算出磁化率为

$$\begin{aligned}\chi&=\frac{\mu_0 M}{B}=\frac{\mu_0\mu_B^2 g(E_F)}{1-Ug(E_F)}\\&=\frac{\chi^{\mathrm{Pauli}}}{1-Ug(E_F)}\end{aligned} \tag{1-131}$$

即由于库仑相互作用，有 $\chi>\chi^{\mathrm{Pauli}}$，这种情况称为斯通纳增强。

以钯（Pb）为例，该元素不满足斯通纳判据，但其 $Ug(E_F)$ 的值明显大于零，如图 1-11c 所示。因此，它表现出增强的泡利磁化率，换句话说，钯“几乎”是铁磁性的。

1.3 磁性结构

1.2 节介绍了固体磁矩之间的各种相互作用，本节将讨论由这些相互作用引起的并且产生集体磁性的不同的磁性结构。图 1-12 为有序磁系统中磁矩的不同排列。铁磁体表现出彼此平行排列的磁矩。反铁磁体中，相邻磁矩反向排列。自旋波中的磁矩在随机方向冻结。如果磁矩在一个平面上平行排列，但方向在不同平面上变化，则磁矩矢量分别在圆形或圆锥上运动，表现为圆形或锥形螺旋排列。

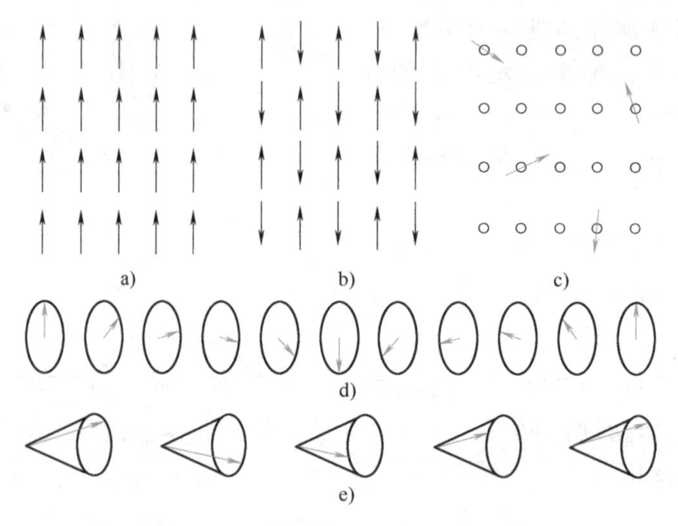

图 1-12 有序磁系统中磁矩的不同排列

a）铁磁体 b）反铁磁体 c）自旋玻璃 d）圆形螺旋排列 e）锥形螺旋排列

1.3.1 铁磁性

铁磁性的特点是即使没有外加磁场也能产生自发磁化。在 $T=0\text{K}$ 时，所有磁矩平行排列，这是由交换相互作用引起的。外加磁场 $\boldsymbol{B}$ 时，铁磁系统的哈密顿量的磁性相关部分计算公式为

$$\mathcal{H}=-\sum_{ij}J_{ij}S_iS_j+g_j\mu_B\sum_iS_iB \tag{1-132}$$

式中，J_{ij} 为最近邻原子之间的交换积分，$J_{ij}>0$。

下面开始近似地讨论众所周知的外斯分子场理论。在外斯的假设中，磁性原子与它的近邻原子之间的相互作用是用分子场 B_{mf} 来描述的，它代表了一个内部磁场。这种情况可以用哈密顿量描述为

$$\mathcal{H}=g_j\mu_B\sum_iS_i(B+B_{\text{mf}}) \tag{1-133}$$

分子场被认为与磁化强度成正比，即

$$B_{\text{mf}}=\lambda M \tag{1-134}$$

式中，λ 为分子场常数。λ 对于铁磁体是正的，由于库仑相互作用对交换相互作用的影响，λ 通常表现出较大的值。

类似的，对于 $B+B_{mf}$ 量级磁场中的顺磁系统，相对磁化强度的计算公式为

$$\frac{M}{M_S}=B_J(y) \tag{1-135}$$

式中，$B_J(y)$ 为布里渊函数，且

$$y=\frac{g_j\mu_B J(B+\lambda M)}{kT} \tag{1-136}$$

在没有外磁场（即 $B=0$）的情况下，磁化强度与温度的关系为

$$M(T)=M_S B_J\left[\frac{g_J\mu_B J\lambda M(T)}{kT}\right] \tag{1-137}$$

特征解是当 $B_J(0)=0$ 时，$M(T)=0$。通解可由

$$\begin{aligned}\frac{M}{M_S}&=\frac{M}{M_S}\frac{g_J\mu_B J\lambda M}{kT}\frac{kT}{g_J\mu_B J\lambda M}\\&=y\frac{kT}{g_J\mu_B J\lambda M_S}\end{aligned} \tag{1-138}$$

求得。由于 $M/M_S=B_J(y)$，M/M_S 作为 y 的函数，在原点处与 $B_J(y)$ 函数相交，如图 1-13 所示。高温下只有一个解，在 $y=0$、$M(T)=0$ 时给出。当温度足够低时，对于特定的 $a>0$，存在 $M=0$ 和 $M=\pm a$ 三个解。

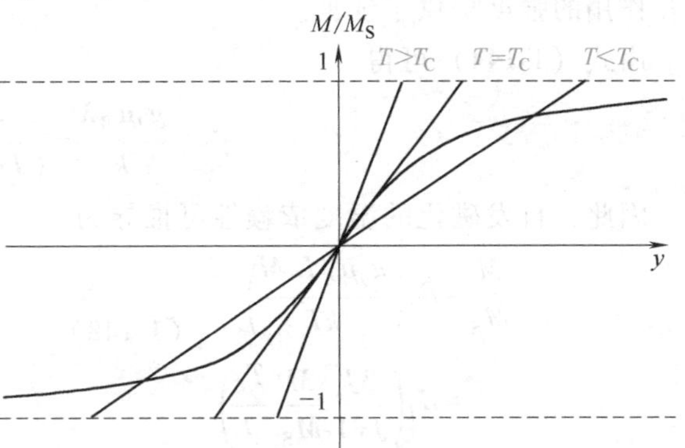

图 1-13　无外磁场情况下相对磁化强度的图解法

在 $T=T_C$ 时，$\boldsymbol{M}=0$，即磁化强度 $\boldsymbol{M}$ 在温度 $T=T_C$ 处消失，其特征是直线斜率等于原点处 B_J 的斜率。此程序可用于图形化地获得临界温度 T_C。

居里温度 T_C 的数学定义是利用关于 y 的导数必须在 $y=0$ 处相等的条件来进行的，即

$$\frac{M}{M_S}=y\frac{kT}{g_J\mu_B J\lambda M_S} \tag{1-139}$$

且有

$$\frac{M}{M_S}=B_J(y) \tag{1-140}$$

对式（1-139）求导，可得

$$\frac{dM/M_S}{dy}=\frac{kT}{g_J\mu_B J\lambda M_S} \tag{1-141}$$

因为

$$B_J(y)=y\frac{J+1}{3J}+\mathcal{O}(y^3) \tag{1-142}$$

因此式（1-140）的推导可近似写为

$$\frac{\mathrm{d}M/M_{\mathrm{S}}}{\mathrm{d}y}=\frac{\mathrm{d}B_J}{\mathrm{d}y}=\frac{J+1}{3J} \tag{1-143}$$

对于较小的 y，则临界温度为

$$T_{\mathrm{C}}=\frac{(J+1)g_J\mu_{\mathrm{B}}\lambda M_{\mathrm{S}}}{3k} \tag{1-144}$$

代入 $M_{\mathrm{S}}=ng_J\mu_{\mathrm{B}}J$ 和 $\mu_{\mathrm{eff}}=g_J\mu_{\mathrm{B}}\sqrt{J(J+1)}$，可得

$$T_{\mathrm{C}}=\frac{n\lambda\mu_{\mathrm{eff}}^2}{3k} \tag{1-145}$$

式（1-145）也是分子场理论中的近似居里温度，分子场可以表示为

$$B_{\mathrm{mf}}=\lambda M_{\mathrm{S}}=\frac{3kT_{\mathrm{C}}}{g_J\mu_{\mathrm{B}}(J+1)} \tag{1-146}$$

使用典型值 $J=1/2$ 和 $T_{\mathrm{C}}=1000\mathrm{K}$，分子场的大小达到 $B_{\mathrm{mf}}\approx 1500\mathrm{t}$。这个极高的磁场为磁相互作用的强度提供了证据。

由式（1-144）可得

$$\frac{g_J\mu_{\mathrm{B}}\lambda}{k}=\frac{3T_{\mathrm{C}}}{(J+1)M_{\mathrm{S}}} \tag{1-147}$$

因此，自发磁化的温度依赖性可推导为

$$\begin{aligned}\frac{M}{M_{\mathrm{S}}}&=B_J\left(\frac{g_J\mu_{\mathrm{B}}J\lambda M}{kT}\right)\\&=B_J\left(\frac{3J}{J+1}\,\frac{M}{M_{\mathrm{S}}}\,\frac{T_{\mathrm{C}}}{T}\right)\end{aligned} \tag{1-148}$$

不同 J 值下的方程解如图 1-14 所示。曲线的形状略有不同，但总的趋势是相同的，即 $T>T_{\mathrm{C}}$ 时，自发磁化消失，$M=0$；$T<T_{\mathrm{C}}$ 时，$M\neq 0$；$T=T_{\mathrm{C}}$ 时，磁化率表现出连续的特性，但不是连续可微的。因此，可得到一个二阶相变。$t=T/T_{\mathrm{C}}$ 称作简化温度。

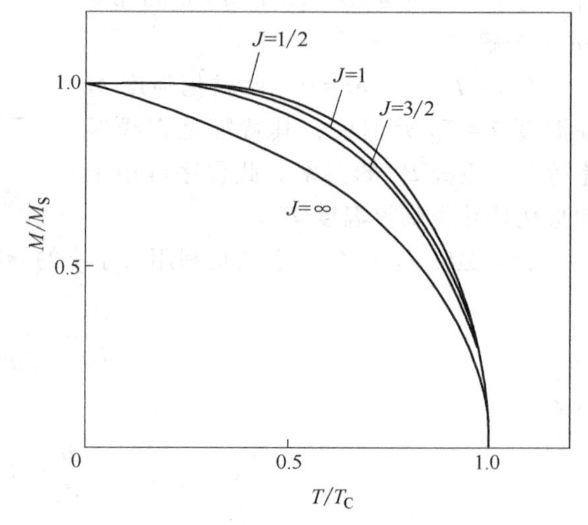

图 1-14 不同 J 值下相对磁化强度与简化温度 T/T_{C} 的关系

接下来寻找在临界温度 T_{C} 附近的自发磁化行为，有

$$\frac{M}{M_{\mathrm{S}}}=B_J\left(\frac{3J}{J+1}\,\frac{M}{M_{\mathrm{S}}}\,\frac{T_{\mathrm{C}}}{T}\right) \tag{1-149}$$

对于 $T\to T_{\mathrm{C}}$，布里渊函数的序参量很小。因此，$B_J(y)$ 可以展开为泰勒级数，即

$$B_J(y)=\frac{J+1}{3J}y-\frac{(J+1)(2J^2+2J+1)}{90J^3}y^3+\mathcal{O}(y^5) \tag{1-150}$$

忽略高阶无穷小，可得

$$\frac{M}{M_S}=\frac{J+1}{3J}\frac{3J}{J+1}\frac{M}{M_S}\frac{T_C}{T}-\frac{(J+1)(2J^2+2J+1)}{90J^3}\frac{27J^3}{(J+1)^3}\left(\frac{M}{M_S}\right)^3\left(\frac{T_C}{T}\right)^3$$
$$=\frac{M}{M_S}\frac{T_C}{T}\left[1-\left(\frac{M}{M_S}\right)^2\left(\frac{T_C}{T}\right)^2\frac{3(2J^2+2J+1)}{10(J+1)^2}\right] \tag{1-151}$$

结果为

$$\left(\frac{M}{M_S}\right)^2=\frac{10(J+1)^2}{3[J^2+(J+1)^2]}\left(1-\frac{T}{T_C}\right)\left(\frac{T}{T_C}\right)^2 \tag{1-152}$$

$T\to T_C$ 时，最后一项为 1，此时相对磁化强度为

$$\frac{M}{M_S}\propto\left(1-\frac{T}{T_C}\right)^{1/2} \tag{1-153}$$

下一步研究 $T=0\text{K}$ 附近的行为。$T\to 0\text{K}$ 时，可得

$$y=\frac{3J}{J+1}\frac{M}{M_S}\frac{T_C}{T}\to\infty \tag{1-154}$$

$$\coth x=\frac{e^{x}+e^{-x}}{e^{x}-e^{-x}}=\frac{1+e^{-2x}}{1-e^{-2x}} \tag{1-155}$$

$x\to\infty$ 时，可将 $\coth x$ 近似为

$$\coth x=(1+e^{-2x})(1+e^{-2x})=1+2e^{-2x}+e^{-4x} \tag{1-156}$$

因此 $x\to\infty$ 时，可得

$$\coth x=1+2e^{-2x} \tag{1-157}$$

这两个结果都可以用来估计 $T\to 0\text{K}$ 时的 $B_J(y)$，即

$$2JB_J(y)=(2J+1)\coth\left(\frac{2J+1}{2J}y\right)-\coth\frac{y}{2J} \tag{1-158}$$

将 $y\to\infty$ 化简为

$$2JB_J(y)=(2J+1)(1+2e^{-\frac{2J+1}{J}y})-(1+2e^{-\frac{y}{J}})$$
$$=2J+1+2(2J+1)e^{-\frac{y}{J}}e^{-2y}-2e^{-\frac{y}{J}}-1 \tag{1-159}$$

式（1-159）可近似为

$$2JB_J(y)=2J-2e^{-\frac{y}{J}} \tag{1-160}$$

因此，可得

$$\frac{M}{M_S}=1-(1/J)e^{-\frac{3}{J+1}\frac{T_C}{T}\frac{M}{M_S}}\approx 1-(1/J)e^{-c/T} \tag{1-161}$$

式中，c 为常数。因此，当 $T\to 0\text{K}$ 时，磁化强度 M 指数接近 M_S。这个结果并不能正确地描

述所有铁磁体的情况。

对于磁化率的讨论，考虑在 $T>T_C$ 处施加一个小的外磁场 $\boldsymbol{B}$，导致小的磁化强度。因此，$B_J(y)$ 可以近似为

$$B_J(y)=\frac{J+1}{3J}y \tag{1-162}$$

相对磁化强度约为

$$\begin{aligned}\frac{M}{M_S}&=\frac{J+1}{3J}\frac{g_J\mu_B J(B+\lambda M)}{kT}\\&=\frac{g_J\mu_B(J+1)}{3k}\frac{B+\lambda M}{T}\end{aligned} \tag{1-163}$$

可得

$$\frac{M}{M_S}=\frac{T_C}{\lambda M_S}\frac{B+\lambda M}{T} \tag{1-164}$$

因此，有

$$\frac{M}{M_S}\left(1-\frac{T_C}{T}\right)=\frac{T_C}{T}\frac{B}{\lambda M_S} \tag{1-165}$$

利用该方程可以确定磁化率为

$$\chi=\lim_{B\to 0}\frac{\mu_0 M}{B}=\frac{\mu_0 T_C}{\lambda}\frac{1}{T-T_C}=\frac{c}{T-T_C} \tag{1-166}$$

式中，c 为居里-外斯常数。

接下来放弃外磁场很小的限制，允许任何值。由于式（1-136）可得如图 1-15 所示 M/M_S-y 图，线性函数（见图 1-13）向更大的 y 值偏移。很明显，在任何温度下都存在 $M\neq 0$ 的解，相变消失。因此，在外加磁场作用下，自发磁化消失和相变只在 $B=0$ 时发生。即使在临界温度以上，铁磁性材料也表现出不消失的磁化特性，如图 1-16 所示。

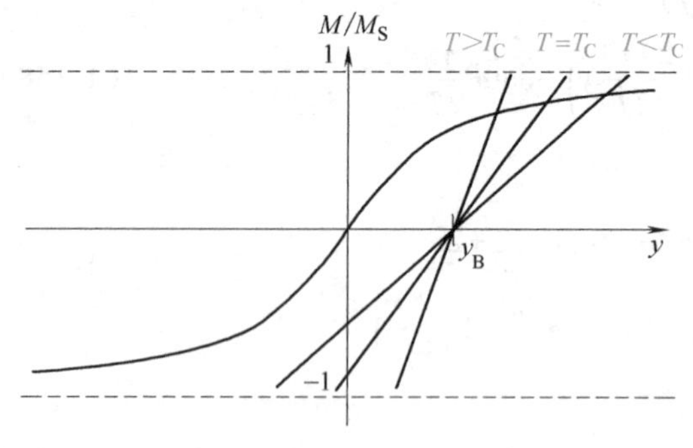

图 1-15　以 $y_B=g_J\mu_B JB/kT$ 计算外加磁场相对磁化强度的图解法

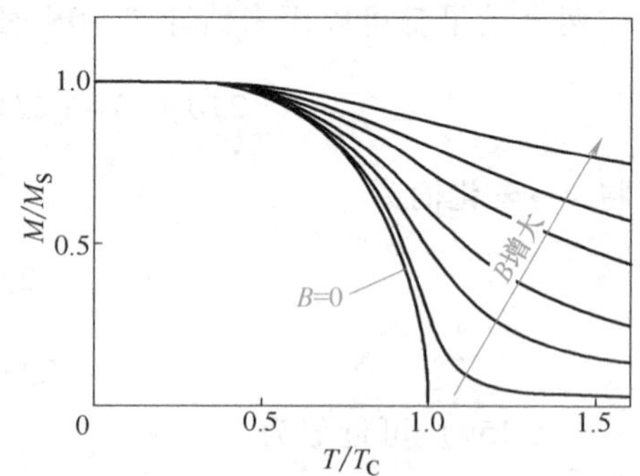

图 1-16　不同强度的外磁场 $\boldsymbol{B}$ 在 $J=1/2$ 时相对磁化强度与简化温度的关系

以 λ 为表征的分子场与以 J_{ij} 为表征的交换相互作用有关，其中 $B_{mf}=\lambda M$。

现在假设交换相互作用只发生在 z 个强度恒定的近邻之间。分子场可以表示为

$$B_{mf}=\frac{2}{g_J\mu_B}\sum_j J_{ij}S_j=\frac{2}{g_J\mu_B}zJS \tag{1-167}$$

由于 $M=M_S$，$\lambda M=\lambda n g_J\mu_B J$，假设 $L=0$，故 $J=S$，可得

$$\frac{2}{g_J\mu_B}z\mathcal{J}S=\lambda n g_J\mu_B S \tag{1-168}$$

进而有

$$\lambda=\frac{2z\mathcal{J}}{ng_J^2\mu_B^2} \tag{1-169}$$

临界温度表示为

$$T_C=\frac{n\lambda\mu_{eff}^2}{3k} \tag{1-170}$$

其中 $\mu_{eff}=g_J\mu_B\sqrt{J(J+1)}$。故而可得

$$T_C=\frac{n\lambda g_J^2\mu_B^2 J(J+1)}{3k} \tag{1-171}$$

利用式（1-168），最终有

$$\begin{aligned}T_C&=\frac{2ng_J^2\mu_B^2 J(J+1)zJ}{3kng_J^2\mu_B^2}\\&=\mathcal{J}\frac{2zJ(J+1)}{3k}\end{aligned} \tag{1-172}$$

式（1-172）表明 T_C 随交换相互作用的强度而变化。

1.3.2 反铁磁性

本节给出反铁磁行为的最简单情况，即对反平行排列的最近邻磁矩，在外斯的模型中，有两种不同的可能性来描述这种情况：

1）负交换相互作用被认为是最近邻之间的相互作用。

2）晶格被分成两个子晶格，每个子晶格都表现出铁磁排列，在两个子晶格之间存在反平行的磁化方向，如图 1-17 所示。

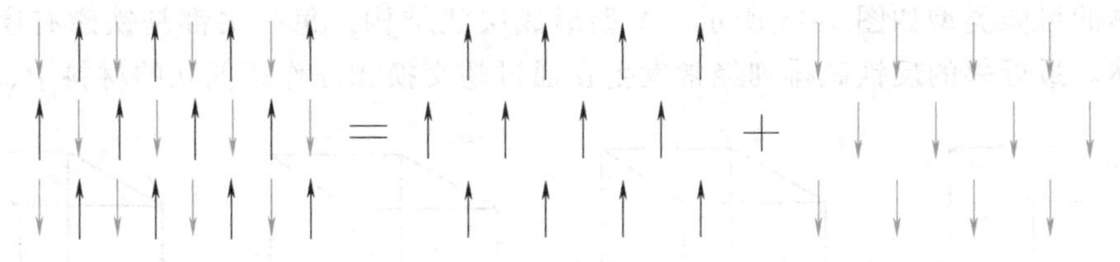

图 1-17 反铁磁体的晶格由两个子晶格组成且每个子晶格都是铁磁有序

下面使用外斯模型讨论反铁磁性。假设没有施加外部磁场，并且一个子晶格（标记为“1”）的分子场与另一个子晶格（标记为“2”）的磁化成正比，反之亦然。因此，两个分子场均可表示为

$$B_{mf}^{(1)}=-|\lambda|M_2 \tag{1-173}$$

$$B_{mf}^{(2)}=-|\lambda|M_1 \tag{1-174}$$

具有负的分子场常数 λ。子晶格的磁化强度可以写为

$$M_1 = M_S B_J\left(-\frac{g_J\mu_B J|\lambda|M_2}{kT}\right) \tag{1-175}$$

$$M_2 = M_S B_J\left(-\frac{g_J\mu_B J|\lambda|M_1}{kT}\right) \tag{1-176}$$

这两个子晶格都表现出反平行取向，但磁化强度相同，即

$$|M_1| = |M_2| \equiv M \tag{1-177}$$

每一个子晶格的相对磁化强度为

$$\frac{M}{M_S} = B_J\frac{g_J\mu_B J|\lambda|M}{kT} \tag{1-178}$$

每个子晶格的磁化在过渡温度 T_N(奈尔温度) 下消失，该温度可表示为

$$\begin{aligned} T_N &= \frac{(J+1)g_J\mu_B|\lambda|M_S}{3k} \\ &= \frac{n|\lambda|\mu_{eff}^2}{3k} \end{aligned} \tag{1-179}$$

与铁磁性结构的讨论方法类似，小的外磁场下，T_N 以上的磁化率可表示为

$$\chi = \lim_{B\to 0}\frac{\mu_0 M}{B} \propto \frac{1}{T+T_N} \tag{1-180}$$

式中，分母上的正号是由于 $B=-|\lambda|M$ 而不是铁磁情况下的 $B=\lambda M$。式（1-180）用$+T_N$ 代替了$-T_C$，反映了居里-外斯定律。

在转变温度以上，磁化率可表示为

$$\chi \propto \frac{1}{T-\theta} \tag{1-181}$$

式中，θ 为外斯温度或顺磁居里温度。其中，$\theta=0$ 为顺磁体；$\theta>0$ 为铁磁体，这时 $\theta=T_C$；$\theta<0$ 为反铁磁体，这时 $\theta=-T_N$。

子晶格的排列可以有很多不同的方式，因为有很多种可能有规律地放置相同数量的反平行排列磁矩，即自旋向上和自旋向下的电子。晶格的类型也会影响这种行为。简单立方形式的反铁磁体的可能类型如图 1-18 所示。A 型形成层状结构，每一层都是铁磁有序，称为拓扑反铁磁体。最近邻的反铁磁排列经常发生在通过超交换相互作用偶联的材料中，如 MnO。

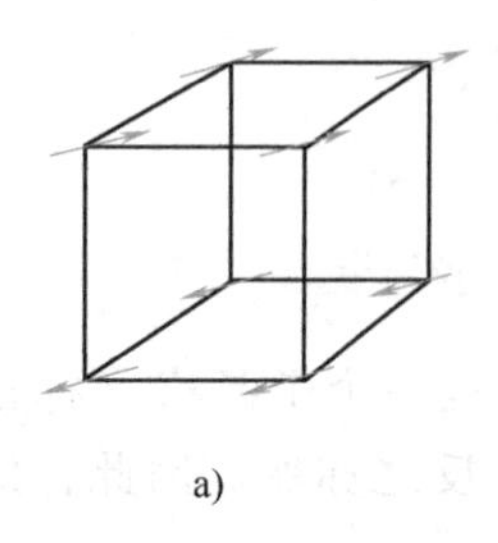
a)

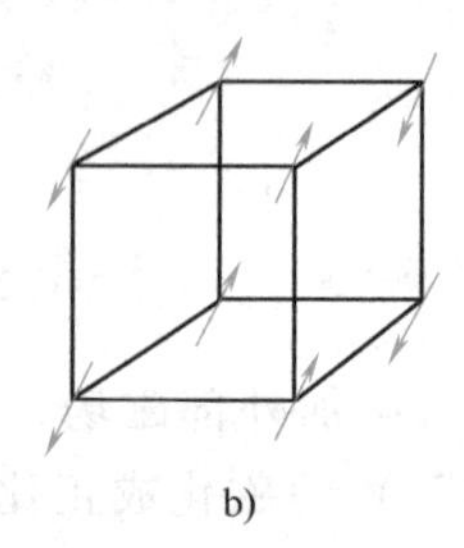
b)

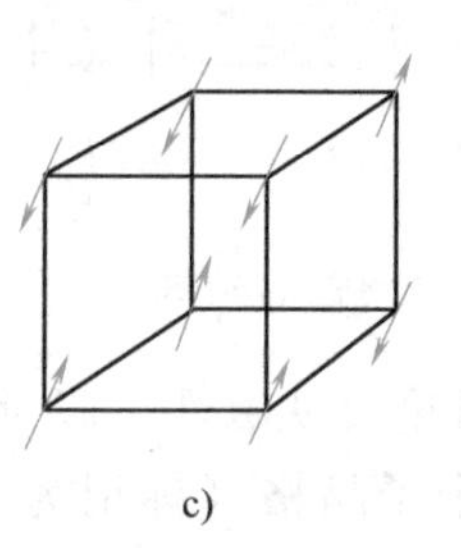
c)

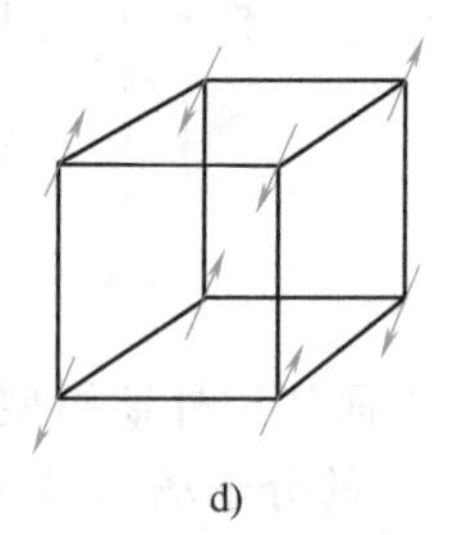
d)

图 1-18 简单立方晶格不同类型的反铁磁序

a）A 型 b）C 型 c）E 型 d）G 型

在海森堡哈密顿量中描述的相邻磁矩之间的交换相互作用可以导致平行或反平行排列，即铁磁或反铁磁排列。交换常数 $J>0$ 时产生铁磁性，而 $J<0$ 时产生反铁磁性。交换常数的

符号与比率 r_{ab}/r_d 之间存在相关性，其中 r_{ab} 为原子间距离，r_d 为 d 壳层半径。这种行为在图形上称为 Bethe-Slater 曲线，如图 1-19 所示。这条曲线描述了交换常数与原子间距离 r_{ab} 与 d 壳层半径 r_d 之比的关系。可以区分铁磁性三维元素，如 Fe、Co 和 Ni，表现出平行排列，因此交换常数为正，而反铁磁性元素，如 Mn 和 Cr，磁矩方向反平行，因此交换常数为负。

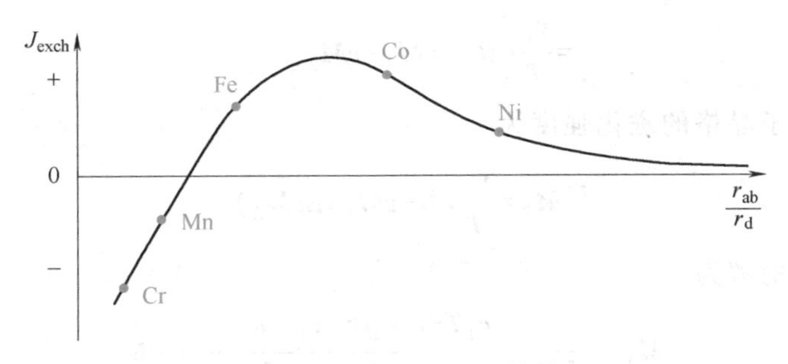

图 1-19 Bethe-Slater 曲线

1.3.3 亚铁磁性

亚铁磁性是介于铁磁性和反铁磁性之间的一种中间状态。自发磁化发生在临界温度以下。在高温下，磁化率的表现与居里-外斯定律一致，有负的顺磁居里温度。

最简单的理解，是通过假设两个磁子晶格具有反平行的方向，但每个磁化强度不同。因此，总磁化强度不会像反铁磁的情况那样消失。

分子场的描述类似于反铁磁的情况。由于对称性，有

$$v_2=w_1<0 \tag{1-182}$$

因为反铁磁耦合，但

$$v_1\neq w_2 \tag{1-183}$$

假设

$$v_2=w_1=-v, v>0 \tag{1-184}$$

另有

$$v_1=\alpha v \tag{1-185}$$

$$w_2=\beta v \tag{1-186}$$

这个过程允许讨论作为不同分子场常数之比的函数的铁磁系统的行为，而不是它们的绝对值。因此，可得

$$B_{mf}^{(1)}=\alpha vM_1-vM_2 \tag{1-187}$$

$$B_{mf}^{(2)}=-vM_1+\beta vM_2 \tag{1-188}$$

两个子晶格的磁化强度可表示为

$$M_1=ng_J\mu_B J\ B_J\ \frac{g_J\mu_B J\mu_0}{kT}\ (B+\alpha vM_1-vM_2) \tag{1-189}$$

$$M_2=ng_J\mu_B J\ B_J\ \frac{g_J\mu_B J\mu_0}{kT}\ (B-vM_1+\beta vM_2) \tag{1-190}$$

在转变温度以上，可以再次近似为

$$B_J(y)=\frac{J+1}{3J}y \tag{1-191}$$

结果为

$$\begin{aligned}M_1&=\frac{ng_J^2\mu_B^2J(J+1)\mu_0}{3kT}(\boldsymbol{B}+\alpha v\boldsymbol{M}_1-v\boldsymbol{M}_2)\\&=\frac{c_1}{T}(\boldsymbol{B}+\alpha v\boldsymbol{M}_1-v\boldsymbol{M}_2)\end{aligned} \tag{1-192}$$

类似地，另一子晶格的磁化强度为

$$\boldsymbol{M}_2=\frac{c_2}{T}(B-v\boldsymbol{M}_1+\beta v\boldsymbol{M}_2) \tag{1-193}$$

该线性方程组的解为

$$\boldsymbol{M}_1=\frac{c_1T-c_1c_2\beta v-c_1c_2v}{T^2-v(\alpha c_1+\beta c_2)T+c_1c_2v^2(\alpha\beta-1)}\boldsymbol{B} \tag{1-194}$$

$$\boldsymbol{M}_2=\frac{c_2T-c_1c_2\alpha v-c_1c_2v}{T^2-v(\alpha c_1+\beta c_2)T+c_1c_2v^2(\alpha\beta-1)}\boldsymbol{B} \tag{1-195}$$

总磁化强度 $\boldsymbol{M}=\boldsymbol{M_1}+\boldsymbol{M_2}$，有

$$\boldsymbol{M}=\frac{(c_1+c_2)T-c_1c_2v(2+\alpha+\beta)}{T^2-v(\alpha c_1+\beta c_2)T+c_1c_2v^2(\alpha\beta-1)}\boldsymbol{B} \tag{1-196}$$

可以计算磁化率倒数：

$$\mu_0\frac{1}{\chi}=\frac{B}{M}=\frac{T^2-v(\alpha c_1+\beta c_2)T+c_1c_2v^2(\alpha\beta-1)}{(c_1+c_2)T-c_1c_2v(2+\alpha+\beta)} \tag{1-197}$$

引入合适的序参量 θ、χ_0 和 σ，可得

$$\mu_0\frac{1}{\chi}=\frac{T}{c_1+c_2}+\frac{1}{\chi_0}-\frac{\sigma}{T-\theta} \tag{1-198}$$

磁化率倒数的温度依赖关系如图 1-20 所示。而在铁磁和反铁磁的情况下，磁化率倒数表现为温度的线性函数，这种情况在铁磁系统中变为双曲行为。$T\to\infty$ 的渐近行为可表示为

$$\frac{1}{\chi}\propto\frac{T}{c_1+c_2}+\frac{1}{\chi_0} \tag{1-199}$$

以及通过与 T 轴的交点，确定临界温度 T_C：

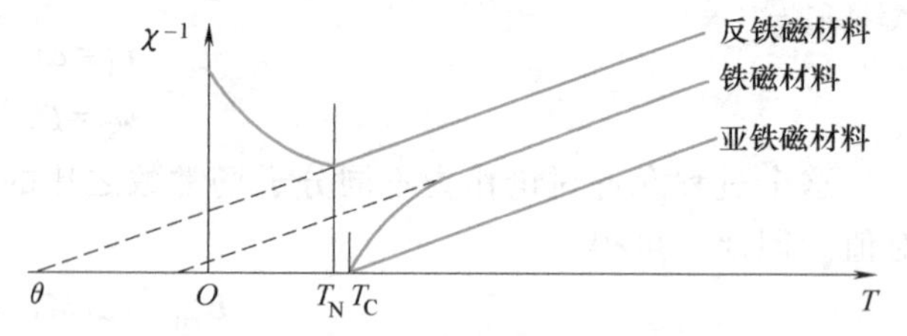

图 1-20　铁磁、反铁磁和亚铁磁材料的磁化率倒数的温度依赖关系

$$\frac{1}{\chi}(T_C)=0 \tag{1-200}$$

因此，可得

$$T_C^2-v(\alpha c_1+\beta c_2)T_C+c_1c_2v^2(\alpha\beta-1)=0 \tag{1-201}$$

$$T_C=\frac{v}{2}\left[\alpha c_1+\beta c_2\pm\sqrt{(\alpha c_1-\beta c_2)^2+4c_1c_2}\right] \tag{1-202}$$

当 $T_C<0$ 时，说明顺磁状态低至 0K。当 $T_C>0$ 时，才存在亚铁磁性。

由于两个子晶格的磁化强度不同，总磁化强度通常表现出复杂的行为，如图 1-21 所示。即存在一个温度 $T_{comp}<T_C$，总磁化强度在$M(T_{comp})=0$ 时消失，这个温度称为补偿温度。

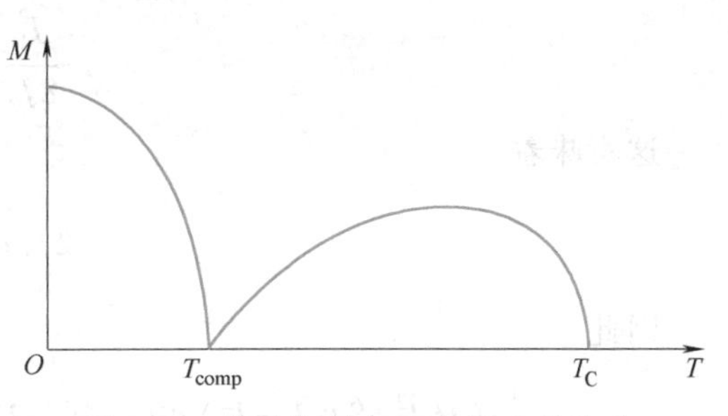

图 1-21　总磁化强度 M 与温度的关系

1.3.4　螺旋磁结构

螺旋磁性在 HCP 结构的稀土金属中经常出现，它们呈层状晶体结构，排列顺序为 AB-AB…，特点是每层内的自旋平行排列，即每一层显示铁磁行为。但是，磁化强度在层与层之间以角度 θ 发生旋转，如图 1-22 所示。

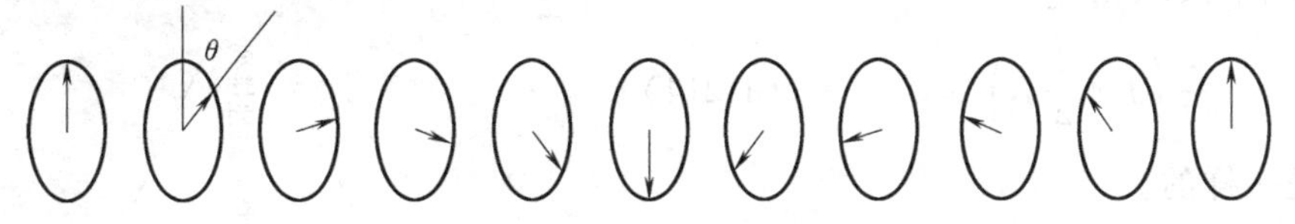

图 1-22　螺旋磁性排列序

对于螺旋磁性的描述，假设磁相互作用只存在于强度为 J_1 的相邻层之间和强度为 J_2 的最近邻层之间。因此，在哈密顿量中 $-\sum J_{ij}\boldsymbol{S}_i\boldsymbol{S}_j$ 项的能量为

$$E=-2NS^2(J_1\cos\theta+J_2\cos2\theta) \tag{1-203}$$

式中，N 为每层的原子数。能量作为旋转角 θ 的函数在$\partial E/\partial\theta=0$ 时最小，这导致

$$(J_1+4J_2\cos\theta)\sin\theta=0 \tag{1-204}$$

式（1-204）一方面可以用 $\sin\theta=0$ 来解，即 $\theta=0$ 或 $\theta=\pi$。在这种情况下，在相邻层之间分别有铁磁或反铁磁排列。另一方面，方程解为

$$\cos\theta=-\frac{J_1}{4J_2} \tag{1-205}$$

这是螺旋磁性的特征。

下面讨论存在螺旋排列时的行为。由于 $|\cos\theta|\leqslant1$，可以推导出

$$|J_1|\leqslant4|J_2| \tag{1-206}$$

可以看到，只有当最近邻层之间的相互作用明显大于相邻层之间的相互作用时，才会发生磁螺旋序。

铁磁、反铁磁和螺旋磁性排列的能量为

$$E_{FM}=-2NS^2(J_1+J_2) \tag{1-207}$$

$$E_{AFM}=-2NS^2(-J_1+J_2) \tag{1-208}$$

$$E_{HM}=-2NS^2\left(-\frac{J_1^2}{8J_2}-J_2\right) \tag{1-209}$$

最后一个方程由 $\cos2\theta=\cos^2\theta-\sin^2\theta=2\cos^2\theta-1$ 得到。对于螺旋磁性的能量偏好，必须满足两个条件：$E_{HM}<E_{FM}$ 和 $E_{HM}<E_{AFM}$。由条件 $E_{HM}<E_{FM}$ 可得

$$-\frac{J_1^2}{8J_2}-J_2>J_1+J_2 \tag{1-210}$$

这意味着

$$2J_2+J_1+\frac{J_1^2}{8J_2}<0 \tag{1-211}$$

因此

$$\frac{1}{8J_2}(16J_2^2+8J_1J_2+J_1^2)<0 \tag{1-212}$$

继而有

$$\frac{1}{8J_2}\left(J_2+\frac{1}{4}J_1\right)^2<0 \tag{1-213}$$

可以看到，J_2 一定是负的，才会出现螺旋磁性。条件 $E_{HM}<E_{AFM}$ 导致

$$\frac{1}{8J_2}\left(J_2+\frac{1}{4}J_1\right)^2<0 \tag{1-214}$$

结果是一样的。

因此，螺旋磁性要求最近邻层之间的反铁磁耦合。如图 1-23 所示为 J_1 和 J_2 耦合平面模型的相图。

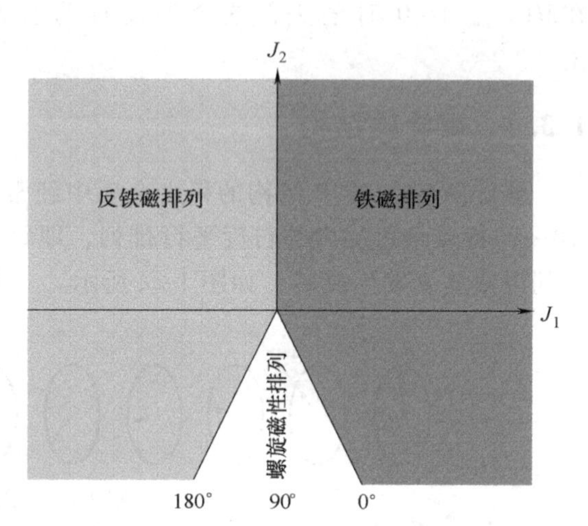

图 1-23　J_1 和 J_2 耦合平面模型的相图

1.4　对称性破缺

低温下自发有序态的发生是固体物理学中的一个基本现象，如铁磁性、反铁磁性和超导性。它可以用一个重要物理量的温度依赖性来表征，该物理量在临界温度 T^* 以上和低于临界温度 T^* 时具有显著差异。每个阶段的描述由一个序参量来完成，当 $T>T^*$ 时序参量消失，当 $T<T^*$ 时序参量不消失。这意味着这个序参量直接证明了系统是处于有序状态还是无序状态。对于磁性，这个序参量由磁化强度给出。每一个有序相对应于对称性的破坏，这将是本节的第一个主题。下面首先处理不同的模型来描述磁化作为温度的函数，随后讨论相变发生的临界温度附近的磁化率等各种性质，最后考虑在低温下变得重要的磁激励。

1.4.1　朗道模型

在临界温度（居里温度 T_C）以上，系统具有完全的旋转对称性，经典自旋或磁矩的所有方向都是等效的，如图 1-24 所示。在 T_C 以下存在优先对准，旋转对称只发生在磁化方向上，直接证明对称性被打破。一个重要的方面是这些系统的对称性不能逐渐改变。一种特定类型的对称只能存在或不存在。结果表明相变是尖锐的，并且可以在有序和无序态之间进行明确的分类。有序态发生在低温下，可以用热力学的方法来理解。系统趋于最小化亥姆霍兹自由能，即 $F=E-TS$，其中 E 为内能，S 为熵。在低温下，有序的基态导致最小的自由能。在高温下，无序态的熵 S 很大，使得 F 最小。

朗道模型指出，铁磁系统的自由能用序参量的函数来描述，在 M 中使用幂级数。两个

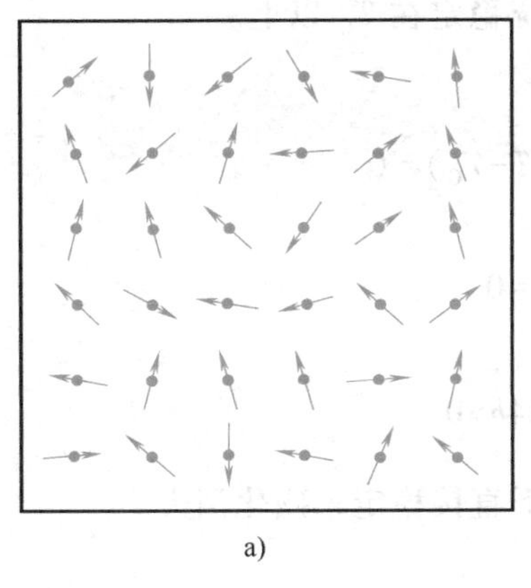

a)

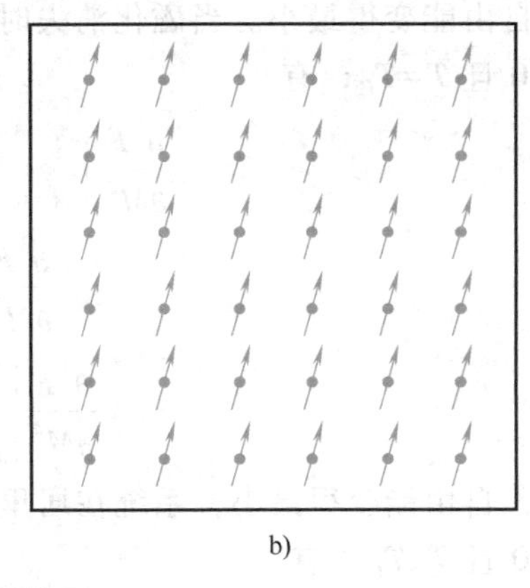

b)

图 1-24　朗道模型

a) $T>T_C$　b) $T<T_C$

相反的磁化状态没有能量差异，即它们是能量简并的，这导致 M 的奇次幂消失。忽略高阶自由能可以写为

$$F(M)=F_0+a(T)M^2+bM^4 \tag{1-215}$$

式中，F_0 为常数；b 为正常数；$a(T)=a_0\ (T-T_C)$，a_0 为正。基态可以通过最小化自由能 F 来确定，作为一个必要条件，F 对 M 的一阶导数必须为零。一阶导数为

$$\frac{\partial F}{\partial M}=2aM+4bM^3 \tag{1-216}$$

$$\frac{\partial^2 F}{\partial M^2}=2a+12bM^2 \tag{1-217}$$

$$\frac{\partial^3 F}{\partial M^3}=24bM \tag{1-218}$$

$$\frac{\partial^4 F}{\partial M^4}=24b>0 \tag{1-219}$$

这意味着

$$0=\frac{\partial F}{\partial M}=2M[a_0(T-T_C)+2bM^2] \tag{1-220}$$

解为

$$M=0 \tag{1-221}$$

$$M=\pm\left[\frac{a_0(T_C-T)}{2b}\right]^{1/2} \tag{1-222}$$

第一个解对整个温度范围有效，而第二个解只有在 $T<T_C$ 时才有效。问题是，第一个解 $M=0$ 是否代表一个稳定状态，即 F 达到最小值。为了回答这个问题，需要确定不同温度下的一阶导数。

1）$M=0$ 且 $T>T_C$，有

$$\left.\frac{\partial^2 F}{\partial M^2}\right|_{M=0}=2a_0(T-T_C)>0 \tag{1-223}$$

因此，自由能变得最小。当磁化消失时，系统稳定在 T_C 以上。

2）$M=0$ 且 $T=T_C$，有

$$\left.\frac{\partial^2 F}{\partial M^2}\right|_{M=0}=2a_0(T-T_C)=0 \tag{1-224}$$

$$\left.\frac{\partial^3 F}{\partial M^3}\right|_{M=0}=0 \tag{1-225}$$

$$\left.\frac{\partial^4 F}{\partial M^4}\right|_{M=0}=24b>0 \tag{1-226}$$

再一次，自由能变得最小，系统在居里温度下直接稳定，磁化消失。

3）$M=0$ 且 $T<T_C$，有

$$\left.\frac{\partial^2 F}{\partial M^2}\right|_{M=0}=2a_0(T-T_C)<0 \tag{1-227}$$

现在自由能（局部）达到最大值。因此，如果磁化消失，系统在 T_C 以下是不稳定的。这说明磁化强度的磁化态具有较低的自由能。

因此，不同温度下的基态为

$$M=\pm\sqrt{\frac{a_0(T_C-T)}{2b}},T\leqslant T_C \tag{1-228}$$

$$M=0,T>T_C \tag{1-229}$$

自由能 F 与磁化强度 M 的关系如图 1-25 所示。

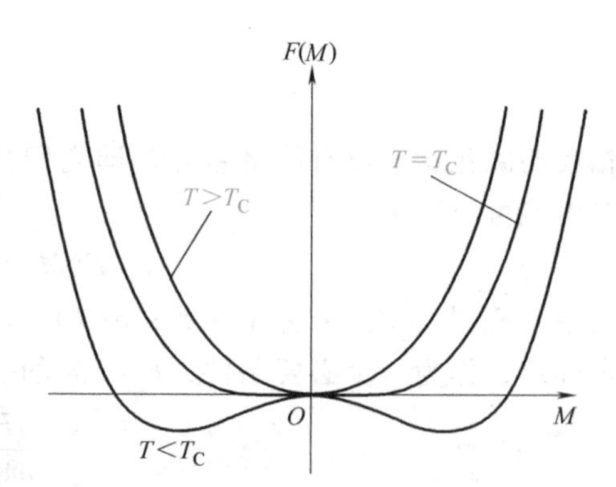

图 1-25 温度低于、等于和高于临界温度 T_C 时的自由能 $F(M)$

这种平均场理论方法的特点是假设所有磁矩都受到所有相邻磁矩产生的相同的平均交换场的影响，并且与外斯模型相同。这种使用平均场理论的方法的优点在于它的简单性。但是，在 T_C 附近，相关性和波动被忽略。因此，居里温度附近的结果比低温下的结果更不可信。

1.4.2 磁激励

在较低温度约 $T/T_C<1/2$ 时，用指数定律描述磁化强度 M 作为温度的函数和临界指数的计算失效。因此，对于低温，使用低能量磁激励进行描述。这些自旋波由磁振子量子化。类似的例子是由声子量子化的晶体中的晶格振动。

重要的性质可以通过色散关系来理解。色散关系描述了频率与波矢量的依赖关系，即 $\omega(q)$ 或能量与动量 $\hbar\omega(\hbar q)$ 的依赖关系。

各向同性铁磁体中磁振子的色散关系可以用半经典方法来描述。

假设在相邻的自旋 S_j 和 S_{j+1} 之间有一个长度为 $|S|=S$ 的等距（晶格常数 a）经典自旋矢量链和铁磁耦合（即 $J>0$）。

作为经典角动量，自旋的时间依赖性由相邻自旋的交换场产生的实际力矩决定，即

$$\frac{\mathrm{d}S_j}{\mathrm{d}t}=\boldsymbol{S}_j\times 2J(\boldsymbol{S}_{j-1}+\boldsymbol{S}_{j+1})/\hbar \tag{1-230}$$

由笛卡儿分量分解可得

$$\frac{\mathrm{d}S_j^x}{\mathrm{d}t}=\frac{2J}{\hbar}[S_j^y(S_{j-1}^z+S_{j+1}^z)-S_j^z(S_{j-1}^y+S_{j+1}^y)] \tag{1-231}$$

$$\frac{\mathrm{d}S_j^y}{\mathrm{d}t}=\frac{2J}{\hbar}[S_j^z(S_{j-1}^x+S_{j+1}^x)-S_j^x(S_{j-1}^z+S_{j+1}^z)] \tag{1-232}$$

$$\frac{\mathrm{d}S_j^z}{\mathrm{d}t}=\frac{2J}{\hbar}[S_j^x(S_{j-1}^y+S_{j+1}^y)-S_j^y(S_{j-1}^x+S_{j+1}^x)] \tag{1-233}$$

基态是给定的，如果所有的自旋都在一个给定的方向上对齐，如沿着 z 轴，则有

$$S_j^z=SS_j^x=S_j^y=0 \tag{1-234}$$

激发态的特征是有一个小的偏差，即

$$S_j^z\approx SS_j^x=\varepsilon' SS_j^y=\varepsilon'' S \tag{1-235}$$

由 ε'、$\varepsilon''\ll1$，代入可得

$$\frac{\mathrm{d}S_j^x}{\mathrm{d}t}=\frac{2JS}{\hbar}(2S_j^y-S_{j-1}^y-S_{j+1}^y) \tag{1-236}$$

$$\frac{\mathrm{d}S_j^y}{\mathrm{d}t}=-\frac{2JS}{\hbar}(2S_j^x-S_{j-1}^x-S_{j+1}^x) \tag{1-237}$$

$$\frac{\mathrm{d}S_j^z}{\mathrm{d}t}\approx0 \tag{1-238}$$

用平面波作为解，可得

$$\begin{aligned}-\mathrm{i}\omega AE_t&=2JS(2BE_t-BE_t\mathrm{e}^{-\mathrm{i}qa}-BE_t\mathrm{e}^{\mathrm{i}qa})/\hbar\\&=2JSBE_t[2-(\mathrm{e}^{-\mathrm{i}qa}+\mathrm{e}^{\mathrm{i}qa})]/\hbar\\&=4JSBE_t(1-\cos qa)/\hbar\end{aligned} \tag{1-239}$$

因此，有

$$-\mathrm{i}\hbar\omega A=4JS(1-\cos qa)B \tag{1-240}$$

类似地，可得

$$-\mathrm{i}\hbar\omega B=-4JS(1-\cos qa)A \tag{1-241}$$

非平凡解为

$$A=\mathrm{i}B \tag{1-242}$$

这意味着在 x 和 y 方向上的振荡表现出 90°的相移。因此，自旋波色散关系为

$$\hbar\omega=4JS(1-\cos qa) \tag{1-243}$$

如图 1-26 和图 1-27 所示。由于在 $\hbar\omega=0$ 处没有间隙，最小的激发能就能产生自旋波。用量子力学的方法也得到了同样的结果。需要注意的是，磁振子是玻色子（$1\hbar$），因为每个磁振子代表一个离域转移自旋。

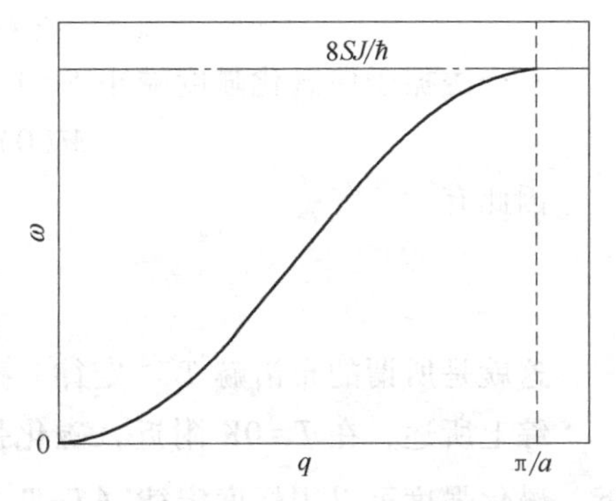

图 1-26　一维原子链中磁振子的色散关系

如图 1-28 所示为铁磁体的相对自发磁化强度与简化温度的关系。在低温下，其行为可以用布洛赫 $T^{3/2}$ 定律表示，使用自旋波模型。在居里温度附近，M/M_S 由 $(T_C-T)^\beta$ 给出，β 为临界指数。

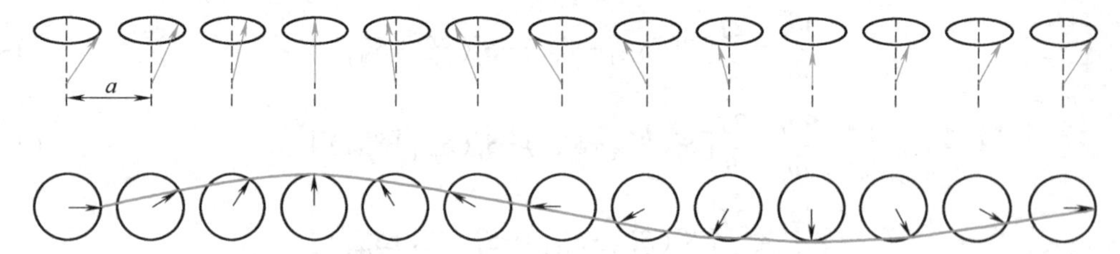

图 1-27 单原子链的自旋波侧视图（上）和俯视图（下）

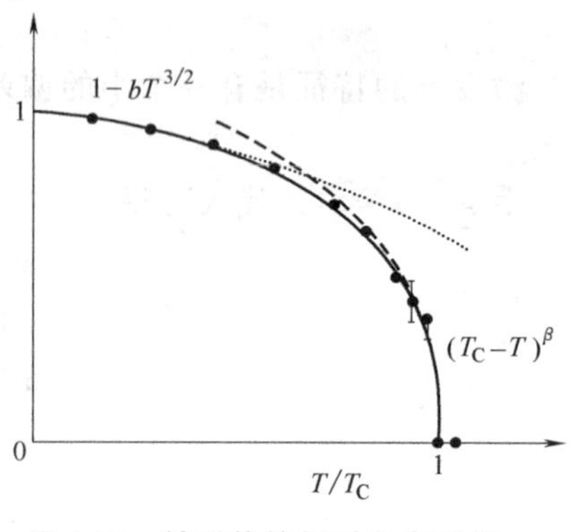

图 1-28 铁磁体的相对自发磁化强度与简化温度的关系

下面讨论 $T=0$K 附近的磁化强度。对于低温 q 很小，允许近似：

$$\cos qa = 1-q^2a^2/2 \tag{1-244}$$

将式（1-244）代入式（1-243）可得

$$\hbar\omega = 2JSq^2a^2 \tag{1-245}$$

因此有

$$\omega \propto q^2 \tag{1-246}$$

三维自旋波态的密度可以表示为

$$g(q) \propto q^2 \tag{1-247}$$

这导致

$$g(\omega) \propto \omega^{1/2} \tag{1-248}$$

考虑到磁振子的玻色分布，通过对自旋波态密度的所有频率进行积分，可以计算出磁振子的数目 n 为

$$n = \int_0^{\infty} \frac{g(\omega)}{e^{\hbar\omega/kT}-1}d\omega \tag{1-249}$$

利用式（1-248）且设

$$x = \hbar\omega/kT \tag{1-250}$$

可得

$$\begin{aligned} n &= b\int_0^{\infty}\left(\frac{kT}{\hbar}\right)^{1/2} x^{1/2}\frac{kT}{\hbar}\frac{1}{e^x-1}dx \\ &= b\left(\frac{kT}{\hbar}\right)^{3/2}\int_0^{\infty}\frac{x^{1/2}}{e^x-1}dx \\ &= cT^{3/2} \end{aligned} \tag{1-251}$$

每个磁振子使磁化强度减小 $S=1$，即

$$M(0)-M(T) \propto n(T) = cT^{3/2} \tag{1-252}$$

因此有

$$\frac{M(T)}{M(0)} = 1-acT^{3/2} \tag{1-253}$$

这就是所谓的布洛赫 $T^{3/2}$ 定律。

综上所述，在 $T=0$K 附近，磁化强度可以用布洛赫 $T^{3/2}$ 定律来描述，在居里温度 T_C 附近，磁化强度可以用标度定律 $(T-T_C)^{\beta}$ 来描述。

参考文献

[1]　MATHIAS GETZLAFF. Fundamentals of magnetism [M]. New York: Springer, 2008.

[2]　J M D COEY. Magnetism and magnetic materials [M]. Cambridge: Cambridge University Press, 2010.

习　　题

1. 列出多电子原子在磁场环境下的哈密顿量，简述轨道磁矩、自旋磁矩和感生磁矩的贡献。

2. 简述铁磁性、亚铁磁性、反铁磁性的区别。

3. 论述铁磁性的分子场理论，并讨论自发磁化强度与温度之间的关系。

4. 论述局域电子直接交换作用的物理模型，给出自旋哈密顿量的推导过程，并简单论述交换积分与分子场常数之间的关系。

5. 论述磁性金属材料中，传导电子（非局域电子）能够形成自发磁化的条件。

6. 论述自旋波的物理模型，并给出色散关系。

第 2 章

磁性材料的理论模型与方法

2.1 常见的自旋模型

2.1.1 磁性材料的自旋表述

磁性材料的有效磁场来自电子的交换作用，其反映了相邻两个电子之间的库仑排斥，阻碍两个电子进入相同的量子态。这符合泡利不相容原理，即两个电子不允许同时具有相同的自旋和相同的位置。那么对于处于 i 和 j 点位上的两个自旋来说，平行排列 $\uparrow_i\uparrow_j$ 与反平行排列 $\uparrow_i\downarrow_j$ 所具有的能量是不同的。下面给出磁性材料的自旋表述及简单的推导过程。

首先，电子是一种不可分辨的全同粒子，因此交换两个电子，电子密度并不会发生变化，即 $|\Psi(1,2)|^2=|\Psi(2,1)|^2$；其次，电子是费米子，因此具有反对称的波函数，即 $\Psi(1,2)=-\Psi(2,1)$；最后，总波函数可以分解为空间分量 $\phi(r_1, r_2)$ 和自旋分量 $\chi(s_1, s_2)$ 的乘积，因此，若空间分量对称，则自旋分量一定反对称，反之亦然。

下面考虑简单的氢气分子模型。在氢气中每个氢原子含有一个电子，设两个电子的波函数空间分量分别为 $\psi_i(\boldsymbol{r}_i)$，其中 $i=1, 2$ 以区别不同电子，则总波函数的空间分量可以写为 $\phi(\boldsymbol{r}_1,\boldsymbol{r}_2)=\psi_1(\boldsymbol{r}_1)\psi_2(\boldsymbol{r}_2)$，或者 $\phi(\boldsymbol{r}_1,\boldsymbol{r}_2)=\psi_1(\boldsymbol{r}_2)\psi_2(\boldsymbol{r}_1)$，分别对应于交换前和交换后的两个态。通过线性变换可以分别构造对称和反对称波函数，其中对称波函数可写为 $\phi_s(\boldsymbol{r}_1,\boldsymbol{r}_2)=\frac{1}{\sqrt{2}}[\psi_1(\boldsymbol{r}_1)\psi_2(\boldsymbol{r}_2)+\psi_1(\boldsymbol{r}_2)\psi_2(\boldsymbol{r}_1)]$，反对称波函数可以写为 $\phi_a(\boldsymbol{r}_1,\boldsymbol{r}_2)=\frac{1}{\sqrt{2}}[\psi_1(\boldsymbol{r}_1)\psi_2(\boldsymbol{r}_2)+\psi_1(\boldsymbol{r}_2)\psi_2(\boldsymbol{r}_1)]$。从波函数表达式可以看出，当电子的位置发生交换时，$\phi_s(\boldsymbol{r}_1,\boldsymbol{r}_2)=\phi_s(\boldsymbol{r}_2,\boldsymbol{r}_1)$没有变化，而 $\phi_a(\boldsymbol{r}_1,\boldsymbol{r}_2)=-\phi_a(\boldsymbol{r}_2,\boldsymbol{r}_1)$变为相反数，这就是波函数对称和反对称的最直观体现。使用 ϕ_s 和 ϕ_a 还可以描述氢气分子的成键态与反键态，成键态由于波函数叠加，在两个原子的中间位置电子密度不为零，而反键态由于波函数抵消，在两个原子之间存在概率零点，如图 2-1 所示，图中线条表示位置波函数，箭头表示自旋波函数。

自旋波函数的对称与反对称也可以写为自旋波函数的叠加形式。对于双自旋系统，对称与反对称的自旋波函数对应于自旋三重态和自旋单重态，其中自旋三重态可写为 $\chi_s=|\uparrow_1, \uparrow_2\rangle, \frac{1}{\sqrt{2}}(|\uparrow_1, \downarrow_2\rangle+|\downarrow_1, \uparrow_2\rangle), |\downarrow_1, \downarrow_2\rangle$，即角动量量子数为 1 且磁量

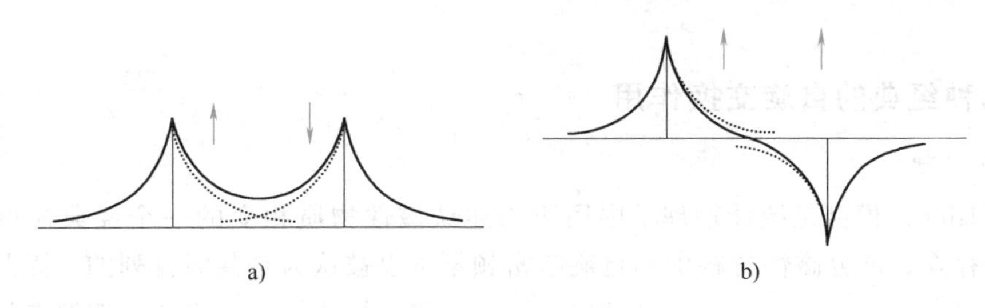

图 2-1　氢气分子中允许的两种电子波函数
a) $S=0$　b) $S=1$

子数为分别为 1、0 和-1 的三个自旋态；单重态可写为 $\chi_a=\frac{1}{\sqrt{2}}(|\uparrow_1,\ \downarrow_2\rangle-|\downarrow_1,\ \uparrow_2\rangle)$，即角动量量子数和磁量子数都为 0 的自旋态。同样，当电子的自旋发生交换时，对称自旋态不发生变化，而反对称自旋态变为相反数。因此，由于总波函数的反对称性，可以将其写为 $\Psi_{\text{I}}=\phi_s(\boldsymbol{r}_1,\boldsymbol{r}_2)\chi_a(\boldsymbol{s}_1,\boldsymbol{s}_2)$ 和 $\Psi_{\text{II}}=\phi_a(\boldsymbol{r}_1,\boldsymbol{r}_2)\chi_s(\boldsymbol{s}_1,\boldsymbol{s}_2)$，其中忽略了归一化系数。$\Psi_{\text{I}}$ 表示当电子处于自旋单重态，即当自旋反平行时，电子更倾向于出现在同一个位置；Ψ_{II} 表示当电子处于自旋三重态，即当自旋平行排列时，电子避免出现在同一个位置。

氢气分子的总哈密顿量可以写为

$$H=-\frac{\hbar^2}{2m}(\nabla_1^2+\nabla_2^2)-\frac{e^2}{r_{a1}}-\frac{e^2}{r_{b2}}+\frac{e^2}{R}+\frac{e^2}{r_{12}}-\frac{e^2}{r_{a2}}-\frac{e^2}{r_{b1}} \tag{2-1}$$

式中，$-\frac{\hbar}{2m}(\nabla_1^2+\nabla_2^2)$ 为动能项；$-\frac{e^2}{r_{a1}}-\frac{e^2}{r_{b2}}$为原子核与同位电子的相互作用；$\frac{e^2}{R}+\frac{e^2}{r_{12}}$为两个原子核和两个电子之间的库仑排斥；$-\frac{e^2}{r_{a2}}-\frac{e^2}{r_{b1}}$为原子核与异位电子的相互作用。将动能项以及同位相互作用项之外的项考虑为微扰，再将双电子系统的总波函数代入微扰理论，可得自旋三重态和自旋单重态之间的能量差取决于

$$\varepsilon=-2\left(\frac{J}{\hbar^2}\right)\boldsymbol{s}_1\cdot\boldsymbol{s}_2 \tag{2-2}$$

式中，J 为交换积分，是一个没有经典对应的纯量子力学物理量，$J=\iint\psi_1^*(r')\psi_2^*(r)H(r,r')\psi_1(r)\psi_2(r')\mathrm{d}r^3\mathrm{d}r'^3$。由于$\boldsymbol{s}_1\cdot\boldsymbol{s}_2=\boldsymbol{s}^2-\boldsymbol{s}_1^2-\boldsymbol{s}_2^2=\hbar^2s(s+1)-\hbar^2s_1(s_1+1)-\hbar^2s_2(s_2+1)$，则对于单重态和三重态，$\boldsymbol{s}_1\cdot\boldsymbol{s}_2$ 有本征值$-\frac{3}{4}\hbar^2$ 和$+\frac{1}{4}\hbar^2$，因此 $J=(\varepsilon_{\text{I}}-\varepsilon_{\text{II}})/2$，即交换积分反映了自旋平行排列与反平行排列的能量差。

海森堡将自旋哈密顿量统一为 $H=-2J\ \hat{\boldsymbol{S}}_1\cdot\hat{\boldsymbol{S}}_2$，其中$\hat{\boldsymbol{S}}$ 为无量纲的自旋算符，类似于泡利矩阵，自旋算符中的 $\hbar^2$ 归入交换积分，因此交换积分 J 有能量的单位（或者温度的单位，之间通过玻尔兹曼常数 k_B 联系）。由自旋哈密顿量计算公式可知，当 $J>0$ 时，为了使能量最小化，自旋更倾向于平行排列，当 $J<0$ 时，自旋更倾向于反平行排列。在晶体中，自旋哈密顿量可以写为 $H=-2\sum_{i>j}J_{ij}\boldsymbol{S}_i\cdot\boldsymbol{S}_j$，其中 J_{ij} 表示不同磁点位之间的交换积分，因此当 $J_{ij}>0$ 时，晶体更倾向于形成铁磁体，反之则更倾向于形成反铁磁体。交换积分可以通过第一性原理计算得到。至此已得到磁性晶体中最基础的自旋描述，在后文中，更多的自旋描述

会被提及。

2.1.2 几种经典的自旋交换作用

1. 伊辛模型

伊辛（Ising）模型是统计物理学中用于描述铁磁性物质相变的一个经典模型。由于磁各向异性的存在，部分磁性材料中的自旋哈密顿量可以被认为是共线排列的。因此，可以近似认为自旋仅存在一个自由度，即沿各向异性轴的向上极化或向下极化。按照惯例，可以设易磁化轴沿 z 方向，此时自旋哈密顿量可以写为 $H=-2\sum_{i>j}J_{ij}S_i^zS_j^z$，其中 S^z 为自旋在 z 方向的分量，且 $|S^z|=1$。各个磁点位的 S^z 之间，要么平行要么反平行。这种低自由度的近似模型为磁性的模拟提供了便利，使材料能够很容易地通过统计方法，如蒙特卡洛模拟（Monte Carlo Simulation），得到材料在特定条件下的磁构型，如图 2-2 所示。

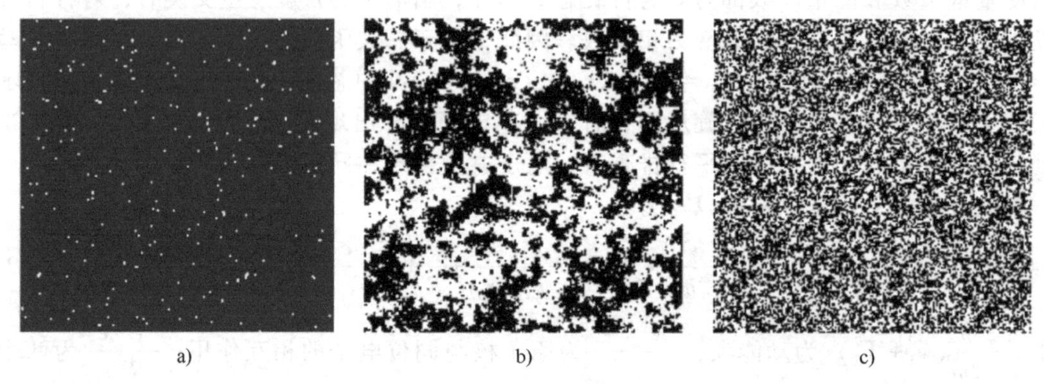

图 2-2 伊辛模型下的磁构型模拟（T_C 为磁相变温度，即居里温度）

a）$T<T_C$ b）$T=T_C$ c）$T>T_C$

以蒙特卡洛模拟中的 Metropolis 算法为例，当试图对随机磁点位的自旋进行翻转时，进行以下判定：若翻转自旋后，总体系的能量降低，则允许翻转；若翻转自旋不会降低体系能量，则认为自旋有 $e^{-\beta\Delta E}$ 的概率翻转，其中 $\beta=\frac{1}{k_BT}$，ΔE 为翻转后的能量增值。经过足够多的蒙特卡洛步数，体系会朝着能量最低的磁分布优化。在不同的温度点做蒙特卡洛模拟统计，可以得到材料的磁化强度、磁化率、比热等物理量随温度的变化曲线，如图 2-3 所示。根据比热-温度曲线往往可以判断磁性材料的相变温度。

2. 海森堡模型

海森堡（Heisenberg）模型常用于研究磁性系统和强关联电子系统中的相变与临界点现象。在伊辛模型中，材料的磁各向异性被认为是足够强的，从而近似认为自旋仅存在一个自由度，然而在实际材料体系中，自旋是允许在三维空间中自由旋转的。由海森堡的自旋哈密顿量 $H=-2J\,S_1\cdot S_2$ 可以推得：$H=-2J(S_1^xS_2^x+S_1^yS_2^y+S_1^zS_2^z)$，可见伊辛模型舍弃了水平方向的两个自由度，这在实际体系中会导致相变温度的高估，且不是所有体系都具有强的磁单轴各向异性。因此，一个更贴合实际的模型需要 3 个自旋自由度。

从海森堡模型不难看出，当材料的磁各向异性为一个易磁化面而非易磁化轴时，可以近似看作面内分量的主导，即面内磁各向异性强时，哈密顿量为 $H=-2J(S_1^xS_2^x+S_1^yS_2^y)$，且

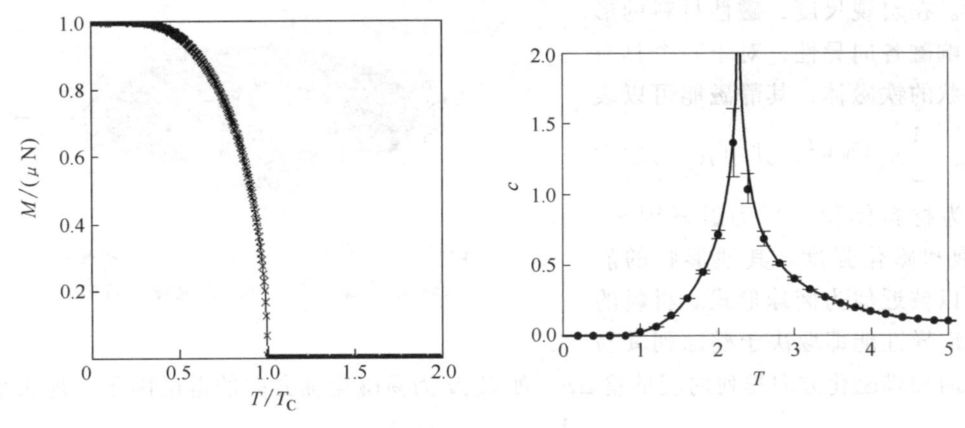

图 2-3 模拟得到的 *M-T* 曲线和比热-温度曲线

$S^z \equiv 0$，这个模型称为 *XY* 模型。*XY* 模型中的自旋有两个自由度。三种模型的示意图如图 2-4 所示。另外，在模拟中往往把自旋磁矩归一化，把磁矩的模归入交换积分 *J*。因此，如果把自旋用球坐标表示，海森堡模型的自由度变为 2（极角与方位角），而 *XY* 模型的自由度变为 1（方位角，而极角恒为 90°）。最后，不难看出目前的海森堡自旋哈密顿量还无法区分易面和易轴的磁各向异性，因此需要引入额外的磁各向异性参数。

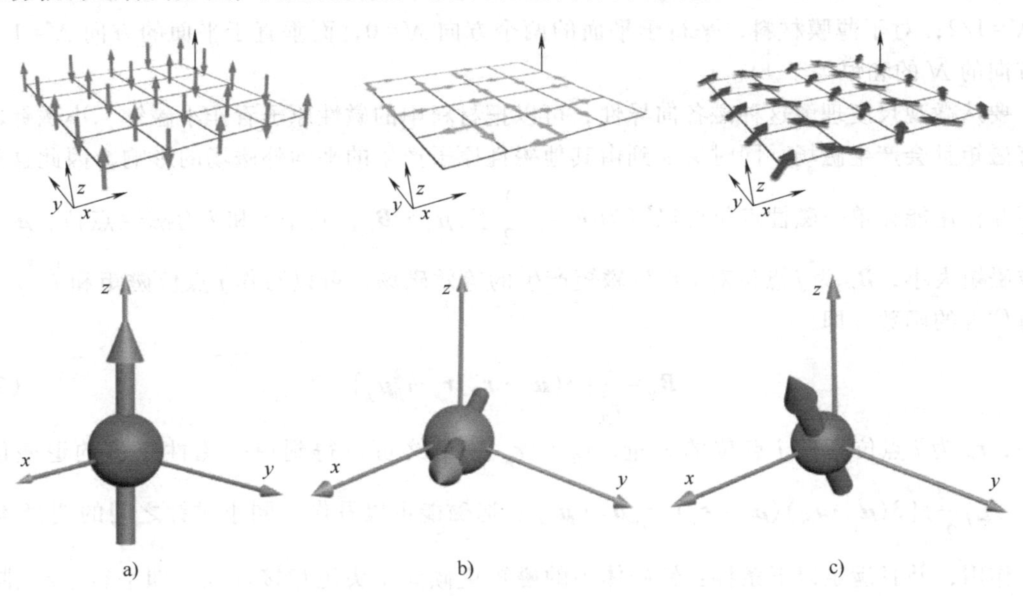

图 2-4 伊辛模型、*XY* 模型和海森堡模型的示意图
a）伊辛模型 b）*XY* 模型 c）海森堡模型

2.2 磁各向异性

2.2.1 磁形状各向异性

磁形状各向异性源于磁偶极的相互作用，是导致磁畴形成和磁矩平行或反平行排列的重

要因素。在宏观尺度，磁性材料的形状会影响磁各向异性，对于一个具有椭球形状的铁磁体，其静磁能可以表示为 $\varepsilon_m=\frac{1}{2}\mu_0 V\mathcal{N}M_s^2$，其中 μ_0 为磁常数，V 为材料体积，$\mathcal{N}$ 为退磁因子，M_s 为饱和磁化强度。其他形状的静磁能可以被近似为椭球形式。材料的形状各向异性能即取决于椭球朝其易磁化方向和难磁化方向排列的能量差 $\Delta\varepsilon$，如果 $\mathcal{N}$ 为易磁化轴方向的退磁因子，那么垂直于易轴的难磁化方向的退磁因子为 $\mathcal{N}'=\frac{1}{2}(1-\mathcal{N})$，则对于长椭球体材料有 $\Delta\varepsilon=\frac{1}{2}\mu_0 VM_s^2\left[\frac{1}{2}(1-\mathcal{N})-\mathcal{N}\right]=\frac{1}{4}\mu_0 VM_s^2(1-3\mathcal{N})$。若材料是一个球体，此时对应的退磁因子在任何磁化方向都是 $\mathcal{N}=\frac{1}{3}$，因此球体材料不存在磁形状各向异性。对于非椭球体系，也可以由一个近似的有效退磁因子来描述，如对于长针状材料，平行于轴的方向 $\mathcal{N}=0$，而垂直于轴的两个方向 $\mathcal{N}=1/2$；对于薄膜材料，平行于平面的两个方向 $\mathcal{N}=0$，而垂直于平面的方向 $\mathcal{N}=1$（三个方向的 $\mathcal{N}$ 的和恒等于 1）。

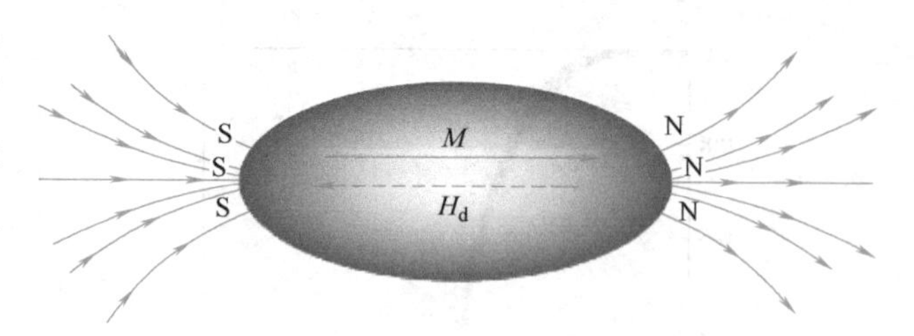

图 2-5　长椭球体的形状各向异性示意图
（M 为易磁化方向，H_d 为退磁场方向）

要从微观尺度理解这种磁各向异性，可以把材料中的磁性原子看作小磁针，小磁针本身带有磁矩且会产生磁场，同时又受到由其他磁性原子产生的平均外磁场的影响，因此这类退磁相互作用能在单一磁性点位可以写为 $E_i=-\frac{1}{2}\sum_j \boldsymbol{\mu}_i\cdot\boldsymbol{B}_{ij}$，其中 i 和 j 为磁性点位，$\boldsymbol{\mu}_i$ 为 i 点位磁矩大小，$\boldsymbol{B}_{ij}$ 为 j 点位对 i 点位磁矩产生的等效磁场，可以写作 j 点位磁矩和 i、j 点位相对位置的函数，即

$$\boldsymbol{B}_{ij}=\frac{1}{r_{ji}^5}[3(\boldsymbol{\mu}_j\cdot\boldsymbol{r}_{ji})\boldsymbol{r}_{ji}-r_{ji}^2\boldsymbol{\mu}_j] \tag{2-3}$$

式中，$\boldsymbol{r}_{ji}$ 为 i 点位指向 j 点位的矢量，$r_{ji}=|\boldsymbol{r}_{ji}|$，最终可以得到单一磁性点位的退磁能为 $E_i=-\sum_j\frac{1}{2r_{ji}^5}[3(\boldsymbol{\mu}_j\cdot\boldsymbol{r}_{ji})(\boldsymbol{\mu}_i\cdot\boldsymbol{r}_{ji})-r_{ji}^2\boldsymbol{\mu}_i\cdot\boldsymbol{\mu}_j]$。退磁能可以看作不同小磁针之间的偶极-偶极相互作用，并且满足以下条件：铁磁体中的磁矩更倾向于头尾相接排列，即平行于$\boldsymbol{r}_{ji}$ 排列，从而使得退磁能更低，而非垂直于$\boldsymbol{r}_{ji}$ 排列，如图 2-6 所示。这就是铁磁性薄膜的磁形状各向异性倾向于形成易磁化面的微观机理，磁偶极相互作用使磁矩更倾向于指向材料最宽的方向。

当铁磁体分畴形成退磁态之后，往往认为材料不再具有或者保留很少的形状各向异性，因为各个小磁畴之间的退磁作用使其处于宏观基态，能量不会随畴的磁化方向而变化。但这并不意味着微观上的反铁磁体不存在形状各向异性。假如材料中的磁矩严格按照反铁磁排列，小磁针就不再是磁畴，而是磁性原子本身。由单点位退磁能可知，当反平行“小磁针”平行或垂直于$\boldsymbol{r}_{ji}$ 排列时，依然具有静磁能差，且此时更倾向于垂直于$\boldsymbol{r}_{ji}$ 排列，如图 2-7 所

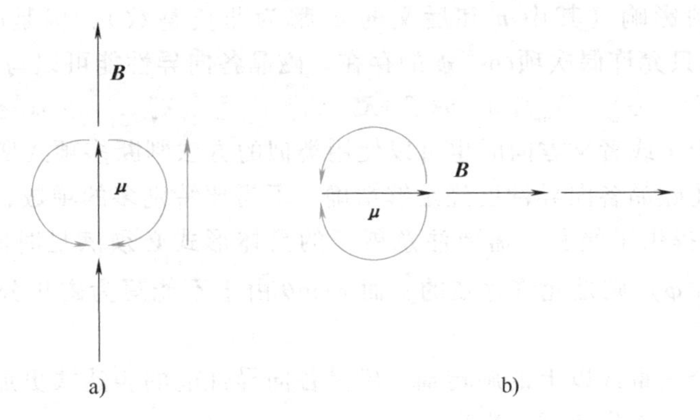

图 2-6　形状各向异性的微观机理示意图（μ 为自旋磁矩，B 为自旋磁矩产生的等效磁场）
a）高能量　b）低能量

示。对于反铁磁体薄膜，这意味着指向面外的易磁化轴，在其他形状的材料中，磁矩更倾向于指向材料最窄的方向。

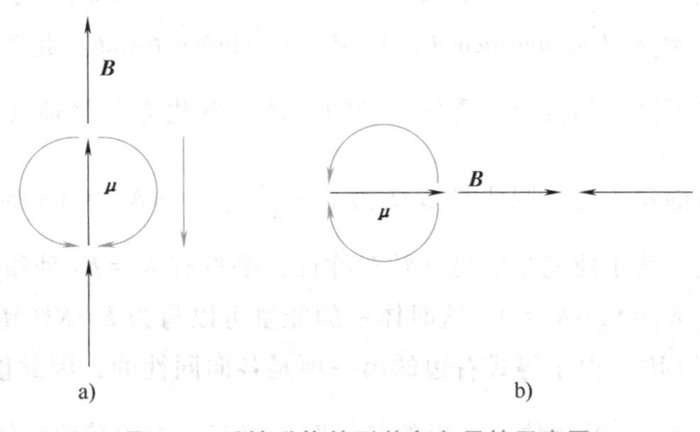

图 2-7　反铁磁体的形状各向异性示意图
a）低能量　b）高能量

在微观尺度，可以使用退磁能的微观表达式来计算复杂晶体结构以及复杂磁构型体系中的磁形状各向异性，通过设置磁矩的不同朝向（易轴、难轴）再做能量差即可得到；也可以在模拟过程中对复杂体系的退磁能分布进行动态的考虑，使模拟更贴近于实际情况。但由于实际材料体系过大，j 点位不能无穷列举，因此往往会设置截断半径，大于截断半径的 j 点位则不予考虑。

2.2.2　磁晶各向异性

形状各向异性是由材料样品形状决定的磁各向异性，而磁晶各向异性则是由晶体本身所具有的结构所带来的本征各向异性，它的类型往往取决于晶体结构，大小通常取决于自旋轨道耦合作用。磁晶各向异性是当磁矩统一指向不同特定方向时的能量差，通常可以展开写为磁化方向的多项式，且可以由对称性简化表达式。将磁化矢量写为 $\boldsymbol{M}=M_s(M_x, M_y, M_z)$，其中 M_s 为饱和磁化强度，(M_x, M_y, M_z) 为归一化磁化方向，也可以将其表示为球坐标形式（极角 θ 和方位角 ϕ）：$M_x=\sin\theta\cos\phi$，$M_y=\sin\theta\sin\phi$，$M_z=\cos\theta$。由于时间反演操作（即将自旋反向）不会改变磁性体系的能量，因此首先可以做的简化则是多项式仅存在偶次项（如 M_xM_y 就是二次项），这一点对于任何对称性的体系都是通用的。另外，由于三角函数 sin 和 cos 之间可以互相转化：$\sin^2\theta=1-\cos^2\theta$，而各向异性能更关注的是能量随磁化方向的变化量（即并不关心常数 1 带来的效果），因此展开式中的$\sin^2\theta$ 和$-\cos^2\theta$ 等价，合并为其一即可描述能量随方向的变化。接下来考虑不同的对称性。

当晶体存在一个二重旋转轴时，设这个旋转轴平行于 z 方向，那么多项式中的$\sin^n\theta$ 并不会受旋转对称性的影响（其中 n 和后文的 m 都为非负整数），但是$\cos^n\phi$ 项应该与$\cos^n(\phi+\pi)$ 相等，因此只允许偶次项$\cos^{2n}\phi$ 的存在。磁晶各向异性能可以写为

$$E(\theta,\phi)=\sum_n K_n\sin^n\theta+\sum_m K'_m\cos^{2m}\phi+\sum_{k,l}K''_{k,l}\sin^k\theta\cos^{2l}\phi \tag{2-4}$$

当旋转轴平行于 x 或者 y 方向时也可以使用类似的方法判断多项式所保留的项。通常来说，低阶项用于描述磁晶各向异性已经足够精确，不需要特别多的项数，这为三角函数展开式的系数 K_n 的拟合提供了便利。需要注意展开的具体形式必须满足时间反演对称的条件，如 $KM_x^2=K(\sin^2\theta\cos^2\phi)$ 则是允许存在的，而 $K\sin\theta$ 由于不能写为磁化分量的偶次项而不允许存在。

当晶体存在一个三重或以上的旋转轴，磁晶各向异性能的表达式更加具有代表性，此处给出简单的推导过程。首先考虑二次项

$$E=K_1M_x^2+K_2M_y^2+K_3M_z^2+K_4M_xM_y+K_5M_xM_z+K_6M_yM_z \tag{2-5}$$

其中，$M_x^2=M_s^2\sin^2\theta\cos^2\phi$，$M_y^2=M_s^2\sin^2\theta\sin^2\phi$，$M_z^2=M_s^2\cos^2\theta$，$M_xM_y=M_s^2\sin^2\theta\cos\phi\sin\phi$，$M_xM_z=M_s^2\sin\theta\cos\theta\cos\phi$，$M_yM_z=M_s^2\sin\theta\cos\theta\sin\phi$。此时考虑旋转操作，由于旋转操作之后能量不变，如具有三重旋转轴的晶体在磁化方向绕轴（此处依然令旋转轴为 z 轴）旋转$\frac{2\pi}{3}$之后能量不变，因此当 ϕ 变为 $\phi+\frac{2\pi}{N}$（其中 N 为旋转阶次），体系的能量不会发生变化。因此，为了使能量满足旋转对称性，必然有 $K_1=K_2$ 使得 M_x^2 与 M_y^2 中的 ϕ 项在加和后消失，且有 $K_4=K_5=K_6=0$。这时体系的能量可以写为 $E=K'_1(M_x^2+M_y^2)+K'_2M_z^2=K'_1(M_x^2+M_y^2+M_z^2)+(K'_2-K'_1)M_z^2$，由于等式右边的第一项是各向同性的，因此能量差仅取决于第二项的 M_z^2，即 $\Delta E=\Delta(K\sin^2\theta)$。值得一提的是，对于仅有二重旋转轴的体系，$\phi+\frac{2\pi}{N}=\phi+\pi$，因此除了 M_xM_z 和 M_yM_z 之外，其他项都能够保留（且独立），说明对称性越低则保留的自由度越多。同时，在晶体中并不仅有旋转对称性，还有镜面对称也可以进一步将能量多项式简化。此时考虑四次项

$$E=K_1M_x^4+K_2M_y^4+K_3M_z^4+K_4M_x^2M_y^2+K_5M_x^2M_z^2+K_6M_y^2M_z^2 \tag{2-6}$$

经过类似的推导过程可以得出：若要使旋转操作之后体系的能量不变，则 $K_1=K_2=\frac{K_4}{2}$，且 $K_5=K_6$，即 $E=K'_1(M_x^2+M_y^2)^2+K'_2M_z^4+K'_3(M_x^2+M_y^2)M_z^2=K'_1(M_x^2+M_y^2+M_z^2)^2+(K'_2-K'_1)M_z^4+(K'_3-2K'_1)(M_x^2+M_y^2)M_z^2$，此时能量差表达式为 $\Delta E=\Delta(k'\sin^4\theta+k''\cos^2\theta\sin^2\theta)=\Delta[(k'\sin^2\theta+k''\cos^2\theta)\sin^2\theta]=\Delta(K'\sin^4\theta)$。此时已经得出磁晶各向异性能的表达式为

$$E=K_0+K\sin^2\theta+K'\sin^4\theta \tag{2-7}$$

其中忽略了四阶以上的项，由于其表达式与 ϕ 无关，因此称为单轴各向异性。再由$\frac{\partial E}{\partial\theta}=0$、$\frac{\partial^2E}{\partial\theta^2}>0$ 得出能量最低时的磁化方向与系数 K 和 K'的关系，如图 2-8 所示。由图 2-8 可知：①当 $K=K'=0$ 时，磁性是各向同性的；②当 $K>0$ 且 $K'>-K$ 时，有 z 方向的易磁化轴（$\theta=0$）；③当 $K>0$ 且 $K'<-K$ 时，有 xy 平面的易磁化面$\left(\theta=\frac{\pi}{2}\right)$；④当 $K<0$ 且 $K'<-\frac{K}{2}$时，有 xy

平面的易磁化面$\left(\theta=\frac{\pi}{2}\right)$；⑤当$-2K'<K<0$时，有一个极角$\theta=\arcsin\sqrt{\pm|K|/2K'}$的易磁化锥，即基态的磁化方向处于圆锥的母线方向。金属Co即是一类具有单轴各向异性的材料，其基态即满足①（易轴），但在高温条件下也存在③和④的情况（易面和易锥）。

这里给出常见晶系的磁晶各向异性能表达式。对于六方晶系，有$E=K_0+K_1\sin^2\theta+K_2\sin^4\theta+K_3\sin^6\theta+K_3'\sin^6\theta\sin6\phi$；对于四方晶系，有$E=K_0+K_1\sin^2\theta+K_2\sin^4\theta+K_2'\sin^4\theta\cos4\phi+K_3\sin^6\theta+K_3'\sin^6\theta\sin4\phi$；对于具有高对称性的立方晶系，有$E=K_0+K_{1c}(\alpha_1^2\alpha_2^2+\alpha_2^2\alpha_3^2+\alpha_3^2\alpha_1^2)+K_{2c}(\alpha_1^2\alpha_2^2\alpha_3^2)$，其中$\alpha_1$、$\alpha_2$、$\alpha_3$分别为磁化方向与三个晶轴的夹角余弦。对于立方晶系，如果忽略K_{2c}项，那么可得易磁化方向与K_{1c}大小的关系，即当$K_{1c}>0$，则易磁化轴指向立方的体对角方向〈111〉；当$K_{1c}<0$，则易磁化轴指向晶轴方向〈100〉。如果保留K_{2c}项，则还可以存在面对角〈110〉方向的易磁化轴。常见磁性金属单质的磁晶各向异性如图2-9所示，处于立方晶系的Fe和Ni的磁晶各向异性（Fe的易轴为〈100〉，难轴为〈111〉，Ni与之相反）；处于六方晶系的Co的各向异性（易轴为［001］）。

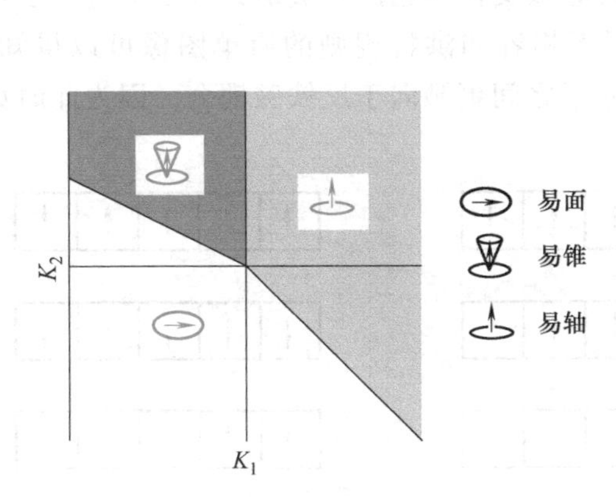

图2-8　磁晶各向异性易磁化方向与单轴各向异性常数的关系

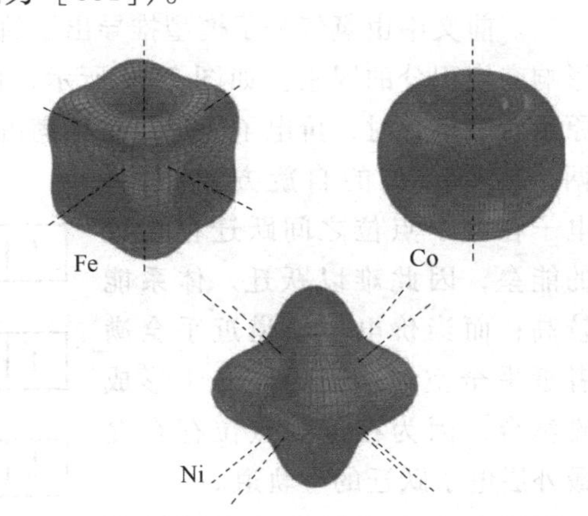

图2-9　常见磁性金属单质的磁晶各向异性

接下来讨论磁晶各向异性的微观机理。磁晶各向异性的过程中涉及三个物理量：晶格、电子轨道和电子自旋。而磁晶各向异性则可以理解为晶格通过与其强耦合的电子轨道，与电子自旋产生相对较弱的耦合，也就是说自旋轨道耦合在此过程中发挥了决定性的作用。当把自旋轨道耦合能考虑为微扰，即

$$H'=\xi(r)\boldsymbol{\sigma}\cdot\boldsymbol{L} \tag{2-8}$$

式中，$\xi(r)$为与势能分布相关的自旋轨道耦合强度；$\boldsymbol{\sigma}$和$\boldsymbol{L}$分别为泡利矩阵矢量和轨道角动量。由二阶微扰理论，可以把自旋轨道耦合能写为

$$E=-(\xi)^2\sum_{o,u}\frac{|\langle o|\boldsymbol{\sigma}\cdot\boldsymbol{L}|u\rangle|^2}{\delta\epsilon_{uo}}=-(\xi)^2\sum_{o,u}\frac{|\langle o|\boldsymbol{L}_\sigma|u\rangle|^2}{\delta\epsilon_{uo}} \tag{2-9}$$

式中，o和u分别为电子能带的占据态与未占据态；$\delta\epsilon_{uo}$为占据态与未占据态的能量差。因此，当自旋朝向不同方向时，$|\langle o|\boldsymbol{L}_\sigma|u\rangle|^2$的值也不同，即有$\Delta E=E(x)-E(z)=(\xi)^2\sum_{o,u}\frac{|\langle o|\boldsymbol{L}_z|u\rangle|^2-|\langle o|\boldsymbol{L}_x|u\rangle|^2}{\delta\epsilon_{uo}}$。由此可见，磁晶各向异性能可以写为轨道角动量算符分量的

矩阵元形式，因此磁晶各向异性的微观来源即为由自旋轨道耦合导致的各向异性轨道角动量。另外，假如在实空间区分磁晶各向异性的来源，可以大致分为单点位各向异性和交换各向异性（多点位），即由同一个原子内的自旋轨道耦合贡献和由不同原子间的自旋轨道耦合贡献的各向异性。其中，对于单轴各向异性体系，单点位各向异性可以近似表示为 $E=K\sum_i (S_i^z)^2$，交换各向异性各异表示为 $E=\lambda\sum_{i>j}S_i^zS_j^z$，其中 S^z 为自旋在+z 方向上的分量，而这些磁晶各向异性系数都可以由第一性原理计算得到。

2.3 磁相互作用

2.3.1 磁交换机制

1. 直接交换相互作用

直接交换相互作用指在磁性材料中，相邻磁性离子或原子间的电子波函数重叠导致的相互作用。前文中由氢气分子模型推导出了轨道重叠导致交换作用的一般形式，下面进一步讨论影响交换积分的因素。如图 2-10 所示，由泡利不相容和洪特规则的简单图像可以得知，当原子轨道重叠时，价电子轨道近乎半满占据的原子之间更倾向于反铁磁耦合，因为此时如果两个近邻点位的自旋方向相同，则电子在两个点位之间跃迁存在较大的能垒，因此难以跃迁，体系能量较高；而当价电子轨道近乎全满或者近乎全空时，则更倾向于形成铁磁耦合，因为在近邻点位存在允许最外层电子跃迁的空轨道。

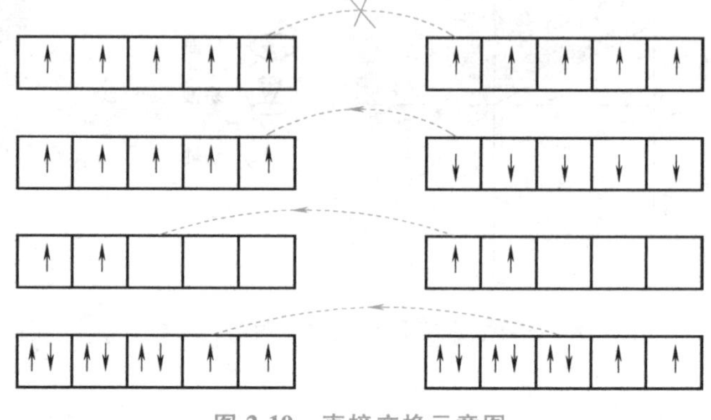

图 2-10 直接交换示意图

直接交换还可以由紧束缚模型表述：$H=-\sum_{ij}t_{ij}c_i^\dagger c_j$，其中 t_{ij} 为 i 和 j 点位（允许轨道分辨）之间的跃迁系数，$c^\dagger$ 和 c 分别为电子的产生和湮灭算符，因此 $c_i^\dagger c_j$ 描述了电子在 j 点位消失并出现在 i 点位，而系数 t 则可以描述这类电子跃迁的强度。通过这种表述，可以把哈密顿量写为以原子轨道为基矢的矩阵形式，而 t_{ij} 则是描述轨道 i 和 j 的重合度的矩阵元，可以体现出交换作用的强度。然而，跃迁系数 t 过大时却有碍于磁交换，因为此时电子都是巡游的，即不再满足洪特规则，电子可以在不同自旋的轨道之间随意跃迁。因此，在具有大跃迁系数的碱金属中，虽然存在未成对电子，但其并不具有磁性。

值得一提的是，氢气分子模型中有电子局域的近似，因此由它推得的海森堡哈密顿量也仅仅适用于电子局域性较强的晶体，也就是绝缘体。然而，对于具有导体性质的磁性晶体，自旋电子并不是局域的，因此，使用海森堡模型容易导致巡游磁体中对于交换积分以及居里温度的错误估计。这时使用 Stoner 模型或者 Hubbard 模型则更为合适，此二者在一定程度上等价，而 Hubbard 模型则是一个如上文所提到的紧束缚模型，即

$$H=-\sum_{ij}t_{ij}c_i^\dagger c_j+U\sum_i N_i^\uparrow N_i^\downarrow \tag{2-10}$$

式中，$U\sum_i N_i^{\uparrow} N_i^{\downarrow}$ 为电子库仑排斥导致的能量补偿，其中 $N_i^{\uparrow,\downarrow}$ 为 i 点位处自旋向上和自旋向下的电子数量，U 为库仑排斥作用。由于紧束缚模型中的能带带宽可以写作 $W=2Zt$，其中 Z 为最近邻点位的数量，而库仑作用项中包含自旋电子数量，因此 Hubbard 模型是一个取决于能带的模型。不难看出，U 和 W 之间存在一个竞争关系，当 $U>W$（或者 $U/W>1$）时，那么电子越过库仑势能则需要较高的额外能量，因此可以认为此时满足局域磁性；反之则认为是一个巡游磁系统。

2. 超交换相互作用

超交换相互作用由电子在相邻磁性离子之间的虚拟跳跃引起，而这些磁性离子通过非磁性原子相连。当晶体中的磁性原子之间没有直接的轨道重叠，而通过非磁性配体原子连接时，如图 2-11a 所示，磁性原子（此时为离子）之间也可以出现磁耦合，这种磁耦合称为超交换相互作用。在局域磁的近似条件下，这个过程可以描述为配体离子中的电子向磁性原子空轨道跃迁的同时，另一个与之相连接的磁性离子中的孤对电子向配体中填充。在这个跃迁过程的前后，配体离子中的电子数量不发生改变，且从结果来看，自旋电子仅在磁性离子之间跃迁，因此可以看作是磁性离子之间发生的一种虚拟跃迁。当磁性局域时，超交换作用也可以用海森堡模型来描述。对于更普遍的磁性体系来说，Hubbard 模型依然是更为适用的，只是磁性点位之间的直接跃迁应该变为磁性点位与配体之间的跃迁。

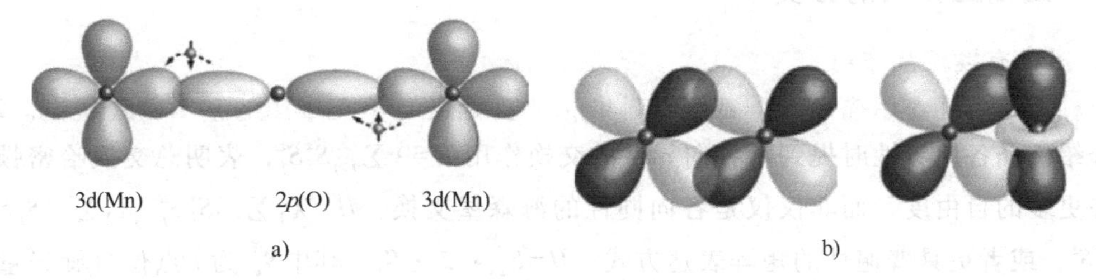

图 2-11 超交换相互作用

由于超交换过程需要经过特定的配体原子轨道，因此超交换的形式与几何构型有很大的关系。超交换满足 Goodenough-Kanamori-Anderson（GKA）规则，通过这个规则无须考虑配体的作用，如图 2-11b 所示。其具体内容如下：当两个磁性点位具有重合的半满的 3d 轨道，那么当轨道重叠程度较大且跃迁系数较大时，通常具有较强的反铁磁耦合，这种情况的键角（金属-配体-金属）通常为 120°～180°；当轨道重叠系数由于对称性而被消除时，体系通常具有相对较弱的铁磁耦合，这种情况键角通常处于 90°附近；当两个重合的轨道中，一个半满，另一个全满或者全空时，通常也具有较弱的铁磁耦合。由于金属氧化物家族中存在大量的绝缘体，通常可以用超交换相互作用和海森堡模型来描述这部分磁性材料中的磁耦合作用。在传统金属氧化物中，由于磁性原子距离较近，因此轨道重合度较高，通常更容易形成反铁磁构型。然而近若干年来，二维磁性半导体技术逐渐成熟，在二维体系中，通过配体连接的磁性点位距离较远，因此轨道重叠程度较低，通常满足铁磁耦合的条件（如二维 CrI_3）。

3. 巡游电子-局域自旋相互作用

前文所描述的电子交换都发生在价电子或者外层电子之间，然而，另外还存在一类交换作用在磁学的历史上扮演着重要的角色，它们可以统一归类为巡游电子-局域自旋之间的交换作用。最基础的 s-d 模型有如下形式：$H_{sd}=-J_{sd}\boldsymbol{S}\cdot\boldsymbol{s}$，其中 $\boldsymbol{S}$ 和 $\boldsymbol{s}$ 分别为离子内部的自旋和传导电子的自旋。s-d 耦合是一种在位的相互作用，且不难看出，不论这类相互作用倾向于铁磁耦合还是反铁磁耦合，在离子之间都更容易形成铁磁耦合。双交换模型所描述的耦合如下：以 $Mn^{3+}Mn^{4+}$ 离子对为例，如图 2-12 所示，假设 $J_{sd}>0$ 且耦合足够强，那么当 Mn^{3+} 中多出来的巡游电子（与其局域自旋平行）跃迁到 Mn^{4+} 的空轨道上时（这种跃迁过程对于巡游电子很容易），足够强的 s-d 耦合会导致 Mn^{4+}（现在是 Mn^{3+}）的局域自旋与巡游电子平行，否则会存在一个使体系能量增大的能垒。同理，如果把 s-d 耦合看作来自 5d/6s 轨道的传导电子与来自 4f 轨道的局域自旋之间的相互作用，则可以推导出 RKKY（Ruderman-Kittel-Kasuya-Yosida）模型，可以用于解释稀土磁性杂质之间随距离而振荡的磁耦合效应。另外，s-d 模型还可以用于描述磁结构或者磁性杂质的物理性质，基于著名的 Kondo 哈密顿量：$H=\sum_{i,j}t_{ij}c_i^{\dagger}c_j+J_{sd}\sum_{k,l}\boldsymbol{S}_k\cdot\boldsymbol{s}_l$，即可由紧束缚模型预测相应的物理现象。

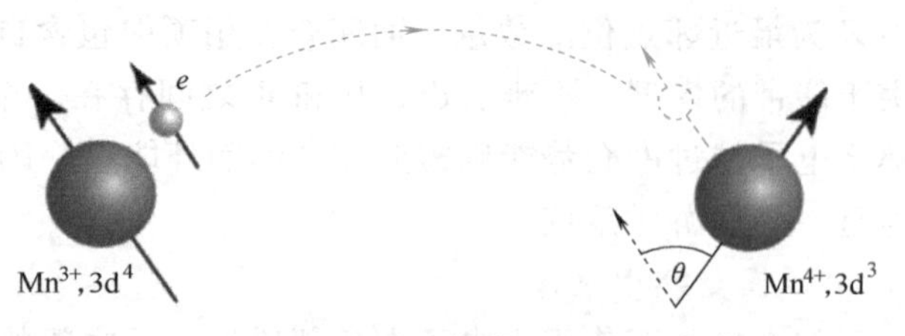

图 2-12　双交换模型示意图

2.3.2　磁相互作用的分类

1. 对称交换相互作用

对称交换相互作用描述的是磁性材料中相邻自旋之间相互作用的基本物理机制。2.2.2 节中介绍磁晶各向异性时提到了各向异性的交换作用 $H=\lambda\sum_{i>j}S_i^zS_j^z$，表明总交换哈密顿量可能存在更多的自由度，而非仅仅是各向同性的海森堡交换：$H=\lambda_1\sum_{i>j}S_i^xS_j^x+\lambda_2\sum_{i>j}S_i^yS_j^y+\lambda_3\sum_{i>j}S_i^zS_j^z$，或者更具普遍性的矩阵表达方式：$H=\boldsymbol{S}_i^{\mathrm{T}}\cdot\mathbb{J}\cdot\boldsymbol{S}_j$，其中$\boldsymbol{S}_i^{\mathrm{T}}$ 为 i 点位自旋矢量的转置，$\mathbb{J}$为交换矩阵，矩阵元即为前式中的 λ。可以看出矩阵的表达方式甚至可以包含非平行分量之间的作用，并且在实际体系中由于自旋轨道耦合的普遍存在而通常不为零（除非有对称性保护）。因为此处的能量和是由标量来定义的，因此交换矩阵 $\mathbb{J}$ 是一个对称矩阵，即矩阵元 $\lambda_{ij}=\lambda_{ji}$，因此这类交换作用可以统一称为对称交换相互作用。另外，不难证明，此处的对称交换还有一层含义，即当 i 和 j 点位的自旋相互交换，并不会影响能量的大小，也就是说体系在交换自旋前后并没有实质上的变化，这也归因于对称的交换矩阵。

接下来简单讨论一下晶体对称性对交换矩阵的影响。不妨设 ij 沿 x 轴排布，如果有一条二重旋转轴与 ij 重合，那么体系在沿着 ij 旋转 180°之后能量不会发生变化。晶体在旋转后一定不会变化，而两个自旋则会经历 $\hat{C}_2^x$ 旋转操作，其满足 $\hat{C}_2^x\boldsymbol{S}=\begin{bmatrix}1&0&0\\0&-1&0\\0&0&-1\end{bmatrix}\boldsymbol{S}$，因此 $H=\boldsymbol{S}_i^{\mathrm{T}}\cdot\mathbb{J}\cdot\boldsymbol{S}_j=(\hat{C}_2^x\boldsymbol{S}_i)^{\mathrm{T}}\cdot\mathbb{J}\cdot(\hat{C}_2^x\boldsymbol{S}_j)$。由结合律，有$\boldsymbol{S}_i^{\mathrm{T}}\cdot\mathbb{J}\cdot\boldsymbol{S}_j=\boldsymbol{S}_i\cdot[(\hat{C}_2^x)^{\mathrm{T}}\cdot\mathbb{J}\cdot(\hat{C}_2^x)]\cdot\boldsymbol{S}_j$，因此 $\mathbb{J}=(\hat{C}_2^x)^{\mathrm{T}}\cdot\mathbb{J}\cdot(\hat{C}_2^x)$，经过化简可得 $\mathbb{J}=\begin{bmatrix}\lambda_{xx}&0&0\\0&\lambda_{yy}&\lambda_{yz}\\0&\lambda_{yz}&\lambda_{zz}\end{bmatrix}$，即在 $\hat{C}_2^x$ 对称性保护下，λ_{xy} 和 λ_{xz} 不存在，如果存在其他 ij 方向的旋转对称性，可以同理得到对应的矩阵形式。

另一方面，如果有处于 ij 中垂面上且通过 ij 中点的二重旋转轴 $\hat{C}_2^y$，情况会有所不同，因为当晶体经过 $\hat{C}_2^y$ 旋转操作之后，自旋方向改变的同时 ij 会互换位置，即 $\boldsymbol{S}_i^{\mathrm{T}}\cdot\boldsymbol{J}\cdot\boldsymbol{S}_j=(\hat{C}_2^y\boldsymbol{S}_j)^{\mathrm{T}}\cdot\boldsymbol{J}\cdot(\hat{C}_2^y\boldsymbol{S}_i)=\boldsymbol{S}_j\cdot[(\hat{C}_2^y)^{\mathrm{T}}\cdot\boldsymbol{J}\cdot(\hat{C}_2^y)]\cdot\boldsymbol{S}_i$。然而，由交换矩阵 $\boldsymbol{J}$ 的对称性可知 $\boldsymbol{S}_i^{\mathrm{T}}\cdot\boldsymbol{J}\cdot\boldsymbol{S}_j=\boldsymbol{S}_j^{\mathrm{T}}\cdot\boldsymbol{J}\cdot\boldsymbol{S}_i$，所以此时依然可以通过类似的方式得到交换矩阵的形式。

2. 反对称交换相互作用

反对称交换相互作用表示自旋非对称性和手性，从而产生拓扑保护的磁结构。当进一步趋近于一般情况时，交换矩阵并不一定是一个对称矩阵。以前文的 $\hat{C}_2^x$ 对称性为例，这意味着 yz 自旋对所具有的能量 λ_{yz} 会不同于 zy 自旋对所具有的能量 λ_{zy}。将能量差单独作为一个反对称矩阵，则总交换矩阵可以写为对称矩阵与反对称矩阵的加和：

$$\boldsymbol{J}=\begin{bmatrix}\lambda_{xx}&0&0\\0&\lambda_{yy}&\lambda_{yz}\\0&\lambda_{zy}&\lambda_{zz}\end{bmatrix}=\begin{bmatrix}\lambda_{xx}&0&0\\0&\lambda_{yy}&\dfrac{\lambda_{yz}+\lambda_{zy}}{2}\\0&\dfrac{\lambda_{yz}+\lambda_{zy}}{2}&\lambda_{zz}\end{bmatrix}+\begin{bmatrix}0&0&0\\0&0&\dfrac{\lambda_{yz}-\lambda_{zy}}{2}\\0&\dfrac{\lambda_{zy}-\lambda_{yz}}{2}&0\end{bmatrix}=\boldsymbol{J}^{\mathrm{s}}+\boldsymbol{J}^{\mathrm{a}}$$

其中 $\boldsymbol{J}^{\mathrm{s}}$ 为对称交换矩阵，$\boldsymbol{J}^{\mathrm{a}}$ 为反对称交换矩阵。假如仅仅关注反对称交换矩阵的作用，不难发现当交换两个点位的自旋，能量会反号：$\boldsymbol{S}_i^{\mathrm{T}}\cdot\boldsymbol{J}^{\mathrm{a}}\cdot\boldsymbol{S}_j=-\boldsymbol{S}_j^{\mathrm{T}}\cdot\boldsymbol{J}^{\mathrm{a}}\cdot\boldsymbol{S}_i$。因此有 $\boldsymbol{S}_i^{\mathrm{T}}\cdot\boldsymbol{J}\cdot\boldsymbol{S}_j=\boldsymbol{S}_i^{\mathrm{T}}\cdot(\boldsymbol{J}^{\mathrm{s}}+\boldsymbol{J}^{\mathrm{a}})\cdot\boldsymbol{S}_j=\boldsymbol{S}_j^{\mathrm{T}}\cdot\boldsymbol{J}^{\mathrm{s}}\cdot\boldsymbol{S}_i-\boldsymbol{S}_j^{\mathrm{T}}\cdot\boldsymbol{J}^{\mathrm{a}}\cdot\boldsymbol{S}_i=\boldsymbol{S}_j^{\mathrm{T}}\cdot(\boldsymbol{J}^{\mathrm{s}}-\boldsymbol{J}^{\mathrm{a}})\cdot\boldsymbol{S}_i$，其中 $\boldsymbol{J}^{\mathrm{s}}-\boldsymbol{J}^{\mathrm{a}}$ 等价于 $\boldsymbol{J}$ 的转置 $\boldsymbol{J}^{\mathrm{T}}$，因此可以用对交换矩阵的转置操作来表示自旋的交换过程。读者可自证 $\hat{C}_2^y$ 对称性晶体中的交换矩阵形式，其中 $\hat{C}_2^y$ 旋转轴在自旋对的中垂面上且通过自旋对的中点。

反对称交换又称 Dzyaloshinski-Moriya（DM）相互作用，DM 相互作用是一种可以类比于海森堡模型的双自旋模型，只是把自旋的点乘变为叉乘（从反对称交换的矩阵形式也可以看出叉乘的对应关系）：$H=-\boldsymbol{D}\cdot(\boldsymbol{S}_i\times\boldsymbol{S}_j)$，其中 $\boldsymbol{D}$ 称作 DM 矢量。从叉乘的形式可以很容易地看出，$\boldsymbol{S}_i$ 和 $\boldsymbol{S}_j$ 顺时针排列和逆时针排列所具有的能量是相反的，且当 $\boldsymbol{S}_i$、$\boldsymbol{S}_j$ 和 $\boldsymbol{D}$ 两两垂直时具有能量极值，因此反对称交换反映的是一种自旋手性。假设 ij 仍然沿 x 方向排列，$\boldsymbol{D}$ 指向 x 方向——这是 $\hat{C}_2^x$ 对称性唯一允许出现的反对称交换方式，那么要使能量最低，则磁矩应该在 yz 平面上形成 90°的顺时针（若视线看向正 x 方向）螺旋磁，此时形成的就称作一个手性磁结构，如果这种手性磁结构出现在磁畴壁处则称为布洛赫型（Bloch）磁畴壁。同样，假如 $\boldsymbol{D}$ 指向 y 或者 z 方向，反对称交换也会使磁结构更倾向于形成垂直于 y 或者 z 方向的螺旋磁，如果这种手性磁结构出现在磁畴壁处则称为奈尔型（Néel）磁畴壁。布洛赫型和奈尔型磁畴壁示意图如图 2-13 所示。由于这类磁畴具有特定的手性，因此在一定外部条件

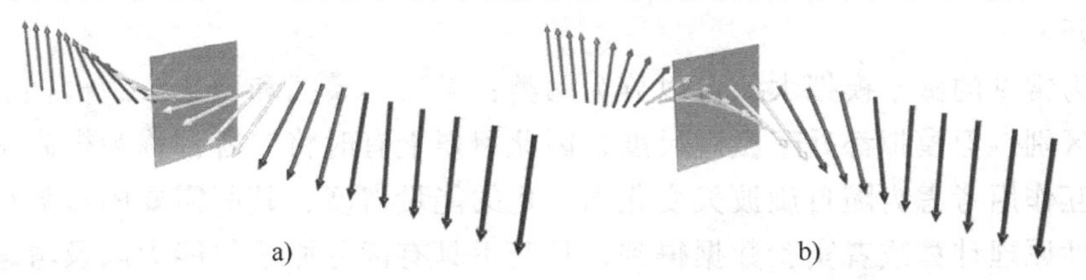

图 2-13　布洛赫型磁畴壁和奈尔型磁畴壁示意图

a）布洛赫型磁畴壁　b）奈尔型磁畴壁

影响下仍可以稳定存在，可以称其为一种受拓扑保护的磁结构。DM 作用被认为是拓扑磁结构稳定产生的条件，即使磁阻挫作用、形状各向异性和高阶交换都被证实可以促成拓扑磁结构的形成，但由于 DM 作用的直观性，它在拓扑磁性材料与器件设计中发挥着至关重要的作用。

2.4 磁性材料的理论方法

2.4.1 磁性材料理论研究的一般过程

磁性材料理论研究的一般过程主要依靠第一性原理计算和磁学模拟。两类计算涉及的具体操作将在 2.4.2 节介绍，下面首先简单介绍计算的一般过程。

第一性原理计算指的是将纯粹的理论与少量的数学近似相结合，在量子力学层面对材料性质进行的理论计算。第一性原理最初是在 Hartree-Fock 方法的基础上发展出来的理论，但由于 Hartree-Fock 方法并没有考虑电子关联效应，因此当密度泛函理论（Density Functional Theory，DFT）被提出以后，DFT 便成为第一性原理计算的主流方法。虽然 Hartree-Fock 方法正在被不断地改进，而且后 Hartree-Fock（Post-Hartree-Fock）方法的计算能达到非常高的精度，但是 DFT 方法因为其计算量远小于后 Hartree-Fock 方法，所以它依然得到了广泛的使用。密度泛函理论建立在 Kohn 与 Hohenberg 所证明的两个定理之上，他们通过理论推导证明：①一个多电子体系的基态所有性质，包括能量与波函数，仅由基态时的电荷密度决定，即 N 电子体系中的 $3N$ 个变量可以简化为电荷密度在三个方向上的仅 3 个变量，此时基态能量 E 可以写作 $E[n(\boldsymbol{r})]$，其中 $n(\boldsymbol{r})$ 为电荷密度，即基态能量可以看作电荷密度的泛函；②使泛函最小的电荷密度对应于薛定谔方程完全解的真实电荷密度，意味着当设置的电荷密度值使能量最小化时，此电荷密度即为真实值，求解的过程从一个初始电荷密度开始，并不断地循环迭代直至循环始末的电荷密度差小于一定值。

通过第一性原理计算，可以首先对晶体结构进行优化，根据指定的优化算法，原子向受力更小的方向移动，且原子每移动一次就进行一次电荷密度的迭代收敛，当材料原子间的作用力小于一定值时，认为结构收敛。不同的计算方法有时会得到不同的磁基态。如果有实验数据，则可以通过基态自旋构型等性质来确定方法的选取，否则只能参考具有类似结构、类似磁性原子价态材料的选取方式。因此，通常需要做计算方法的测试，如对于 DFT+U 计算，需要进行 U 值取值范围的测试。确定磁基态后，可以进行能带结构的计算并分析磁交换机制和磁各向异性机制。局域交换体系可以通过 2.4.2 节中的方法计算磁参数，通过 2.4.3 节中的方法模拟自旋分布和动力学；巡游磁体系则更为复杂，属于当前的前沿研究方向，此处不做过多展开。

当前较为常见的磁学模拟大致可以分为两类：微磁学模拟和原子自旋模拟，两者的模拟尺度有些微区别，但模拟都处于微观尺度，因此习惯上有时将二者都称为微磁学模拟。前者将各类磁相互作用考虑为随自旋波矢变化而变化的能量密度，其所需要的参数往往只能近似地通过第一性原理计算或者实验数据得到，且其不具有区分原子的能力以及考虑反铁磁、亚铁磁分布的能力；后者则可以直接基于第一性的计算结果，考虑以原子为单位的自旋-自旋相互作用，因此对于低维材料更常采用原子自旋模拟。

2.4.2 第一性原理在磁性材料计算中的应用

关于磁性材料，较为受关注的性质（如前文所提到的交换常数、磁晶各向异性）都可以通过人为设置的磁分布间接地计算得到。目前在局域磁性体系中最为广泛应用的方法称作能量映射分析（Energy-Mapping Analysis）。以六角磁点位的二维磁性材料三卤化铬（CrX_3）为例，如图 2-14 所示，可以将四类共线自旋分布，即铁磁（FM）、奈尔型反铁磁（Néel-AFM）、条纹型反铁磁（Stripy-AFM）和锯齿型反铁磁（Zigzag-AFM）体系的能量由海森堡模型表示为

$$E=E_0-J_1\sum_{\langle ij\rangle}\boldsymbol{S}_i\cdot\boldsymbol{S}_j-J_2\sum_{\langle\langle ij\rangle\rangle}\boldsymbol{S}_i\cdot\boldsymbol{S}_j-J_3\sum_{\langle\langle\langle ij\rangle\rangle\rangle}\boldsymbol{S}_i\cdot\boldsymbol{S}_j \tag{2-11}$$

式中，E_0 为其他能量，由于其不体现磁性，对于四类体系都相同；$\langle ij\rangle$、$\langle\langle ij\rangle\rangle$ 和 $\langle\langle\langle ij\rangle\rangle\rangle$ 分别表示最近邻、次近邻和次次近邻的磁点位关系。从式（2-11）可以看出，对于特定的自旋分布体系，所具有的能量有不同的表达式，如铁磁分布的能量可以写为 $E_{FM}/\text{u. c.}=E_0-3J_1-6J_2-3J_3$，其中 u. c. 指单胞（Unit Cell），而 $E_{FM}/\text{u. c.}$ 可以由第一性原理计算得到。交换系数前的常数由 $\sum_{ij}\boldsymbol{S}_i\cdot\boldsymbol{S}_j$ 计算得到，在铁磁体系中，3 个近邻点位、6 个次近邻点位和 3 个次次近邻点位都是铁磁耦合的，因此系数分别为 3、6 和 3，此处读者可以自证三种反铁磁体系的能量表达式。接下来，从四种自旋构型的能量表达式（即四个四元一次方程）可以计算得到交换系数的具体数值。

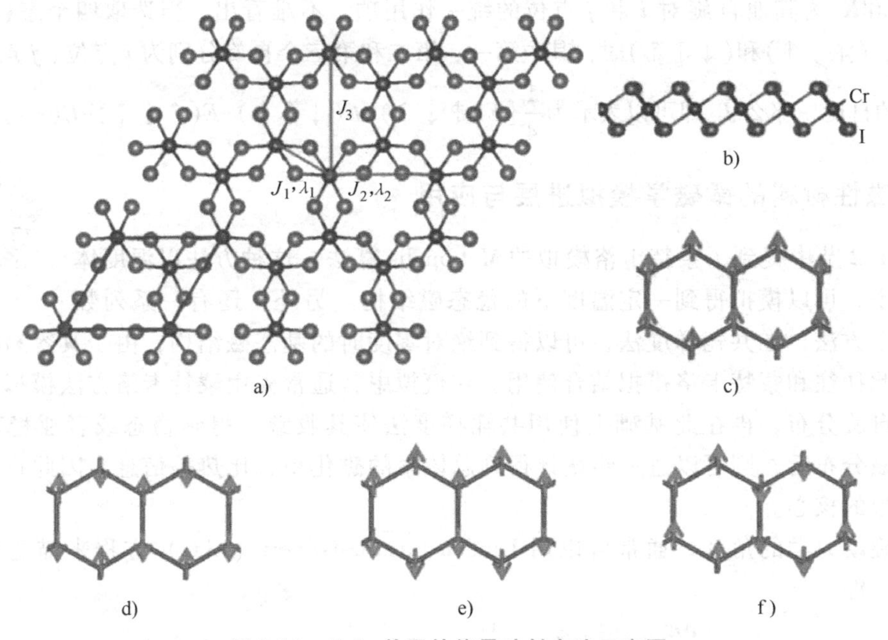

图 2-14　CrI_3 单层的能量映射方法示意图

a）CrX_3　b）CrI_3 单层　c）FM　d）Néel-AFM　e）Zigzag-AFM　f）Stripy-AFM

能量映射分析方法还可以用于计算 DM 相互作用的大小，又称自旋螺旋（Spin Spiral）方法。这类方法最早应用于铁磁/重金属薄膜体系 Co/Pt，如图 2-15 所示，通过构造特定手性的螺旋磁结构，将第一性原理计算得到的能量代入含 DM 矢量的能量表达式，最终解得的矢量大小正比于逆时针自旋分布和顺时针自旋分布的能量差。同样地，对于磁晶各向异性，

也可以设置磁矩的统一朝向得到。通常单轴各向异性体系中仅仅考虑第一项 $K\sin^2\theta$，因此仅仅需要计算两个体系（统一指向 z 方向的体系、统一指向任意面内方向的体系）的能量，就可以得到相应的 K 值，其正比于两个体系的能量差。

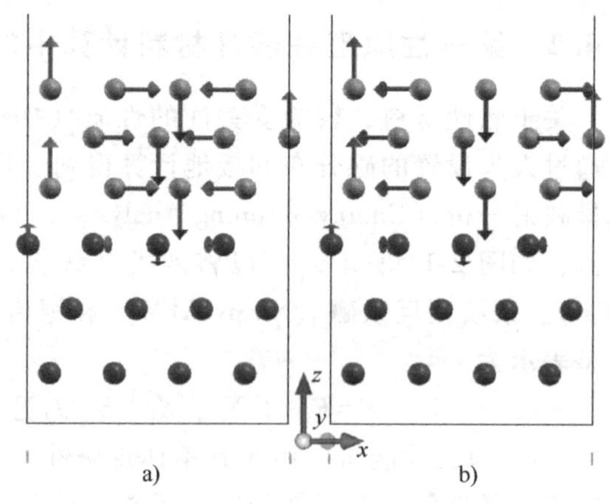

图 2-15　自旋螺旋方法示意图

a）顺时针　b）逆时针

除了上述能量映射分析法，还存在一种更精确的计算磁性参数的方法，即四态法。四态法可以看作一种特殊的能量映射法，它也是一类设置自旋分布从而得出各个磁参数的方法，但是不同点在于，它将重点分析的原子或者原子对进行了隔离分析，这样可以避免高阶交换作用的影响。具体做法有两类，一类是构建超胞，同时把非重点分析的原子全部换为非磁原子；另一类也是构建超胞，但是不替换原子，而是将非重点分析原子的自旋方向固定，通过四个态的能量叠加来消除与非重点分析原子之间的相互作用。如果不替换原子，以共线海森堡交换为例，可以把体系总能量写为

$$E=E_0-J_{ij}\boldsymbol{S}_i\cdot\boldsymbol{S}_j-\boldsymbol{S}_i\cdot\boldsymbol{K}_i-\boldsymbol{S}_j\cdot\boldsymbol{K}_j \tag{2-12}$$

式中，$\boldsymbol{K}_i$ 和$\boldsymbol{K}_j$ 为其他自旋对 i 和 j 点位的统一作用项。不难看出，当选取四个态(↑↑↑)、(↓↓↑)、(↑↓↑)和(↓↑↑)时，其中第一、第二和第三个自旋分别为 i 点位、j 点位和其他所有点位的自旋，那么 J_{ij} 即可以表示为$\frac{1}{4}[E(\uparrow\downarrow\uparrow)+E(\downarrow\uparrow\uparrow)-E(\uparrow\uparrow\uparrow)-E(\downarrow\downarrow\uparrow)]$。

2.4.3　磁性材料的微磁学模拟进展与应用

在 2.1.2 节中提到了蒙特卡洛模拟的 Metropolis 算法，这种方法以温度体现翻转概率，可以模拟得到一定温度下的稳态磁结构。另外，还有一系列数学上的拟合方法，如共轭梯度法，可以得到绝对零度时的基态磁结构，由于其容易在亚稳态收敛，因此往往和蒙特卡洛模拟结合使用。在模拟中，通常先用蒙特卡洛方法模拟有限温度下的大致自旋分布，再在此基础上使用共轭梯度法使其收敛，得到稳态或者亚稳态自旋分布。得到磁分布后，则可以进一步统计得到总体系的磁化率、比热等信息，因此自旋分布是微磁学模拟的核心。

从自旋动力学的角度，通常可以用 Landau-Lifshitz-Gilbert（LLG）方程来描述自旋随时间的变化，即

$$\frac{\mathrm{d}\boldsymbol{n}_i}{\mathrm{d}t}=-\frac{\gamma}{(1+\alpha^2)\mu_i}[\boldsymbol{n}_i\times\boldsymbol{B}_i^{\mathrm{eff}}+\alpha\boldsymbol{n}_i\times(\boldsymbol{n}_i\times\boldsymbol{B}_i^{\mathrm{eff}})] \tag{2-13}$$

式中，μ_i 为 i 点位的磁矩大小；$\boldsymbol{n}$ 为归一化自旋；α 为 Gilbert 阻尼系数；γ 为旋磁比；$\boldsymbol{B}_i^{\mathrm{eff}}$ 为局域有效场，$\boldsymbol{B}_i^{\mathrm{eff}}=-\frac{\partial H}{\partial\boldsymbol{n}_i}$；$H$ 为哈密顿量。温度效应可以被纳入式（2-13）中的有效场：$\boldsymbol{B}_i^{\mathrm{th}}=\sqrt{\frac{2\alpha k_{\mathrm{B}}\mu_i}{\gamma\delta t}}\boldsymbol{\eta}_i(T)$，其中 k_{B} 为玻尔兹曼常数，$\boldsymbol{\eta}$ 为均匀随机分布且随每个时间步而变化

的白噪声，T 为温度。由于 LLG 方程可以描述时间效应，因此可以在此基础上加入自旋驱动项（如自旋转移矩和自旋轨道矩），可以描述磁结构在外部条件下的动力学过程，如图 2-16 所示的斯格明子（Skyrmion）霍尔效应。

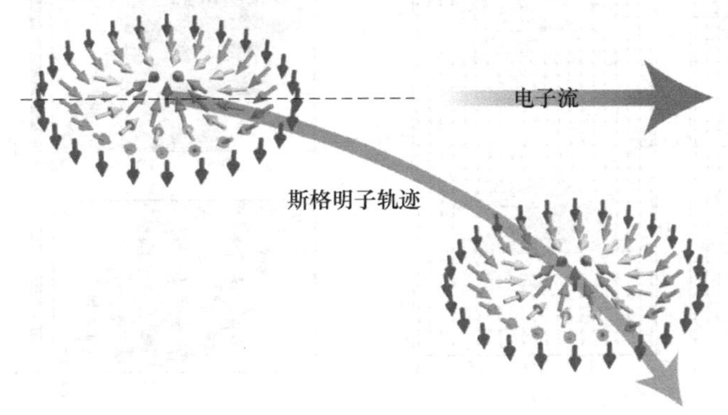

图 2-16　斯格明子的示意图以及斯格明子霍尔效应

二维平面上的拓扑磁结构（如斯格明子和麦韧）在连续近似下可以用拓扑荷来描述，其定义为

$$Q = \frac{1}{4\pi}\int \boldsymbol{n} \cdot \left(\frac{\partial \boldsymbol{n}}{\partial x} \times \frac{\partial \boldsymbol{n}}{\partial y}\right) \mathrm{d}x\mathrm{d}y \tag{2-14}$$

式中，$\boldsymbol{n}$ 为归一化自旋。拓扑荷表示积分区域内的自旋 $\boldsymbol{n}$ 随着 x 或 y 的变化绕球$\boldsymbol{n}^2$ 旋转的圈数，因此斯格明子的拓扑荷为±1，麦韧的拓扑荷为$\pm\frac{1}{2}$。但是材料中的磁性原子都是非连续的，因此可以将被积分部分看作拓扑密度，写为分立的形式：$Q = \frac{1}{4\pi}\sum_l A_l$，其中 A_l 满足 $\cos\frac{A_l}{2} = \frac{1+\boldsymbol{n}_i \cdot \boldsymbol{n}_j+\boldsymbol{n}_j \cdot \boldsymbol{n}_k+\boldsymbol{n}_k \cdot \boldsymbol{n}_i}{\sqrt{2(1+\boldsymbol{n}_i \cdot \boldsymbol{n}_j)(1+\boldsymbol{n}_j \cdot \boldsymbol{n}_k)(1+\boldsymbol{n}_k \cdot \boldsymbol{n}_i)}}$，$\mathrm{sign}(A_l)=\mathrm{sign}[\boldsymbol{n}_i \cdot (\boldsymbol{n}_j \times \boldsymbol{n}_k)]$，$l$ 为平面上的磁性点位构成的最小三角形面积微元，$\boldsymbol{n}_i$、$\boldsymbol{n}_j$ 和$\boldsymbol{n}_k$ 分别为其三个顶点处的自旋。面积微元应该涵盖所有区域且没有重叠，$\boldsymbol{n}_i$、$\boldsymbol{n}_j$ 和$\boldsymbol{n}_k$ 为逆时针排列。因此得到自旋分布之后，可以对各个面积微元的拓扑密度进行积分算得实际拓扑荷及其分布。因为自旋分布有时不便于观察，因此将拓扑荷分布提取出来后可以清晰地看到拓扑磁结构的位置。如图 2-17 所示为二维材料上的双麦韧自旋结构及其拓扑荷分布，可以看出双麦韧在拓扑上并非二分的，而是一个整体。

磁结构在一定条件下可以周期性出现，如斯格明子晶格。而就像晶体的晶格，周期性磁结构也会形成一种倒空间中的衍射图案，可以由傅里叶变换得到。这类衍射图案称作自旋结构因子，其表达式为

$$S(\boldsymbol{q})=\frac{1}{N}\sum_{\alpha=x,y,z}\langle \mid \sum_i s_{i,\alpha}\mathrm{e}^{-i\boldsymbol{q} \cdot \boldsymbol{r}_i} \mid^2 \rangle \tag{2-15}$$

式中，N 为自旋的总数；$s_{i,\alpha}$ 为处于$\boldsymbol{r}_i$ 位置的 i 自旋点位 α 方向的自旋分量；$\boldsymbol{q}$ 为自旋波矢。当衍射斑出现在 Γ 点时，说明自旋分布中存在铁磁的模式，而当衍射斑出现在其他位置时，则说明自旋分布中存在螺旋模式。在模拟中，只要得到了周期性磁结构，就可以计算得到其衍射图案。这种方法往往可以用来分析复杂的螺旋磁结构，衍射图案中包含清晰的自旋传播模式的信息，如图 2-18 所示。

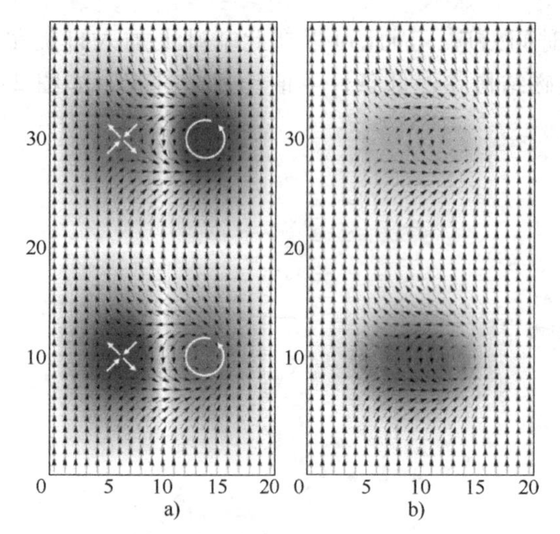

图 2-17 双麦韧的示意图以及双麦韧的拓扑荷分布
a）自旋结构 b）拓扑荷分布

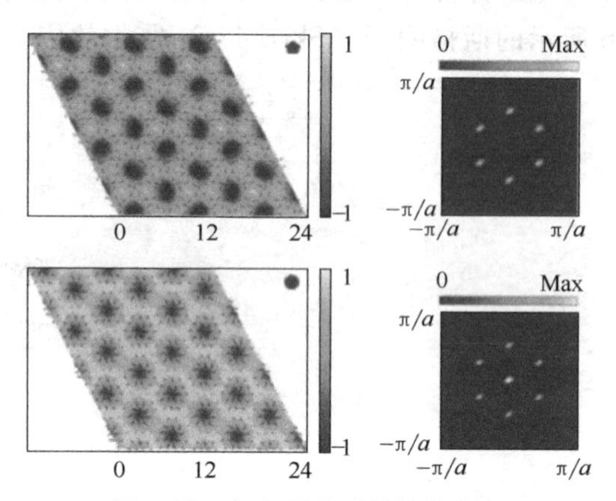

图 2-18 复杂螺旋磁结构的解析

参考文献

[1] JOHNSTON D C. Magnetic dipole interactions in crystals [J]. Phys. Rev. B, 2016, 93: 014421.

[2] WANG D S, WU R Q, FREEMAN A J. First-principles theory of surface magnetocrystalline anisotropy and the diatomic-pair model [J]. Phys. Rev. B, 1993, 47: 14932.

[3] XIANG H J, LEE C, KOO H J, et al. Magnetic properties and energy-mapping analysis [J]. Dalton Trans., 2013, 42: 823.

[4] ZHENG F W, ZHAO J Z, LIU Z, et al. Tunable spin states in two-dimensional magnet CrI_3 [J]. Nanoscale, 2018, 10: 14298.

[5] YANG H X, THIAVILLE A, ROHART S, et al. Anatomy of dzyaloshinskii-moriya interaction at Co/Pt interfaces [J]. Phys. Rev. Lett., 2015, 115: 267210.

[6] CHEN G. Skyrmion hall effect [J]. Nat. Phys., 2017, 13: 112.

[7] BERG B, LÜSCHER M. Definition and statistical distributions of a topological number in the lattice O (3) σ-model [J]. Nucl. Phys. B, 1981, 190: 412.

[8] XU C S, CHEN P, TAN H X, et al. Electric-field switching of magnetic topological charge in type-I multiferroics [J]. Phys. Rev. Lett., 2020, 125: 037203.

[9] GORKAN T, DAS J, KAPEGHIAN J, et al. Skyrmion formation in Ni-based Janus dihalide monolayers: Interplay between magnetic frustration and Dzyaloshinskii-Moriya interaction [J]. Phys. Rev. Mater., 2023, 7: 054006.

习 题

1. 证明单轴各向异性的四次项为 $K'\sin^4\theta$。

2. 证明忽略了四阶以上的单轴各向异性能如何得到如图 2-8 所示的相图。

3. 推导 $\hat{C}_3^z$ 对称性下的磁晶各向异性矩阵。提示：哈密顿量在单轴各向异性近似下可以写为 $H=\boldsymbol{S}_i^{\mathrm{T}}\cdot\boldsymbol{A}\cdot\boldsymbol{S}_i$，其中 $\boldsymbol{A}$ 为磁晶各向异性矩阵，是一个对称矩阵。

4. 推导 $\hat{C}_2^y$ 对称性晶体中的交换矩阵形式，其中 $\hat{C}_2^y$ 旋转轴在自旋对的中垂面上且通过自旋对的中点。

5. 推导二维 CrI_3 三种反铁磁体系的能量表达式，自旋分布参考图 2-14。

第 3 章

磁性材料的制备与表征

3.1 块体材料制备

3.1.1 多晶块体材料制备

多晶是很多细小晶粒的集合，是互相由界面相隔形成的聚集状态。晶粒的大小可以由微米级到毫米级，晶粒的成分和结构可以是同一种，也可以是不同种类。界面可以是两个晶粒直接接触形成，也可以由玻璃态物质或其他杂质以及介入在其间的空气层形成。多晶的特点是它的各种性能不仅由构成它的晶粒所决定，同时晶界的性质也起着重要的作用。此外，因为晶粒混乱排列，从总体来看不像单晶体那样具有明显的方向性，所以物性一般表现为各向同性。不过，单个小晶体仍是各向异性。多晶块体材料制备一般使用电弧熔炼法和固相合成法。

电弧熔炼法是一种利用电弧的热效应来熔炼金属的电热冶金方法。这种方法通常涉及在电极之间产生电弧，从而加热炉料至熔点，是一种制备多晶合金材料的常用方法。电弧熔炼稀土合金时，要特别注意防氧化，一般通过多次洗气，在高纯氩气环境的保护下进行熔炼。电弧炉的内部构造如图 3-1 所示。

图 3-1　电弧炉的内部构造

在制备合金样品的过程中，若组成元素的熔点差异显著，传统的电弧熔炼法可能不再适用。针对此类情况，可以采用固相合成法来制备样品。该方法的具体步骤如下：首先，根据化学计量比准确称量所需的单质粉末，将它们混合均匀后进行研磨，并压制成片状；随后，将这些粉末片密封于石英管中，必要时可充入惰性气体；接着，将密封好的石英管置于高温炉中进行烧结处理，持续一定的时间以促进反应；烧结完成后，取出粉末片，再次进行研磨，然后重复烧结过程，以提高样品的均匀性和纯度；最终，通过淬火处理来获得所需的合金样品。

3.1.2 非晶、纳米晶材料制备

相比较晶态合金，非晶合金处于一种热力学亚稳态，长程无序，短程有序，内部没有晶粒和晶界，不存在晶体相缺陷，结构均匀。这种特殊的结构与能量状态，使其同时展现出了金属与玻璃的特性，从而表现出优异的力学、光学、磁学、电学和电化学等物理性质和化学性能。因此，非晶合金作为一种全新的磁热材料类型，展现出了众多的性能优势：①相比较晶态化合物具有较好的力学性能，而且比较容易加工成型；②抗腐蚀性能比较好，可适用于多种工况环境；③具有比较高的电阻以降低涡流损耗；④不像金属间化合物只能在一个成分点处形成且性能对杂质非常敏感，非晶合金可以在比较宽广的成分范围内形成，其性能可以随着成分连续变化，而且杂质元素的添加是提高合金非晶形成能力和物性的有效手段；⑤由于非晶合金典型的结构无序特征，以及其长程无序、短程有序的结构，导致内部出现众多的局域场，伴随着交互作用的涨落，非晶合金在较宽的温度范围内表现出了连续变化的高磁熵变值，因此非晶态磁热材料表现出典型的二级相变特征，磁熵变曲线具有较宽的工作温度范围。这些优异的性能使得非晶合金展现出成为理想磁热材料的潜力。

纳米晶合金是诞生于20世纪和21世纪之交的一类新材料，是新技术特别是纳米技术（压实、熔体淬火、超大塑性变形、注入、激光、等离子体和其他高能效应方法等）快速发展的结果。早在20世纪70年代，研究者们就已经在许多非晶合金中观察到退火诱导的纳米晶化现象，如Pd-Si、Fe-P-C和Fe-Si-B等。而随着纳米晶的形成，原始非晶前驱体的物理和化学性质得到了改善，如Fe基非晶-纳米晶合金在软磁性能上的改善。而除了热退火的手段外，还可以通过电化学沉积和磁控溅射直接获得非晶-纳米晶合金薄膜，这为原位形成非晶-纳米晶合金提供了一条方便的途径。研究者们通过磁控溅射和电化学沉积方法成功地获得了Al-Mo、Cu-Zr、Mg-Cu-Y，以及Al-Mn和Ni-W非晶-纳米晶合金薄膜，这些非晶-纳米晶合金薄膜可能具有许多潜在的应用，如用作表面保护层和纳米器件等。此外，还可以通过纳米晶合金的晶界非晶化来获得非晶-纳米晶合金。Khalajhedayati等人报道了通过热退火在Cu-Zr纳米晶合金中形成的非晶态晶间层，并分析其形成原理是溶质在晶界的偏析。通过这一手段可以有效提高纳米晶合金的热稳定性及其延展性和断裂韧性。

通过非晶合金前驱体来制备非晶-纳米晶合金是最有效的制备方法，在过去的几十年中已经发展了很多种手段，包括退火、剧烈塑性变形（高压扭转、冷轧、喷丸强化和球磨）、电子辐照、离子辐照、脉冲激光和超声振动。在这些手段中，通过退火诱导结晶是最易于控制的手段，因此成为制备非晶-纳米晶合金最常用的方法。

非晶条带一般通过甩带的方法来制备，制备流程主要包括合金成分设计、合金母锭制备和合金条带制备。在相图中选择合适的合金成分制备合金锭。在保证合金锭子均匀的前提下，制备合金条带。合金母锭的制备采用电弧熔炼，每个锭子至少熔炼4遍以上以保证成分的均匀性。合金条带的制备在真空甩带机中完成。首先将熔炼好的母合金锭钳开，确定内部是否均匀，去除表面杂质后装入石英管中，在真空甩带机中加热到熔化，然后在高纯Ar气的压力下，将熔融的液态金属喷射到快速旋转的铜辊表面，得到宽度2mm、厚度40μm左右的合金条带。制样过程中，条带的厚度d与多种因素有关，一般表示为

$$d=\frac{2}{3}\left(\frac{g}{a_n}\right)^{\frac{1}{4}}\frac{a_n}{V_S}\left(\frac{2P}{\rho}\right)^{\frac{1}{2}} \tag{3-1}$$

由式（3-1）可知，条带的厚度与石英管口径大小（a_n，mm）、铜辊转速（V_S，m/s）和合金的密度（ρ，kg/m^3）成反比，与石英管顶部与铜辊的相对位置（g，mm）和喷射的压力（P，kPa）成正比。因此，为了尽可能保证获得具有相似特征的高质量的条带，实验过程中采用统一喷射口径的石英管，石英管底部的位置距铜辊表面 2mm 左右，喷射压差控制在 0.5kPa 左右，腔体内保护气压在-0.5kPa 左右。此外，由于样品的表面质量还与铜辊表面的光滑度有关，加热时间也会影响过热状态、喷射压力与铜辊的冷却速率，因此，在甩带过程中，要始终保持铜辊表面的类镜面状态，每次甩带后都要等铜辊完全冷却再进行下次操作。甩带机的内部构造如图 3-2 所示。

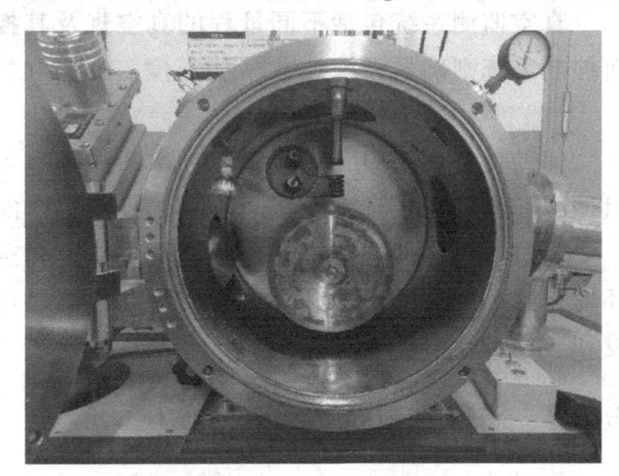

图 3-2　甩带机的内部构造

3.2　薄膜磁性材料制备

3.2.1　真空系统概述

在磁性薄膜材料的制备过程中，设备的真空系统至关重要。真空系统不仅能提供无尘、无气体杂质的材料制备环境，而且可以有效控制气氛组成，从而调控薄膜的生长方式并保证薄膜的制备质量。

1. 真空系统对于薄膜材料制备的意义

磁性薄膜的应用广泛，涵盖了信息存储器、传感器、微波器件等领域。制备高品质的磁性薄膜材料要求极高的精度和纯净度，这在常规的大气环境中是难以实现的，而真空系统能够极大地减少杂质气体的污染从而确保制备过程的完成。此外，真空环境下的低气压条件对某些特定的物理或化学气相沉积技术是必需的，如磁控溅射、分子束外延等。

2. 真空系统工作的基本原理

真空系统运行的基本原理是利用真空泵将封闭容器内的气体抽出，从而降低腔体内部的气压。真空泵的选择依赖于系统所需的真空度以及处理的气体类型，如对于薄膜材料制备而言，通常需要高真空或超高真空环境，以确保成膜质量。此外，真空系统中还包括各种传感器，用来监测真空度，如真空规（用于测量容器内的气压）和质谱仪（用于分析残留气体的组成）等。

3. 真空系统的构成

（1）真空泵

真空泵是真空系统的核心组件。按照操作原理不同，真空泵可以分为机械泵、分子泵、离子泵等。机械泵通常用于产生中等真空，而分子泵及离子泵则用于生成高真空或超高真空。

（2）真空腔

真空腔是进行薄膜材料沉积制备的空间，通常由不锈钢等材料制成，具有良好的密封性能和足够的结构强度以承受外部气压。

(3) 真空监测系统

真空监测系统包括不同量程的真空规及其控制系统，主要用于监测真空腔体内的气压，而控制系统则确保系统参数（如温度、压力和气体流量）稳定在最优状态。

(4) 辅助设备

辅助设备如阀门、连接管道、冷却循环水等，这些都是连接和支撑真空系统运行的必要组件，如阀门用于真空腔体间隔离，控制气体的流向和流速，管道则负责输送气体等。

通过以上构件的有机结合和协调工作，真空系统可为磁性薄膜材料提供一个可靠的制备环境，这不仅有助于提升薄膜的质量和性能，还能通过精确控制工艺参数，实现新材料的开发和应用。

3.2.2 磁控溅射技术

溅射是在真空环境下进行的物理气相沉积技术，具体过程为利用辉光放电产生的高能粒子（一般由惰性气体在稀薄气压下电离形成）在电场作用下加速轰击靶材表面，赋予表面中性原子足够高的能量从而可以逃逸并沉积到衬底上形成薄膜。与其他方法相比，溅射法可以选用较大尺寸的靶材从而获得大面积厚度均匀的薄膜，而对于具有一定化学计量比的化合物或合金材料，溅射法也可以保持所制备薄膜成分的稳定。此外溅射过程中无须提高靶材温度，因此非常适合大规模工业生产。

传统的溅射法原理简单，核心部分主要包含电势较高的阳极和溅射靶材构成的阴极，通过高压电离的工作气体（通常为 Ar 气）轰击靶材实现薄膜在阳极的沉积，如图 3-3 所示。然而这种方法由于电离产生的气体离子有限，需要较高的气压维持溅射，效率较低。磁控溅射（Magnetron Sputtering）使用置于靶材背面的永磁体在靶材表面形成放射状的磁场，可以加速气体电离，进而显著提升溅射效率。电离出的氩离子在轰击靶材过程中，除了生成逃逸的中性靶材原子，同时也产生二次电子。在环形区域的中部，正交的电场和磁场将约束二次电子使其不能直接飞向衬底，二次电子的运动轨迹会受到洛伦兹力的影响而重新弯向靶材表面，继续做复杂的回旋运动。这样一来，电子的运动路径被大大加长，从而可以更好地参与氩气电离，继而能够产生更多的氩离子轰击靶材，从而实现磁控溅射的高速沉积。值得指出的是，靶枪通常施加直流电压，可以实现金属材料的溅射沉积。对于绝缘氧化物材料而言，靶材表面可能会形成正电荷积累，导致电离机会减小甚至无法电离，从而影响溅射效果。为

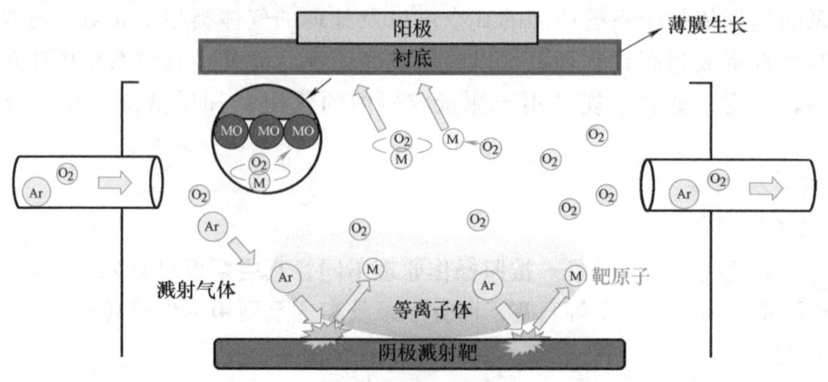

图 3-3 溅射法原理示意图

了解决这一问题，可采用射频溅射技术。在射频电场的作用下，靶材表面可以避免电荷积累，保持较高的溅射效率，从而获得高质量的薄膜。磁控溅射技术需要系统具有一定的本底真空度，通常为 10^{-7}mbar（1bar = 10^{5}Pa）或者更优，工作时需要通入高纯氩气，工作气压约为 10^{-3} ~ 10^{-2}mbar。

3.2.3 脉冲激光沉积技术

在磁性薄膜材料制备领域，脉冲激光沉积（Pulsed Laser Deposition，PLD）是一种高度灵活且广泛应用的技术。其主要利用高能激光脉冲瞬间蒸发目标材料，形成等离子体，并在目标衬底上沉积形成薄膜，如图 3-4 所示。

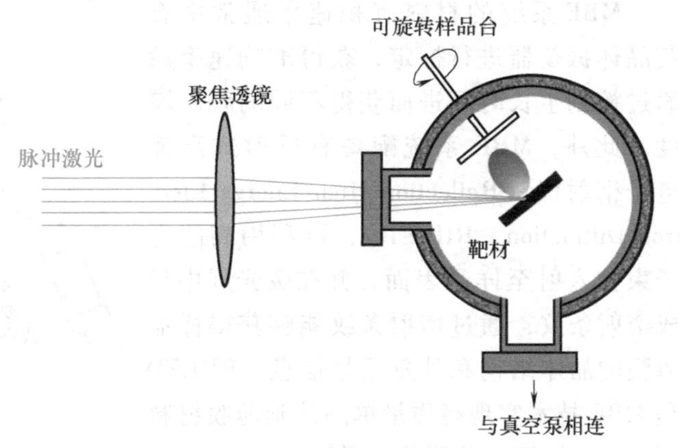

图 3-4 脉冲激光沉积原理示意图

脉冲激光沉积技术的核心在于其使用高能激光脉冲来蒸发材料，其要求薄膜的生长环境具有极高的本底真空度，从而减少杂质的介入，并可在沉积过程中通过引入特定的气氛来调控薄膜的组分和性能。PLD 技术的主要优点包括：①沉积速率较高，可以在较短的时间内沉积较厚的薄膜；②可以用于沉积各种类型的材料，包括绝缘体、导体、半导体及其复合物；③能够准确地调控目标材料的化学组成，适合复杂化合物的沉积等。

PLD 系统的主要构成包括：①激光器，作为 PLD 系统的核心，通常使用的是 Nd：YAG 激光器，能够提供高能量的短脉冲激光；②真空腔，提供沉积过程所需的高真空环境及气体氛围；③靶材，即所制备的目标材料；④衬底加热器，用于控制样品衬底的温度，进而调控薄膜的结晶性和微观结构。PLD 技术特别适用于对成分和结构要求较高的材料体系，如高温超导材料或复杂氧化物等，通过精确控制氧分压及生长温度等工艺条件，PLD 技术可以精确调控材料复杂的化学组分和晶体结构，从而实现这些薄膜材料的高质量制备。PLD 技术已成为现代薄膜材料科学研究和应用中的重要工具。

3.2.4 分子束外延技术

分子束外延技术（Molecular Beam Epitaxy，MBE）是一种发展于 20 世纪 60 年代的物理气相沉积技术，随后成为半导体掺杂与超晶格异质结生长的重要技术手段。其基本原理是在超高真空环境下，通过金属丝加热或电子束扫描加热等方式将坩埚中的材料进行加热蒸发并形成束流，经准直后缓慢沉积在衬底表面形成具有单晶外延结构的薄膜，图 3-5 为分子束外延系统结构示意图。与磁控溅射或脉冲激光沉积等其他薄膜制备手段相比，分子束外延技术可以在极低的沉积速率下实现原子层级别的生长，配合各种原位监测技术对材料成分、薄膜厚度与界面状况精确控制，最终获得高质量的单晶外延异质结。

为保证样品的外延生长质量，沉积过程需要在超高真空环境中完成，因此 MBE 系统通常配置有多级泵组提高系统的本底真空度，其中主要包括机械泵组、分子泵组、离子泵组及钛升华模块，多级真空泵组的联合工作使MBE腔体的本底真空能够达到10^{-11}mbar量级，从而保证薄膜材料样品具有高质量的单晶外延结构。此外，在部分蒸气压较高的材料生长过程中，在腔体的隔层中有时还需注入液氮降温，吸附腔体内杂质，进一步优化真空度等级。

MBE系统的材料沉积速率通常由石英晶体振荡器进行标定，获得准确速率后通过控制生长时间进而获得不同的膜层厚度。此外，MBE系统配备有反射式高能电子衍射仪（Reflection High Energy Electron Diffraction，RHEED），可利用高能电子束掠入射至样品表面，并在荧光屏中形成衍射条纹，通过衍射条纹能够获得样品薄膜的晶体结构和外延质量信息。RHEED是MBE技术实现高质量单晶外延薄膜材料制备的重要原位监测技术手段。

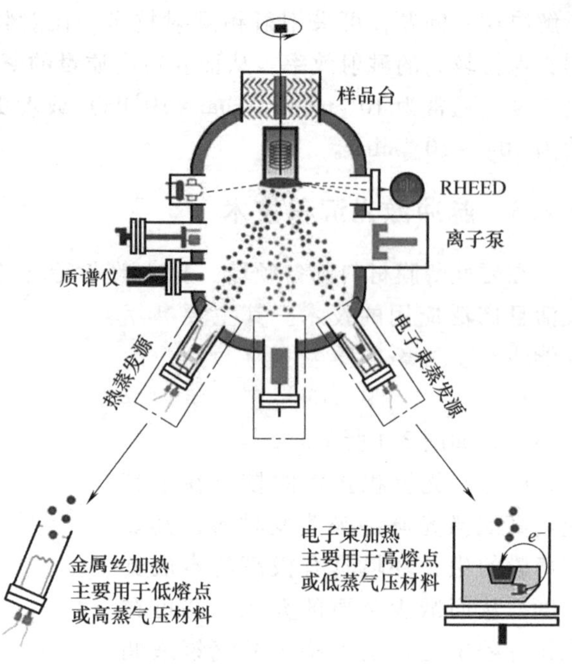

图3-5 分子束外延系统结构示意图

3.2.5 磁性薄膜器件的微纳加工技术

对于制备完成的薄膜材料，通常需要利用微纳加工技术制备成特定器件以开展磁电输运测试，如霍尔条、惠斯通电桥或者隧道结等不同器件构型。

在微纳加工过程中，常用的图形曝光技术主要包括紫外曝光、电子束曝光等。对器件特征尺寸要求在μm量级时，通常可使用紫外曝光技术，其曝光方式可以分为接触式、接近式和投影式曝光。对于最小特征尺寸要求在nm量级的器件，通常使用电子束曝光。该技术直接利用电子束在光刻胶表面描绘图形，无须掩模板，因此在图形制作上具有更高的灵活性。但是，相比传统的光学方法，电子束曝光的效率较低。完成曝光后的光刻胶需要进一步显影来实现图案的转移。根据光刻胶的类型的不同，曝光的部分会更易（正胶）或更难（负胶）溶解于显影液中，从而使光刻胶形成目标图案。

在光刻胶通过显影形成目标图案后，需要对样品进行进一步刻蚀以加工形成器件。刻蚀技术通常分为湿法刻蚀与干法刻蚀。湿法刻蚀是指利用化学溶剂来溶解和去除未被光刻胶保护的样品部分，而干法刻蚀则是利用离子束或等离子体刻蚀未被光刻胶保护的样品部分。实验室中往往需要对多种不同的材料进行刻蚀，因此一般使用更具普适性的干法刻蚀技术。氩离子刻蚀是一种常见的干法刻蚀技术，主要利用氩离子轰击对材料进行物理刻蚀，其优点在于对材料种类几乎没有限制、副反应少且刻蚀的侧壁平整。此外在器件制备过程中，也可以利用微纳加工技术制备电极，以便对器件进行磁电输运测试。其基本流程是通过曝光-显影过程使电极区域的薄膜表面不覆盖光刻胶，然后通过薄膜制备手段在样品上生长电极材料，最后再进行洗胶，此时生长于光刻胶上的电极材料会随光刻胶一起脱落，仅有直接生长在薄膜上的电极材料会保留，从而完成了电极的制备。图3-6分别为使用微纳加工技术制备器件

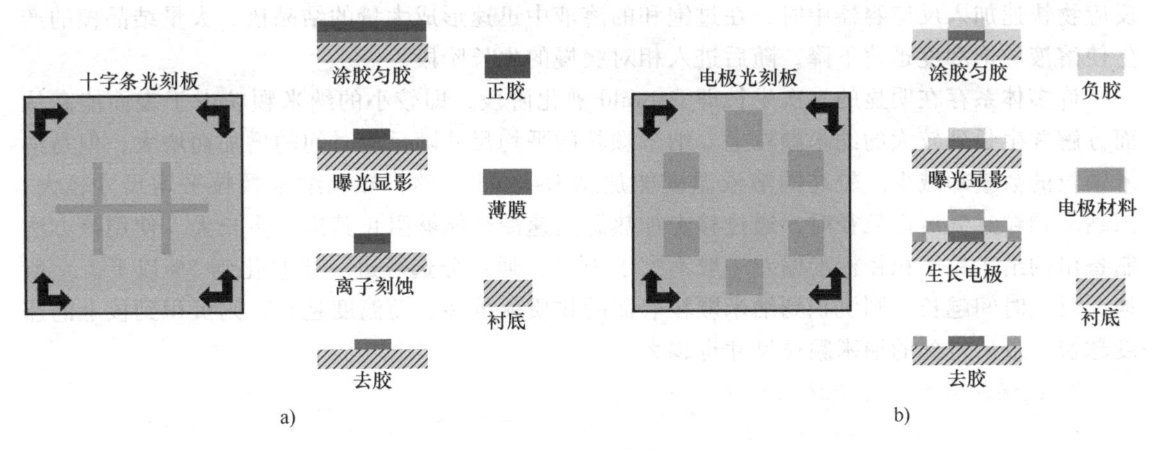

图 3-6　微纳加工流程示意图

a）制备器件　b）制备电极

和电极的原理示意图。

3.3　纳米颗粒磁性材料制备

纳米颗粒的尺寸一般介于 1~100nm，随着磁性颗粒尺寸的减小，颗粒的表面积与体积之比增大，尤其对于纳米颗粒，这个比例变得很大，导致大部分原子驻留在颗粒表面，如对于直径为 1μm 的颗粒有近 0.15%的原子处于颗粒的表面，但是对于直径为 6 nm 的颗粒来说，却有近 20%的原子处于颗粒表面。由于纳米颗粒的比表面高，导致产生很大的表面张力，因此纳米颗粒在热力学上是不稳定的体系，有趋于团聚以降低表面张力的倾向，因此无论采用何种方法制备出的纳米颗粒，最终都要在纳米颗粒表面包覆适当的有机表面活性剂，以降低表面张力、阻止其团聚。

虽然制备磁性纳米颗粒的非液相方法很多，如机械研磨法、溅射法、金属蒸发、化学气相沉积法等，但它们往往受到产品质量低、粒度均匀性差、技术要求高等限制，而且最终产品还是要进一步溶于含有稳定剂的液体媒介进行分选及应用，因此本节仅介绍在液相中合成磁性纳米颗粒的常用方法及原理。

3.3.1　液相合成法

磁性纳米颗粒的尺寸、组成、形状都是影响磁性的重要因素，液相合成法是在均相溶液中进行可控的化学反应，通过控制均相或异相成核及扩散生长过程，能够制备具有确定形状、尺寸及组成的纳米颗粒的方法。液相合成法不但有利于控制磁性纳米颗粒的均匀组成、尺寸及分布，而且容易对纳米颗粒进行修饰，实现表面功能化。

1. 纳米颗粒液相合成法的化学原理

在液相合成中有多种反应动力学因素能够影响颗粒的尺寸和形状，如表面活性剂的用量、升温速率、溶剂类型、反应温度以及保温时间等对纳米颗粒的尺寸和形状都有重要影响。早在 1950 年，La Mer 等在对硫溶胶进行深入研究后提出了经典的关于胶体和团簇的形成机理，指出高温液相制备纳米粒子的形成由快速的成核阶段和缓慢的生长阶段组成，即当反应物快速加入反应容器中时，在过饱和的溶液中迅速形成大量的结晶核，大量结晶核的产生使溶液的饱和度迅速下降，随后进入相对缓慢的生长阶段。

许多体系存在明显的二次生长即 Ostwald 熟化阶段，即较小的纳米颗粒由于表面能高从而分解并生长到较大的纳米颗粒上。纳米颗粒的平均尺寸随反应时间的增加而增大，但是纳米颗粒的数量却减少。较高的溶液温度能加剧 Ostwald 成熟，导致纳米颗粒平均尺寸较大，当纳米颗粒达到所需粒径时，通过移走加热源迅速冷却能够阻止其进一步长大。使用该方法制备出的纳米粒子粒径标准偏差一般不大于 10%，通过分选可进一步窄化到 5%以下。一般地，反应时间越长，则沉积到纳米颗粒表面的物质就越多。而温度越高，则沉积到核上的速度越快，最后得到的纳米颗粒尺寸也越大。

2. 纳米颗粒液相合成法的基本工艺

(1) 反应体系的组成

液相合成工艺中体系的基本成分有溶剂、反应物（也称纳米颗粒的前驱体）、表面活性剂（也称封端剂或者稳定剂），如果发生氧化还原反应，则还需要在反应过程中加入还原剂。在液体介质中发生反应制备纳米颗粒能够使反应前驱体混合均匀，使反应均匀地发生，才能获得纳米颗粒产物均匀的组成。表面活性剂在反应过程中和反应后都包覆于纳米颗粒表面，能够阻止团聚、保持纳米颗粒的稳定性。在常温（即室温）下发生的水相反应，如共沉淀法，通常使用去离子水或者乙醇作为溶剂，常用的表面活性剂有十二烷基磺酸钠（SDS）、十六烷基三甲基溴化铵（CTAB）以及一些亲水性高分子，如壳聚糖（CS）、聚乙二醇（PEG）等。高温液相反应需要以高沸点的有机溶剂作为液体介质，常用的溶剂有苯醚（沸点 259℃）、辛醚（沸点 286.5℃）、油酸（沸点 360℃）、油胺（沸点 348～350℃）等，在有机相中常用的稳定剂是油酸、油胺、三苯基膦等，其中油酸（9-十八烯酸）和油胺（9-十八烯胺）由于分子结构中都具有不饱和键，所以也具有还原性，能够用作还原剂，又因为分子内同时具有疏水基和亲水基，所以也用作表面活性剂，表面包覆了油酸或油胺的纳米颗粒极易溶解于正己烷等非极性有机溶剂。

(2) 反应装置的设计

当采用高温液相分解法或者高温液相还原法制备纳米颗粒时，对反应装置需进行特殊设计，如图 3-7 所示。首先需要加入磁子从始至终进行搅拌，不但使溶液混合均匀也使溶液各部分受热均匀，反应器必须配温度计监测准确的反应温度。其次，反应器需要采用回流冷凝装置，防止溶剂蒸发外逸以致蒸干。此外，当制备易被氧化的金属、金属合金或者 Fe_3O_4 等含有 Fe^{2+} 的氧化物纳米颗粒时，需要不断通入氮气或氩气等惰性气体进行保护，避免纳米颗粒被氧化，直至反应结束并冷却至室温。

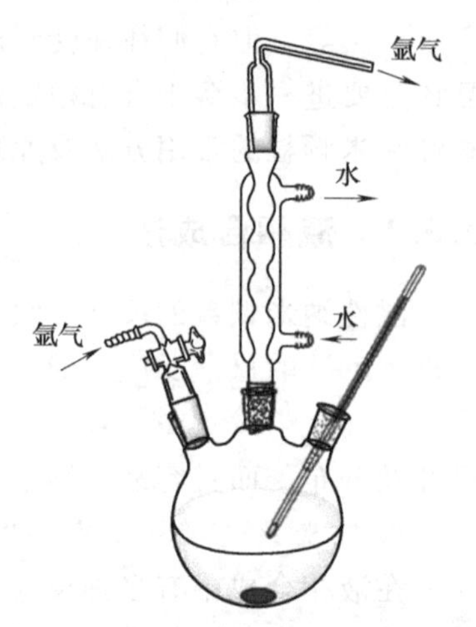

图 3-7　高温液相合成装置

(3) 纳米颗粒的纯化和分离

当纳米颗粒表面包覆的稳定剂使纳米颗粒之间产生足够大的排斥力时，足以抵抗纳米颗粒之间范德华力的吸引，那么纳米颗粒就稳定地溶解在溶剂中形成均匀的分散液。但是稳定剂的作用与溶剂种类密切相关，当向分散液中加入与原来的溶剂可混溶的非溶剂时就会导致纳米颗粒变得不稳定而发生团聚变成沉淀，这时可通过离心分离获得沉淀产物，把反应的副产物留在上清液里除掉。如果在纳米颗粒表面仍存有足够的稳定剂，那么这种团聚是可逆的，它们还能够重新溶解于烷烃、芳烃、氯化溶剂等，一些尺寸过大的颗粒则不能重新溶解，颗粒尺寸因此获得窄化。典型工艺如采用溶剂热法令 Fe（acac)$_3$ 在油酸中分解制备 Fe_3O_4 纳米颗粒，反应后加入2~3倍体积的无水乙醇令纳米颗粒团聚，经离心分离后去掉上清液，保留黑色沉淀即 Fe_3O_4，然后再加入适当的正己烷溶剂使 Fe_3O_4 重新溶解，再经离心分离去除不溶的大颗粒沉淀，取上清液即尺寸被窄化的 Fe_3O_4 纳米颗粒。

（4）纳米颗粒的表面修饰

磁性纳米颗粒的尺寸及分布对磁学性能的影响很大，在包覆壳层材料之前要先采用前面所述的纯化方法进行分选处理，得到单分散的磁性纳米颗粒。一般地，在有机溶剂中制备的纳米颗粒比在水相中制备的纳米颗粒尺寸更小、更均匀，质量更好，但用于生物医用时需要将这些小尺寸的油溶性纳米颗粒通过配体取代反应转变为水溶性的纳米颗粒。如取少量表面包覆了油酸分子的 Fe_3O_4 纳米颗粒的正己烷分散液，与浓度较大的柠枸橼钠水溶液混合，经超声混合将 Fe_3O_4 纳米颗粒转移至水相，水相的颜色变深表明在 Fe_3O_4 纳米颗粒的表面由吸附油酸分子转为吸附柠檬酸根分子，发生了配体取代反应。

纳米颗粒的表面修饰不但可以改变亲水/疏水性，还可以包覆具有其他功能的壳层材料，制备核壳型纳米复合颗粒。核壳型纳米复合颗粒的制备工艺基本上采用“种子”媒介法的两步工艺，首先制备单分散的磁性纳米颗粒，然后将磁性纳米颗粒和壳层材料的前驱体或单体与溶剂混合均匀后引发反应。由于异相成核优先于均相成核，所以壳层材料析出时就包覆于已有的磁性纳米颗粒表面。如在 Fe_3O_4 纳米颗粒水溶液中滴加四乙基硅烷（TEOS），TEOS 水解生成的 SiO_2 从溶液中析出后包覆于 Fe_3O_4 纳米颗粒的表面，生成 Fe_3O_4@SiO_2 核壳型复合纳米颗粒。

3.3.2 磁性氧化物纳米颗粒的制备方法

磁性氧化物主要是指铁氧化物（Fe_3O_4、γ-Fe_2O_3）以及铁氧体等，粒径均匀、分散性能良好的磁性氧化物特别适合生物医用的要求。化学法通常在液相中进行，反应条件比较温和，反应机理也比较简单，且纳米颗粒的尺寸可控，易于工厂大批量生产。化学合成方法较为多样，其中共沉淀法、水热/溶剂热法、热分解法、微乳液法等合成法是常见的制备 Fe_3O_4 纳米颗粒的方法。

1. 共沉淀法

共沉淀法是制备 Fe_3O_4 纳米颗粒的传统方法，也是合成其他金属氧化物纳米颗粒的常用方法，原料常见，操作简单方便，一般用于合成平均粒径小于 50nm 的 Fe_3O_4 纳米颗粒。该方法是在惰性气体保护下，在含有 Fe^{2+} 和 Fe^{3+} 的盐溶液中（如氯化物、硫酸盐、硝酸盐）加入氨水或氢氧化钠溶液，生成 $Fe(OH)_3$ 和 $Fe(OH)_2$ 凝胶固体，通过磁倾析或离心分离凝胶状的氢氧化铁，再通过浓碱或浓酸溶液的静电作用使铁磁流体保持稳定，又或者通过加入合适的表面活性剂并加热获得 Fe_3O_4 纳米颗粒。反应方程式为

$$Fe^{2+}+2Fe^{3+}+8OH^- \rightarrow Fe_3O_4+4H_2O$$

Kang 等用 $FeCl_2$ 和 $FeCl_3$ 为铁源，在不含表面活性剂的水溶液中合成了 Fe_3O_4 纳米颗

粒，颗粒的平均粒径为 8.5nm，且粒径分布较窄。Fried 等在氩气保护下，在 80℃的 $FeCl_2$ 和 $FeCl_3$ 浓度比为 2∶1 的混合溶液中加入氨水，得到 6nm 的 Fe_3O_4 纳米颗粒。Sun 等也使用该方法制备了 13nm 的 Fe_3O_4 纳米颗粒。采用共沉淀法制备氧化物纳米颗粒，反应物的浓度、反应温度、溶液的 pH 值、Fe^{2+}与 Fe^{3+}的比例、物料加入次序、搅拌速度等均会影响沉淀的均匀性和颗粒尺寸。类似地，Chen 等用 $FeCl_3$ 和 $MnCl_2$ 作为金属离子原料和 NaOH 反应制备得到 $MnFe_2O_4$ 铁氧体纳米颗粒。共沉淀法虽然操作简单，能够获得均匀分散的小尺寸纳米颗粒，但是不容易控制形状。

2. 水热/溶剂热法

水热/溶剂热法通常是用聚四氯乙烯内衬的高温高压反应釜作为反应容器，在高温、高压、密闭的反应容器中将正常状态下难溶或不溶于水的前驱体溶解，经过重结晶得到无机纳米颗粒的一种高效方法。水热法使用水作为溶剂，溶剂热法一般采用的有机溶剂有乙醇、四氯化碳和油胺、油酸等。该方法的优点是制备得到的纳米颗粒具有良好的分散性和结晶度，并且纯度高、原料廉价。如 Li 等制备了 15nm 的球形 Fe_3O_4 纳米颗粒，用于肿瘤 MRI 检测。另一个课题组采用水热法制备了包覆壳聚糖的 Fe_3O_4 纳米颗粒，用于酶的固定化研究。

水热/溶剂热法通过调节反应时间、反应温度、溶剂和前驱体的种类等对纳米颗粒的形貌、尺寸和结晶度进行调控。由于反应环境密闭，水热/溶剂热法可以有效防止有毒有害物质的挥发，是一种较为环保的反应方法。但是该方法制备纳米颗粒需要使用反应釜，需要重点关注反应釜在高温高压的封闭系统中的安全性能。

3. 热分解法

热分解法是利用金属有机配合物处在亚稳定状态的特性，在表面活性剂存在的情况下，在高沸点溶剂中将金属有机配合物分解得到 Fe_3O_4 纳米颗粒，是一种结晶度高且粒径和形貌可控的制备方法。在制备过程中，金属有机配合物前驱体通常为乙酰丙酮铁（$Fe(acac)_3$）、油酸铁等，反应中使用的溶剂为苯醚、苄醚或十八烯等，分散剂为脂肪酸、油酸或油胺等。在分解过程中，使用稳定剂可以减缓分解过程，抑制纳米颗粒的成核速率，从而控制磁性纳米颗粒的生长并有助于生产球形和小于 30nm 的较小尺寸。Sun 所在的课题组使用金属有机配合物 $Fe(acac)_3$ 为前驱体，用 1,2-十六烷基二醇、油酸和油胺作为分散剂，在 265℃苯醚溶液中反应制备出较小的单分散 Fe_3O_4 纳米颗粒。Xu 等使用油酸铁作为前驱体、二十四烷为溶剂、油胺为分散剂制备得到单分散的八面体 Fe_3O_4 纳米颗粒。此外，$Fe(CO)_5$ 在高温下能够发生分解，如果有氧气存在则能够发生氧化反应，生成高质量的 Fe_3O_4 纳米颗粒。

热分解法是目前大规模生产尺寸均一、形状均匀的磁性纳米颗粒的最佳方法之一，相比共沉淀法更有利于合成更小尺寸的纳米颗粒。但高温分解法在合成过程中分解产生了有毒的有机物，限制了其在工业上的应用。

3.3.3 磁性金属及合金纳米颗粒的制备方法

金属 Fe、Co、Ni 是典型的铁磁性材料，尤其是 Fe 具有最高的饱和磁化强度和居里温度（T_C），用于灵敏的 MRI 和磁热治疗应用时很有潜力，但是金属磁性纳米颗粒易氧化，尤其对水和氧气不稳定，在空气中容易被氧化成各种氧化铁，因此金属磁性纳米颗粒主要通过热分解和还原反应制备。

1. 常温液相还原法

模板法、反相胶束法等都是在室温下进行，已广泛用于金属纳米粒子的制备。反相胶束是指表面活性剂溶解在有机溶剂中形成的球形聚集体，极性基团朝向内部。由于铁系离子二价离子的氧化性不强，所以常温下将 M^{2+}（M = Fe、Co、Ni）离子还原成金属原子时要选用还原能力很强的还原剂，如 $NaBH_4$、肼等，或者采用电化学还原方式进行还原。如 Ram 等在含有 $CoCl_2 \cdot 6H_2O$、二十二烷基二甲基溴化铵（DDAB）的甲苯溶液中，滴入高浓度的 $NaBH_4$ 水溶液，获得球形、平均尺寸约为 10 nm 的 Co 纳米颗粒，由于微观上形成了反相胶束，Co^{2+}离子被限制在胶束内进行还原，也阻止了团聚和氧化。由于是在常温下发生的反应，纳米颗粒的结晶度并不是很好，粒径分布也较宽，因此为了制备高质量的金属磁性纳米颗粒，常采取在高温液相中制备。

2. 高温液相分解法

采用高温液相分解法制备金属磁性纳米颗粒时常用金属羰基配合物作为前驱体，基本在250~300℃之间分解。工业制备金属 Fe 纳米颗粒的方法是令 $Fe(OH)_3$ 脱水产生氧化铁，然后再用氢气还原的工艺，但这种大批量制备出的纳米颗粒均匀度并不好，因此可以选择羰基铁［($Fe(CO)_5$，沸点 103℃)］和羰基钴［($Co_2(CO)_8$，沸点 52℃)］热分解的方法加以改善。早期的方法是采用高分子聚丁二烯、聚苯乙烯-丁二烯或者聚（苯乙烯-Co-4-乙烯基吡啶）作为分散剂，后来为了进一步实现单分散性，采用以油酸和油胺作为分散剂 $Fe(CO)_5$ 在辛醚溶剂中热分解的方法制备 Fe 纳米颗粒，控制尺寸为 5~20nm。采用类似的方法利用 $Co_2(CO)_8$ 的热分解可以制备 Co 纳米颗粒，但由于 Co 纳米颗粒之间磁性作用较强，容易团聚，因此所使用的稳定剂是油酸和三苯基膦，通过三苯基膦在纳米颗粒表面产生的较大空间位阻效应来阻止纳米颗粒的团聚。需要指出的是，羰基化合物热分解法并不适用于 Ni 纳米颗粒的制备，虽然 $Ni(CO)_4$ 是一种众所周知的羰基化合物且对热不稳定，但其毒性很强，从而限制了它的使用，因此制备 Ni 纳米颗粒材料时常以金属盐为前驱体采用高温液相还原法制备。

3. 高温液相还原法

高温液相合成法就是在稳定剂存在的条件下快速将还原剂注入盛有热的金属（Co、Ni）氯化物或醋酸反应物溶液中，在 200~300℃高温下还原金属盐，经过成核、生长阶段直至生成单分散的金属纳米颗粒。一般的实验方案是将金属盐溶解在高沸点的惰性溶剂，如辛醚、苯醚中，加入三苯基膦或三烷基膦等与长链羧酸（如油酸）两种表面活性剂，在剧烈搅拌的同时将混合溶液加热到 200~250℃，然后将强还原剂溶液（如硼氢化物等）注射到反应物中，金属纳米颗粒瞬间成核并开始长大直至反应物耗尽。如 Murray 等将溶有 $Co(CH_3COO)_2 \cdot 4H_2O$ 和油酸的苯醚（沸点 259℃）溶液加热到 200℃后加入三辛基膦，继续加热到 250℃后注入 1,2-十二烷二醇的苯醚溶液，最后制得 6~8nm 的 hcp-Co 纳米颗粒。与高温液相分解法相比，采用高温液相还原法制备金属纳米颗粒尤其是合金纳米颗粒时更容易控制组成，原料的利用率也更高。

3.3.4 磁性纳米颗粒的形貌调控

非等轴的纳米晶即不同于球形的纳米颗粒，包括纳米棒、纳米线、纳米立方、纳米盘以及纳米花等，往往展现出独特的形状各向异性及表面效应。通过控制反应过程的热力学和动力学因素，研究人员已经尝试了多种合成路线控制颗粒的尺寸和分布以及形状。

1. 微乳液法

微乳液是指由表面活性剂、油相、水相组成的透明且各向同性的热力学稳定体系。在室温下，油和适当比例的水以及表面活性剂混合搅拌可以得到稳定的微乳液，微乳液有水包油（O/W）和油包水（W/O）两种类型，分别称为正向微乳液和反向微乳液。微乳液相当于一个微型的反应器，将反应控制在微型反应器的内部发生，微乳液合成法能够在合成纳米颗粒的同时直接在表面形成有机物保护层，从而减少后期进一步的修饰。如 Lu 等设计了一种油包水微乳液合成 Fe_3O_4 颗粒的方法，研究了不同类型的表面活性剂对纳米颗粒尺寸形貌的影响。微乳液合成法能够通过选择不同的表面活性剂、不同用量和种类的溶剂控制微乳液的大小，从而有效控制纳米颗粒的尺寸和形状。

采用微乳液法获得的颗粒尺寸分布范围通常较宽，并且颗粒结晶性不好，得到的纳米颗粒质量较差，从而影响其磁性能。另外，微乳液合成过程中需要使用大量的溶剂，合成成本较高，无法获得高产量的 Fe_3O_4 纳米颗粒，在生物医学领域的应用有局限性。

2. 模板法

模板法是制备金属纳米线的典型方法，其中模板可分为硬模板和软模板。硬模板是指诸如阳极氧化铝（AAO）、介孔氧化物、碳纳米管之类的多孔固体材料，硬模板法是利用材料的内或外表面结构为模板，将反应前驱体填充到模板中进行反应，通过控制反应时间等因素控制纳米颗粒的形貌。如 Kwag 等以 AAO 为模板，以 $NiSO_4$、$CoSO_4$ 的水溶液为电解质溶液，利用电化学还原法先后在 AAO 孔内沉积出 Co 纳米线、Ni 纳米线以及 NiCo 合金纳米线阵列。采用硬模板合成时，由于多孔模板的孔径均匀，因此合成的金属磁性纳米线也同时排列为有序阵列，简化了器件的后续制备工艺。由于硬模板制备过程相对烦琐和复杂，使得整个实验过程的费用较高，限制了大规模生产的可行性。

软模板法是在特定条件下，利用表面活性剂等双亲分子在溶剂中形成的微结构来制备特定形貌的一维纳米材料，这些微结构主要包括胶束、液晶、反相微乳液等。如 Wang 等将油胺加入十八烯中，油胺分子自组织形成胶囊形状胶束，FePt 纳米颗粒以此作为软模版沉积，产生 FePt 合金纳米线，并可通过油胺的加入量调节纳米线长度。与硬模板法相比，软模板法制备成本低，而且在纳米线形成过程中会自动降解，省去了硬模板中除去模板的烦琐步骤，不利之处是对于很多器件来说还需要后续在基底上进行固定。

3.4 材料磁性能的磁学表征方法

根据基本原理的不同，可以把磁性材料的表征方法大致分为磁学、光学、电子显微学、电输运测试等几大类，见表 3-1。其中，磁学方法利用了磁性材料内部磁矩对外表现出的磁通量；光学方法利用了光（包括自然光、激光、以及 X 射线等）与磁性材料的相互作用；电子显微学方法利用了外界刺激在磁性材料中激发出的电子，以及磁性材料与穿过它的电子束的相互作用等；电输运测试方法利用了电流经过磁性材料时出现的各种输运现象。下面依次对这些表征方法的原理、设备构造、优缺点等加以介绍。

表 3-1 几种材料磁性能的表征方法及其分类

表征方法(或设备)	表征方法的类型
振动样品磁强计(VSM)	磁学方法
超导量子干涉仪(SQUID)	
磁力显微镜(MFM)	
磁光克尔显微镜(Kerr Microscope)	光学方法
X 射线磁圆二色(XMCD)和磁线二色(XMLD)	
金刚石氮-空位(NV)色心扫描探针显微镜	
光发射电子显微镜(PEEM)	电子显微学方法
洛伦兹透射电子显微镜(L-TEM)	
反常霍尔效应(AHE)	电输运测试方法
磁电阻效应(MR)	

3.4.1 振动样品磁强计

振动样品磁强计（Vibrating Sample Magnetometer，VSM）是测量材料磁性的关键工具，广泛应用于研究各类磁性材料的特性，如铁磁、亚铁磁、反铁磁、顺磁及抗磁材料等。其应用范围涵盖稀土永磁材料、铁氧体、非晶和准晶材料、超导材料、多种合金、化合物，甚至生物蛋白质等的磁性研究。VSM 能测量出磁性材料的基础磁性能，如磁化曲线、磁滞回线、退磁曲线以及热磁曲线等，进而得出多项磁学参数，如饱和磁化强度 M_S、剩余磁化强度、矫顽力 H_c、最大磁能积、居里温度、磁导率和初始磁导率等。此外，VSM 适用于测量各种形态的磁性材料，包括粉末、颗粒薄膜、液体及块状样品。

振动样品磁强计的核心组成部分包括电磁铁系统、样品强迫振动系统和信号检测系统。图 3-8 和图 3-9 为两种不同类型的 VSM 原理结构。这两种类型的主要区别在于磁场的产生方式和度量方法：第一种类型使用空心线圈（也称磁场线圈）在扫描电源的驱动下产生磁场 H，适用于弱场环境，其磁场强度 H 与励磁电流成正比，因此可以通过取样电阻 R 上的电压来标定 H 的强度；第二种类型则利用电磁铁和扫描电源共同产生磁场，适用于强场环境，但由于 H 和电流 I 之间存在非线性关系，因此必须使用高斯计来直接测量磁场 H 的强度。

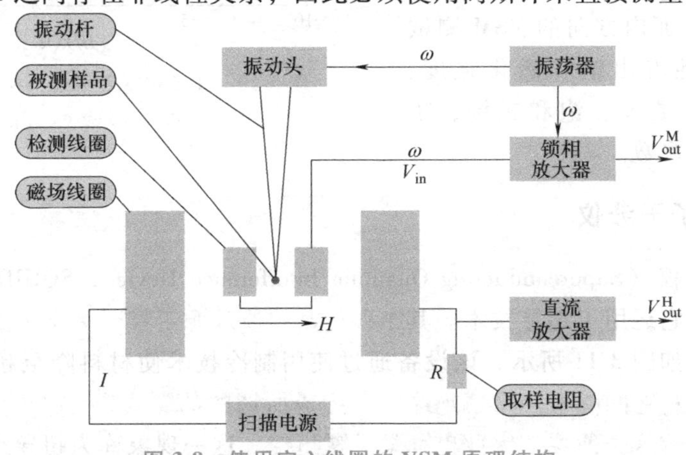

图 3-8 使用空心线圈的 VSM 原理结构

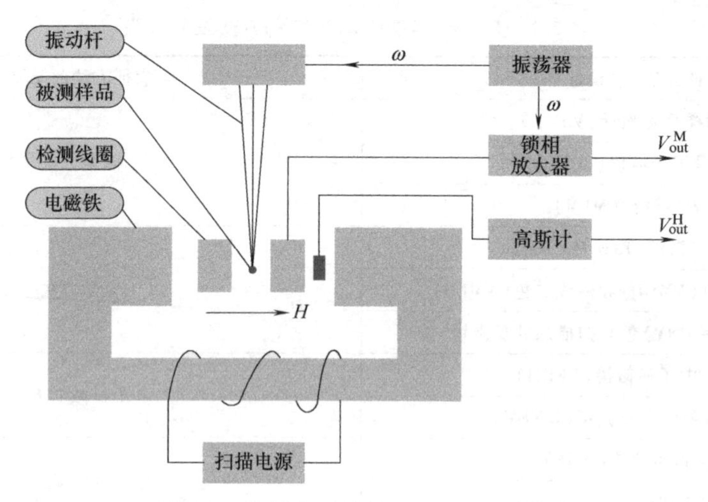

图 3-9　使用电磁铁的 VSM 原理结构

当振荡器的功率输出传输到振动头的驱动线圈时，该振动头会驱动固定在其上的振动杆进行频率为 ω 的等幅振动，且振动频率与振荡器一致。这种振动会带动置于磁化场 H 中的被测样品进行同步振动。因此，被磁化的样品在空间形成的偶极场也会相对于静止的检测线圈进行同样的振动，从而在检测线圈中产生一个与振动频率 ω 相同的感应电压。同时，振荡器的电压输出被用作锁相放大器的参考信号。当这个感应电压被送入正常工作的锁相放大器（即被测信号与参考信号频率和相位相同）后，经过放大和相位检测，会输出一个与被测样品总磁矩成正比的直流电压 V_{out}^{M}。同时，还有一个与磁化场 H 成正比的直流电压 V_{out}^{H}（来源于取样电阻上的电压或高斯计的输出电压）。将这两个相对应的电压进行图示化，就可以得到被测样品的磁滞回线（或磁化曲线）。如果已知被测样品的体积、质量、密度等物理量，还可以进一步得出被测样品的多种内在磁特性。如图 3-10 所示为某 FeCrCo 基薄膜在面外（垂直）和面内方向的 VSM 测试结果，可以清晰地看出饱和磁化强度、剩余磁化强度、剩磁比、饱和磁场、矫顽力等关键磁性能参数。

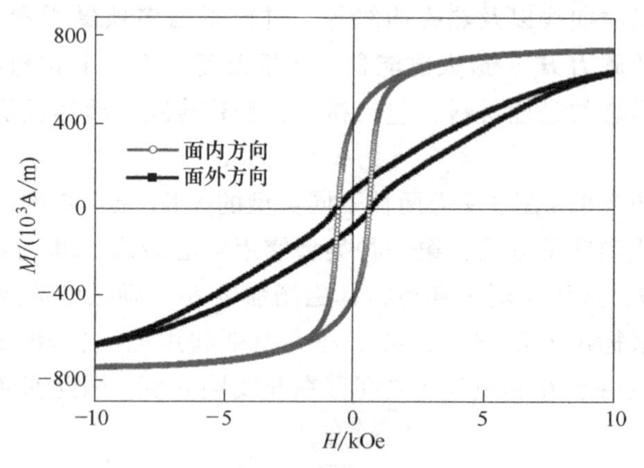

图 3-10　FeCrCo 基薄膜 VSM 测试结果（1Oe = 79.5775A/m）

3.4.2　超导量子干涉仪

超导量子干涉仪（Superconducting Quantum Interference Device，SQUID）是一种极为灵敏的磁测量装置，它运用了超导技术。其工作的基本原理源于量子力学中的超导环量子干涉现象。具体来说，如图 3-11 所示，该设备通过使用制冷技术使材料降至超导状态。在此状态下，两块超导材料之间隔着一个薄绝缘层，形成所谓的约瑟夫森结。尽管有绝缘层阻隔，但电子仍然能够穿越这一薄层，因此也称量子隧道结。这一现象称为超导约瑟夫森结效应或量子隧道效应。

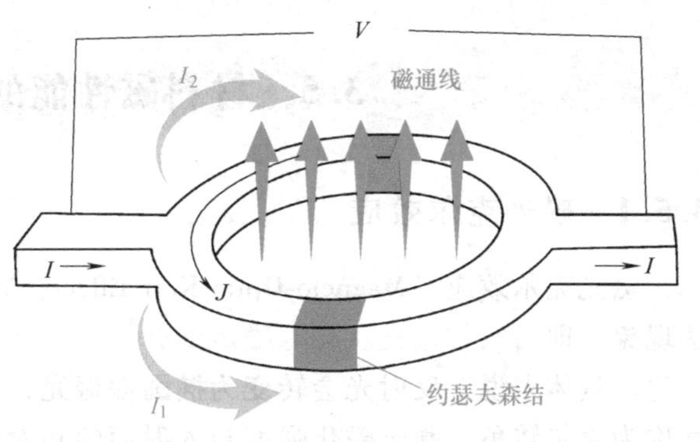

图 3-11 超导量子干涉仪示意图

基于这一独特效应以及磁通量子化现象，超导量子干涉仪能够在磁通、电压和电流之间建立一种超高灵敏度的相互关系。当外界微弱的磁场对超导环中的电流产生影响时，环内电流会产生极其微小的相位差。这一微小的相位差通过干涉效应显著放大并精准检测，从而使得该仪器能够实现对极其微弱磁场的精确测量。

SQUID 系统主要由超导环、检测电路和控制系统三大部分构成。超导环是 SQUID 的核心组件，由超导材料打造，拥有极低的电阻和电感，为量子干涉现象提供了理想的环境。检测电路则负责捕捉超导环中电流的微小相位差，并将其转化为易于读取的电压信号，便于研究人员进行数据分析和解读。控制系统在整个测量过程中起着至关重要的作用，它确保系统稳定、准确地运行，从而得到可靠的测量结果。在进行测试时，将被研究的磁性材料放置在 SQUID 产生的磁场中。通过调整磁场的大小和方向，可以精准地测量出材料对磁场的微弱变化响应。随后，这些数据会经过专门的处理，生成材料的磁滞回线，进而得到包括磁化强度、矫顽力、磁化率等在内的关键磁性参数。SQUID 以其卓越的灵敏度而广受赞誉，它甚至能够探测到低至 10^{-15}T 的磁场变化。这种极端的灵敏度使得 SQUID 在多个领域都有着广泛的应用潜力，包括但不限于磁性材料研究、地质勘探以及生物医学等。此外，SQUID 还以其快速、无损且非接触式的测量方式，为深入研究磁性材料提供了强有力的技术支持。

3.4.3 磁力显微镜

磁力显微镜（Magnetic Force Microscope，MFM）是一种利用扫描探针技术实现高分辨率成像的显微镜。它通常作为一个功能模块集成在原子力显微镜（Atomic Force Microscope，AFM）之上，其磁力探针一般是直径为 10~100nm 的尖形或针形磁体。当磁力探针接近被测磁性样品表面时，会与样品杂散磁场产生相互作用，从而引起探针的振动。通过记录探针的振幅和相位变化，就能得到样品表面杂散场的精细梯度，进而获取样品的磁畴结构。在实际测试时，往往需要对样品表面进行两次扫描检测：第一次扫描采用普通原子力显微镜的轻敲模式，利用探针与样品表面短距离原子间的相互作用测量强排斥力，可以得到样品的高低起伏形貌像；然后采用抬起模式，磁性探针抬起一定的高度（通常为 10~200nm）来进行磁畴的扫描测量。

MFM 的优势在于空间分辨力很高，可以达到数十纳米的空间扫描分辨力。而且完成这一高分辨力的扫描测量并不需要真空环境，而是在室温的大气环境中就可以无损地实现。不过，MFM 也有其自身的局限性：一方面，不同于 VSM 和 SQUID 等定量测定材料磁矩和矫顽力的表征手段，MFM 无法获取样品的磁矩信息，通常也不对样品施加扫描磁场，仅仅是一个判断样品表面不同区域下磁矩方向分布的定性表征方法；此外，在测矫顽力比较小的软磁样品时，仪器上磁性探针自身产生的杂散场有可能改变样品表面原本的磁矩排布，影响结果的准确性。

3.5 材料磁性能的光学表征方法

3.5.1 磁光克尔效应

磁光克尔效应（Magneto-Optic Kerr Effect，MOKE）描述了一个特定的光学现象，即当线偏振光从具有磁矩的介质表面反射时，反射光的性质会发生变化。具体来说，反射光会转变为椭圆偏振光，并且其偏振方向会发生旋转，这个旋转的角度称为克尔转角。基于磁化强度与入射面的相对位置，磁光克尔效应可以细分为三种类型：极向、纵向和横向。其中，横向磁光克尔效应的特点是其反射率仅有微小的变化，而偏振面并不会发生旋转，因此在材料磁学性能的测试中并不常用。如图 3-12 所示为另外两种类型的磁光克尔效应。其中，图 3-12a 为极向（Polar）磁光克尔效应。在这种效应中，磁化强度矢量 $\boldsymbol{M}$ 与介质界面是垂直的。这种效应在三种类型中产生的克尔转角最大，因此其表现也最为明显，常用于测试那些具有垂直磁各向异性的样品的磁性。图 3-12b 为纵向（Longitudinal）磁光克尔效应。在这种效应中，磁化强度矢量 $\boldsymbol{M}$ 既与光的入射面平行，也与介质表面平行，常用于测试具有面内磁各向异性的样品的磁性。

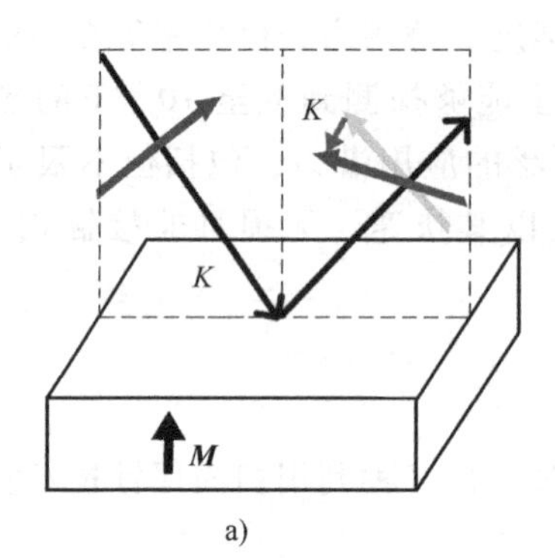

a)

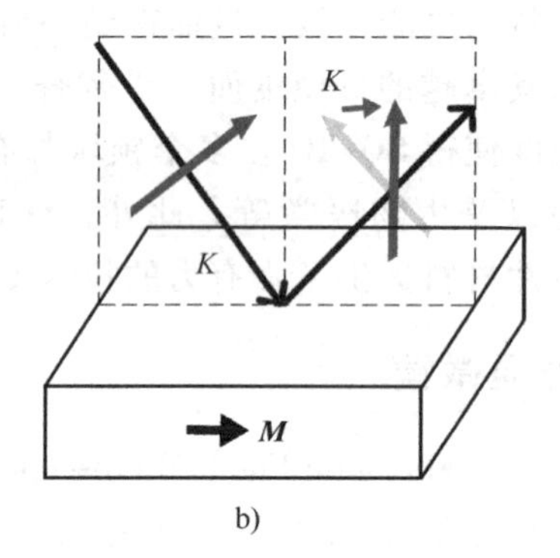

b)

图 3-12　极向和纵向的磁光克尔效应示意图

a）极向 MOKE　b）纵向 MOKE

常用的磁光克尔效应测试仪器使用激光作为光源，并通过特定的光路设计来确保入射到样品表面的是纯净的垂直分量偏振光，从而可以精确地测量和分析反射光的偏振状态变化，推断出样品的磁性特性。对于非磁性样品，由于其不具有磁性，因此不会改变入射光的偏振状态。这意味着从样品表面反射回来的光将保持其原有的偏振方向，即仍然是垂直分量偏振光；然而，对于有磁性的样品，情况则不同。当偏振光从磁性样品表面反射时，其偏振状态会发生变化。除了主要的垂直分量偏振光外，反射光中还会出现平行分量的偏振光。通过测量反射光中平行分量偏振光与垂直分量偏振光的幅值比值，即可得到克尔偏转角。测试过程中还需要外加一个扫描磁场来改变样品的磁化状态，从而影响克尔偏转角的大小。通过探测样品在不同磁场下的克尔偏转角变化，即可绘制出样品的磁滞回线。

值得注意的是，虽然 MOKE 测试得到的磁滞回线与 VSM 等传统磁滞回线测试手段得到的曲线形状相同，可以准确地得到样品的矫顽力、饱和磁场强度、各向异性场等性能参数，但由于激光在样品表面的入射深度有限（与具体材料有关，有些金属仅仅在表面 10nm 左右），因此即使克尔偏转角与样品磁矩的确存在着某种对应关系，通常 MOKE 测试得到的数据也不能定量地换算出样品具体磁矩的大小。图 3-13 为硅衬底/Pt（2.8nm + t nm）/Co（0.5nm）/Pt（2nm）三层膜结构的 MOKE 测试结果，可以清晰地看到样品矫顽力随底层 Pt 层厚度增加的变化。

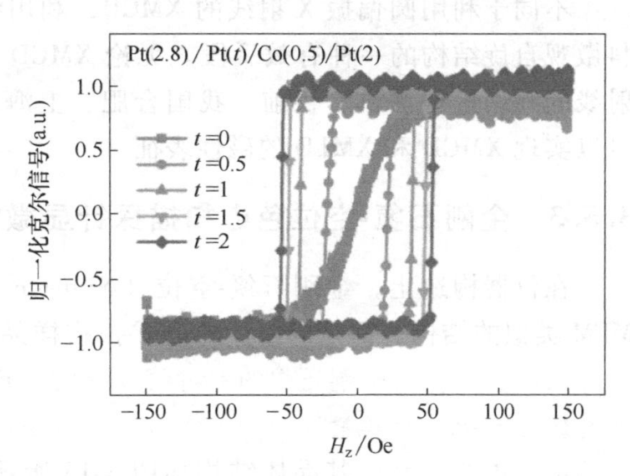

图 3-13　硅衬底/Pt（2.8nm+t nm）/Co（0.5nm）/Pt（2nm）三层膜结构的 MOKE 测试结果

此外，还有一种磁光克尔效应测试仪器，它使用高亮度 LED 白光光源来动态观察磁性样品的磁畴变化，因此称为磁光克尔显微镜（Kerr Microscope）。通过配备不同放大倍数的光学显微镜镜头，磁光克尔显微镜可以实现最小数百纳米分辨力的磁畴成像。它的原理主要是利用偏转后反射光光强的变化来反映不同朝向的磁矩在空间上的分布。反射光在经过检偏器回到目镜及相机后，表现为光强在空间上的分布图像，即不同的位置亮暗不同，亮暗的分布就反映了磁畴空间分布的情况。

3.5.2　X 射线磁圆二色和磁线二色

X 射线在与磁性材料发生相互作用时，会展现出两种二向色性，即 X 射线磁圆二色（X-Ray Magnetic Circular Dichroism，XMCD）和 X 射线磁线二色（X-Ray Magnetic Linear Dichroism，XMLD）。这两种二向色性常用于描绘铁磁和反铁磁材料的磁性特征。图 3-14 清晰地展示了 XMCD 实验布局。该实验主要通过测量样品对左右手圆偏振 X 射线吸收的不同来进行。这种吸收上的差异称为磁二向色性信号，它能够有效地反映材料的磁化强度。在进行测试的同时施加一个扫描外磁场，便可以获取材料的磁滞回线数据。

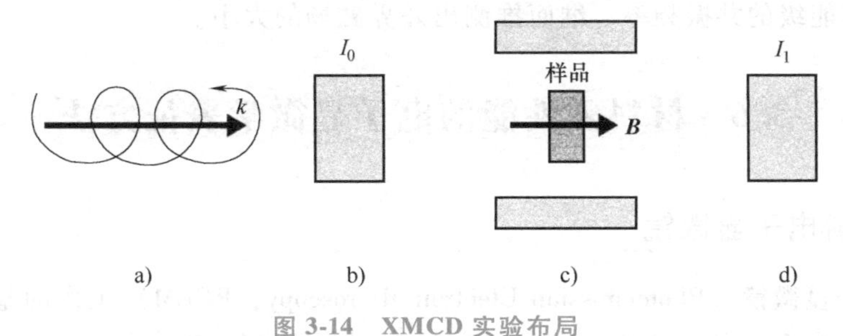

图 3-14　XMCD 实验布局

a）圆偏振 X 射线　b）监控器　c）磁体　d）探测器

相较于其他方法，XMCD 具备几个独特的优势。首先，XMCD 实验不仅能提供关于总体磁化的信息，更重要的是它能够分别揭示出自旋和轨道磁化的细节，这是许多其他方法所无法实现的，因为它们通常只能探测到总体的磁化情况。其次，由于 XMCD 通常在吸收侧附近研究二向色性，这种方法具有鲜明的元素特征性。再者，XMCD 的灵敏度非常高，它甚至能够测定极其微小的磁矩和研究极少量的材料，尤其适用于纳米薄膜材料的磁性研究。

不同于利用圆偏振 X 射线的 XMCD，利用线偏振 X 射线的 XMLD 是目前研究反铁磁材料微观自旋结构的一种有效手段。无论 XMCD 还是 XMLD，通常都需要在具有同步辐射 X 射线的线站进行测试。目前，我国合肥、上海、北京等地都已建成同步辐射 X 射线光源，可以实现 XMCD 和 XMLD 的磁性表征。

3.5.3 金刚石氮-空位色心扫描探针显微镜

在仪器构造上，金刚石氮-空位（Nitrogen Vacancy，NV）色心扫描探针显微镜具有与 MFM 类似的结构，都是以探针的方式扫描样品表面的磁场。所谓 NV 色心，是氮空位发光中心的简称，是指金刚石中的一种特殊的发光点缺陷，由一个替代的氮原子与其紧邻的一个碳原子空位组成，是众多顺磁性杂质中的一种。其晶体结构如图 3-15 所示，金刚石晶格中一个碳原子被氮原子所取代，并且该氮原子与一个相邻的空位组合而成。深紫色是氮原子，浅紫色是空穴，橙色是离空穴最近的碳原子，绿色是其余的碳原子。连接氮原子和空位位置的晶轴称为 NV 轴，也就是图 3-15 中的红色连线。

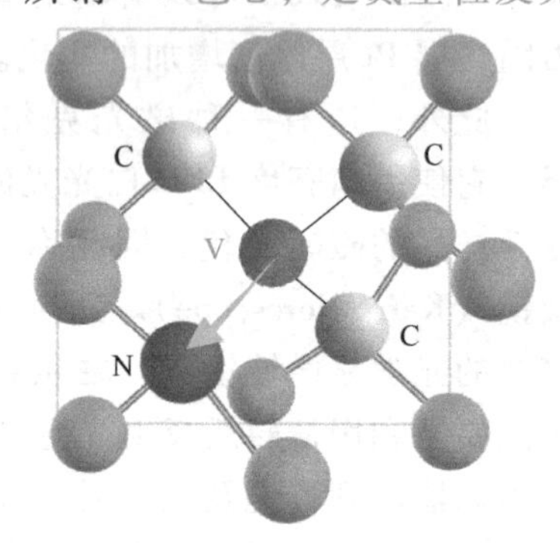

图 3-15 金刚石氮-空位（NV）

NV 色心具有自旋三重态基态，其可以在室温下通过光探测磁共振（ODMR）技术检测到。在室温下并且金刚石氮-空位色心外部不存在磁场时，上述两个能级的差为 2870MHz；如果金刚石氮-空位色心外部存在静磁感应强度 B，这种情况下自旋能级 $m_s=\pm1$ 能级则会因为塞曼效应变成 $m_s=+1$ 和 $m_s=-1$ 两个子能级，并且这两个子能级的能级差与金刚石氮-空位色心外部的静磁感应强度 B 的大小呈线性关系，可表示为 $2g_s\mu_B B$。单位时间内，NV 色心 $m_s=0$ 态会比 $m_s=\pm1$ 态发射的荧光光子数多，也就是自旋 0 态的荧光比 1 态更亮。而当外部施加的微波频率（2.87GHz 左右）与 NV 基态能级的共振频率一致时，会使基态时的 $m_s=0$ 态与 $m_s=+1$、$m_s=-1$ 之间开始产生偶极跃迁，此时收集到的荧光强度会降低，也就是探测的信号会出现一个峰，这种方法就是光学探测磁共振法，利用该方法可以准确探测 NV 色心基态能级的共振频率，继而推测出外界磁场的大小。

3.6 材料磁性能的电子显微学表征方法

3.6.1 光发射电子显微镜

光发射电子显微镜（Photoemission Electron Microscopy，PEEM）工作的基本原理是基于光子入射至样品表面而引发的光电效应，激发产生的光电子可以在匀强电场的加速作用下进入电磁透镜系统，并在传感器上基于强度分布进行电信号的转换，进而形成反映样品信息的图像，其图像的衬度主要分为两类，即功函数衬度与形貌衬度，分别对应材料功函数的不同引发光源激发光电子能量的差异，以及形貌的起伏导致成像时电子的空间分布差异，其原理如图 3-16 所示。

依据探测需求的不同，PEEM 可以使用不同光源，如 Hg 灯、激光与 X 射线等，作为系统的激发光源。X 射线-光发射电子显微镜（X-Ray Photoemission Electron Microscopy，X-

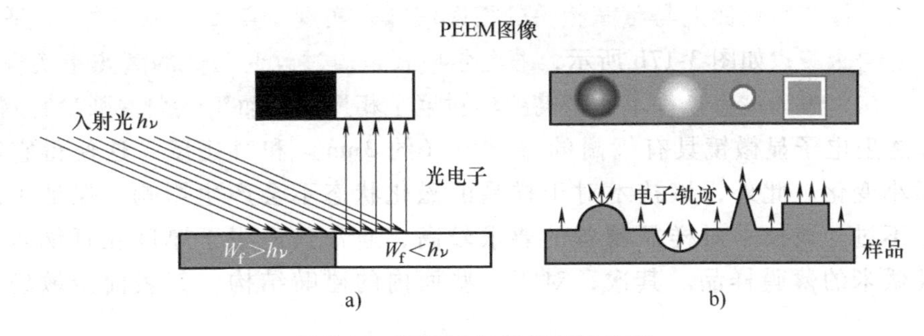

图 3-16 PEEM 衬度机制示意图

a）功函数衬度 b）形貌衬度

PEEM）是一种基于同步辐射而发展而来的成像技术，其在磁性材料的表征方面具有独特的优势。如 X-PEEM 可以对轨道磁矩与自旋磁矩分别进行精确的定量测定，基于其能量连续可调的特性可以选择性地激发不同元素的共振吸收，从而实现元素分辨功能等。X-PEEM 磁成像的原理是利用 XMCD 效应和 XMLD 效应，即磁性材料对于不同旋性圆偏振态或不同偏振方向的线偏振态 X 射线的吸收存在差异，以此实现对磁矩的测量及磁畴结构的实空间观测。此外，考虑到依托于大型同步辐射光源的装置要求，使得 X-PEEM 实验开展在空间与时间上受到限制，PEEM 系统也可以使用光子能量较小、易于装备在普通实验室的光源，如 Hg 灯或激光等，取代同步辐射装置作为激发源，即阈激发-光发射电子显微镜（Threshold PEEM），以开展材料表面的形貌及磁畴结构观测，而使用具有更高光子能量的深紫外激光可进一步在不调制表面功函数的前提下对磁性薄膜材料样品进行高分辨磁畴成像观测。

3.6.2 洛伦兹透射电子显微镜

洛伦兹透射电子显微镜（Lorentz Transmission Electron Microscopy，L-TEM）是利用电子束穿越样品时受到其内部磁场的洛伦兹力而发生偏转的物理现象来成像的磁结构表征工具。LTEM 成像模式主要有两种：傅科成像模式和菲涅尔成像模式。如图 3-17a 所示，傅科模式

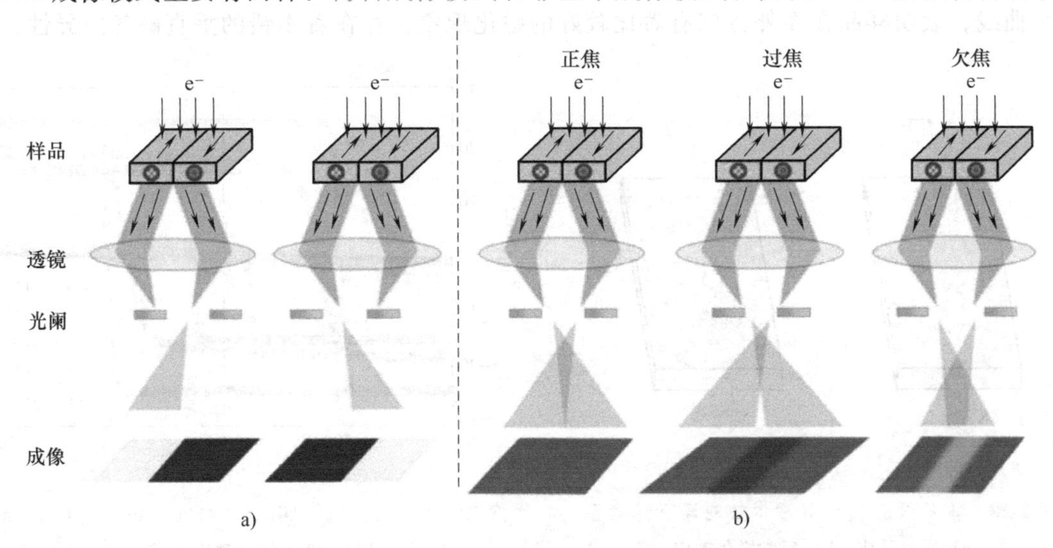

图 3-17 洛伦兹透射电子显微镜原理示意图

a）傅科成像模式 b）菲涅尔成像模式

是通过遮挡或者保留后焦面上与磁畴相关的衍射信号来实现（类似于暗场像），适用于观测不同磁化取向的磁畴；如图 3-17b 所示，菲涅尔模式是通过改变图像的离焦量实现对磁畴或畴壁的观察，在欠焦和过焦条件下磁畴畴壁的衬度是相反的，而正焦图像则没有磁衬度。

洛伦兹透射电子显微镜具有极高的分辨力（约 3nm）和对比度，这使得它能够捕捉到磁畴的微小变化。此外，该技术对于样品的磁化状态不会产生影响，保证了观测结果的客观性。不过，该技术对样品制备的要求较高，通常只适用于厚度在百纳米以下、整体尺寸在几微米的薄膜样品。其次，对于一些面内的磁畴结构，其表面杂散场可能导致成像困难。

3.7 材料磁性能的电输运测试表征方法

3.7.1 反常霍尔效应

霍尔效应（Hall Effects）是一个庞大的电输运效应家族，包括正常霍尔效应、反常霍尔效应（Anomalous Hall Effect，AHE）、自旋霍尔效应（Spin Hall Effect，SHE）、量子霍尔效应（Quantum Hall Effect，QHE）、量子反常霍尔效应（Quantum Anomalous Hall Effect，QAHE）等。如图 3-18 所示，如果在一块导体或半导体的 x 方向上有均匀的电流流过，同时在 z 方向上加有磁场 B，那么在洛伦兹力的作用下，这块材料的 y 方向上会出现一横向电势差 U。这种现象称为（正常）霍尔效应，U 称为霍尔电压；对于铁磁性、亚铁磁性和某些反铁磁性材料（如非共线反铁磁）来说，如果其自身在某一方向（z）上存在一定的磁化强度 M，则无须外加磁场 B，也会在 y 方向上产生横向电势差 U，称为反常霍尔效应（AHE）。

由于测试方法简便，AHE 常用来粗略判断垂直磁各向异性样品的矫顽力等磁性能。图 3-19 展示了硅衬底/Pt(10nm)/Co($t$nm)/Pt(2nm)三层膜样品的 AHE 测试结果。在 Co 层厚度小于或等于 0.3nm 时，样品的 AHE 曲线为一条直线，表明样品在面外方向没有明显的磁化（没有垂直磁各向异性）；当 Co 层厚度在 0.4~0.8nm 之间时，测到了类似磁滞回线的 AHE 曲线，表明样品在面外方向有着比较好的磁化现象，存在着不错的垂直磁各向异性。

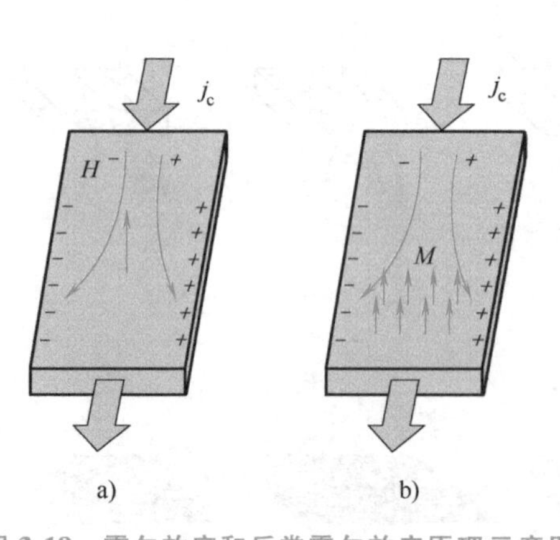

图 3-18 霍尔效应和反常霍尔效应原理示意图
a）霍尔效应 b）反常霍尔效应

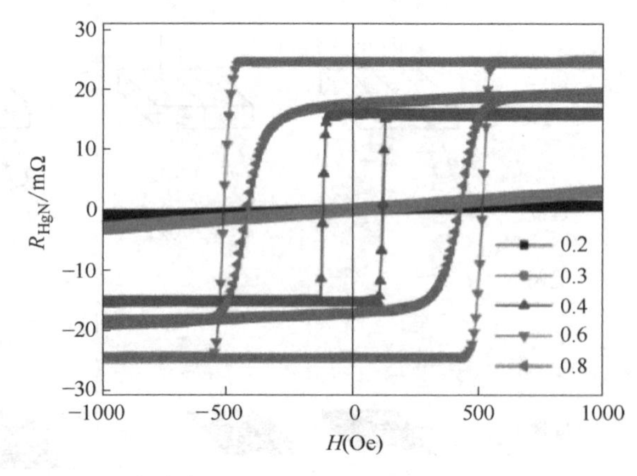

图 3-19 硅衬底/Pt（10nm）/Co（$t$nm）/Pt（2nm）三层膜样品的 AHE 测试结果

3.7.2 磁电阻效应

磁电阻（Magnetoresistance，MR）效应即磁性材料电阻随外加磁场而改变的效应，包括各向异性磁电阻效应（Anisotropic Magnetoresistance，AMR）、巨磁电阻效应（Giant Magnetoresistance，GMR）、隧道磁电阻效应（Tunneling Magnetoresistance，TMR）等，用于制作计算机硬盘读出磁头和各种弱磁传感器，广泛应用于信息技术、工业控制、航海航天导航等高新技术领域。根据材料在外加磁场下电阻值的变化，可以在一定程度上反映出材料某些方面的磁性能，如矫顽力、饱和磁场强度等。

以各向异性磁电阻效应为例，在居里点以下，铁磁金属的电阻率随电流与磁化强度 M 的相对取向而异，称为各向异性磁电阻效应。通常，磁电阻值可以定义为

$$\mathrm{AMR}=(\rho_{//}-\rho_{\perp})/\rho_0 \tag{3-2}$$

式中，$\rho_{//}$ 和 $\rho_{\perp}$ 分别指样品的磁化方向平行和垂直于测试电流方向时的电阻率；为了便于计算，ρ_0 可以使用零外加磁场下材料的电阻值。低温 5K 时，铁、钴的各向异性磁电阻值约为 1%，而坡莫合金 NiFe 的各向异性磁电阻值为 15%，室温下坡莫合金的各向异性磁电阻值仍有 2%~3%。如图 3-20 所示为厚度为 200nm 的 NiFe 单层薄膜的磁电阻（MR）变化曲线，可以看出，该样品在所施加磁场方向的饱和磁场强度约为 20Oe。

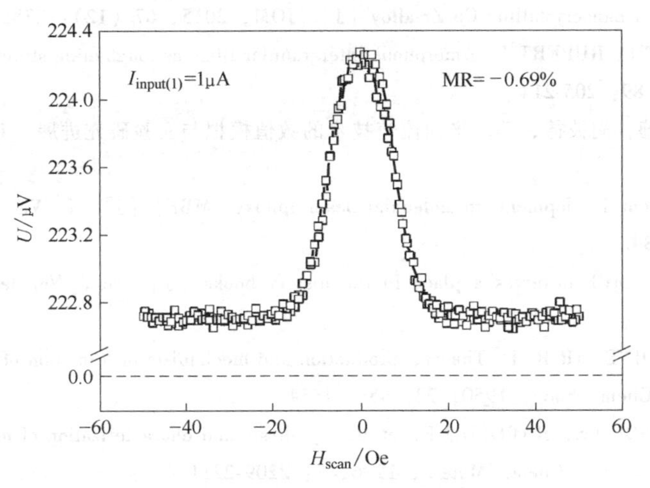

图 3-20 NiFe 单层薄膜的磁电阻变化曲线

参 考 文 献

[1] JOHNSON，WILLIAM L. Fundamental aspects of bulk metallic glass formation in multicomponent alloys [J]. Mater. Sci. Forum，1996，225-227：35-50.

[2] DUHAJ P，BARANOK D，ONDREJKA A. The study of transformation kinetics of the amorphous Pd-Si alloys [J]. J. Non-Cryst. Solids，1976，21 (3)：411-428.

[3] GASKELL P H，DAVID SMITH J. Investigations of the structure of amorphous and partially crystalline metallic alloys by high resolution electron microscopy [J]. J. Microsc.，2011，119：63-72.

[4] RASTOGI P K，DUWEZ POL. Rate of crystallization of an amorphous Fe-P-C alloy [J]. J. Non-Cryst.

Solids, 1970, 5 (1): 1-16.

[5] YOSHIZAWA Y, OGUMA S, YAMAUCHI K. New Fe-based soft magnetic alloys composed of ultrafine grain structure [J]. Journal of Applied Physics, 1988, 64 (10): 6044-6046.

[6] OPHUS C, LUBER E J, EDELEN M. Nanocrystalline-amorphous transitions in Al-Mo thin films: Bulk and surface evolution [J]. Acta Mater., 2009, 57 (14): 4296-4303.

[7] KIRCHHEIM R. Grain coarsening inhibited by solute segregation [J]. Acta Mater., 2002, 50 (2): 413-419.

[8] GE, WU, KA-CHEUNG. Dual-phase nanostructuring as a route to high-strength magnesium alloys [J]. Nature, 2017, 545 (7652): 80-83.

[9] RUAN S, CHRISTOPHER A. Electrodeposited Al-Mn alloys with microcrystalline, nanocrystalline, amorphous and nano-quasicrystalline structures [J]. Acta Mater., 2009, 57: 3810-3822.

[10] CESIULIS H. Increase in rate of electrodeposition and in Ni (II) concentration in the bath as a way to control grain size of amorphous/nanocrystalline Ni-W alloys [J]. J. Solid State Electr., 2002, 6 (4): 237-244.

[11] OPHUS C, NELSON FITZPATRICK N, LEE Z. Resonance properties and microstructure of ultracompliant metallic nanoelectromechanical systems resonators synthesized from Al-32at.%Mo amorphous-nanocrystalline metallic composites [J]. Appl. Phys. Lett., 2008, 92 (12): 3108.

[12] KHALAJHEDAYATI A, RUPERT, TIMOTHY J. High-temperature stability and grain boundary complexion formation in a nanocrystalline Cu-Zr alloy [J]. JOM, 2015, 67 (12): 2788-2801.

[13] PAN Z, TIMOTHY RUPERT J. Amorphous intergranular films as toughening structural features [J]. Acta Mater., 2015, 89: 205-214.

[14] 向青春，李荣德，周彼德，等. 平面流铸技术的数值模拟与实验研究进展 [J]. 铸造，1999，(7): 48-51.

[15] CHO A Y. Recent developments in molecular beam epitaxy (MBE) [J]. J. Vac. Sci. Technol., 1979, 16 (2): 275-284.

[16] MCCRAY W P. MBE deserves a place in the history books [J]. Nat. Nanotechnol., 2007, 2 (5): 259-261.

[17] LAMER V K, DINEGAR R H. Theory, production and mechanism of formation of monodispersed hydrosols [J]. J. Am. Chem. Soc., 1950, 72: 4847-4854.

[18] KAND Y S, RISBUD S, RABOLD J F, et al. Synthesis and characterization of nanometer-size Fe_3O_4 and γ-Fe_2O_3 particles [J]. Chem. Mater., 1996, 8: 2209-2211.

[19] FRIED T, SHEMEER G, MARKOVICH G, et al. Two-dimensional arrays of ferrite nanoparticles [J]. Adv. Mater., 2001, 13: 1158-1161.

[20] SUN Y, MA M, ZHANG Y, et al. Synthesis of nanometer-size maghemite particles from magnetite [J]. Col. and Surf. A: Phys. Eng. Asp., 2004, 245: 15-19.

[21] CHEN J P, SORENSEN C M, KLABUNDE K J, et al. Size-dependent magnetic properties of $MnFe_2O_4$ fine particles synthesized by coprecipitation [J]. Phys. Rev. B, 1996, 54, 9288-9296.

[22] LI J, ZHENG L, CAI H, et al. Polyethyleneimine-mediated synthesis of folic acid-targeted iron oxide nanoparticles for in vivo tumor MR imaging [J]. Biomater., 2013, 34, 8382-8392.

[23] LI G Y, JIANG Y R, HUANG K L, et al. Preparation and properties of magnetic Fe_3O_4-chitosan nanoparticles [J]. J. Alloys Compd, 2008, 466: 451-456.

[24] SUN S, ZENG H. Size-controlled synthesis of magnetite nanoparticles [J]. J. Am. Chem. Soc., 2002, 124: 8204-8205.

[25] XU Z, SHEN C, HOU Y, et al. Oleylamine as both reducing agent and stabilizer in a facile synthesis of magnetite nanoparticles [J]. Chem. Mater., 2009, 21: 1778-1780.

[26] RAM S, Allotropic phase transformations in HCP, FCC and BCC metastable structures in co-nanoparticles [J]. Mater. Sci. and Eng., 2001, A304-306: 923-927.

[27] MURRAY CB, SUN S H, DOYLE H, et al. Monodisperse 3d transition-metal (Co, Ni, Fe) nanoparticles and their assembly into nanoparticle superlattices [J]. MRS BULL, 2001, 26 (12): 985-991.

[28] LU T, WANG J, YIN J, et al. Surfactant effects on the microstructures of Fe_3O_4 nanoparticles synthesized by microemulsion method [J]. Col. Surf. A: Phys. Eng. Asp., 2013, 436: 675-683.

[29] YONG G K, JONG K H, HYE S K, et al. Co-Ni alloy nanowires prepared by anodic aluminum oxide template via electrochemical deposition [J]. J. Nanosci. Nanotech., 2014, 14: 8930-8935.

[30] WANG C, HOU Y L, Kim J, et al. A general strategy for synthesizing FePt nanowires and nanorods [J]. Angew. Chem. Int. Ed., 2007, 46: 6333-6335.

[31] 张志杰，贺天民，孙昕，等. 用于近代物理实验教学的振动样品磁强计 [J]. 物理实验，2007，27 (4): 37-39.

[32] KLEINER R, KOELLE D, LUDWIG F, et al. Superconducting quantum interference devices: state of the art and applications [J]. Proceedings of the IEEE, 2004, 92 (10): 1534-1548.

[33] RUGAR D, MAMIN H J, GUETHNER P, et al. Magnetic force microscopy: general principles and application to longitudinal recording media [J]. J. Appl. Phys., 1990, 68 (3): 1169-1183.

[34] SCHFER R, MCCORD J. Magneto-optical microscopy [J]. Magnetic Measurement Techniques for Materials Characterization, 2021, 171-229.

[35] GERRIT VAN DER LAAN, ADRIANA I. Figueroa, X-ray magnetic circular dichroism-a versatile tool to study magnetism [J]. Coordin. Chem Rev., 2014, 277-278: 95-129.

[36] TAKUYA F SEGAWA, RYUJI IGARASHI. Nanoscale quantum sensing with nitrogen-vacancy centers in nanodiamonds-a magnetic resonance perspective [J]. Prog. Nucl. Mah. Res. Sp, 2023, 134-135: 20-38.

[37] BAUER E. A brief history of PEEM [J]. J. Electron. Spectrosc., 2012, 185 (10): 314-322.

[38] STOHR J, ANDERS S. X-ray spectro-microscopy of complex materials and surfaces [J]. IBM J. Res. Dev., 2000, 44 (4): 535-551.

[39] 吴义政. 同步辐射 X 射线磁二色性在自旋电子学研究中的应用 [J]. 物理，2010，39: 406-415.

[40] 吕浩昌，赵云驰，杨光，等. 基于深紫外激光-光发射电子显微技术的高分辨率磁畴成像 [J]. 物理学报，2020，69 (9): 096801.

[41] PHATAK C, Petford-Long A K, De Graef M. Recent advances in Lorentz microscopy [J]. Curr. Opin. Solid. St. M., 2016, 20 (2): 107-114.

[42] MOKROUSOV Y. Anomalous Hall effect [J]. Topology in Magnetism. Springer Series in Solid-State Sciences, 2018, 192: 177-208.

[43] 皇甫加顺，盛树，李宝河，等. 各向异性磁电阻材料的研究进展 [J]. 中国材料进展，2011，30 (10): 8.

习　题

1. 仔细观察电弧炉和甩带机的构造，试分析电弧熔炼与甩带实验中的加热方式有何不同。
2. 薄膜制备生长过程中，其成膜质量可能受什么因素影响？

3. 具有铁磁性的靶材会屏蔽磁场，使其无法达到正常的磁控溅射时标准的磁场强度，因而影响溅射效率，如何规避这一问题？

4. 相较于磁控溅射以及分子束外延，PLD 在薄膜制备上有什么优势？

5. 为什么光刻一般选用紫外光或者波长更短的光源？

6. 对于多层膜材料，在氩离子刻蚀过程中，用什么方法可以监测刻蚀的进度？

7. 对于厚度在 10nm 左右的软磁薄膜样品，考虑到其对外磁通量较小、矫顽力较低，选用 VSM、SQUID 和 MFM 进行磁性能表征时应分别注意什么？

8. XMCD 与 XMLD 在磁成像观测实验中有什么区别？

9. PEEM 作为一种光激发的电子成像技术，对样品有什么普适性的要求？

10. 请扩展调研自旋霍尔效应，分别说明在怎样的材料体系（铁磁性、亚铁磁性、反铁磁性、顺磁性）中可以探测到自旋霍尔效应和反常霍尔效应，简述其原因。

11. 请扩展调研具有隧道磁电阻效应的磁隧穿结结构，它的基本结构由两个磁性层与一个中间绝缘非磁层组成。当两个磁性层方向相同或相反时，其隧道磁电阻分别处于高阻态还是低阻态？简述其原因。

第 4 章 磁存储材料与器件

随着云计算和人工智能的快速发展，当今世界正处于数据大爆炸的时期。据互联网数据中心（Internet Data Center，IDC）预测：截至 2025 年，全球数据量将增加至约 180ZB（1ZB = 1 万亿 GB）。以硬盘为代表的磁存储器承担了全球约 70%的数据存储任务，发展新型磁存储材料并构筑高性能磁存储器件已成为当今信息社会发展的迫切需求，被我国列入《国家中长期科学和技术发展规划纲要》。本章首先概述了磁存储技术的基本原理及发展历程，接着总结了磁存储材料的关键性能及研究进展，最后介绍了典型的磁存储器件及功能化应用。

4.1 磁存储技术及发展概述

自人类文明诞生以来，人们就一直在探索和使用信息存储的方法。早期的信息存储主要以纯手工记录方式为主，如远古时期的结绳记事和龟甲兽骨雕刻记事，以及后来在竹简木牍、纸张缣帛上写字记录信息，这种原始方式对信息记录的能力有限。随着 18 世纪机械自动化的大力发展，近代存储技术逐渐向机械存储方式发展。通过在纸带上打孔的方式来存储信息（带孔为“1”，无孔为“0”），第一次把数据转变成机械二进制信息进行存储，随后发展起来的穿孔磁带和穿孔卡片技术被广泛用于程序化的织机和其他工业机器。这种机械化存储技术持续了两个多世纪，虽然比传统人力有了大幅的效率提升，但存在故障率高、存储量低的问题。随着 19 世纪电磁学和电气自动化的蓬勃发展，存储方式也逐渐转变为利用磁性材料来存储信息，最典型的是利用磁矩的方向代表信号“1”和“0”的二进制存储技术。由于记录单元的体积可以大大减小，这种存储方式可以实现更高密度的数据存储，从而替代了早期的机械打孔存储方式。因此，自 19 世纪开始，新型的磁存储技术逐渐崛起并迅速发展成为当今社会主要的存储方式之一。

4.1.1 磁存储技术的基本原理

磁存储技术是利用磁性材料的磁矩特性来实现信息存储和读取的一种技术，即利用充磁技术对磁性材料上不同的微小单元进行磁化，借助这些磁化单元上磁矩的强弱或方向来存储信息；相反，通过探测磁化单元上磁矩的强弱或极性，并将其转化成可辨识的模拟或数字信号进行信息读取。磁存储系统一般由磁记录介质、磁头、电路和伺服机械部分组成。磁记录介质是信息存储的媒介，用于保存信号。磁头包括写入（记录）磁头、读出（重放）磁头和消磁磁头，分别用于在磁记录介质上写入信号、读取信号以及擦除信号。电路用于输入原始声音/图像信号或输出感应的电信号。伺服机械用于精确控制磁头的运动。

图 4-1 为磁记录的写入（记录）和读出（重放）过程。信号写入过程中，将声音、图像、视频等原始数字信号转化成连续变化的电脉冲信号，通入磁头线圈后就会在磁头间隙处产生对应变化的漏磁场，进而磁化下方的记录介质，并形成磁矩强弱或方向相应变化的微小记录单元，最终利用这些记录单元上的磁矩强弱或方向保存信息。信号读取过程中，读出磁头就变成了一个磁通检测器。当磁头靠近介质时，介质表面记录单元的磁矩变化会在磁头中引起磁通的变化，进而产生感应电流或电阻变化，并形成强弱或极性对应变化的电脉冲信号，再经过放大处理并转变成数字信号，就能还原出原始的声音、图像、视频等信号。早期的磁存储技术采用同一个磁头进行信号的写入和读取，数据传输速度较慢。而现代的磁存储技术则利用不同的磁头分别完成信号的写入和读取，写入时使用高饱和磁感应强度的磁头，读出时使用高灵敏度的磁头，这样可以大幅度提高数据传输速度。

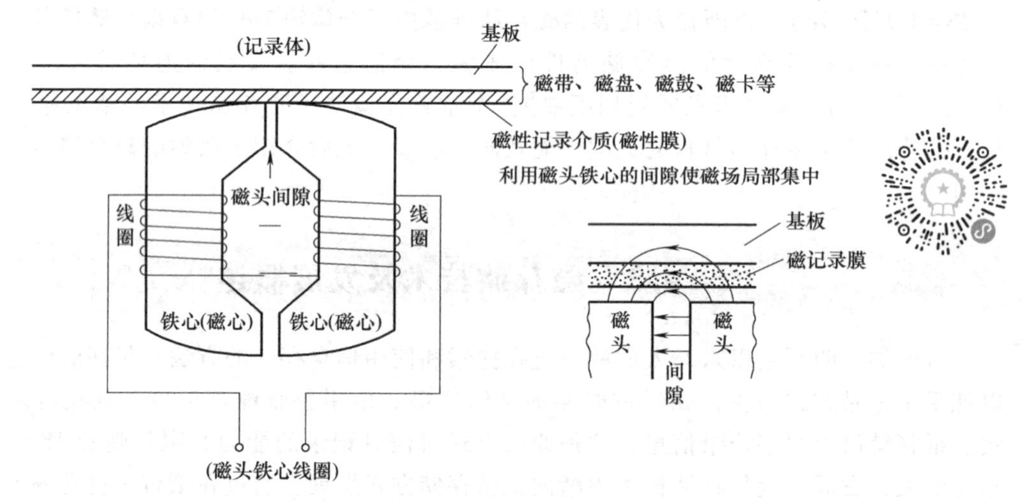

图 4-1　磁记录的构成要素及写入/读出原理

磁记录技术可以分为模拟磁记录和数字磁记录两类。模拟磁记录是利用记录单元上磁矩的强弱来存储声音或图像的一种信号记录方式，常用于早期的磁带、磁鼓、磁心存储器中。录音（录像）和放音（放像）是最常见的模拟磁记录过程。录音时，磁头线圈内输入由原始信号转化成的电信号，在磁头间隙处产生强弱同步变化的磁场，进而磁化介质并形成磁矩强弱变化的微小记录单元。放音时，记录单元表面的磁矩在磁头中引起磁通改变，产生相应变化的电信号，最终转化为声音或图像等原始模拟信号。而数字磁记录则是利用磁介质单元上磁矩的方向来存储二进制数据“1”和“0”，常用于硬盘和软盘中。输入的二进制数据序列会转变成磁头线圈中极性变化的电信号，从而在磁头间隙处产生方向对应变化的漏磁场，最终在磁介质表面记录下一串与输入数据相对应的 N-S 磁信号。信号读取时，介质表面不同单元上的磁信号会在读出磁头中引起感应电流或电阻的改变，进而在电路中产生变化的电信号并转化成对应的二进制数据。

4.1.2　磁存储模式的变迁

随着磁存储技术的发展，记录模式也发生了相应的改变。按照介质表面磁极排列的方向，可把磁记录分为纵向磁记录和垂直磁记录两种方式。图 4-2a 为纵向磁记录模式，在环状磁头的间隙处产生平行于介质表面的漏磁场，对介质进行面内方向的磁化，并形成磁矩平行于膜面、彼此头尾相连的微小 N-S、S-N 磁性单元。图 4-2b 为垂直磁记录模式，利用单极磁头产生垂直于介质表面的磁场，对介质进行垂直方向的磁化，并形成磁矩垂直于膜面、彼此平行排列的微小 N-S、S-N 磁性单元。

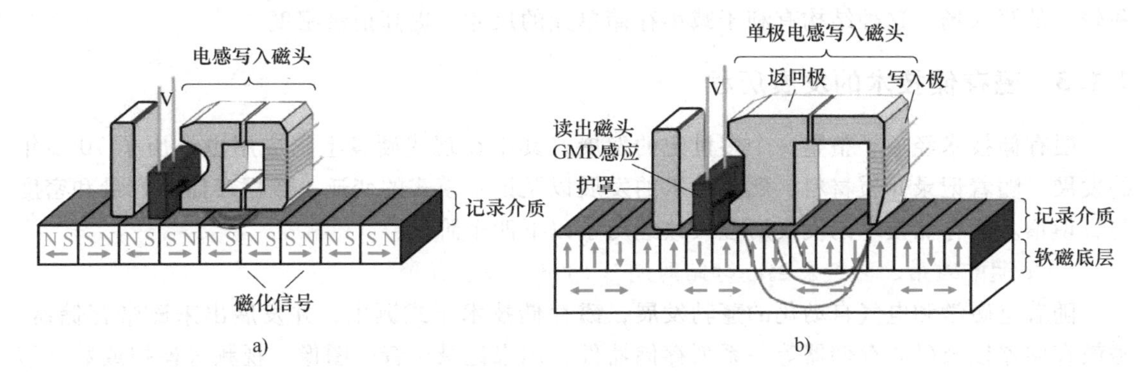

图 4-2 磁存储模式示意图

a）纵向磁记录模式 b）垂直磁记录模式

上述两种记录模式下，数据存储密度和稳定性都有显著的差别。通常情况下，在一个磁体上施加磁场，会在这个磁体的两端积累磁荷，进而产生一个与外加磁场方向相反的磁场 H_d，这个磁场起到减弱磁化的作用，故称为退磁场，它与外加磁场 M 存在的关系为 $H_d=-NM$，其中 N 为静态退磁因子。纵向磁记录和垂直磁记录的静态退磁因子 $N_{//}$和 $N_{\perp}$ 可以表示为

$$\begin{cases} N_{//}=4\pi\left[1-\dfrac{\lambda}{2\pi\delta}\left(1-e^{-\frac{2\pi\delta}{\lambda}}\right)\right] \\ N_{\perp}=4\pi-N_{//} \end{cases} \tag{4-1}$$

式中，δ 和 λ 分别为薄膜的厚度和记录单元的间距。图 4-3 为退磁因子 N 随 λ/δ 的变化关系。其中，$N_{//}$平行于膜面，并随着 λ/δ 的增加而减小；$N_{\perp}$ 垂直于膜面，并随着 λ/δ 的增加而增大。

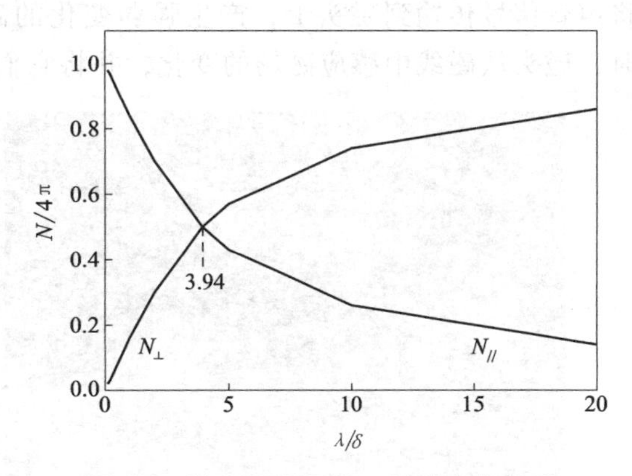

图 4-3 退磁因子 N 随 λ/δ 的变化关系

对于纵向磁记录而言，当记录密度升高时，记录单元的间距减小，退磁场增大。为了减小退磁场的大小，必须相应地减小薄膜的厚度。但是当膜厚减小到一定程度时，薄膜会出现锯齿状畴壁，使相邻记录单元之间的过渡区域加宽；同时也会降低介质的剩余磁化强度，使数据单元上的磁通量减小，降低了信噪比；此外，薄膜的均匀性也遭到破坏，这些都会限制磁记录密度的进一步提高。对于垂直磁记录而言，退磁场方向垂直于膜面，并随着记录密度的升高反而降低，使得垂直磁记录受退磁场的影响相对较小。在实现高密度数据存储时，可以不必采用很薄的介质，从而大大提高了数据存储的信噪比；另外，磁极垂直排列有利于减小相邻记录单元之间的相互干扰，使得数据存储稳定性增加。因此，在实现高密度存储时，垂直磁记录方式比纵向磁记录方式具有更大的优势。

上述两种记录方式采用不同的磁头。纵向磁记录采用环形磁头写入数据，即在环形铁心上缠绕线圈，线圈中通入电流后在铁心中产生封闭的磁力线，进而在间隙位置处产生面内方向的漏磁场，以实现面内磁化。由于写入端很宽，限制了存储单元尺寸的减小。而垂直磁记录采用单极磁头写入数据，即在竖直的铁心上缠绕线圈，线圈中通入电流后在铁心和记录介质之间产生封闭的磁力线，从而实现垂直磁化。由于写入端很窄，可以提供很高的磁通密度和较大的写入场。这种结构有利于减小存储单元的尺寸，提高记录密度。

4.1.3 磁存储技术的发展历程

磁存储技术经过了整整一个多世纪的发展，其中在现代硬盘上的应用也经历了 70 多年的发展。随着记录介质材料、磁头技术的发展以及记录模式的变迁，数据存储的容量和密度与日俱增。磁存储技术的发展历程大致经历了以下四个阶段：

1. 早期的磁带、磁鼓及磁心存储时期（1888—1955 年）

随着电磁学和电气自动化的蓬勃发展，磁存储技术正式诞生，并发展出来磁带存储器、磁鼓存储器以及磁心存储器等一系列存储器件，用来记录声音、图像、视频等模拟或数字信号。但由于存储密度有限、存取速度慢、信噪比差等问题，这些存储设备一直没有得到广泛的商业化应用。

1888 年 9 月 8 日，美国奥伯林·史密斯（Oberlin Smith）在英国《电气世界》杂志上发表了最早的关于磁记录的观点，即“采用磁性介质来对声音进行录制”。1898 年，丹麦工程师瓦蒂玛·保尔森（Valdemar Poulsen）将奥伯林·史密斯的想法付诸实施。他首次采用磁线技术，制成了人类第一个实用的磁声记录和再现设备——磁线电报机，如图 4-4a 所示。将声音信号传输到磁头上，产生强弱变化的磁场，对磁线进行磁化以记录声音信号。读取时，磁头从磁线中感应磁场的变化，并将它们转换成电信号，还原出声音信号。

a)　　　　　　b)

图 4-4　磁线电报机和 Fritz Pfleumer 的录音磁带

a）磁线电报机　b）录音磁带

1928 年，德国工程师弗里茨·普弗勒默（Fritz Pfleumer）发明了“会发声的纸”——录音磁带，如图 4-4b 所示，即将粉碎的磁性颗粒用胶水粘在纸条上，制成磁带。磁带在移动过程中，随着音频信号的强弱，磁带被磁化的程度发生变化，从而记录下声音信号。利用该纸带可以存储模拟信号，标志着磁存储时代的正式开启。然而，纸条比较脆弱，无法实用化。随后，研究人员又提出了复合材料式双层磁带结构，由底层为 30μm 的醋酸纤维素薄膜和上层为 20μm 的羟基铁粉混合组成，提高了磁带的机械强度，从而实现了真正的磁带。

1932 年，磁存储技术再次有了重大突破。奥地利工程师古斯塔夫·陶谢克（Gustav Tauschek）发明了磁鼓存储器，如图 4-5a 所示，长度 16in（1in=2.54cm），它包含一个大型金属圆柱体，外表面涂有铁磁材料。在存储器外壳的内侧，有大量的静态磁头。等磁鼓旋转就位，这些磁头进行数据读取。由于磁线变成了磁面，数据存储量大幅增加，约为 62.5KB；而且，鼓筒旋转速度很高（12500r/min），加快了数据存取速度。1942 年，美国爱荷华州立学院的约翰·文森特·阿塔纳索夫（John Vincent Atanasoff）教授和他的学生克利福特·贝瑞（Clifford Berry）发明了第一台电子数字计算机——ABC（Atanasoff-Berry Computer）。ABC 使用 IBM 的 80 列穿孔卡作为输入和输出，使用真空管处理二进制数据，而数据的存储则使用再生电容磁鼓存储器。

1947 年，美国工程师弗雷德里克·菲厄（Frederick Viehe）申请了第一个磁心存储器的专利。1948 年，华裔传奇科学家王安发明了脉冲传输控制装置，实现了对磁心存储器的读后写（Write-After-Read）。磁心存储器的原理和磁鼓存储器类似，在不同的微小磁心上通入电流，产生相应的磁场来磁化磁心，根据磁心上的磁化方向来存储信号“1”和“0”，如图 4-5b 所示。

a)

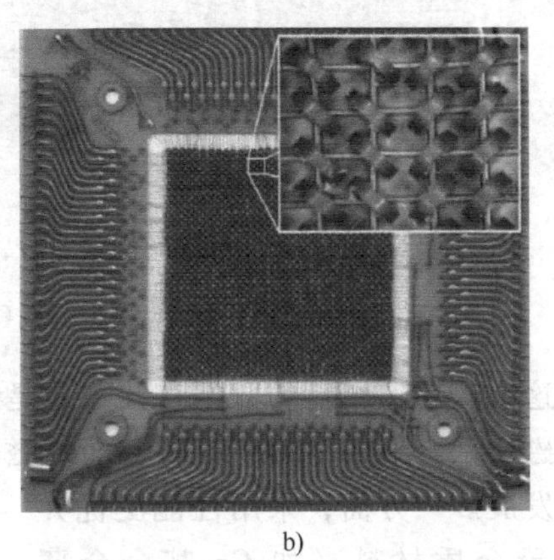

b)

图 4-5　磁鼓存储器和磁心存储器

a）磁鼓存储器　b）磁心存储器

20 世纪 50 年代后，磁带、磁鼓以及磁心存储技术开始应用于计算机中。1951 年，磁带首次被用于商用计算机上存储数据，在 UNIVAC 计算机上作为主要的 I/O 设备。1952 年，IBM 发布了一台全新的磁带存储设备（IBM726）。磁带存储因支持离线保存，寿命长、容量大且性价比高。1953 年，首台磁鼓存储器作为内存设备应用于计算机 IBM701，从固定式磁头发展到浮动式磁头，从磁胶发展到电镀的连续磁介质。1953 年，麻省理工学院将磁心存储器应用于 Whirlwind 1 计算机中，实现了磁心存储器的第一次大规模运用。后来，杰·福雷斯特（Jay Forrester）完善了磁心存储技术，推出第一个可靠的计算机高速随机存取器。直到 20 世纪 70 年代初，磁心存储一直被广泛用于计算机的主存设备，容量约为几百字节。

2. 纵向磁记录技术占主导的磁盘存储时期（1956—2005 年）

20 世纪 50 年代后，随着盘片数据存储技术的兴起，发展出体积更小、存储密度更高且存取速度更快的磁盘——硬盘和软盘，逐渐取代了早期的磁带、磁鼓及磁心存储器，成为计算机中首选的存储设备。1956—2005 年间，数据存储以纵向磁记录方式为主，数据存储的密度和容量快速增长，进入了一个以纵向磁记录占主导的磁盘存储时代。

1956 年 9 月，IBM 推出了全球首款硬盘系统 RAMAC 305，如图 4-6a 所示，使用了 50 个 24in 的盘片进行数据存储，容量为 5MB，读写速度只有 97. 6kbit/s，质量却足有一吨重。1962 年，IBM 发布了第一个可移动硬盘驱动器 1311，它有 6 个 14in 的盘片，可存储 2. 6MB 数据。1973 年，IBM 又发明了 Winchester（温彻斯特）3340 硬盘，如图 4-6b 所示，采用 4 个 14in 盘片，容量为 60MB，存储密度为 0. 26Mbit/cm^2。工作时磁头悬浮在高速转动的盘片上方，而不与盘片直接接触，这便是现代硬盘的原型。此后，硬盘的主要发展方向就是如何增加硬盘的容量和减小硬盘的体积。

a)

b)

图 4-6 RAMAC 305 硬盘和温彻斯特 3340 硬盘

a）RAMAC 305 硬盘 b）温彻斯特 3340 硬盘

在这个时期，硬盘的数据存储方式是纵向磁记录，即利用环形磁头对介质材料进行面内方向的磁化后，形成平行于介质平面的磁信号。硬盘容量的提升主要依赖于介质材料和磁头技术的发展。一方面，采用性能更优异的磁记录介质材料（如 Co 基合金薄膜），并通过添加合金元素、减小膜厚、提高矫顽力等方法不断降低颗粒尺寸和过渡区宽度，大幅提升硬盘的数据存储密度；另一方面，发展出一系列灵敏度极高的磁头材料和读取技术，显著增加了数据读取能力。从最初的铁氧体电感磁头发展到 1981 年的薄膜型电感磁头，接着发展到 1990 年的磁电阻磁头，再到 1997 年的巨磁电阻磁头，使得硬盘的面密度提升了上千倍，如图 4-7 所示。

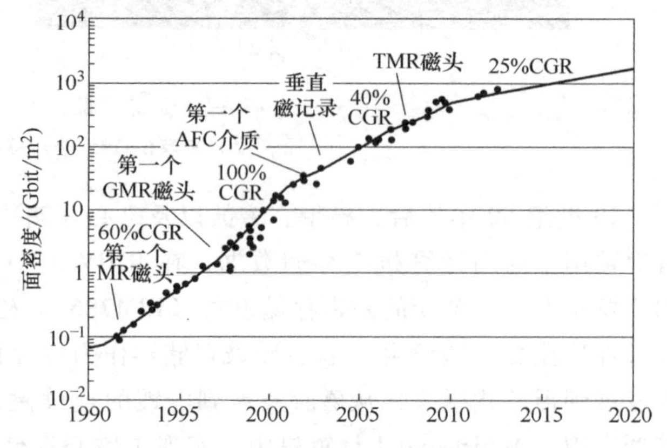

图 4-7 1990—2020 年硬盘面密度随年代的变化

MR—磁电阻 GMR—巨磁电阻 AFC—反铁磁耦合

TMR—隧穿磁电阻 CGR—年增长率

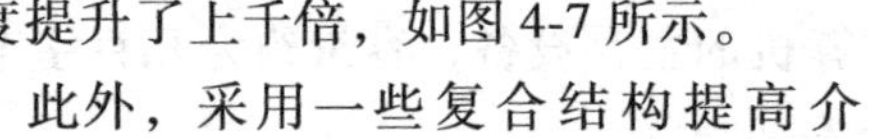

此外，采用一些复合结构提高介质材料的稳定性，进一步提升硬盘的存储密度。2001 年，IBM 公司报道了反铁磁耦合（Antiferromagnetic Coupled，AFC）介质，利用两个磁性层之间的反铁磁耦合作用增加信号存

储的稳定性，有效提高了硬盘的存储密度。同年，Sonobe 等发明了颗粒层/连续层耦合（Coupled Granular/Continuous，CGC）介质，利用层间耦合作用降低磁极翻转的概率并提高介质的矩形比，从而增加了数据存储的稳定性和信噪比。到 2005 年，硬盘的面密度已经达到 15. 5Gbit/cm^2，容量达到 20GB。之后，由于介质材料的颗粒尺寸已经接近其超顺磁临界尺寸，而且介质的退磁场也显著增加，严重影响了数据存储的稳定性。因此，纵向磁记录硬盘进入了一个发展瓶颈期，其面密度很难突破 23. 3Gbit/cm^2。

3. 垂直磁记录占主导的磁盘存储时期（1977—2022 年）

随着磁存储单元的不断减小，纵向磁记录方式受到退磁场和超顺磁效应的严重影响，限制了硬盘容量的进一步提高。1977—2022 年间，受退磁场影响较小的垂直磁记录技术逐渐发展起来，并替代纵向磁记录技术，成为当今硬盘的主要存储方式，相应进入了一个以垂直磁记录占主导的磁盘存储时代。

垂直磁记录技术是利用单极磁头对介质材料进行垂直方向的磁化后，形成垂直于介质平面的磁信号。在这种记录模式下，退磁场垂直于膜面且随记录密度的升高而降低。并且，相邻磁极之间的信号干扰大大减小，能耗和发热量更低，提高了信噪比和稳定性。因此，开始发展垂直磁记录磁盘。早在 1976 年，被誉为“垂直记录之父”的 Shun-ichi Iwasaki 教授就提出了垂直磁记录在高密度存储方面的优势，并形成了系统理论。1977 年，他发明了单极磁头，用于 CoCr 合金的垂直记录。之后，他们又陆续报道了具有垂直取向和柱状晶结构的 CoCr 单层膜介质和 CoCr/NiFe 双层膜介质，开创了垂直磁记录的新天地。但由于当时纵向磁记录的迅速发展，垂直磁记录一直没有得到大规模的商业化，只是研制了一些垂直磁化的软盘和硬盘样机。直到 2000 年，人们才开始重视起垂直磁记录硬盘，产品在 2004 年后开始大面积上市。2006 年 9 月，希捷公司利用隧道结巨磁电阻磁头演示了面密度为 65. 3Gbit/cm^2 的垂直磁记录硬盘。2007 年，日立和希捷公司分别发布了容量达到 1TB 的垂直磁记录硬盘，率先进入 TB 级存储时代，成为存储技术的一个重要里程碑。此外，笔记本硬盘和 1. 8in 便携式硬盘也由于垂直记录技术的应用而蓬勃发展。

之后，人们开始致力于如何提升垂直磁记录硬盘的容量。一种路线是使用更多或更大的盘片，如盘片数由 1 片变成 3~5 片，尺寸由 2. 5in 变为 3. 5in 等。2010 年，氦气封装技术在硬盘中得以应用，减小了盘片在空气中的摩擦和振动，并且降低了硬盘的工作温度和能耗，使得盘片数进一步增加到 8~10 片，容量再次大幅增加。但这些方法受到物理空间的限制，对硬盘容量的提升空间有限。另一个路线是通过优化材料的组分、结构、性能等，减小记录单元的尺寸并增加记录密度，从而使硬盘的容量大幅提升（详见 4. 2. 3 节）。但是，随着存储密度的不断提高，垂直磁记录也逐渐遇到了超顺磁效应的影响。2015 年，利用传统垂直磁记录技术制成的硬盘，其面密度已经接近理论极限值 158. 7Gbit/cm^2，容量也达到了 18TB。之后，垂直磁记录硬盘进入了一个发展的瓶颈期，面密度增长比较缓慢，如图 4-8 所示。

此外，通过优化数据空间利用率进一步提升硬盘的存储密度。对于传统的磁记录（Conventional Magnetic Recording，CMR）硬盘而言，读磁头比写磁头窄很多，而且不同磁道间还设有保护带，以避免相邻磁道干扰。因此，写磁头和保护带的宽度决定了磁道间距，造成盘片空间的极大浪费。如果让写磁道部分重叠，并确保写磁道略宽于读磁头加上保护带的宽度，那么新的磁道将比 CMR 紧凑许多，如图 4-9 所示。这种结构类似于屋顶上瓦片的叠放方式，称为叠瓦式磁记录（Shingled Magnetic Recording，SMR）。SMR 技术以较小的读磁头的尺寸来控制磁道宽度，使得数据存储密度增加 25%左右。希捷公司从 2013 年开始销售 SMR 硬盘。2014 年，日立环球存储技术公司推出了容量达到 10TB 的 SMR 硬盘。2018 年 11 月，HGST 公司推出了 14TB 和 15TB 的 SMR 硬盘。2022 年 1 月，希捷公司推出容量为 22TB 的 SMR 硬盘。2022 年之后，硬盘的面密度达到了极限值 174.6～206.3Gbit/cm^2，容量维持为 20TB 左右，如图 4-8 所示。

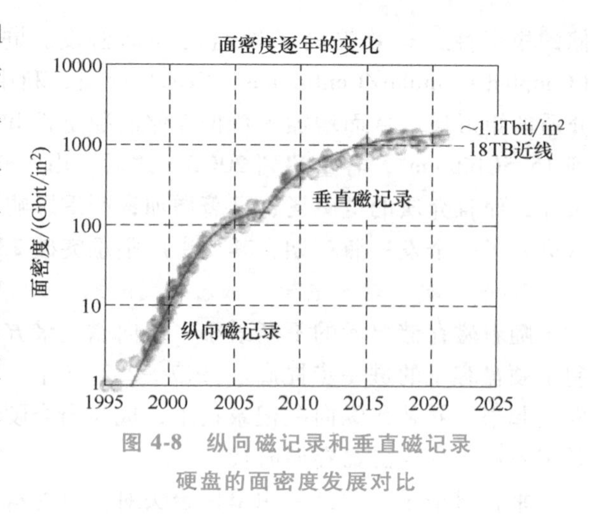

图 4-8　纵向磁记录和垂直磁记录硬盘的面密度发展对比

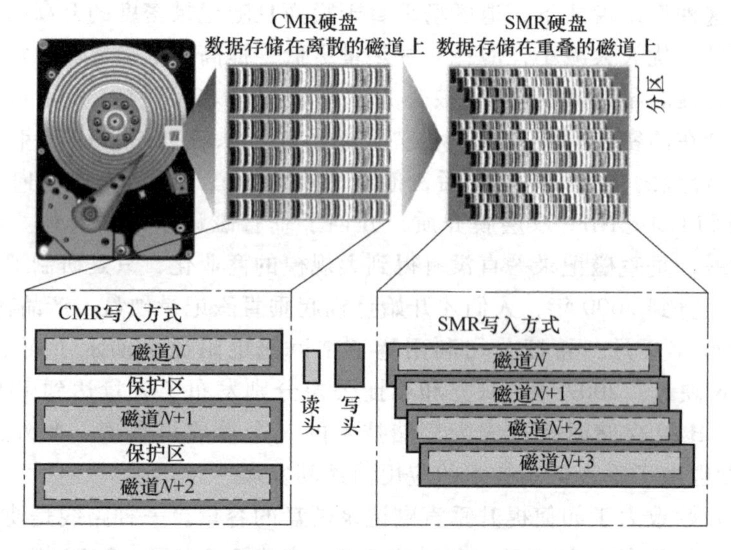

图 4-9　CMR 和 SMR 硬盘的存储方式对比

4. 基于新材料和新技术的磁存储时期（2018 年至今）

随着磁记录单元的减小，传统的垂直磁记录逐渐受到超顺磁效应的影响，存储密度也达到了理论极限。从 2018 年开始，很多新型的介质材料和存储技术发展起来，能够克服传统材料或技术的瓶颈，显著提升硬盘的密度，实现数十到数百 TB 的硬盘，为未来云计算和人工智能等海量数据存取提供有力的支撑。

提高硬盘容量的一个路线是基于现有的介质材料，结合新技术降低数据位的物理尺寸。传统的磁记录技术中，每个数据位必须包含一定数量的磁性颗粒（50～100 个），才能保证数据读出时具有足够的信噪比。而且，为了避免相邻数据位的相互干扰，数据位之间必须有一定宽度的过渡区，大大限制了存储密度的提高。日立公司提出了一种比特图形化磁记录（Bit Patterned Magnetic Recording，BPMR）技术，利用电子束光刻技术在盘片的环状磁道上制备出有序的凹坑结构，再通过传统镀膜技术在这些凹坑中沉积磁性颗粒，形成单畴磁岛（直径 9～20nm），利用单个的单畴磁岛作为一个数据位实现数据存储，如图 4-10 所示。由于单畴磁岛的尺寸比传统存储单元的尺寸（30~50nm）减小了很多，而且单畴磁岛的稳定性更好，因此存储密度可以达到传统垂直记录的2~5倍。当磁岛直径为27nm时，可实现158.7Gbit/cm^2的记录密度；若直径降到9nm时，可实现1.55Tbit/cm^2的记录密度。2010年8月，东芝公司使用17nm工艺刻蚀掩膜方法制备比特图形化介质，制造出面密度可达387.5Gbit/cm^2、容量可达10TB的硬盘原型。预计到2030年，希捷公司将利用BPMR技术制造出存储密度能够突破1.24 Tbit/cm^2、单片容量达到10TB的硬盘。该技术主要基于传统的介质材料和成熟的微加工工艺，降低了开发新技术的时间和风险，能够更快地投入生产，但需要在图形化介质盘片的制造技术、磁头技术、伺服控制技术上取得突破。

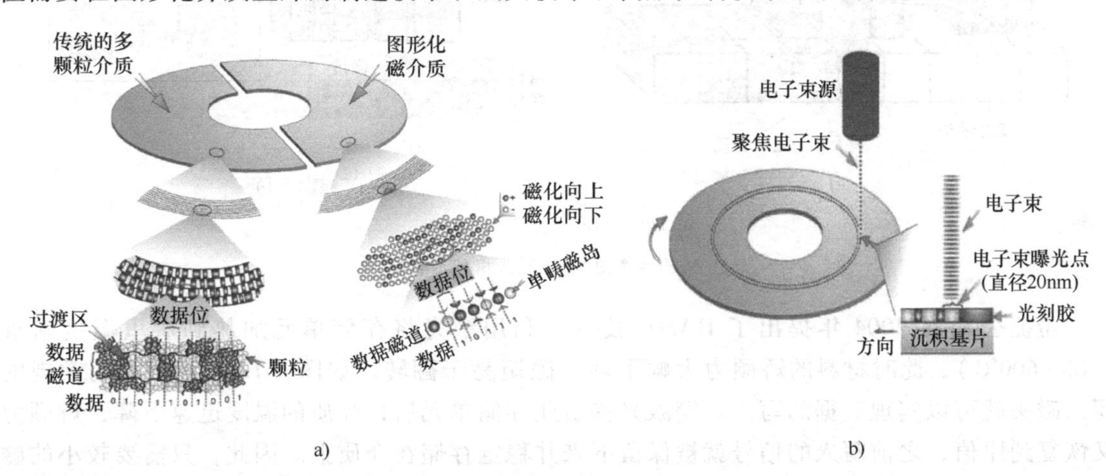

图4-10 传统磁介质和图形化磁介质

a）传统磁介质和图形化磁介质的对比 b）利用电子束曝光技术制作图形化磁介质

提高硬盘容量的另一个路线是采用性能更好的新型介质材料，减小数据位的物理尺寸。传统的颗粒型磁粉或CoCr基合金的超顺磁临界尺寸较大，限制了数据位尺寸的减小以及硬盘密度的提高。采用高磁晶各向异性的材料，如FePt或SmCo合金等，能保证磁性颗粒在减小尺寸的同时保持较高的热稳定性，从而制备出80~100TB的超大容量硬盘。但是，这些材料也需要更强的磁场来写入数据。受限于较小的数据位尺寸，普通的磁头都无法满足要求。近些年，发展出两种新型的磁记录技术，即微波辅助磁记录（Microwave Assisted Magnetic Recording，MAMR）和热辅助磁记录（Heat Assisted Magnetic Recording，HAMR）。

MAMR技术利用自旋力矩振荡器（Spin Torque Oscillator，STO）产生的微波磁场来提供能量辅助。当微波磁场的变化频率与存储介质的共振频率相近时，存储介质可以吸收绝大部分交变磁场能，因而在较小的外加磁场下即可完全翻转磁矩，从而实现信号存储，如图4-11所示。如何在较小的磁头中加入高频微波源是一个关键问题。2003年，Kiselev等首次在纳米尺度的磁性自旋阀中观测到高频微波发射的现象，从而构建出纳米级别的STO。2007年，朱建刚等提出将纳米STO和写入磁头相结合的构想，利用STO产生的微波磁场来降低磁介质的翻转场，并减小传统硬盘的边界弯曲现象，从而提升记录密度。2011年，第一台应用MAMR技术的磁记录样机问世，磁道宽度和STO的宽度接近，只有60nm。2017年，西部数据公司宣布将MAMR技术应用于大容量硬盘中，并在2019年正式推出了容量为18TB的商用硬盘DC H550。2021年2月，东芝开始销售18TB的MAMR硬盘，存储密度达到

238.1Gbit/cm^2，单片容量为2TB。预计2025年，东芝还将推出40TB的MAMR硬盘。由于MAMR技术不需要对现有产线进行大规模改动，因此成本较低。但是，由于高磁晶各向异性材料的本征进动频率较高，STO产生的微波磁场也必须有足够高的频率，这又依赖于磁头产生强磁场，所以MAMR技术仍然有一定的局限性。

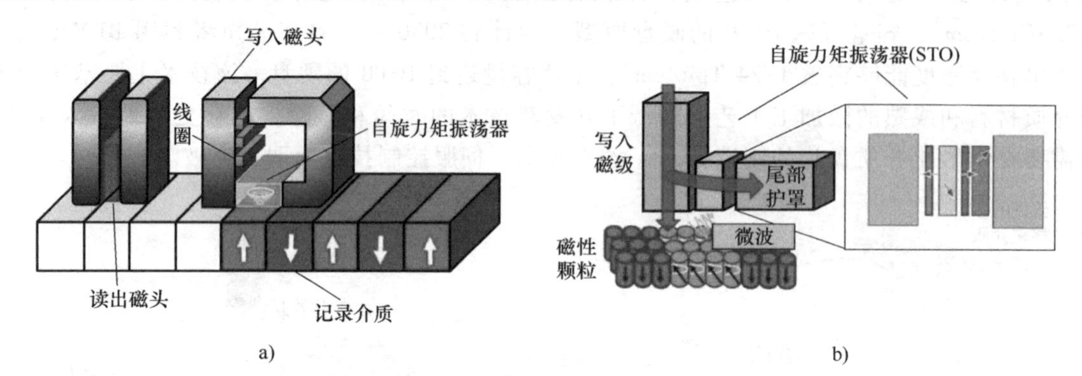

图4-11 MAMR工作原理
a）结构示意图 b）写入机理示意图

希捷公司在2004年提出了HAMR技术，利用激光将存储单元加热到居里温度附近（400~600℃），此时材料的矫顽力大幅下降，磁矩易于翻转，如图4-12所示。利用常规的写入磁头就可以实现数据的写入。等激光移出此存储单元后，介质的温度迅速下降，矫顽力又恢复到原值，之前写入的信号就被保留下来并稳定存储在介质上。因此，只需要较小的磁场即可翻转磁矩实现信号写入，有望实现面密度高达793.6Gbit/cm^{2}的硬盘。HARM技术的一个挑战是需要极细的激光束以精确加热数据位，如果要达到158.7Gbit/cm^{2}的存储密度，每个数据位所占用的面积约为25nm^2，因此需要宽度为几十纳米的超细光束。受到衍射技术的限制，普通激光束最小只能聚集到几百纳米。为了解决这一问题，日立公司在2010年研发出了一种支持HAMR技术的磁头产品，使用尖端部分曲率半径不足10nm的超微型近场激光源（直径小于20nm），并且激光源可以和磁头尖端一体成型制造，能够支持高达396.8Gbit/cm^{2}的存储密度。再搭配合适的记录盘片，就能在28nm宽的磁道上进行写入，存储单元长度约为9nm。

2012年，希捷公司将基于表面等离子体共振效应的HAMR技术应用于硬盘中，利用激光二极管发射出宽度为百皮秒、尺寸为微米级别的激光脉冲，之后通过光波导汇聚于近场换能器上，激发金属表面的电子发生共振，并产生表面等离子体，进而将激光的能量聚焦在直径约50nm的范围内，对写入区进行加热。之后，再利用常规磁头实现信号写入。这一过程虽然复杂，但希捷公司已经将其压缩在1ns以内。自2018年12月开始，希捷公司陆续发布了HAMR硬盘（Exos系列），容量达到16TB、18TB、20TB。2023年10月，希捷公司又推出了容量为24TB（单片容量2.4TB）、数据传输速度为285Mbit/s、运行时间长达250万h的AI“酷鹰”硬盘。2024年1月，希捷公司推出容量高达30TB、面密度可达273.6Gbit/cm^{2}的硬盘（Exos X Mozaic 3+），主要面向企业和数据中心用户。该硬盘采用FePt合金颗粒介质材料、基于量子振荡的纳米激光、隧道结巨磁电阻磁头以及12nm集成控制器技术，使数据读取的功耗降低了40%，碳排放减少了55%。希捷公司还计划在2024年和2025年分别推出40TB和50TB的HAMR硬盘，预计可以将存储密度提高到793.6Gbit/cm^2，是传统垂直记录技术的 10 倍。虽然 HARM 技术在实现超高容量硬盘方面具有巨大的潜力，但需要实现激光加热和磁头写入同步、发展快速升温和散热技术、解决多次加热后介质的稳定性问题、降低高昂的成本等。

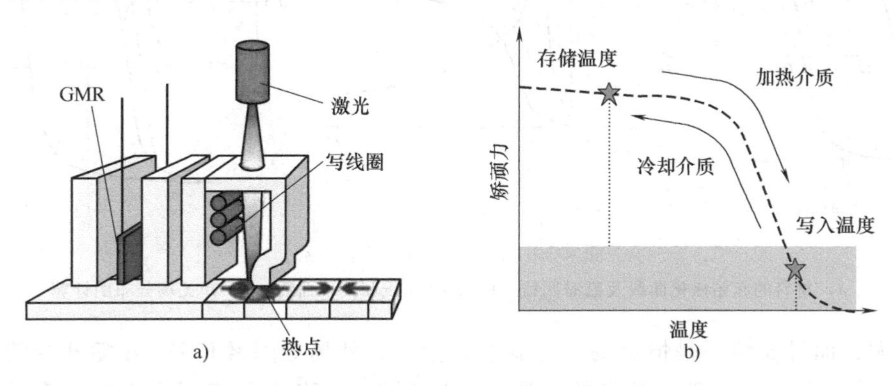

图 4-12　HAMR 工作原理

a）结构示意图　b）材料的矫顽力随温度的变化

4.2　磁存储材料的发展

当今时代，信息量的日益增长对磁存储器的容量、稳定性以及数据传输速度都提出了越来越高的要求，而这些指标与磁存储材料的性质密切相关。磁存储材料从传统的颗粒状粉体发展到了当今的高性能磁性薄膜，磁性能和稳定性大幅提高，使得数据存储密度和容量提高了百万倍，数据传输速度增加了近 3000 倍，数据可以稳定存储 10~30 年。因此，发展高性能的磁存储材料对于构建超高密度磁存储器件至关重要。

4.2.1　磁存储材料的性能参数

1. 磁化相关参数

当磁场作用在磁性材料上时，会引起内部的磁矩重新排列，进而使材料显示出一定的宏观磁性，此过程称为磁化。磁化稳定时，单位体积内的磁矩值称为磁化强度（M）。从初始状态开始磁化，M 随 H 的变化图称为起始磁化曲线，如图 4-13a 中 $OABC$ 段。随着 H 的增加，M 先缓慢增加（OA 段），而后迅速提升（AB 段），最终达到饱和（BC 段）。另外，也常用磁感应强度（B）与磁场的关系来反映磁化曲线，如图 4-13b 中实线所示。B 表示单位面积上的磁通量，即垂直穿过某个区域的磁通量除以该区域的面积。M 是材料内部的磁化强度，而 B 是由外部磁场和材料中的磁化强度共同决定的，它们之间的关系为

$$M=\frac{B}{\mu_0}-H \tag{4-2}$$

式中，μ_0 为真空磁导率，$\mu_0=4\pi\times10^{-7}$ H/m。铁磁材料的磁化曲线是一个非线性曲线，其磁导率（μ）定义为

$$\mu=\frac{B}{H} \tag{4-3}$$

磁导率是描述材料对磁场响应能力的物理量，磁导率越高，材料越容易磁化。铁磁材料

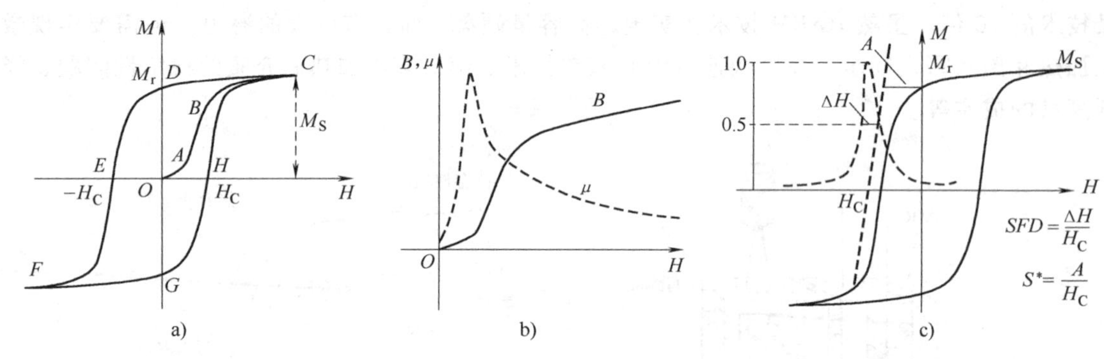

图 4-13 μ 随外场的变化关系

a）材料的起始磁化曲线及磁滞回线 b）B-H 曲线和 μ-H 曲线 c）开关场分布的计算

的 μ 值很大，而且 μ 值不是恒定的，与温度、湿度、外场等因素有关。μ 随外场的变化关系如图 4-13b 中虚线所示，随着外场的增加，μ 迅速增大，当 H 趋于无穷大时，磁导率又减小到 μ_0。

在饱和磁化后，再往返磁化一周时，M-H 曲线将构成一个闭合回路，称为磁滞回线，如图 4-13a 中 $CDEFGHC$ 段。根据磁滞回线可以得到许多磁化相关的参数。

矫顽力（H_C）：磁性材料磁化到饱和后再完全退磁时对应的外磁场大小。H_C 值反映了材料保持原本磁化方向的能力或反向磁化的难易程度。按照材料 H_C 的大小，可将铁磁材料分成软磁材料和永磁材料。软磁材料（铁心、坡莫合金等）的 H_C 较小（$<10^2$ A/m），容易磁化或退磁，适用于做读写磁头或高频电感元件。而永磁材料（铁氧体、钕铁硼等）的 H_C 较大（$>10^2$ A/m），不易退磁，适合用于信息存储或永磁体。

饱和磁化强度（M_S）：外磁场足够大时，所有磁矩都朝向外磁场方向排列，此时单位体积的总磁矩值称为饱和磁化强度。M_S 值反映了材料能够呈现出的最大磁性，与材料种类、温度、价态、应力等有关。

剩余磁化强度（M_r）：当介质磁化到饱和后，减小磁场到零，在原磁化方向上保留的磁化强度称为剩余磁化强度。M_r 值反映了材料在无外场时的磁性大小，与材料的结晶、织构、微结构等有关。M_r 值决定了存储信号的强弱以及信号读取时的信噪比。M_r 值越大，信号越强，越容易被磁头读取。

矩形比或剩磁比（S）：M_r 和 M_S 的比值，或剩余磁感应强度（B_r）和饱和磁感应强度（B_S）的比值。磁存储介质的矩形比应尽量接近 1，以保证材料具有足够的信号强度。

开关场分布（SFD）：磁滞回线在第二象限的陡度，通过求退磁曲线的微分曲线，得到微分曲线峰的半高宽 ΔH，则 $SFD=\Delta H/H_C$，如 4-13c 所示。另一种衡量 SFD 的方式是在 H_C 点处画磁滞回线的切线，与过 M_r 点的水平线相交，其交点离 M_r 点的距离为 A，则 $S^*=A/H_C$。S^* 越大，则 SFD 越小。磁存储材料的 SFD 值应尽可能小（S^* 尽可能大）。

2. 存储相关参数

（1）磁晶各向异性

材料的磁各向异性是指沿着不同方向磁化时所需要的能量不同，在某些方向上容易磁化到饱和，磁化能量最小，该方向为易磁化方向；而另外一些方向很难磁化到饱和，磁化能量很大，该方向为难磁化方向。沿着易磁化和难磁化两个方向磁化的能量差值即为磁各向异性能。按照来源不同，磁各向异性可分为：①磁晶各向异性，即与材料晶轴方向相关的磁各向异性；②形状各向异性，即与磁体的几何形状有关的各向异性；③磁弹各向异性，即由磁体内部应力引起的各向异性；④界面磁各向异性，即由界面轨道杂化、自旋轨道耦合等引起的磁各向异性；⑤交换磁各向异性，即不同磁性原子之间的交换耦合所引起的磁各向异性。

磁晶各向异性能是指沿着铁磁体的不同晶轴方向磁化时的能量差别，其大小通常用磁晶各向异性能常数（K_u）来衡量，定义为单位体积的铁磁体沿难轴和易轴磁化的能量差值。以 Fe 为例，Fe 单晶属于立方晶系，沿［100］晶轴最容易磁化，而沿［111］晶轴最难磁化。因此，Fe 单晶的磁晶各向异性能即是沿［100］晶轴和［111］晶轴方向磁化的能量差值。不同的材料具有不同的易磁化轴，有的晶体只有一个易磁化轴，称为单轴晶体。如果晶体有两个或更多的易磁化轴，称为多轴晶体。单轴晶体的磁晶各向异性能密度为

$$E_K = E_0 + K_{u1}\sin^2\theta + K_{u2}\sin^4\theta + \cdots \tag{4-4}$$

式中，E_0 为常数；θ 为磁化强度与易磁化轴的夹角；K_{u1}、K_{u2} 为单轴磁晶各向异性常数。测量 K_u 的方法通常有单晶磁化曲线法、磁转矩法、铁磁共振法、多晶体趋近饱和定律法等。其中，常用的磁化曲线法是利用难磁化和易磁化两个方向测到的磁化曲线与 M 轴所包围的面积的差值来计算 K_u。也可以测量各向异性场（H_K），即沿难轴和易轴方向磁化到饱和所需要的外场的差值，再估算得到 K_u，估算公式为

$$K_u = \frac{H_K M_S}{2} \tag{4-5}$$

对于多晶磁性材料，如 Fe、Ni 等立方晶体，磁晶各向异性能密度可以表示为

$$E_K = E_0 + K_1(\alpha_1^2\alpha_2^2 + \alpha_2^2\alpha_3^2 + \alpha_3^2\alpha_1^2) + K_2(\alpha_1^2\alpha_2^2\alpha_3^2) + \cdots \tag{4-6}$$

式中，α_1、α_2、α_3 为磁化强度矢量对于立方晶体三个直角边的方向余弦；K_1、K_2 为立方晶体磁各向异性常数，可以利用趋近饱和定律来测量。磁性材料的磁化强度符合趋近饱和定律，即

$$M = M_S\left(1 - \frac{a}{H} - \frac{b}{H^2} - \frac{c}{H^3} - \cdots\right) + \chi_P H \tag{4-7}$$

式中，a、b、c 为与材料相关的常数；χ_P 为磁化率。通过测量趋近饱和时多晶材料的磁化曲线，利用式（4-7）进行拟合，可以得到 b 值。再根据 b 与 K_1 的关系，即

$$b = \frac{8}{105}\frac{K_1^2}{\mu_0^2 M_S^2} \tag{4-8}$$

就可以计算得到 K_1。

（2）超顺磁临界尺寸

翻转铁磁材料的磁矩需要克服一定的能量势垒，即 $\Delta E = K_u V$（V 为颗粒的体积）。随着颗粒尺寸的不断减小，翻转磁矩所需的能量也会减少，信号的稳定性会逐渐变差。当颗粒尺寸减小到某一临界尺寸时，外部热能（kT，k 为玻尔兹曼常数，T 为环境温度）就能够克服上述能量势垒，导致磁矩方向发生翻转，无法继续存储信号，这种状态称为超顺磁态，对应的颗粒尺寸称为超顺磁临界尺寸（D_m）。超顺磁态的颗粒没有剩磁和磁滞，即 $M_r = H_C = 0$。超顺磁效应是铁磁材料与生俱来的特性，也是限制磁盘发展的一个关键问题。为保证数据具有足够高的热稳定性和较小的存储单元尺寸，应选择高 K_u 值和低 D_m 的材料作为磁存储材

料。一般根据 $K_uV=20kT$（对应于颗粒的弛豫时间为 1s）来估算 D_m 值。为了保证存储的信息能够存储 10 年以上，通常要求材料满足 $K_uV\geqslant 60kT$，从中可以估算满足磁记录要求的临界尺寸（D_p）。

（3）磁存储介质的过渡区和噪声

由于相邻两磁极的极性相反，存在一个磁化翻转的过渡区，如图 4-14a 所示。过渡区是纵向磁记录中噪声的主要来源，也决定了磁盘的记录密度，应尽量减小过渡区以提高数据稳定性和记录密度。对于纵向磁记录而言，过渡区的长度（a_d）可以表示为

$$a_d \propto \frac{M_r\delta}{H_C} \tag{4-9}$$

可以通过减小膜厚（δ）、增大 H_C、减小 M_r 来减小过渡区。此外，a_d 还与晶粒大小和晶粒间的耦合作用相关，晶粒越大，a_d 则会越大；晶粒间交换耦合作用越强，a_d 也会越大。

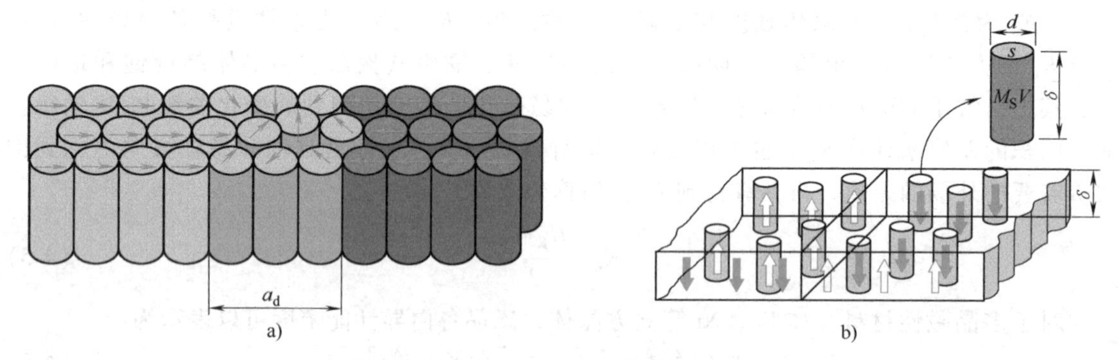

图 4-14 磁存储介质的过渡区和噪声

a）纵向磁记录的过渡区示意图 b）垂直磁记录的噪声模型

在垂直磁记录中，由于磁极沿垂直膜面排列，退磁场也垂直于膜面，并随记录位的减小而减小，所以过渡区不再是垂直磁记录的主要噪声。Honda 等提出了垂直磁记录介质的局部反畴噪声模型，并指出噪声来源于反转畴，如图 4-14b 所示。噪声幅度 E_n 可以表示为

$$E_n = dM_S\delta^{3/2}(1-SQ_\perp)^{1/2} \tag{4-10}$$

式中，d、M_S、δ 和 $SQ_\perp$ 分别为反畴粒径线度、饱和磁化强度、介质厚度和 M-H 曲线的垂直矩形度。要降低垂直磁化膜的噪声，必须提高 $SQ_\perp$，减小畴粒径线度，这可以通过降低晶粒间的磁耦合作用来实现。

（4）晶粒间的磁相互作用

晶粒间的相互作用一般用 Henkel 曲线来表征，又称为 δM 曲线，其定义为

$$\delta M = \frac{M_d(H)}{M_r(\infty)} - \left[1-2\frac{M_r(H)}{M_r(\infty)}\right] \tag{4-11}$$

式中，$M_r(H)$ 为等温剩磁曲线（IRM），其测量方法是从退磁状态开始，加一个小外磁场 H_i，撤掉外磁场后测量 $M_r(H_i)$，再将所加外磁场逐渐增加，测得对应的 M_r。重复以上过程，得到剩磁随所加外磁场的变化关系 $M_r(H)$。$M_d(H)$ 为直流退磁曲线（DCD），它的测量方法与上述过程相似，初始态为饱和磁化态，外加磁场方向相反，首先施加一个小的反向场 H_i，撤去外磁场后测量剩磁 M_r（H_i），然后等间隔地增加所施加的反向场的值，测量每

次撤去外磁场后对应的剩磁，重复以上过程，可以得到 M_r 随 H_i 的变化关系 $M_d(H)$。$M_r(\infty)$ 为饱和磁化后的 M_r。根据式（4-11）可以计算 δM 曲线，晶粒间的相互作用主要表现为晶粒间的磁交换耦合作用和偶极作用。可以根据 δM 曲线形状来判断晶粒间的类型。一般情况下，$\delta M>0$ 表明晶粒间有磁交换耦合作用；$\delta M=0$ 表明晶粒间无相互作用；$\delta M<0$ 表明晶粒间存在偶极作用。根据 δM 曲线中峰的相对高度，可以比较各个样品中磁性晶粒间相互作用的强弱。

4.2.2　颗粒型磁存储材料

早期的磁带、磁鼓或磁盘主要是由磁粉、黏结剂、分散剂等混合配制成的磁浆涂敷在基底上制成的，其中的磁存储材料主要是颗粒型磁粉，包括 γ-Fe_2O_3、Co 改性 γ-Fe_2O_3、CrO_2、金属/合金、钡铁氧体、锶铁氧体等。表 4-1 列出了部分颗粒型磁粉材料的磁性参数。为避免受到超顺磁效应的影响，要求磁粉颗粒具有针状单畴结构（0.04～1μm），以产生较大的 H_C、较高的 T_C、尽可能高的 M_S 和矩形比等。磁粉的优点是磁性能易于控制、生产速度快、产量高、成本低、颗粒选择范围宽。磁粉的缺点是磁性颗粒体积占比小（磁带和软盘中为 40%，磁盘中仅为 20%），导致存储密度和读出信噪比较低；存储层厚度难以降低（软盘和磁带涂布介质为 1μm 以上，硬盘的涂布介质为 0.25μm 以上），影响磁畴结构和磁性能；存在颗粒结块、分散性差、性能均匀性差等问题，很难获得具有理想特性的颗粒介质。因此，颗粒型磁存储材料主要应用在早期的磁带、磁鼓、磁心、磁盘中，用来存储低密度的声音、图像、视频等模拟或数字信号，不适合做高密度数据存储。下面将详细介绍这几种典型的颗粒型磁粉的特性和发展现状。

表 4-1　部分颗粒型磁粉材料的磁性参数

材料	M_S/kA·m^{-1}	H_C/kA·m^{-1}	M_r/M_S	T_C/K	K_u/J·m^{-3}	晶系
γ-Fe_2O_3	340	24～32	0.75	948	4.64×10^3	立方
Co 改性 γ-Fe_2O_3	350	32～80	0.77	793	$5～100\times10^3$	立方
CrO_2	340～390	24～48	0.85	389	2.5×10^4	四方
金属/合金	870～1100	48～56		1043	4.4×10^4	立方
钡铁氧体	380	64～80	0.94	623	3.2×10^5	六方
锶铁氧体		384～400		735		六方

（1）γ-Fe_2O_3 磁粉

Camras 在 1954 年研制出针状 γ-Fe_2O_3 磁粉，并成功地应用于高质量磁带上，成为磁记录材料发展史上的重要里程碑。由于原料丰富、工艺简单、性能稳定、成本低廉，γ-Fe_2O_3 被广泛应用于早期的磁记录材料中。γ-Fe_2O_3 是 α-Fe_2O_3 的亚稳态，当温度超过 400℃时，α-Fe_2O_3 会迅速转变为 γ-Fe_2O_3。它具有立方晶系尖晶石结构，晶体各向异性较小（～4.64×10^3），因此磁各向异性主要来源于形状各向异性。γ-Fe_2O_3 具有针状的颗粒结构，有利于提高材料的形状各向异性，并提供良好的电磁性能和化学稳定性。针状微粒的长度为 0.3～0.5μm，长宽比为 5，M_S 值可达 340emu/cm^3，H_C 为 24～32kA/m，矩形比达到 0.75，T_C 为 948K。γ-Fe_2O_3 是一种对结构非常敏感的材料，它的特性在很大程度上取决于制造工艺，常采用粉末冶金法制备性能优良、均匀性高的 γ-Fe_2O_3 材料。另外，还可以采用化学法制备 γ-

Fe_2O_3 材料，如用酸盐混合热分解法、化学共沉淀法、喷射燃烧法和电解共沉淀法等。化学法可以克服粉末冶金法的固相反应不易完善、粉末混合不均匀以及分离不易过细的缺点，显著提高磁性能。其缺点是成本较高，工艺相对比较复杂。

(2) Co 改性 γ-Fe_2O_3 磁粉

针状 γ-Fe_2O_3 磁粉的 H_C 主要取决于其形状各向异性，因此主要通过控制其颗粒形态、提高轴径比来增加形状各向异性和 H_C，但纯 γ-Fe_2O_3 磁粉的 H_C 一般低于 36kA/m，仅依赖形状各向异性来提高 H_C 是有限的。因此，研究人员开始通过提高磁晶各向异性来增加磁粉的 H_C。日本 TDK 公司首先开发出了 Co 改性的 γ-Fe_2O_3 磁粉。将 γ-Fe_2O_3 磁粉分散悬浮于硫酸钴、硫酸亚铁溶液中，然后加入 NaOH 溶液生成氢氧化物沉淀并包覆在颗粒表面。将该溶液加热至 60~100℃，形成 Co 外延的 γ-Fe_2O_3 磁粉。利用 Co 离子与 Fe_2O_3 晶体场之间的相互作用，增加 γ-Fe_2O_3 的磁晶各向异性，使得磁粉在保持原有 M_S 值的情况下，H_C 提高到 32~80kA/m，T_C 为 793K，因而可以更稳定地存储信号。

(3) CrO_2 磁粉

20 世纪 60 年代初期，美国 Du Pont 公司开发出了 CrO_2 磁粉，它具有良好针状的单晶颗粒形态，属于四方晶系，表面光洁，不含孔洞，容易在磁浆中分散，其 M_S 值为 340~390emu/cm^3，H_C 为 24~48kA/m，T_C 为 389K，适合用作高密度磁记录介质。但 CrO_2 磁粉受高温、高压制备条件的限制较大；铬化物具有毒性，其废液难以处理；CrO_2 磁带对磁头磨损率较高，温度特性较差，使得 CrO_2 磁粉只是在计算机磁带、热磁复制磁带等特殊场合使用。CrO_2 磁粉的合成方法有热分解法和水热分解法。热分解法是以铬酰氯为原料，在高温高压下通入 O_2，使其分解出 CrO_2。水热分解法利用铬酐在高温、高压下分解出针状 CrO_2。

(4) 金属磁粉

金属磁粉指 Fe 粉或以 Fe 粉为基体的 Co、Ni 合金磁粉。金属磁粉的 M_S 值一般是 γ-Fe_2O_3 磁粉的 4 倍，而 H_C 主要来源于形状各向异性，与其组分、颗粒形状、大小等有关，H_C 值可达 80kA/m 以上。金属磁粉的缺点是需要表面保护以防止氧化。金属磁粉在高偏磁录音带、数字录音带、录像带以及软盘上得到了广泛的应用。金属磁粉的制备方法有 γ-Fe_2O_3 颗粒的还原法、草酸盐还原法和氢氧化物还原法、真空溅射法、金属有机化合物分解法、电沉积法等。

(5) 钡铁氧体磁粉

日本东芝公司于 20 世纪 80 年代初开发出的垂直取向磁粉属于六方晶系，具有磁铅石型和六角形片状颗粒结构，呈现出较高的单轴磁晶各向异性，易磁化轴垂直于六角形平面，M_S 值为 380emu/cm^3，H_C 达到 64~80kA/m，矩形比可达 0.94，T_C 为 623K。用于磁记录的是 Co-Ti 取代的 M 型钡铁氧体磁粉，其记录密度可以达到 γ-Fe_2O_3 磁粉的 2 倍。钡铁氧体磁粉的主要制备方法有沉淀焙烧法、玻璃晶化法、水热合成法、前驱粒子法、液相混合法等。共沉淀法得到的磁粉颗粒容易烧结，但分散性差。玻璃晶化法容易调整 H_C，且粒子分散性好。水热合成法得到的粒子板状比高，但不容易调整 H_C。

(6) 锶铁氧体磁粉

锶铁氧体磁粉属于六方晶系，具有磁铅石结构、高 M_S 值（360~380emu/cm^3）、高 H_C

值（384~400kA/m）、高 T_C，并且化学稳定性好，成本低廉，因此广泛应用于垂直磁记录领域。制备锶铁氧体粉末的方法主要有化学共沉淀法、熔盐法、水热晶化法以及玻璃晶化法，这些方法都涉及固相反应过程。由于固相反应后期的烧结温度高、烧结时间长、产品颗粒大，制备出的锶铁氧体粉末性能较低。溶胶-凝胶方法具有反应温度低、生成物组成和离子置换易控制、粒径小、粒度分布窄以及磁性能优良等特点。

4.2.3　薄膜型磁存储材料

1. 高密度磁存储材料的性能要求

从数据存储的稳定性考虑，为了保证磁信号能够稳定存储 10 年以上，要求磁记录介质满足 $K_u V/kT \geqslant 60$。随着存储密度的升高，存储单元尺寸或晶粒尺寸必然不断减小。为了保证存储介质在较小的晶粒尺寸时仍然具有较高的热稳定性，要求介质材料具有尽可能高的 K_u 值和尽可能小的 D_p 值。

从数据读写的难易性考虑，磁存储介质是利用其剩余磁化状态来存储磁信号，并利用矫顽场克服外界磁场的干扰。因此，磁记录介质应该具有较高的 H_C、M_r 以及 M_r/M_S。但是，H_C 值过大会导致充磁困难；过高的 M_r 值会增加纵向磁记录的过渡区宽度，过高的 M_S 会增加垂直磁记录的噪声，所以磁记录介质材料必须具有适当的 H_C、M_r以及 M_S 值。

从数据读取的信噪比考虑，硬盘的信噪比（SNR）与数据位包含的颗粒数目成正比，因此，为了保证介质材料具有较高的信噪比，每个数据位必须包含足够数量的颗粒（50~100个），并且颗粒间还必须存在适中的磁耦合作用，以确保每个数据位内的颗粒能够发生一致的磁化翻转。另外，磁性颗粒应具有尽可能一致的性能，即较小的 K_u 值分布、晶粒尺寸分布、晶粒间磁耦合作用分布、SFD（或较高的 S^*）等。

综上所述，超高密度磁记录介质材料应至少具备以下性质：①尽量小的晶粒尺寸、晶界尺寸以及晶粒尺寸分布；②较高的 K_u 值及较小的 K_u 分布、较小的 D_p 值；③适当的晶粒间磁耦合作用及较小的磁耦合作用分布；④适中的 H_C 值、M_r 和 M_S 值，较高的 M_r/M_S 值；⑤较小的 SFD（或较高的 S^*）。表 4-2 列出了部分磁记录介质薄膜材料的磁性参数。传统硬盘使用的介质材料是 CoCr 基合金薄膜，具有相对较小的 K_u 值（~10^5 J/m^3）和较大的 D_p 值（~10nm），制成硬盘的极限存储密度约为 158.7Gbit/cm^2。而 $L1_0$-FePt、$SmCo_5$ 合金薄膜的 K_u 值可以达到 10^6~10^7 J/m^3，比 CoCr 基合金薄膜高 1~2 个数量级，能够增加数据存储的稳定性；而且，它们具有非常小的 D_p 值（一般为 2~4nm）、较高的 H_C 值和适中的 M_S 值，有利于减小存储单元尺寸和过渡区宽度。利用上述两种材料制成硬盘的面密度可以比 CoCr 基硬盘提高 10~20 倍，成为新一代超高密度磁记录介质材料。下面将详细介绍三种典型薄膜材料的发展现状。

2. Co 基合金薄膜及其发展现状

Co 具有六方密堆结构和［0001］单轴各向异性，如图 4-15a 所示，K_u 值可以达到 0.2~2MJ/m^3，超顺磁临界尺寸约为 10.4nm，制成 3.5in 硬盘的容量理论上可达到 10 TB。另外，Co 基合金薄膜具有制备简单、写入场小、稳定性好、性能易于控制等特点，因此成为较早应用于硬盘的磁记录介质材料。纯 Co 的 M_S 太高，导致垂直膜面方向的退磁场过大，难以使 Co 颗粒的磁矩垂直于膜面。加入 Cr 元素能有效降低 Co 薄膜的 M_S 值，有利于实现垂直

表 4-2　部分磁记录介质薄膜材料的磁性参数

体系	材料	磁晶各向异性能密度 K_u /(MJ/m³)	饱和磁化强度 M_S/(emu/cm³)	各向异性场 H_K/(kA/m)	居里温度 T_C/K	畴壁厚度 /nm	畴壁能密度 /(J/m²)	超顺磁临界尺寸 D_p /nm
Co 基合金	CoPtCr	0.20	298	1096		22.2	0.57	10.4
	Co	0.45	1400	512	1404	14.8	0.85	8.0
	Co_3Pt	2.0	1100	2880		7.0	1.8	4.8
$L1_0$ 相	FePd	1.8	1100	2640	760	7.5	1.7	5.0
	FePt	6.6-10	1140	9280	750	3.9	3.2	2.8
	CoPt	4.9	800	9840	840	4.5	2.8	3.6
	MnAl	1.7	560	5520	650	7.7	1.6	5.1
稀土合金	$Fe_{14}Nd_2B$	4.6	1270	5840	585	46	2.7	
	$SmCo_5$	11~20	910	32000	1000	22~30	4.2~5.7	2.7~2.2

磁各向异性；同时，Cr 元素易在柱状生长的 Co 晶界处偏聚，降低 Co 晶粒间的磁耦合作用并提高薄膜的 H_C。此后，研究人员在 CoCr 薄膜中添加其他元素（Ta、Pt、B、Nb 等），制备出低噪声、高 H_C 的 CoCr 基合金介质。其中，Ta 能够抑制 Co 的晶粒生长、增强 Cr 的晶界隔离作用并改善矩形比；Pt 可以增加 K_u 值并提高 H_C 值；B 和 Nb 能够细化晶粒、降低噪声；缓冲层能够引导 CoCr 延晶生长，并减小 CoCr 晶粒尺寸和表面粗糙度，呈现出更好的磁性能。

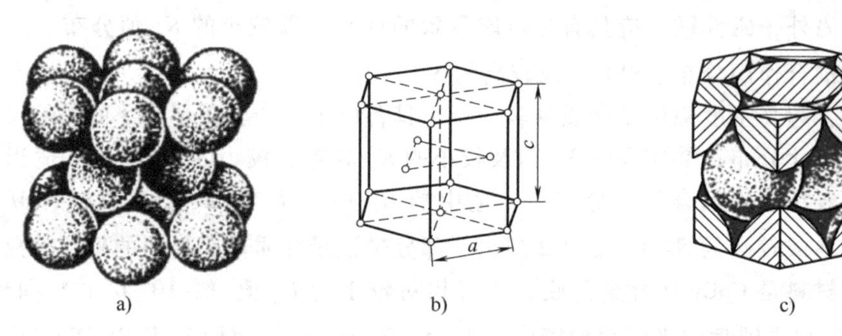

图 4-15　六方密堆晶格的原子模型、晶胞结构及晶胞原子数

a）模型　b）晶胞　c）晶胞原子数

此外，CoCr 基合金薄膜的磁性能还与制备工艺密切相关，如本底真空度、氩气压、基片温度、膜厚、沉积速率以及缓冲层等。真空度越差，杂质气体分子越多，它们会进入薄膜中成为传导电子的散射中心，使薄膜的电阻增大。另外，真空度越高，CoCr 合金薄膜的取向度越高。降低氩气压将有利于 CoCr 合金的 c 轴垂直膜面，并改善磁性能。基片加热可以减少薄膜内应力或缺陷，促进原子扩散，改善磁性能。增加膜厚有利于垂直取向、增加矫顽力，增大柱状晶尺寸。沉积速率越快，薄膜中残余气体分子越少，其电阻率也较小。利用缓冲层材料（CrW、NiAl、NiP、Cr、Ti、CoZr、CrTi 等），可以外延诱导 CoCr 层的织构、减小晶粒大小，从而提高 H_C 值。

基于性能优异的 CoCr 基合金薄膜研发出的硬盘一直沿用至今。2000 年之前，主要是纵向磁记录硬盘，通过工艺优化不断降低颗粒尺寸和过渡区宽度，设计复合结构（反铁磁耦合介质、颗粒/连续耦合介质等）增加数据稳定性，并结合高灵敏的磁头读取技术，发展出高密度的纵向磁记录硬盘。与此同时，基于 CoCr 合金薄膜的垂直磁存储材料也迅速发展。1977 年，Iwasaki 等在单层 CoCr 合金薄膜中发现了垂直各向异性，并利用单极磁头实现了垂直磁记录。随后，陆续发展出一系列垂直磁记录介质，如 CoCr/NiFe、Co-Cr-Nb-Pt/Ti、Co-Cr-Pt（-Ta）/Co-Cr/Ti-Cr、Co-Cr-Nb-Pt/Ni-Fe-Nb/Ti、$[Co/Pd]_n$、$[Co/Pt]_n$ 等。2004 年，希捷公司基于垂直磁化的 CoCr 基合金薄膜，推出了垂直磁记录硬盘。磁介质由多层材料组成，从表面到最下面依次为润滑层、保护层、存储层、缓冲层以及基底。润滑层为 1～2nm 全氟聚醚，防止腐蚀并减小机械磨损；保护层是类金刚石材料，如氮化物；存储层是 CoCr 基合金薄膜；缓冲层为 NiFe、Cr、CrX 等，引导 CoCr 层的延晶生长并减小 CoCr 晶粒尺寸和表面粗糙度；基底一般是 Al 或玻璃。

3. $L1_0$-FePt 合金薄膜及其发展现状

具有 $L1_0$ 相的 FePt 合金薄膜也是一种非常有潜力的超高密度磁记录介质材料。如图 4-16a 所示为 FePt 二元合金相图。当 FePt 合金中 Pt 的原子百分比为（35～55）at%时，经过高温退火处理后，会形成面心四方结构（Face-Centered Tetragonal，FCT）。Pt 原子占据四方结构侧面的面心位置，而 Fe 原子占据四方结构的顶角和上下底心位置，构成 Fe 原子层和 Pt 原子层交替排列的有序结构（$a=0.385$nm，$c=0.371$nm），这种有序结构称为 $L1_0$ 结构，如图 4-16c 所示。$L1_0$-FePt 合金薄膜具有以下特征：①较大的 K_u 值（$\sim7\times10^6$J/m^3），可以在颗粒尺寸为 2.8nm 时仍保持良好的热稳定性；②狭窄的磁畴壁和小的磁畴结构；③较大的 M_S 值（～960kA/m），可以实现更小的单畴颗粒；④较大的磁能级 $(BH)_{max}$（～240kJ/m^3），可作为永磁材料；⑤良好的抗腐蚀性和耐氧化性。$L1_0$-FePt 合金薄膜的 K_u 值比 CoCr 基合金薄膜高一个数量级，超顺磁临界尺寸（～2.8nm）仅为 CoCr 基合金薄膜的 1/4 左右，成为新一代超高密度磁记录介质的候选材料之一，硬盘的面密度理论上可达 1.59～3.17Tbit/cm^2，容量可以达到 80TB 以上。

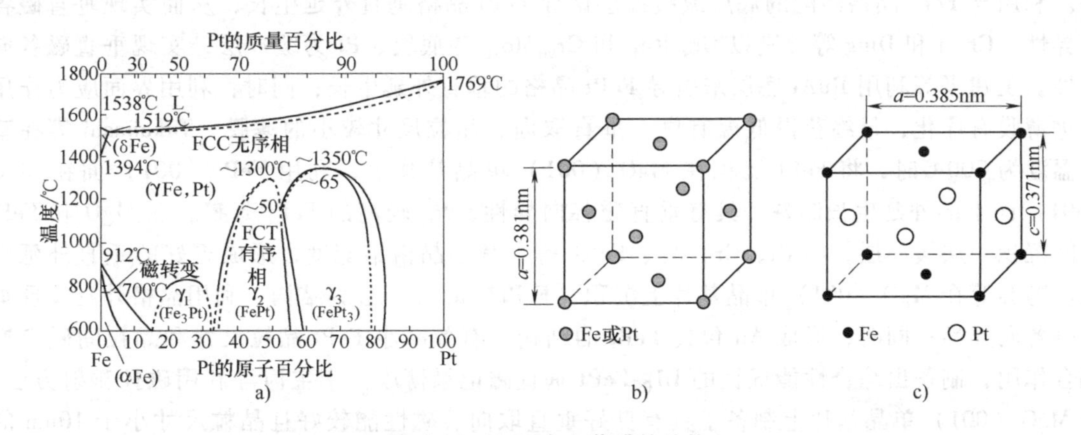

图 4-16　FePt 合金薄膜的结构

a）FePt 二元合金相图　b）FCC 相的 FePt 合金结构　c）FCT 相的 FePt 合金结构

但是，要想将 $L1_0$-FePt 合金薄膜应用于高密度数据存储介质中，还需要解决诸多的挑战和问题，主要集中在以下几个方面：①在冷基片上沉积的 FePt 合金具有无序的面心立方（Face-Centered Cubic，FCC）结构，如图 4-16b 所示，需要高温热处理（温度高于 500℃）

后才能转变为 $L1_0$ 相。但过高温度的退火会导致晶粒长大、晶粒分布变宽、原子扩散等，不利于其实用化。因此，需要降低 FePt 薄膜的有序化温度；②沉积在玻璃或 Si 基片上的 FePt 薄膜通常具有（111）取向，即易磁化轴（c 轴）与膜面呈 35.26°，无法直接应用于垂直磁记录。所以，需要实现 $L1_0$-FePt 薄膜的垂直磁各向异性；③超高密度垂直磁记录要求介质的晶粒尺寸尽量小，并具有适当的晶粒间磁耦合作用。然而，在热处理过程中，FePt 晶粒迅速长大，并具有很强的晶粒间磁耦合作用，不利于高密度数据存储。因此，需要降低 FePt 晶粒尺寸和晶粒间的磁耦合作用；④$L1_0$-FePt 合金薄膜具有非常高的 H_C，信号写入所需的磁场随之增加（约为 1600~4000kA/m），难以利用目前的磁头（写入场约为 1920kA/m）进行信号写入。因此，需要发展 $L1_0$-FePt 合金薄膜的信号写入技术。近二十多年来，围绕着上述瓶颈问题，研究人员开展了大量、系统的研究工作。

FePt 薄膜的有序化过程及磁性能与薄膜的成分、厚度、结构、掺杂原子、底层或顶层有着密切的关系。李宝河等通过控制 FePt 原子比、薄膜厚度以及退火条件，在 350℃ 退火时制备出有序化程度较高、磁性能优良的 FePt 薄膜。Endo 等采用 $[Fe/Pt]_n$ 多层膜结构，在 300℃ 退火后实现有序化。Takahashi 等通过添加少量 Cu 元素替换 FePt 晶格中的 Fe 原子，增加扩散系数，在 400℃ 时实现有序。Yan 等利用 Sb 原子扩散产生大量空位缺陷，促进 FePt 原子的有序化运动，将有序化温度降低到 275℃。竺云等利用 CuAu 底层引导 FePt 晶格的有序转变，在 350℃ 时实现有序。徐小红等采用 Ag 底层诱导 FePt 延晶生长并促进晶胞收缩，降低有序化温度。Lai 等在 Si 基片上以 Cu 做底层，利用 Cu_3Si 与 FePt 之间的应力促进 FePt 晶胞收缩，有序化温度可降到 275℃。另外，Chen 和 Xu 等以 CrX（X = Ru, Mo, W, Ti）做底层，利用晶格应变促进 FePt 晶格收缩，在基片温度为 250~300℃ 时开始有序。冯春等通过低表面能的 Bi 原子扩散控制缺陷浓度，将 FePt 薄膜的有序化温度降低到 300~350℃。

FePt 薄膜的垂直磁各向异性与基片或缓冲层的种类、沉积温度以及退火工艺等密切相关。利用与 FePt 晶格匹配的底层或缓冲层诱导 FePt 晶格垂直外延生长，从而实现垂直磁各向异性。Chen 和 Ding 等分别以 $Cr_{92}Ru_8$ 和 $Cr_{90}Mo_{10}$ 为底层、Pt 为缓冲层，实现垂直磁各向异性。王建平等利用 RuAl 底层来引导 FePt 晶格的垂直外延生长；同时，利用界面应力作用促进薄膜有序化，最终获得低温有序、垂直取向、晶粒尺寸较小的薄膜。Takahashi 等在基片温度为 700℃ 时，将 FePt 沉积在 MgO（001）单晶基片上，利用 FePt（001）面在 MgO（001）面上的外延生长制备了具有垂直磁各向异性、H_C 较高的 FePt 薄膜。在 MgO 和 FePt 之间沉积一层缓冲层，如 Pt、Cr、Ag、FeRh 等，减小晶格错配度，形成更好的垂直外延生长。冯春等在 MgO（001）单晶基片上沉积 $[FePt/Au]_{10}$ 多层膜结构，利用晶格外延实现垂直磁各向异性；同时，形成 Au 包裹 FePt 的结构，有效减小 FePt 晶粒尺寸和晶粒间磁交换耦合作用，制备出综合性能优良的 $L1_0$-FePt 垂直磁记录薄膜。李宝河等利用磁控溅射方法，在 MgO（001）单晶基片上制备了具有良好垂直取向、磁性能较好且晶粒尺寸小于 10nm 的 FePt/Ag 纳米颗粒膜。

在控制晶粒尺寸和颗粒间磁耦合作用方面，最有效的方法是将 FePt 颗粒埋在非磁性母体中，以制备纳米颗粒膜。母体一般选择与 FePt 不固溶的非磁性金属 Ag、非金属 C、氮化物 BN、Si_3N_4、AlN 等，以及氧化物 Al_2O_3、HfO_2、SiO_2、B_2O_3 等。Luo 等采用 $[FePt/B_2O_3]_5$ 多层膜结构，通过控制 B_2O_3 含量制备出 H_C 可控（320~1000kA/m）、晶粒尺寸可控

(4~17nm)、具有弱磁耦合作用的FePt颗粒膜。Bai等采用FePt和Al_2O_3共溅射的方式，制备出晶粒尺寸为10nm、H_C为400kA/m、矩形比高达0.9的纳米颗粒膜。李宝河等在MgO单晶基片上制备了以非磁性BN为母体的FePt颗粒膜，具有可控的垂直磁各向异性、H_C、晶粒尺寸以及晶粒间磁耦合作用。冯春等利用AlN调控FePt的表面能，制备出具有磁岛结构、H_C适中、无磁耦合作用的垂直纳米复合薄膜。

4. SmCo合金薄膜及其发展现状

SmCo合金薄膜也是一种有潜力的超高密度磁记录介质材料。图4-17为SmCo二元合金相图，SmCo可以形成Sm_2Co_{17}、Sm_2Co_7、$SmCo_5$、Sm_2Co_7、$SmCo_2$等合金相，其中，Sm_2Co_{17}、$SmCo_5$以及Sm_2Co_7相为硬磁相，$SmCo_2$相为弱磁相。$SmCo_5$具有以下特征：①非常高的K_u值（$\sim 2\times10^7 J/m^3$），在颗粒尺寸小到2.2~2.7nm时仍保持良好的热稳定性；②较大的M_S值（~910kA/m）；③较大的磁能级$(BH)_{max}$（$\sim 220kJ/m^3$），可作为永磁材料；④较高的居里温度（约为1020K），可适用于高温环境；⑤抗腐蚀性和耐氧化性较差。由于$SmCo_5$合金薄膜的K_u值比CoCr基合金薄膜提高了两个数量级，超顺磁临界尺寸（~2.2nm）仅为CoCr基合金薄膜的1/5左右，能够保证超高密度数据存储的稳定性，因此成为未来有潜力的磁记录介质材料。然而，SmCo薄膜作为超高密度磁记录介质材料仍存在较多的挑战，包括：如何控制SmCo薄膜具有单一纯相；如何实现垂直磁各向异性；如何控制颗粒间磁耦合作用；如何有效写入信号等。

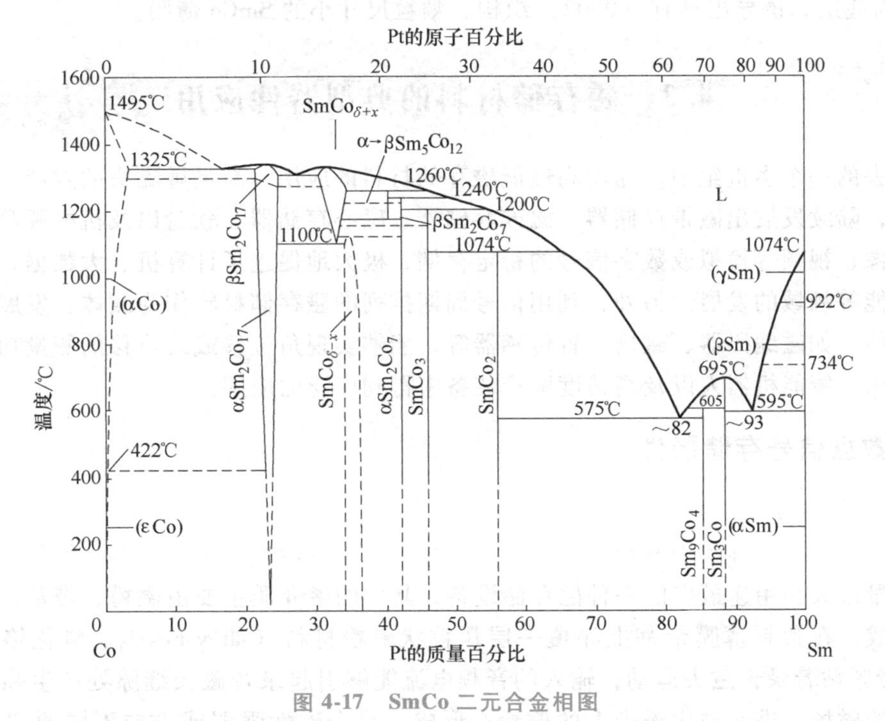

图4-17 SmCo二元合金相图

1982年，李佐宜采用射频双源磁控溅射或真空双源共蒸发方法制备出非晶的SmCo垂直磁化薄膜，并对其磁、磁光、磁电等性能进行了系统研究，但非晶SmCo薄膜的K_u和M_S值并不是很大。通过薄膜退火处理或在高温基片上沉积原子，可以获得晶化SmCo薄膜，具有更高的磁性能。Cadieu等在加热的基片上制备了具有（110）和（200）取向的晶化SmCo

薄膜，并利用激光脉冲沉积方法，在375℃的多晶基片上制备出晶粒尺寸小、H_C 达到899.2kA/m的SmCo薄膜。2005年，Singh等利用激光脉冲沉积方法，在MgO基片上制备了以Cr为缓冲层的$SmCo_5$薄膜，H_C 达到1910.4kA/m，M_S 达到895emu/cm^3。徐小红等发现增大基片到靶的距离会提高SmCo颗粒沉积的均匀度，但是距离过大又会降低溅射速率。Thanassis等发现薄膜的 H_C 和 M_r 可以通过改变溅射气压来控制，低溅射气压下制备的低Sm合金薄膜具有较高的 M_r。

合适的底层或缓冲层会影响SmCo磁性层的晶粒生长、织构以及磁性能。Cr（200）和$SmCo_5$（110）晶面晶格匹配$SmCo_5$（110）[001] ‖ Cr（200）[011] ‖ MgO（200）[001]，可以诱导SmCo的易磁化轴平行于膜面。Laughlin等在Cr（110）和Cr（200）晶面上分别外延生长出具有面内磁各向异性的SmCo薄膜，而底层的厚度、表面形态等都会影响SmCo颗粒大小、晶粒间的磁耦合作用、H_C 等。Okumura等用射频溅射法方法制备了[SiO_2/SmCo/Cr]多层膜，薄膜中存在大量的柱状晶，起到畴壁钉扎的作用，使得薄膜的 H_C 达到286.6kA/m。Fullerton等利用W底层诱导$SmCo_5$的面内磁各向异性，H_C 达到3.1T。Cu的（111）晶面和$SmCo_5$（0001）晶面的错配度只有2.3%，合适厚度的Cu底层可以诱导$SmCo_5$的垂直磁各向异性。Sayama等在100nm厚的Cu底层上生长出具有垂直磁各向异性的$SmCo_5$薄膜。另外，采用[Sm（0.31nm）/Co（0.41nm）]$_{35}$多层膜结构，通过控制沉积温度和缓冲层减小表面粗糙度和晶粒尺寸，提高垂直磁各向异性。刘晓琪等利用掺杂Cr的Ru作为底层，诱导出具有（0002）织构、颗粒尺寸小的SmCo薄膜。

4.3 磁存储材料的典型器件应用

在过去的一个多世纪中，随着高性能磁存储材料的应用、高灵敏磁头的发展以及存储技术的变革，陆续发展出磁带存储器、磁鼓存储器、磁心存储器、软盘以及机械硬盘，实现了声音、图像、视频等模拟或数字信号的稳定存储，极大地促进了计算机、大数据、云计算以及人工智能等领域的发展。另外，利用信号周期排列的磁存储材料作为载体，发展出一系列功能性器件，如磁编码器、磁栅位置传感器等，能够实现角位移或线位移的测量功能，在高端数控机床、智能机器人以及高精度医疗装备中得到广泛的应用。

4.3.1 数据信号存储器件

1. 磁带存储器

磁带存储器是一种利用直线运动的带状磁介质来记录声音、图像、数字等信号的存储设备，是产量最大和用途最广的一种磁存储设备，其中的磁介质主要由磁粉、带基、黏结剂三种材料组成。在塑料薄膜带基上涂覆一层颗粒状磁粉材料（如γ-Fe_2O_3、氧化铬、铁氧体等），磁带紧贴着录音磁头运动，输入的音频电流能够引起录音磁头缝隙处产生强弱变化或方向变化的磁场，进而磁化磁带上的磁粉，形成一个个磁性强弱或方向不同的“小磁铁”，声音信号就记录在磁带上。放音磁头的结构和录音磁头相似，当磁带从放音磁头的狭缝前走过时，磁带上“小磁铁”产生的磁场穿过放音磁头的线圈，引起磁通量发生变化，进而产生感应电流，放大后在扬声器中就发出声音，如图4-18a所示。

1928年，德国工程师弗里茨·普弗勒默（Fritz Pfleumer）发明了录音磁带，将粉碎的

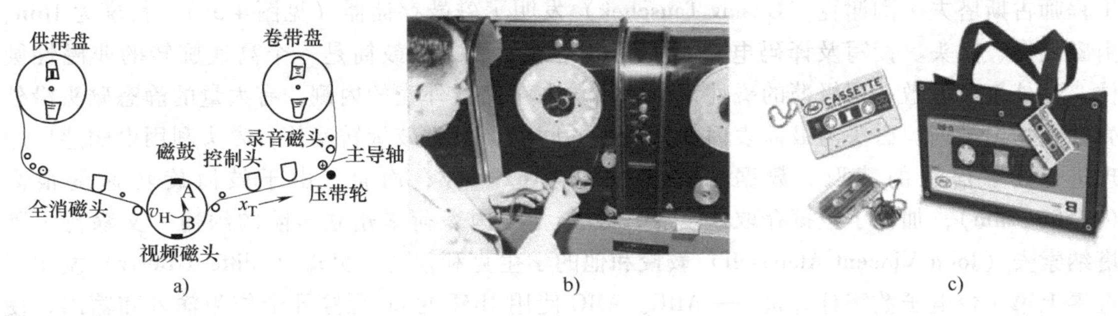

图 4-18　磁带存储器

a）磁带装置示意图　b）UNIVAC 计算机上的磁带存储设备　c）音乐存储磁带

磁性颗粒用胶水粘在纸条上制成磁带，可以存储模拟信号。随后，进一步发展出复合材料式双层磁带结构，它由 30μm 醋酸纤维素薄膜和 20μm 羟基铁粉混合组成，提高了磁带的机械强度，实现了真正的磁带，也标志着磁带在数据存储介质中的正式应用。1951 年，磁带首次被用于商用计算机上存储数据，在 UNIVAC 计算机上作为主要的 I/O 设备，如图 4-18b 所示。1952 年，IBM 发布了全新的磁带存储设备（型号 IBM726）。磁带存储支持离线保存、寿命长、容量大且性价比高，在计算机存储设备上一直沿用了很多年。

1963—2017 年，磁带从最初的数据存储介质逐渐转变到音乐存储介质，如图 4-18c 所示。1963 年，荷兰飞利浦公司的劳德维克·奥登司研制出了全球首盘盒式磁带，大小仅为早期循环卡式录音机的 1/4，磁带双面都可容纳 30~45min 的立体声音乐。1969 年，TDK 公司的超级动态系列上市，宣告第一款高保真磁带诞生。1971 年，Advent 公司推出了 201 型磁带机，搭载了杜比 B 型降噪系统，磁带被正式应用于录制音乐，为之后的高保真卡带和播放器时代奠定了基础。20 世纪 80 年代，以索尼 Walkman 系列为代表的便携式随身听出现，促使磁带迅速流行。到了 20 世纪 90 年代初期，随着 CD、MP3 播放器的诞生，磁带市场开始急速萎缩。如今，磁带已经变为一种收藏品。截至 2021 年，全球已出售超过 1000 亿盒磁带。

根据用途不同，磁带可分成录音带、录像带、计算机带和仪表磁带四种。录音带用于记录音频数据，是用量最大的一种磁带。录像带用于记录视频数据，主要应用于电视广播、科学技术、文化教育、家庭娱乐等领域。计算机带主要用于计算机的外存储器，具有容量大、价格低的优点。仪表磁带也称仪器磁带或精密磁带，用于遥控遥测技术，如原子弹爆炸和卫星空间探测等数据测量。

根据记录技术不同，磁带技术分为数字线性磁带（Digital Linear Tape，DLT）技术和螺旋扫描技术（Helical Scan Technology）。DLT 被安装在两个磁带轴上，通过磁带轴的转动使磁带高速经过磁头。利用隔开一定距离的写磁头和读磁头完成先写后读的操作，以保证数据完整地写到磁带上。而螺旋驱动器使用 8mm 磁带，在磁头的磁鼓每转一圈时，使用写磁头写数据，随后再利用读磁头来校验数据。采用螺旋扫描技术的高级智能磁带（Advanced Intelligent Tape，AIT）多为 3.5in，容量可以达到 200GB，存储速度为 24Mbit/s。而 DLT 多为 5.25in，容量可以达到 80GB，存储速度为 6Mbit/s。

2. 磁鼓存储器

磁鼓存储器是利用高速旋转的圆柱体表面作为记录介质的存储设备。1932 年，奥地利工程师古斯塔夫·陶谢克（Gustav Tauschek）发明了磁鼓存储器（见图 4-5a），长度为 16in，由磁鼓筒、磁头、读写及译码电路和控制电路等组成。磁鼓筒是一个高速旋转的非磁性圆柱，其外表面涂敷一层极薄的磁性记录介质。在存储器外壳的内侧，有大量的静态磁头沿外壳轴线均匀排列。磁头与鼓筒表面保持微小的间隙，等磁鼓旋转就位，磁头利用电磁感应原理进行数字信息的读取。数据存储容量约为 62.5KB；而且，由于鼓筒旋转速度很高（12500r/min），加快了数据存取速度。1942 年，美国爱荷华州立学院的约翰·文森特·阿塔纳索夫（John Vincent Atanasoff）教授和他的学生克利福特·贝瑞（Clifford Berry）发明了世界上第一台电子数字计算机——ABC。ABC 使用 IBM 的 80 列穿孔卡作为输入和输出，使用真空管处理二进制数据，而数据的存储则使用再生电容磁鼓存储器。1953 年，首台磁鼓存储器作为内存设备应用于计算机 IBM701，从固定式磁头发展到浮动式磁头，从采用磁胶发展到采用电镀的连续磁介质。

磁鼓存储器的优点是实用可靠、经济实惠，而最大的缺点是存储容量太小，而且空间利用率不高，一个大圆柱体只有表面一层用于存储。此外，磁鼓存储器响应时间较长，容量为 10^9bit 的磁鼓，平均响应时间为 92ms。因此，磁鼓存储器在 20 世纪 50 年代左右发展迅速，随着 20 世纪 60 年代磁心传感器和磁盘的出现，磁鼓存储器逐渐被淘汰。磁鼓的种类很多，按机械结构可分为卧式和立式磁鼓；按介质材料可分为喷涂非连续磁层的喷胶磁鼓和镀 NiP 或 Ni-Co-P 连续磁层的电镀磁鼓；按磁头与鼓筒外表面保持微小间隙的方式可分为固定头磁鼓和浮动头磁鼓，后者又可分为静压式浮动磁鼓和动压式浮动磁鼓。

3. 磁心存储器

磁心存储器（Magnetic Core Memory）是一种使用六边形磁心来记录数据的存储设备。1947 年，美国工程师弗雷德里克·菲厄（Frederick Viehe）第一个申请了磁心存储器的专利。1948 年，华裔科学家王安发明了脉冲传输控制装置，实现了对磁心存储器的读后写。在铁氧体磁环中穿进两根相互垂直的导线，形成磁心对应的 *XY* 坐标线，如图 4-19 所示。写入时，在 *XY* 坐标线上各输入稍高于 50%阈值的电流，相互叠加后超过磁化阈值，这个磁心就会被磁化从而写入一位数据。改变磁心内电流的方向，可以使磁心按顺时针和逆时针磁化，分别代表信号“1”和“0”。读取数据时，在 *XY* 送入读出电流，如果磁心原本的信号方向与读出电流产生的磁场方向相反，磁通量就会变化并在斜穿的读出线上产生感应电流，反之则没有感应电流，这样就实现了磁心信号的读取。然而，读完数据之后，磁心原本的信号都会被改写，所以读完之后还需要恢复原先的数据，方法是利用前述的读后写技术，将放在缓存中的存储数据重新写回去。所以，磁心存储器的读出速度比写入速度慢很多。

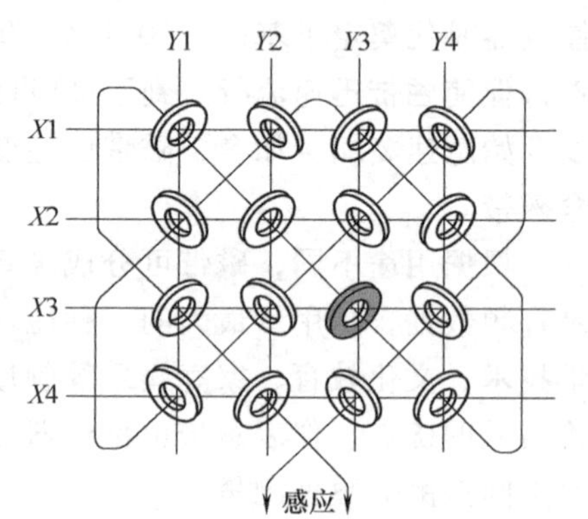

图 4-19 磁心存储器结构示意图

磁心存储器具有较快的访问速度、较小的尺寸和较低的价格，同时它还是一种非易失性存储器，即使死机或电源中断，仍能保存其信号，因此被广泛应用于计算机数据存储中。1953 年，麻省理工学院将磁心存储器应用于 Whirlwind 1 计算机中，实现了磁心存储器的第一次大规模应用。后来，杰·福雷斯特（Jay Forrester）完善了磁心存储技术，推出第一个可靠的计算机高速随机存取器，在计算机中担任主存的角色。磁心存储器省电，也没有真空管的寿命问题。直到20世纪70年代初，磁心存储器一直被广泛用于计算机的主存设备中，容量约为几百字节，之后逐渐被微型集成电路块上的半导体存储器所取代。

4. 软盘存储器

软盘（Floppy Disk）是利用圆形的磁盘作为记录介质的存储设备，也是计算机中最早使用的可移动介质。软盘的盘片被封装在一个硬质塑料壳内，塑料壳上有防尘的金属保护罩，如图4-20所示。盘片被分成若干个同心圆磁道（宽度为零点几毫米），每个磁道又分为若干个扇区，每个扇区存储512B。一张1.44MB的软盘，有80个磁道，每个磁道有18个扇区，两面都可以存储数据。当软盘放入驱动器中，电动机会带动盘片以300r/min的速度旋转；同时，计算机自动移开金属罩，利用磁头定位器（即微小的步进电动机）驱动磁头运动到目标磁道上读取数据。软盘还设置写保护缺口，由一个内置保护片遮盖，当写保护缺口打开后，则不能写入数据。

图4-20　8in/5.25in/3.5in软盘实物图及结构示意图

a）软盘实物图　b）结构示意图

1967年，IBM公司推出世界上第一张软盘，直径为32in。1971年，IBM公司的艾伦·舒加特研制出了世界上第一张只读8in可移动软盘，即表面涂有金属氧化物的塑料质磁盘，容量为80KB。1972年，软盘容量增加至175KB，Memorex公司推出了第一款可读写的软盘Memorex 650。1976年，艾伦·舒加特研发出了5.25in软盘，广泛用于Apple II、IBM PC等兼容计算机上。1980年，日本索尼公司的中村一郎成功开发出了3.5in软盘，采用垂直磁记录和双面双层的记录方式，使得软盘的存储容量提升到1.44MB，成为当时计算机最主要的存储设备之一。软盘具有携带方便的优点，从20世纪70年代中期到90年代末期，软盘广泛应用于个人计算机和其他电子设备，并带动了计算机行业的快速发展。但软盘存取速度慢、容量也小，因此在U盘和硬盘出现之后，就逐渐退出了存储领域的历史舞台。

5. 机械硬盘

（1）机械硬盘的结构及存储原理

机械硬盘，也称硬盘驱动器（Hard Disk Drive，HDD），是利用表面镀有磁性物质的圆形盘片作为记录介质的存储设备。其工作原理与软盘相似，但记录密度、容量、存取速度等性能远远超过软盘，因而已成为现代计算机最主要的外部存储设备。机械硬盘主要由盘片、磁头、主轴及控制电动机、磁头控制器、接口、缓存、数据转化器等部分组成，如图4-21a所示。盘片是由表面镀有磁存储材料的金属或玻璃制成，用于记录数据；磁头负责写入或读取数据；主轴及控制电动机负责驱动盘片进行高速旋转；缓存是具有极快存取速度的内存芯片，用于临时存放与主机交换的数据，以缓解内存和外存传输速度的差别。硬盘包含若干张盘片（1~10片），所有的盘片都平行安装在同一个主轴上，通过直流电动机驱动盘片以每分几千转的速度旋转。每张盘片上方都悬浮一个磁头，与盘片的距离只有几纳米。所有的磁头都连在一个磁头臂上，由磁头控制器控制各个磁头沿径向做直线运动，以便定位到指定位置进行数据读写。

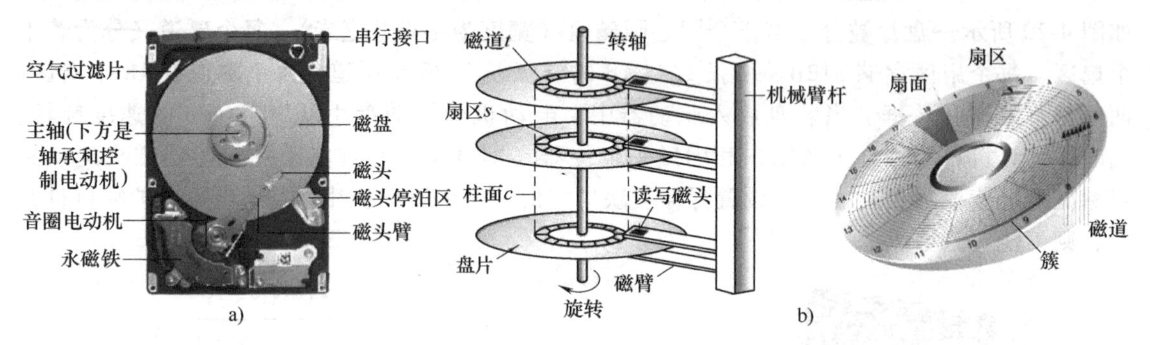

图 4-21　机械硬盘的结构

a）硬盘及主要构成元件　b）硬盘磁道、扇区、柱面示意图

为了便于读写数据，每个盘片都被划分为若干个同心圆磁道（Track），每个磁道又被划分为若干个扇区（Sector），数据就按扇区存放在盘片上，每个扇区最多可存储512B的数据，如图4-21b所示。每张盘片有300~3000个磁道，每个磁道上有几百个扇区。另外，磁道从最外道向内依次编号，所有盘片中具有相同编号的磁道形成柱面（Cylinder）。硬盘就是以柱面、磁头、扇区来进行寻址（CHS寻址），通过控制器驱动磁头移动到正确的磁道上，等待相应的扇区旋转到其下方来进行精确读写。写数据时，输入的数字信号通过数据转化器转变成一系列电脉冲信号，通入磁头线圈中产生变化的写入磁场，进而在盘片上磁化出不同磁矩方向（即极性）的微小记录单元，利用不同方向代表二进制“0”和“1”信号。而读数据时，磁头的读取元件会感应盘片上存储单元的磁矩方向变化，引起感应电流或电阻值的变化，进而产生对应的电脉冲信号，最后转变成数字信号。

（2）机械硬盘的容量和面密度

硬盘发展的驱动力之一就是提升硬盘的容量。硬盘容量是指盘片上能够存储的最大数据量，容量的增长能够带来传输速度的增加以及生产成本的下降。硬盘容量一般通过盘面数×磁道数×扇区数×512B来计算，其大小取决于盘片数以及单张盘片的存储面密度。面密度就是单位面积内的数据位数量，由磁道密度（Tracks Per Inch，TPI）和位密度（Bits Per Inch，BPI）共同决定。TPI指沿半径方向单位长度所包含的磁道数，BPI指沿圆周方向单位长度所存储的数据位。因此，有三种方式可以提高盘片容量：①增加盘片的数量以记录更多的数据；②采用紧凑的数据排列方式以减小磁道的间距，增加TPI；③通过存储材料、存储方式和磁头技术的变革减小数据位的物理尺寸，增加BPI。

第一条路线是通过增加盘片的数量来提升硬盘容量（记录面密度不变）。早期的硬盘一般只有2~6张盘片，容量最多几百GB。而2010年之后，采用氦气封装技术减小了盘片的摩擦、降低了工作温度，使得盘片数增加到8~10张，硬盘的容量显著提升。2024年1月，希捷公司推出的硬盘（Exos X Mozaic 3+）就采用了10张盘片，单张容量达到3TB，总容量高达 30TB。另外，盘片的直径也在不断降低。从 1962 年的 24in（硬盘 1311）降低到 1973 年的 14in（Winchester 硬盘 3340），再到 1987 年的 8~10in（薄膜磁头的应用），最后降低到 5.25in、3.5in、2.5in 和 1.0in 等。其中，3.5in 硬盘用于各种台式计算机，2.5in 硬盘用于笔记本电脑、桌面一体机及移动硬盘，1.8in 微型硬盘用于超薄笔记本电脑、移动硬盘，1.3in 微型硬盘仅用于三星的移动硬盘，1.0in 微型硬盘用于单反数码相机。由于受到物理空间的限制，增加盘片数量对硬盘容量的提升空间有限。

第二条路线是采用紧凑的数据排列方式以减小磁道的间距，增加 TPI。传统的机械硬盘读磁头比写磁头窄很多，而且不同磁道间还设有保护带，因此磁道间距取决于写磁头和保护带的宽度，会造成盘片空间的极大浪费。2010 年之后，部分硬盘开始采用数据排列更加紧凑的 SMR 技术来减小磁道间距，写磁道部分重叠（见图 4-9），以较小的读磁头宽度作为标准来控制磁道宽度，有效增加空间利用率，使数据存储密度增加 25%左右。日立环球存储技术公司于 2014 年和 2018 年先后推出了容量达到 10TB、14TB 和 15TB 的 SMR 硬盘。2022 年 1 月，希捷公司推出容量达到 22TB 的 SMR 硬盘。

第三条路线是通过存储材料、存储方式和磁头技术的变革减小数据位的物理尺寸，增加 BPI。首先，磁存储材料的发展推进了硬盘容量的快速提升。从最早的碳素钢丝（1898 年）发展到颗粒型 $\gamma\text{-}Fe_2O_3$、CrO_2、铁氧体等磁粉（20 世纪 20—70 年代），再发展到 CoCr 基合金薄膜材料（20 世纪 80 年代一直沿用至今），再到 FePt 或 SmCo 等高磁晶各向异性薄膜材料（2020 年后开始试用），材料的性能不断提高，使得数据位的尺寸不断减小，导致记录密度和容量发生了数量级的增加。如用 CoCr 基合金薄膜制成的 3.5in 硬盘，理论存储密度约为 158.7Gbit/cm^2，容量可达 10TB。而用 FePt、$SmCo_5$ 合金薄膜制成的硬盘，理论存储密度可达 3.17Tbit/cm^2，容量可达 80~100TB。基于这些新材料，近几年发展出 MAMR 硬盘（通过自旋力矩振荡器产生微波磁场辅助信号写入）和 HAMR 硬盘（利用激光局部加热降低介质矫顽力实现信号写入）。东芝公司于 2021 年和 2023 年分别研发出 18TB 和 20TB 的 MAMR 硬盘，存储密度达到 238.1Gbit/cm^2。另外，希捷公司自 2018 年陆续发布了 Exos 系列 HAMR 硬盘，容量达到 16TB、18TB、20TB、24TB 以及 30TB（单片容量为 3TB，面密度为 273.6Gbit/cm^2）。

其次，存储模式的变革也是引起硬盘容量飞速提升的另一个重要原因。2000 年前普遍使用的纵向磁记录硬盘，受到退磁场和超顺磁效应的影响较严重，发展到 2005 年时已经接近其理论极限密度 15.5Gbit/cm^2，容量达到 20GB 左右。2000 年之后，数据存储方式由纵向磁记录变成了垂直磁记录，显著降低了材料的退磁场、磁极间的信号干扰、能耗和发热，提高了数据的稳定性和信噪比，使得硬盘的面密度增加一个数量级，达到 158.7Gbit/cm^2。结合 SMR 技术还能将记录密度进一步提高到 $174.6\sim206.3\text{Gbit/cm}^2$，2022 年垂直磁记录硬盘的容量已经提升到 20TB 左右。另外，传统的磁记录技术是利用 50~100 个磁性颗粒作为一个记录位（大小 30~50nm），并且数据位之间有一定宽度的过渡区。日立公司提出的 BPMR 技术，利用单个的单畴磁岛（直径 9~20nm）作为一个数据位，具有更好的稳定性和更高的记录密度（可达到传统垂直记录技术的 2~5 倍）。2010 年，东芝公司使用 17nm 工艺刻蚀掩膜方法，制造出面密度可达 387.5Gbit/cm^2、容量可达 10TB 的硬盘原型。

此外，磁头技术的进步也是推动存储容量提升的重要因素。采用体积更小且磁化能力更强的磁头写入数据，并利用灵敏度更高的磁头读取信号，可以提高记录密度并改善读出信噪比，促进容量大幅提升。早期一般采用电感型环状磁头（Mn-Zn 铁氧体）或金属间隙磁头（坡莫合金）实现数据的读和写，如图 4-22a 所示。利用磁头间隙处的漏磁场磁化介质材料，进而存储数据；相反，通过感应数据位上的磁通变化产生感应电流，进而读取数据。这种磁头体积大，数据位较宽且读出灵敏度较低，因而硬盘面密度很低（0.1～1.5Mbit/cm^2）。1981 年，IBM 公司推出薄膜型电感磁头，其磁化能力是铁氧体磁头的 2～4 倍，且具有更高的读出信噪比，使存储密度以每年 25%的速率递增，达到 6.2Mbit/cm^2。1990 年，IBM 公司推出新型磁电阻（MR）磁头，利用数据位磁通的变化引起磁头电阻的变化，进而读取数据，其信号输出比普通磁头强 3 倍，读出灵敏度大大提高。同时，采用独立的两个磁头分别进行数据读写，即环状磁头写入数据、MR 磁头读取数据，使存储密度以 60%的速率逐年递增，达到 0.77Gbit/cm^2。1997 年，IBM 公司研发出巨磁阻（GMR）磁头，如图 4-22b 所示。磁电阻变化率高达 10%以上，读出信号比 MR 磁头高 2～5 倍，使存储密度的年增长率超过 100%，达到 6.2Gbit/cm^2。2000 年之后，隧道结巨磁电阻（TMR）磁头诞生，其 MR 值达到 50%以上，成为当今硬盘读出磁头的首选。同时，随着垂直磁记录的发展，传统的环状磁头变成了体积更小的单极磁头，进一步减小了数据位的尺寸，使得容量飞速增长。2006 年 9 月，希捷公司利用 TMR 磁头演示了面密度为 65.3Gbit/cm^2 的垂直磁记录硬盘。2007 年，日立公司和希捷公司分别发布了容量达到 1TB 的垂直磁记录硬盘。

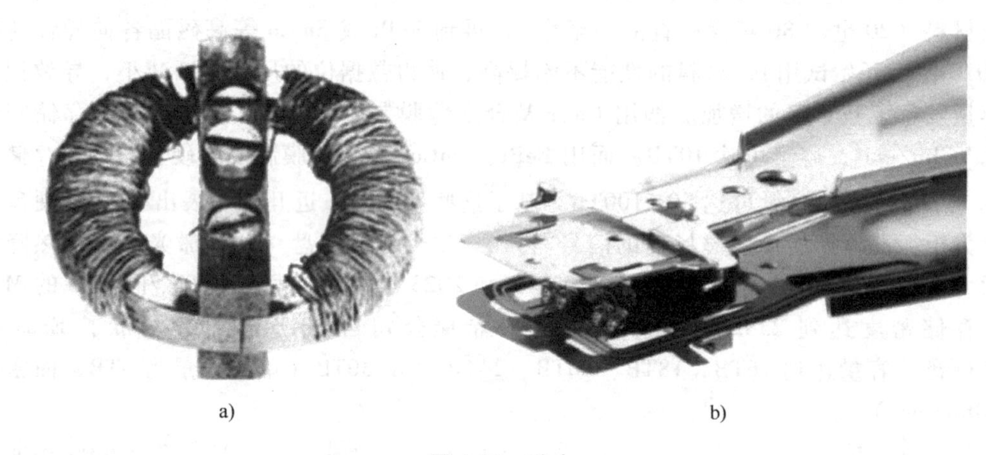

a)　　　　b)

图 4-22　磁头

a）电感型环状磁头　b）IBM 公司研发的 GMR 磁头

（3）机械硬盘的数据传输率

硬盘的另一个重要指标是数据传输率，它指的是硬盘与主机交换数据并由磁头完成读写操作的速率，它决定了硬盘对外交换数据的快慢，包括内部传输率（即磁头在盘片上读写数据的速率）和外部传输率（即主机系统从硬盘缓存读取数据的速率）。

内部传输率主要依赖于盘片的转速和磁头读写速度。转速越快，内部传输率就越快，访问时间就越短。台式机硬盘以 5400r/min 和 7200r/min 两种为主，笔记本硬盘以 4200r/min 和 5400r/min 为主，服务器使用的 SCSI 硬盘转速可达 10000～15000r/min。另外，磁头读写速度是指磁头从初始位置移动到目标磁道位置，并找到要读写的数据扇区所需的时间。由于数据分散在不同的磁道中，磁头需要不断移动来读取数据，因而磁头读写速度比较慢，为毫秒级。平均寻道时间通常为 8～12ms，等待时间一般小于 4ms。较高的转速可缩短平均寻道时间和实际读写时间，但也会带来温度升高、电动机主轴磨损加大、工作噪声增大等影响。

外部传输率也称接口传输率，指主机系统从硬盘缓存读取数据的速率，主要与硬盘接口类型和缓存大小有关。硬盘接口是硬盘连接主机系统的部位，用于硬盘缓存和主机内存之间的数据传输。接口分为 IDE（Integrated Drive Electronics）、SATA（Serial ATA）、SCSI（Small Computer System Interface）、光纤通道、M2-SATA、M2-Nvme 和 SAS（Serial Attached SCSI）七种。IDE 接口硬盘多用于家用产品和部分服务器，SCSI 接口硬盘主要用于服务器，光纤通道只用于高端服务器。SATA 接口以连续串行的方式传送数据，可以在较少的位宽下使用较高的工作频率，提高数据传输的带宽。SATA 1.0、2.0、3.0 接口的数据传输率可分别达到 150Mbit/s、300Mbit/s、600Mbit/s。另外，缓存是具有极快存取速度的一块内存芯片，用于临时存放与主机交换的数据。早期 40GB 的硬盘只有 2MB 缓存，随着技术进步，现在的硬盘缓存容量已经提升到 8MB、16MB、32MB、64MB，甚至 128MB 和 256MB。缓存容量的提升对硬盘读写速度具有显著的影响，尤其是需要频繁读写数据时，但也会带来成本的上升。

随着盘片转速的提高、磁头读写速度的提高、接口技术的变革以及缓存容量的增加，硬盘传输速度得到大幅提升。1956 年 9 月，IBM 推出的首款硬盘 RAMAC 305 的容量仅为 5MB，读写速率只有 97.6kbit/s。而 2023 年 10 月，希捷公司推出的 AI“酷鹰”硬盘的容量达到 24TB、传输速率达到 285Mbit/s。另外，硬盘驱动臂的数量也会显著影响其数据传输速率。目前常用的是含有 8 个磁头的单驱动臂系统，而希捷公司研发了 MACH · 2 技术，利用 2 套驱动臂和 16 个磁头进行数据读写，可将硬盘数据传输速率提高到 480Mbit/s，是普通 7200r/min、SATA3.0 接口硬盘极值（235Mbit/s）的一倍。

4.3.2　功能性磁存储器件

利用信号周期排列的磁存储材料作为载体，还发展出一系列功能性器件，如磁编码器、磁栅位置传感器等，实现角位移或线位移的精确测量功能，可应用于高端数控机床、智能机器人以及高精度医疗装备中。下面将主要介绍磁编码器和磁栅位置传感器。

磁编码器由磁码盘、磁传感器、处理电路及主体结构等部分组成，如图 4-23a 所示。在圆柱形基底的表面覆盖一层磁存储材料，制成磁码盘。利用充磁机对磁性材料均匀充磁，使其表面交替排列等间距的 N-S 磁极，空间上形成具有周期分布的漏磁场。磁传感器用于探测

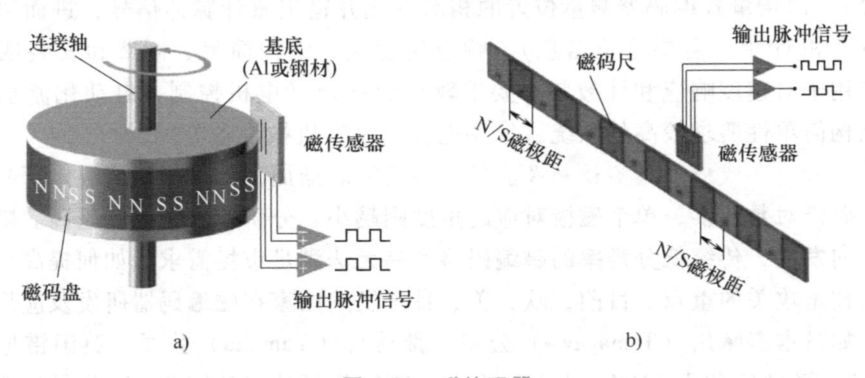

图 4-23　磁编码器

a）磁编码器结构示意图　b）磁栅位置传感器结构示意图

磁码盘表面的磁信号。当被检测对象（机床主轴、机器人关节轴承等）与磁码盘连接并同步旋转时，磁码盘表面周期变化的磁场会引起磁传感器的电阻发生周期性变化，进而得到随位置变化的弦波信号，再经过信号细分和转换，最终得到数字脉冲信号。磁码盘每旋转一个磁极长度，弦波信号变化一个周期，对应输出一个脉冲信号。因此，磁码盘上的磁极数与输出脉冲数一一对应，通过测定脉冲数就能计算出磁码盘的旋转角度，进而准确测量被检测对象的角位移、角速度以及加速度等旋转运动信息。

磁栅位置传感器由磁码尺、磁传感器、处理电路及主体结构等部分组成，如图 4-23b 所示。在直线带材的表面覆盖一层磁存储材料，制成磁码尺。经过充磁，在磁码尺表面形成交替排列的等间距 N-S 磁极。当被检测对象（机床丝杠、医疗装备多叶准直器等）随传感器同步移动时，会探测到磁码尺上表面周期变化的磁信号，进而得到随位置变化的弦波信号，再经过信号细分和转换得到数字脉冲信号。磁码尺上的磁极数与输出脉冲数也是一一对应的，通过测定脉冲数就能计算出磁传感器与磁码尺的相对位移，进而准确测量被检测对象的线位移、线速度以及加速度等直线运动信息。

由于磁编码器和磁栅位置传感器的工作原理类似，所用到的存储材料和传感器材料也类似，因此，下面以磁编码器为例，介绍其应用和发展现状等。磁编码器具有成本低、结构简单、抗振动、防油污等优点，因而可以应用于机械设备中旋转轴的角度和位置测量，并将这些信息反馈给控制系统，进而精确控制旋转轴的转动。如磁编码器安装在数控机床的主轴上，可测量刀具和工件台的位置和运动，以便实时调整刀具位置和切削参数；安装在机器人关节上，可测量关节的转动角度和位置，以控制机器人的姿态和运动；安装在汽车轴承上，可测量发动机正时系统和传动系统的位置和速度，以确保正常运行；安装在包装机械上，可测量其运动和位置，以确保产品的准确定位和包装质量；安装在纺织机械上，可测量其丝杆和织布机的位置和运动，以实现精确的纺织操作。磁编码器的应用不仅提高了位置检测的精度和运行效率，还提升了控制系统的响应速度和稳定性，是现代工业领域中不可或缺的重要元件。

磁编码器可以分为增量式编码器和绝对式编码器。绝对式编码器将编码盘上的每个位置映射为唯一的二进制码，进而直接输出绝对位置信息，具有高精度（亚微米级别）和即时性（无须复位或回原点）的特点。但结构较为复杂，制造和安装成本较高，适用于高精度测量和控制系统（机床、半导体设备等）或需要实时获取准确位置的系统（机器人导航、医疗设备等）。而增量式编码器测量位置的相对变化并输出累计脉冲信号，进而给出相对位置信息，具有相对性（需要零位信息）、响应速度快、结构简易、制造和安装成本低的特点，适合应用于对速度响应和计数频率要求较高的系统（电机控制、自动化流水线等）或对成本和结构简单性要求较高的系统（家用电器、小型机械设备等）。

编码器的分辨率或精度是衡量其性能的重要指标。圆周上的磁极对数决定了磁编码器的测量精度，磁极对数越多，单个磁极对应的角度则越小，分辨率和精度就越高。随着制造业向高精尖方向发展，传统低分辨率的磁编码器产品无法满足市场需求，如何提高分辨率成为国内外企业技术攻关的重点。目前，欧、美、日等发达国家在磁编码器研发及应用方面占据领先地位，如日本多摩川（Tamagawa）公司、雅马哈（Yamaha）公司，英国雷尼绍（Renishaw）公司，德国海德汉（Heidenhain）公司，美国诺斯达（NorthStar）公司，瑞士保盟集团（Baumer）等。根据应用场景不同，编码器产品的磁极数有 128 个、256 个、512 个、

1024 个、2048 个、4096 个甚至上万个。通过细分处理之后，输出脉冲数可以达到 12~20 位（即 2^{12}~2^{20} 个脉冲），角度分辨力可以达到 0.1°~0.0003°（即 316″~1.2″）。而我国高性能磁编码器的研究起步较晚，目前产品主要以低精度的磁编码器为主，仅占据低端市场，而高端市场长期被国外公司垄断。

磁编码器的分辨率与传感器和磁码盘的性能相关。传感器主要有霍尔式传感器和磁电阻传感器两种。霍尔式编码器利用霍尔效应来检测磁信号，属于单磁极绝对式编码器，具有结构简单、体积小、成本低的特点。但霍尔式传感器的灵敏度较低（~0.05 mV/V/Oe），使得编码器的测量精度不高，工作磁场范围为 1~1000 Oe，可用于自动化生产线、工业机器人、伺服电动机控制等。磁电阻式编码器利用磁电阻效应来检测磁信号，属于多磁极增量式编码器。AMR 传感器灵敏度较高（~1 mV/V/Oe），磁场范围为 0.01~10 Oe，适用于高精度测量和控制系统，如高端数控机床、新能源汽车以及电主轴等。而 GMR（或 TMR）传感器灵敏度更高（3~20 mV/V/Oe），但制作工艺烦琐且成本较高。因此，磁编码器常用霍尔式传感器和 AMR 传感器，其性能与结构设计、微加工工艺以及处理电路等密切关系。

磁码盘主要有注塑铁氧体（钡铁氧体、锶铁氧体等）和可变形磁性合金（FeCoCr 合金、AlNiCo 合金、CuNiFe 合金等）。磁环铁氧体通常由磁粉颗粒料经模具注塑成型，容易造成磁畴较大（百微米到毫米级别）、组织不均匀、缺陷较多的问题，因而可写入的磁极数较少（32~128 极），输出的弦波信号误差较大，分辨力较低（0.2°~0.5°），可用于制作低精度的磁码盘。而可变形磁性合金常用物理化学冶金方法（熔炼、锻造、固溶、轧制、热处理等）制备，其硬磁性能来源于调幅分解，即经过固溶处理后，原本的磁性相会分解成硬磁相和非磁性相（或弱磁相、顺磁相）高度弥散的结构，使得合金呈现出良好的硬磁性能、强硬度和塑性。因此，上述合金具有磁畴较小（百纳米到微米级别）、组织均匀、缺陷较少、性能优异、可变形易加工等优势，可写入更多数量的磁极（512~2048 个），输出弦波误差较低，分辨力可以达到 0.001°~0.005°，可用于制作高精度的磁码盘。可变形磁性合金的性能与调幅分解、制备工艺、材料组分、织构控制、组织均匀性等密切相关。

参考文献

[1] 李宝河，冯春，于广华．高磁晶各向异性磁记录薄膜材料［M］．北京：冶金工业出版社，2012.

[2] 章吉良．磁记录原理与技术［M］．上海：上海交通大学出版社，1990.

[3] 都有为，罗河烈．磁记录材料［M］．北京：电子工业出版社，1992.

[4] 田民波．磁性材料［M］．北京：清华大学出版社，2001.

[5] 数据存储技术的进化与跃迁［EB/OL］．（2023-9-21）［2024-5-5］．https：//articles. e-works. net. cn/storage/article153203. htm.

[6] 新型存储技术发展趋势（存储技术的前世今生）［EB/OL］．（2022-12）［2024-5-5］．http：//www. studyofnet. com/791829548. html.

[7] MARCHON B，PITCHFORD T，HSIA Y，et al. The head-disk interface roadmap to an areal density of 4 Tbit/in^2［J］. Adv. in Tribol.，2013，521086.

[8] MARGULIES D T，MOSER A，SCHABES M E，et al. Thermal activation and reversal time in antiferromagnetically coupled media［J］. Appl. Phys. Lett.，2002，81（24）：4631-4633.

[9] SONOBE Y，WELLER D，IKEDA Y，et al. Coupled granular/continuous medium for thermally stable per-

pendicular magnetic recording [J]. J. Magn. Magn. Mater., 2001, 235 (1-3): 424-428.

[10] IWASAKI S, NAKAMURA Y. An analysis for the magnetization mode for high density magnetic recording [J]. IEEE Trans. Magn., 1977, 13 (5): 1272-1277.

[11] IWASAKI S, NAKAMURA Y, OUCHIK. Perpendicular magnetic recording with a composite anisotropy film [J]. IEEE Tran. Magn., 1979, 15 (6): 1456-1458.

[12] JUDY J H. Past, present, future of perpendicular magnetic recording [J]. J. Magn. Magn. Mater., 2001, 235 (1-3): 235-240.

[13] 张健浪. 三年后和垂直记录说再见 [J]. 新电脑, 2007, 8: 82-86.

[14] LODDER J C. Methods for preparing patterned media for high-density recording [J]. J. Magn. Magn. Mater., 2004, 272 (P3): 1692-1697.

[15] KISELEV S I, SANKEY J C, KRIVOROTOV I N et al. Microwave oscillations of a nanomagnet driven by a spin-polarized current [J]. Nature, 2003, 425 (6956): 380-383.

[16] ZHU J G, ZHU X, TANG Y. Microwave assisted magnetic recording [J]. IEEE Trans. Magn., 2007, 44 (1): 125.

[17] ROTTMAYER R E, BATRA S, BUECHEL D, et al. Heat-assisted magnetic recording. IEEE Trans. Magn., 2006, 42 (10): 2417-2421.

[18] 蔡建旺. 磁电子学器件应用原理 [J]. 物理学进展, 2006, 26 (2): 180-227.

[19] 宛德福, 马兴隆. 磁性物理学 [M]. 成都: 电子科技大学出版社, 1994.

[20] HONDA N, OUCHIK, IWASAKI S. Noise source and noise spectrum of perpendicular recording media [J]. J. Magn. Magn. Mater., 1999, 193 (1-3): 106-109.

[21] 樊义峰. 颗粒磁记录介质材料及其制备技术进展 [J]. 黎明化工, 1996 (3): 18-20.

[22] 刘铁岩, 屠德容. 国外颗粒磁记录介质发展状况 [J]. 无机盐工业, 1994 (5): 5.

[23] 王志良, 王步云. 钡铁氧体磁记录材料发展概况 [J]. 信息记录材料, 2003, 4 (4): 6.

[24] 张晏清, 邱琴, 张雄. 六角晶系钡铁氧体与锶铁氧体吸波性能的比较 [J]. 材料导报, 2009, 23 (5): 5-7.

[25] 陈羽峰, 徐斌, 周玉娟, 等. 永磁铁氧体材料发展现状与研究进展 [J]. 磁性材料及器件, 2023, 54 (1): 108-118.

[26] BATE G. Magnetic recording materials since 1975 [J]. J. Magn. Magn. Mater., 1991, 100 (1-3): 413-424.

[27] 黄致新, 许小红, 严芳, 等. 硬盘用高密度磁记录薄膜研究进展 [J]. 信息记录材料, 2002, 3 (2): 47-52.

[28] HONDA N, OUCHIK. Overview of recent work on perpendicular magnetic recording media [J]. Magn. Soc. Japan., 2000, 24 (5): 1027-1034.

[29] IWASAKI S. Perpendicular magnetic recording focused on the origin and its significance [J]. IEEE Trans. Magn., 2002, 38 (4): 1609-1614.

[30] FUTAMOTO M, HONDA Y, et al. Microstructure and micromagnetics of future thin-film media [J]. J. Magn. Magn. Mater., 1999, 193 (1-3): 36-43.

[31] KRANENBURG H, LODDER J C, MAEDA Y, et al. Microstructure of coevaporated CoCr filmes with perpendicular anisotropy [J]. IEEE Trans. Magn., 1990, 26 (5): 1620-1622.

[32] SAGOI M, INOUE T. Effect of third-element additions on properties of Co-Cr-based films [J]. J. Appl. Phys., 1990, 67 (10): 6394-6398.

[33] INABA N, FUTAMOTO M. Effects of Pt and Ta addition on compositional microstructure of CoCr-alloy thin film media [J]. J. Appl. Phys., 2000, 87 (9): 6863-6865.

[34] HONDA N, ARIAKE J, OUCHIK, et al. Preparation of Co-Cr films for perpendicular recording by sputter diposition at extremely high Ar pressures [J]. J. Magn. Magn. Mater., 1996, 155: 154-156.

[35] HIRAYAMA Y, HONDA Y, KIKUKAWA A, et al. Annealing effects on recording characteristics of CoCr-alloy perpendicular magnetic recording media [J]. J. Appl. Phys., 2000, 87 (9): 6890-6892.

[36] LEE L L, LAUGHLIN D E, LAMBETH D N, et al. NiAl underlayers for CoCrTa magnetic thin films [J]. IEEE Trans. Magn., 1994, 30 (6): 3951-3953.

[37] FUTAMOTO M, HIRAYAMA Y, HONDA Y, et al. Improvement of initial growth layer in CoCr-alloy thin film media [J]. J. Magn. Magn. Mater., 2001, 226-230: 1610-1612.

[38] WU L J, KIYA T, HONDA N. Medium noise properties of Co/Pd multilayer films for perpendicular magnetic recording [J]. J. Magn. Magn. Mater., 1999, 193 (1-3): 89-92.

[39] WHANG S H, FENG Q, GAO Y Q. Ordering, deformation and microstructure in $L1_0$ type FePt [J]. Acta Mater., 1998, 46 (18): 6485-6495.

[40] LI B H, FENG C, YANG T, et al. Effect of composition on $L1_0$ ordering in FePt and FePtCu thin films [J]. J. Phys. D: Appl. Phys., 2006, 39 (6): 1018-1021.

[41] ENDO Y, KIKUCHI N, KITAKAMI O, et al. Lowering of ordering temperature for fct Fe - Pt in Fe-Pt multilayers [J]. J. Appl. Phys., 2001 (11Pt. 2), 89.

[42] TAKAHASHI YK, OHUMA M, HONOK. Effect of Cu on the structure and magnetic properties of FePt sputtered fillm [J]. J. Magn. Magn. Mater., 2002, 246 (1-2): 259-265.

[43] YAN Q Y, KIM T, PURKAYASTHA A, et al. Enhanced chemical ordering and coercivity in FePt alloy nanoparticles by sb-doping [J]. Adv. Mater., 2005, 17: 2233-2237.

[44] ZHU Y, CAI J W. Low-temperature ordering of FePt thin films by a thin AuCu underlayer [J]. Appl. Phys. Lett., 2005, DOI: 10. 1063/1. 1997268.

[45] XU X H, WU H S, WANG F, et al. The effect of Ag and Cu underlayer on the $L1_0$ ordering FePt thin films [J]. Appl. Surf. Sci., 2004, 233 (1/4): 1-4.

[46] LAI C H, YANG C H, CHIANG C C, et al. Dynamic stress-induced low-temperature ordering of FePt [J]. Appl. Phys. Lett., 2004, 85 (19): 4430-4432.

[47] XU Y F, CHEN J S, WANG J P. In situ ordering of FePt thin films with face-centered-tetragonal (001) texture on $Cr_{100-x}Ru_x$ underlayer at low substrate temperature [J]. Appl. Phys. Lett., 2002, 80: 3325-3327.

[48] CHEN J S, LIM B C, DING Y F, et al. Low-temperature deposition of $L1_0$ FePt films for ultra-high density magnetic recording [J]. J. Magn. Magn. Mater., 2006, 303 (2): 309-317.

[49] FENG C, LI B H, HAN G, et al. Low-temperature ordering and enhanced coercivity of $L1_0$-FePt thin film promoted by a Bi underlayer [J]. Appl. Phys. Lett., 2006, 88 (23): 9902.

[50] SHEN WK, JUDY J H, WANG J P. In situ epitaxial growth of ordered FePt (001) films with ultra small and uniform grain size using a RuAl underlayer [J]. J. Appl. Phys., 2005, 97 (10): H301-0.

[51] TAKAHASHI YK, HONOK. Interfacial disorder in the $L1_0$ FePt particles capped with amorphous Al_2O_3 [J]. Appl. Phys. Lett., 2004, 84 (3): 383-385.

[52] HONG M H, HONOK, WATANABE M. Microstructure of FePt/Pt magnetic thin films with high perpendicular coercivity [J]. J. Appl. Phys., 1998, 84 (8): 4403-4409.

[53] GOTO T, OGATA H, SATO T, et al. Growth of FeRh thin films and magnetic properties of FePt/FeRh bilayers [J]. J. Magn. Magn. Mater., 2004, 272 (S): E791-E792.

[54] FENG C, ZHAN Q, LI B H, et al. Magnetic properties and microstructure of FePt/Au mutilayers with high perpendicular magnetocrystalline anisotropy [J]. Appl. Phys. Lett., 2008, 93 (26): 269901-

269901-1.

[55] LI B H, FENG C, YANG T, et al. Approach to enhance of coercivity in perpendicular FePt/Ag nanoparticle film [J]. J. Appl. Phys., 2006, 99 (1): 10.

[56] YANG T, AHMAD E, SUZUKI T. FePt-Ag nanocomposite film with perpendicular magnetic anisotropy [J]. J. Appl. Phys., 2002, 91 (10): 6860-6862.

[57] XU X H, WU H S, LI X L, et al. Structure and magnetic properties of FePt and FePt/C thin films by post-annealing [J]. Phys. B Condensed Matter, 2004, 348 (1-4): 436-439.

[58] DANIIL M, FARBER P A, KUMURA H O, et al. FePt: BN granular films for high-density recording media [J]. J. Magn. Magn. Mater., 2002, 246 (1-2): 297-302.

[59] CHEN S C, KUO P C, SUN A C, et al. Effects of Cr and SiN contents on the microstructure and magnetic grain interactions of nanocomposite FePtCr-SiN thin films [J]. IEEE Tran. Magn., 2003, 39: 584-589.

[60] LUO C P, LIOU S H, GAO L. Nanostructured FePt: B_2O_3 thin films with perpendicular magnetic anisotropy [J]. Appl. Phys. Lett., 2000, 77 (14): 2225-2227.

[61] BAI J, YANG Z, WEI F, et al. Nano-composite FePt-Al_2O_3 films for high-density magnetic recording [J]. J. Magn. Magn. Mater., 2003, 257 (1): 132-137.

[62] LI B H, FENG C, GAO X, et al. Magnetic properties and microstructure of FePt/BN nanocomposite films with perpendicular magnetic anisotropy [J]. Appl. Phys. Lett., 2007, 91 (15): 10.

[63] FENG C, ZHANG E, XU C C, et al. Magnetic properties and microstructure of L1-FePt/AIN perpendicular nanocomposite films [J]. J. Appl. Phys., 2011, 110 (6): 092501.

[64] OKAMOTO H, SUBRAMANIAN P R, KAC P L. Binary alloy phase diagrams [M]. 2nd ed. OH: Asm International, 1992.

[65] LEE Z Y, NUMATA T, SAKURAI Y. Sm-Co amorphous film with perpendicular anisotropy [J]. Jpn. J. Appl. Phys., 1983, 22 (9): L600-L601.

[66] 戴道文，沈能方，李佐宜. SmCo磁性薄膜的电子显微术研究 [J]. 电子显微学报，1988，7 (2): 45-48.

[67] CADIEU F J, CHEUNG T D, ALY S H, et al. Selectively thermalized sputtering for the direct synthesis of Sm-Co and Sm-Fe ferromagnetic phases [J]. J. Appl. Phys., 1982, 53 (11): 8338-8341.

[68] CADIEU F J, RANI R, QIAN X R. High coercivity SmCo based films made by pulsed laser deposition [J]. J. Appl. Phys., 1998, 3 (11): 6247-6249.

[69] SINGH A, NEU V, TAMM R. Growth of epitaxial $SmCo_5$ films on Cr/MgO (100) [J]. Appl. Phy. Lett., 2005, 87 (7): 1579.

[70] XU X H, WU H S. Statistical approach for the optimal deposition of SmCo/Cr magnetic films [J]. Physica B, 2003, 334 (1-2): 207-211.

[71] BUDDE T, GATZEN H H. Magnetic properties of an SmCo/NiFe system for magnetic microactuators [J]. J. Magn. Magn. Mater., 2004, 272: 2027-2028.

[72] LAUGHLIN D E, WONG BY. The crystallography and texture of Co-based thin film deposited on Cr underlyers [J]. IEEE Trans. Magn., 1991, 27 (6): 4713-4717.

[73] OKUMURA Y, FUJIMORI H. Magnetic properties and microstructure of sputtered SmCo/X (X = Ti, V, Cu, and Cr) thin films [J]. IEEE, 1994, 30 (6): 4038-4040.

[74] FULLERTON E E, JIANG J S, CHRISTINE R, et al. High coercivity, epitaxial Sm-Co films with uniaxial in-plane anisotropy [J]. Appl. Phys. Lett., 1997, 71: 1579-1582.

[75] SAYAMA J, MIZUTANIK, ASAHI T, et al. Thin films of $SmCo_5$ with very high perpendicular magnetic anisotropy [J]. Appl. Phys. Lett., 2004, 85: 5640-5642.

[76] LIU X Q，ZHAO H B，KUBOTA Y，et al. Polycrystalline Sm（Co，Cu）$_5$ films with perpendicular anisotropy grown on（0002）Ru（Cr）[J]. J. Phys. D：Appl. Phys.，2008，41：232003-232003-5.

[77] 百度百科. 磁带 [EB/OL]. [2024-05-05]. https：//baike. baidu. com/item/%E7%A3%81%E5%B8%A6/964004？fr=ge_ala.

[78] 百度百科. 软盘[EB/OL].[2024-05-05]. https://baike. baidu. com/item/%E8%BD%AF%E7%9B%98/963560？fr=ge_ala.

习　题

1. 磁存储技术的基本原理是什么？
2. 磁记录方式有哪些？各自有什么特点？
3. 高密度磁存储材料应具备哪些性质？
4. 为什么传统的颗粒型磁粉不适合用作高密度的数据存储？
5. 典型的磁存储器件有哪些？各自的特点是什么？
6. 决定机械硬盘容量的主要因素有哪些？哪些方法可以提高硬盘的容量？
7. 决定机械硬盘数据传输速率的主要因素有哪些？

第 5 章

磁电子材料与器件

5.1 自旋输运相关的基本现象

传统电子学所关注的是电子的电荷属性，而自旋电子学主要关注的是电子的自旋属性。自旋输运性质是自旋电子学的核心研究内容，也是磁电子材料及器件应用的基础。自旋输运所研究的是电子自旋在材料中传输、操控和转移等相关的基本现象及其物理机制。自旋输运相关的现象非常多，如各类磁电阻效应、电流诱导磁化翻转效应、自旋共振、自旋泵浦等。其中，具有代表性的现象是巨磁电阻效应和电流诱导磁化翻转效应，二者在自旋电子学发展过程中具有重要的里程碑意义。

5.1.1 自旋流

电流是电子学中最基本的概念之一，描述了电荷的输运过程。相应地，自旋流在自旋电子学中是描述自旋输运的至关重要的概念之一。早期的自旋流概念仅涉及电子自旋的传播。然而，随着自旋电子学领域的迅速发展以及相关研究的深入，人们逐渐认识到除了电子外，其他粒子或准粒子携带的自旋也能形成自旋流，如磁性绝缘体中的磁振子、超导体中自旋三重态和准粒子、量子自旋液体中的自旋子、自旋超导态等。这一认识为自旋电子学领域带来了更广阔的研究视野和新的应用可能性。以电子作为自旋的载体为例，电子的定向运动会产生电流，其产生的电流为

$$j_e = j\uparrow + j\downarrow = -e(v_\uparrow + v_\downarrow) \tag{5-1}$$

自旋流为

$$j_s = j\uparrow - j\downarrow = \frac{\hbar}{2}(v_\uparrow - v_\downarrow) \tag{5-2}$$

式中，$v_\uparrow$ 和 $v_\downarrow$ 分别为自旋向上和自旋向下电子的速度。按照自旋流概念的发展历程，可以简单划分为自旋极化电流和纯自旋流两种，如图 5-1 所示。

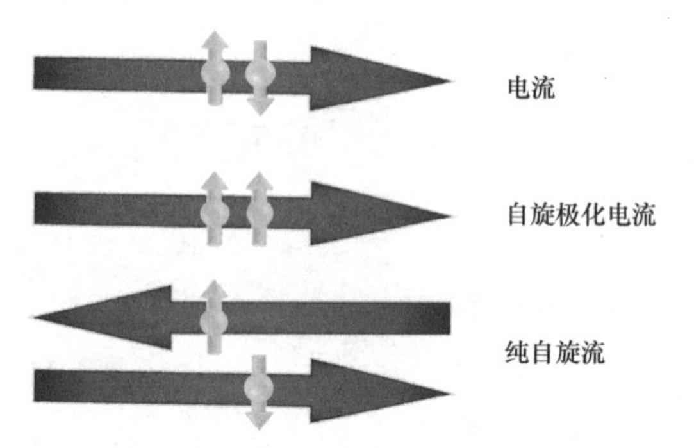

图 5-1　纯电荷电流、自旋极化电流和纯自旋流示意图

自旋极化电流指的是传导电流中携带自旋向上的电子与自旋向下的电子数目不相等产生的电流，其为带电的自旋流。根据自旋极化程

度的不同又分为部分极化的自旋流和完全极化的自旋流。纯自旋流是不带电的自旋流，主要包括两种：在导体中，纯自旋流指相反自旋的电子反向运动所产生的自旋流；在磁性绝缘体中，纯自旋流以自旋波的形式传递，完全没有电子的迁移运动。

5.1.2　自旋流的产生及探测

在研究和利用自旋流时，首先需要解决如何产生自旋流的问题。自20世纪初以来，研究人员已经提出了许多方法来产生自旋流，其中一些方法包括自旋注入、自旋泵浦、自旋轨道耦合、自旋霍尔效应、自旋塞贝克效应等。自旋注入最常见的方法之一是通过铁磁材料进行自旋注入，如传统的铁磁金属（如Fe、Co、Ni等）、半金属铁磁体（HMF）和稀磁半导体（DMS），通过欧姆接触或隧道势垒连接到非磁性金属或半导体上，将自旋极化的电子注入非磁材料中来产生自旋流。

自旋流的探测通常依赖于测量自旋极化的技术，主要基于以下两种方法：一是通过光学方法探测界面附近的自旋极化，间接探测自旋流，这是因为对于有限体系，体内自旋流在界面处中断而转化为界面的自旋累积；二是逆自旋霍尔效应可将自旋流转化为电荷流，从而通过电学测量间接探测自旋流。常见的电学探测自旋流的方法主要通过逆自旋霍尔电压测量、非局域磁电阻测量方法等进行表征。下面以非局域磁电阻为例，介绍导体中产生及探测自旋流的原理。

1. 导体中的纯自旋流

非局域自旋阀是一种用于探测自旋流的常用结构之一。非局域自旋阀也称横向自旋阀，其材料组成与局域的自旋阀结构相同，由铁磁层（F）/非磁导体（N）/铁磁层（F）三明治结构构成，如图5-2所示。在这种结构中，自旋注入（F1）端和自旋检测端在空间上被分离，消除了自旋输运的杂散效应。偏置电流 I 从F1流向N的左端，在 $x>0$ 的等电化学势区域中，净电荷电流密度为零，由于F/N界面自旋向上和向下的电化学势不相等，这个电化学势差将驱动纯的自旋流（$j\uparrow - j\downarrow$）流向F2。通过测量F2和N之间的非局域电压 V_{NL} 来检测自旋信号。非局域电阻 $R_{NL}=V_{NL}/I$ 取决于F1和F2中 M 的相对方向。

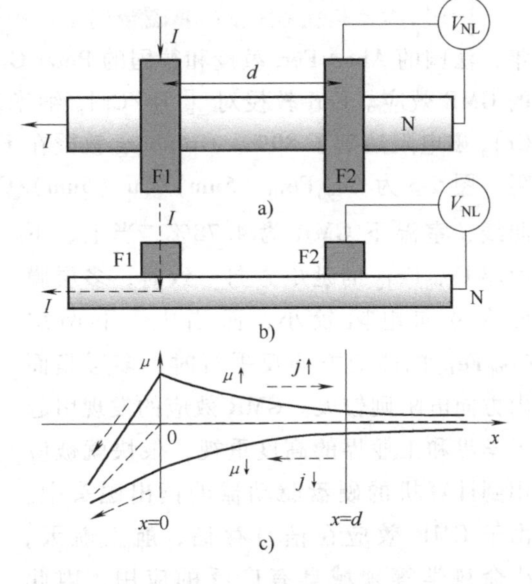

图5-2　导体中自旋注入及纯自旋流探测结构示意图
a）顶视图　b）侧视图　c）非磁导体自旋向上和自旋向下的电化学势分布示意图

2. 绝缘体中的自旋流

绝缘体中由于没有自由移动的电子，自旋的传输以自旋波的形式实现。何为自旋波？在晶体材料中，原子按周期性晶格排列。在某些原子中，壳层中的所有电子自旋相互抵消。这些材料称为电介质，它们不具有任何基本的磁矩，放置在外部磁场中时表现为抗磁性。但也有一些原子，其最外层电子的自旋未被抵消。这些原子可以想象成携带1/2自旋，因此具有偶极子磁矩。如果这些原子以晶格排列，可以将晶体想象成每个晶格点都附有一个偶极子磁矩的晶格。在顺磁体中，这些基本磁矩相对于邻近的磁矩是随机对齐的，而在铁磁体中，只要铁磁体的温度低于居里温度，它们在一个磁畴内是平行对齐的。如果将晶体置于一个足够强的外部磁场中，晶体中的所有磁矩将会平行于外部磁场。因为每个磁矩都会产生一个小的磁场，如果一个或多个磁矩发生偏转，离开它们的平衡位置，周围的磁矩会受到影响发生相应的偏转，以这种方式偶极子磁矩的波动通过晶体进行传播，形成自旋波。这些偏转的自旋不会直接回到它们的初始平衡位置，而是围绕外部磁场的方向进动。它们进动的频率是自旋波的重要特性。这种进动不会永远持续，经过一定时间后，进动的自旋会导致它们附着的原子在晶格点上振动。这种晶格中的原子振动被视为热量。通过这种方式，自旋波在一段时间后衰减成热量。

5.1.3 巨磁电阻效应

磁电阻效应是指材料对磁场的响应导致电阻的变化，它是电流磁效应的一种，即磁场对通有电流的物体引起的电效应。磁电阻的定义为

$$\mathrm{MR} \equiv \frac{\rho(H)-\rho(0)}{\rho(0)} \tag{5-3}$$

式中，$\rho(H)$ 和 $\rho(0)$ 分别为有磁场和无磁场时的电阻率。

与霍尔效应类似，磁电阻效应是一个庞大的体系，包括正常磁电阻（OMR）效应、各向异性磁电阻（AMR）效应、巨磁电阻（GMR）效应、隧道结磁电阻（TMR）效应、庞磁电阻（CMR）效应以及自旋霍尔磁电阻（SMR）效应等。巨磁电阻效应是自旋电子学发展过程中具有里程碑意义的物理效应之一。

1. 巨磁电阻效应的发现

所谓 GMR 是指在铁磁/非磁金属多层膜中，由磁场引起的多层膜电阻的巨大变化。1988年，法国的 Abert Fert 教授和德国的 Peter Grünberg 教授分别独立发现了 Fe/Cr 纳米多层膜中的 GMR 效应。Fert 教授对 $[\mathrm{Fe/Cr}]_n$ 纳米多层膜磁电阻的测量结果显示，4.2K 时 $[\mathrm{Fe/Cr}]_n$ 磁电阻达到了 80%。Grünberg 教授在 Fe/Cr/Fe 三明治结构中观察到了 1.5%室温磁电阻。图 5-3 为 $Co_{90}Fe_{10}$（5nm）/Cu（5nm）/$Co_{90}Fe_{10}$（3nm）三明治结构中测量得到的 GMR 曲线，室温下 GMR 为 4.78%。当上、下两层 $Co_{90}Fe_{10}$ 的磁矩方向一致时，多层膜面内方向电阻较小，而当上、下两层 $Co_{90}Fe_{10}$ 的磁矩方向反平行时，多层膜面内方向电阻则较大。GMR 效应的发现引起了学界和工业界的高度重视，很快就被应用到计算机的硬盘驱动器的读出磁头中。由于 GMR 效应在信息存储、航空航天、生命科学等领域具有广泛的应用，因此 2007 年诺贝尔物理学奖分别授予了 Fert 教授和 Grünberg 教授，以表彰他们在自旋电子学领域的巨大贡献。

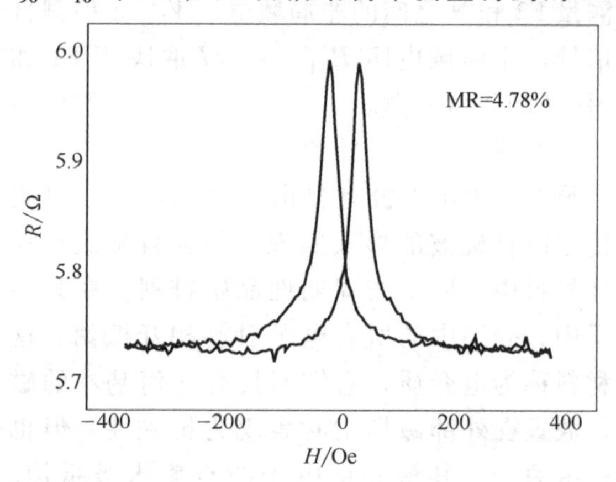

图 5-3 $Co_{90}Fe_{10}$(5nm)/Cu (5nm)/$Co_{90}Fe_{10}$(3nm) 三明治结构中电流沿薄膜平面的磁电阻曲线

2. 巨磁电阻效应的机理

GMR 效应的发现并非偶然，而是建立在人们对铁磁金属中电子的输运行为的理解和多层膜层间交换耦合的长期研究的基础之上。因此，理解巨磁电阻效应的物理机制首先要弄清楚以下两个问题。第一个问题是如何理解铁磁金属中电子的输运行为。

根据半经典的理论，非磁金属的电阻率满足

$$\rho = m^{*}/ne^{2}\tau \tag{5-4}$$

式中，m^{*}为电子的有效质量；n为费米面处电子的浓度；e为电子的电量；τ为电子散射的弛豫时间，与电子运动的平均自由程λ成正比，反映散射概率的大小，$\tau \sim \lambda \sim 1/|V|^{2}N(E_{F})$，其中，$V$为引起散射的散射势矩阵元，$N(E_{F})$为散射终态相关的费米面态密度，二者均与电子散射的概率有关。铁磁金属电阻率与非磁金属的电阻率具有相似的表达式，即

$$\rho_{\sigma} = m_{\sigma}^{*}/n_{\sigma}e^{2}\tau_{\sigma} \tag{5-5}$$

式中，$\sigma = \uparrow$或$\downarrow$，表示自旋方向。铁磁态时，电子的散射是与自旋相关的。Fert 和 Campell 提出了自旋相关的导电双通道模型概念，将铁磁金属中的导电过程分解为自旋向上、向下两个几乎相互独立的电子导电通道，相互并联。因此，总电阻率为$\rho_{T} = \rho_{\uparrow}\rho_{\downarrow}/(\rho_{\uparrow}+\rho_{\downarrow})$。

对于非磁金属或者顺磁态的铁磁金属，$\rho_{\uparrow} = \rho_{\downarrow}$，与自旋无关，$\rho_{T} = \frac{\rho_{\uparrow}}{2} = \frac{\rho_{\downarrow}}{2}$；对于铁磁金属，在铁磁态时，$\rho_{\uparrow} \neq \rho_{\downarrow}$，与自旋有关。

第二个问题是多层膜中磁性层之间是否存在交换耦合作用。Grünberg 等对 Fe/Cr 三层膜层间耦合的研究对于 GMR 的发现具有开拓性的意义。研究表明，磁性层之间既可以出现铁磁耦合（即磁性层磁矩平行排列），也可以出现反铁磁耦合（即磁性层磁矩反平行排列），交换耦合常数 J 随非磁层厚度呈现振荡变化，$J>0$ 表示铁磁耦合，$J<0$ 表示反铁磁耦合，如图 5-4 所示。

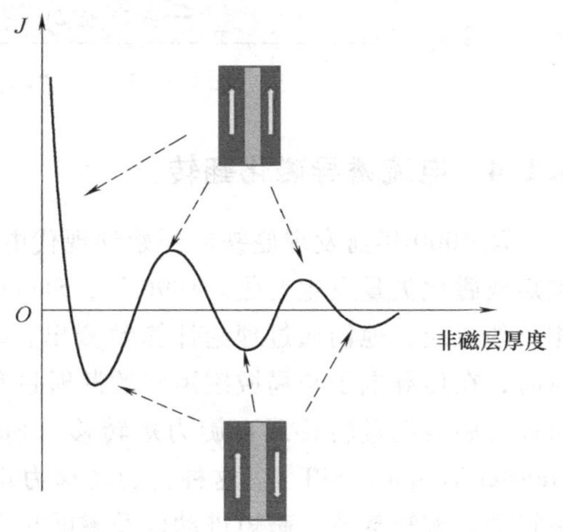

图 5-4　交换耦合随非磁层厚度变化示意图

反铁磁耦合效应的发现，是发现 GMR 效应的非常关键的一步。观察 GMR 的另外一个非常重要的条件是多层膜总厚度必须小于电子自旋的扩散长度 l_{s}。铁磁金属中 l_{s} 约为 100nm，只有当多层膜厚度小于自旋扩散长度时，自旋的方向才能保持不变。GMR 效应的出现是由于随着外加磁场的变化，使得磁性层之间的磁矩排列由反平行转变为平行排列，引起电阻率的变化所导致。磁性层磁矩平行排列时，电子在多层膜中所受到的散射较小，对应低阻态；反平行时，电子受到的散射较大，对应高阻态。多层膜处于不同的磁耦合状态时，电子所受到的散射差异可以通过其能带结构来理解。铁磁金属的磁性主要来源于局域的 3d 轨道，如图 5-5 所示，对于铁磁层磁矩反平行排列（即零磁场）的情况，左侧铁磁层自旋向下的电子比自旋向上的电子多，而右侧铁磁层中自旋向上的电子比自旋向下的电子多。当电子从左向右流动时，自旋向上的电子在左侧铁磁层受到的散射较大，对应的电阻为 R，在右侧铁磁层受到的散射小，对应的电阻为 r；自旋向下的电子在左侧铁磁层受到的散射较小，对应的电阻为 r，在右侧铁磁层受到的散射大，对应的电阻为 R。根

据双通道导电模型，反铁磁耦合多层的总电阻为 $R_0=(R+r)/2$。当施加外磁场使铁磁层磁矩平行排列时，对于自旋向上的电子，无论是在左侧铁磁层还是在右侧铁磁层，其所受到的散射都比较大，相当于两个较大的电阻 R 串联，而自旋向下的电子则受到的散射较小，相当于两个较小的电阻 r 串联。因此，铁磁层磁矩平行排列时，所对应的总电阻为 $R_H=2Rr/(R+r)$。由于 $R>r$，所以 $R_H<R_0$。

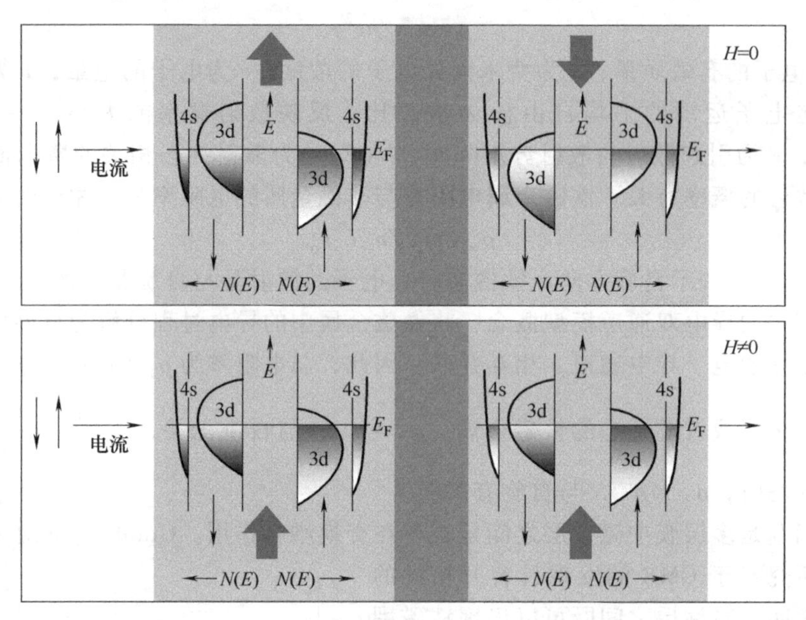

图 5-5　Fe/Cr/Fe 三明治结构中电子结构示意图

5.1.4　电流诱导磁化翻转

从 4000 年前发现磁铁矿开始到现代电磁学的建立，人们公认只有磁场才可能使物质的磁矩或磁化矢量发生变化。1996 年，Slonczewski 和 Berger 独立提出了一个与 GMR 效应完全相反的效应，他们通过理论计算预测出，当具有自旋动量矩的电子流（极化电流）通过磁体时，在传导电子与局域磁矩间的散射过程中，传导电子的自旋动量矩会转移给局域磁矩，简称自旋角动量转移或自旋力矩转移（Spin Torque Transfer，STT）或自旋转移力矩（Spin Transfer Torque，STT）。这种自旋转移力矩可直接引起纳米铁磁体的磁矩发生变化，包括磁矩转动、磁矩翻转、磁矩进动以及磁畴壁的位移。2000 年，Myers 等在 Co/Cu/Co 纳米柱中清晰地观测到 STT 效应诱导磁化反转的行为。当电流值为+1.75 mA 时，纳米柱由低电阻状态变为高电阻状态，即两 Co 层磁化方向由平行变为反平行；而当电流为-4.3 mA 时，纳米柱由高电阻状态转变为低电阻状态，即两 Co 层磁化方向由反平行变为平行。

通过电流可以诱导磁矩发生翻转的实验现象颠覆了人们以往的认知，因此在物理意义上是一个历史性的突破。事实上，电流诱导磁矩翻转的机制除了 STT 效应以外，根据自旋流产生机理的不同，研究人员还发现了另外一种电流诱导磁矩翻转的物理效应，即自旋轨道力矩效应（Spin Orbit Torque，SOT）。如图 5-6 所示，SOT 是一种重金属材料中的自旋霍尔效应，将电流转化为与之方向垂直的自旋流注入近邻的铁磁层中，使铁磁层的磁矩发生翻转。不同于 STT 中自旋极化的电流，SOT 中的自旋流是一种净电荷为零的纯自旋流。它可以利用最少的载流子传送最大的自旋角动量，因而所产生的能耗极小。随着自旋电子学的快速发展，电流诱导磁矩翻转除了 STT 和 SOT 效应外，一些全新物理效应被相继证实，如轨道转移力矩效应。

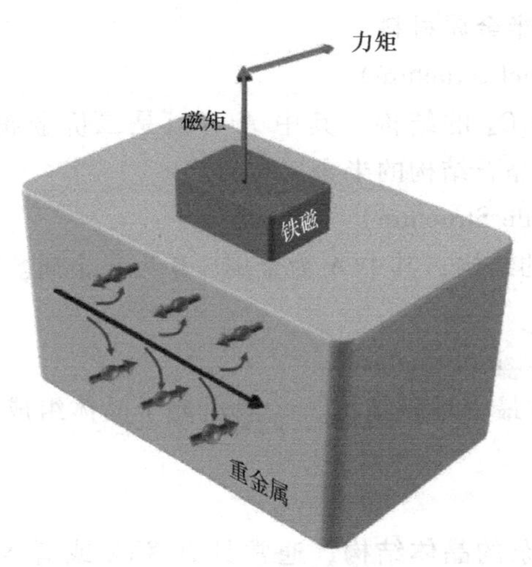

图 5-6　自旋轨道力矩效应示意图

5.2　高自旋极化率材料及其应用

高自旋极化利率材料是一类非常重要的磁电子材料，也是自旋电子器件中重要的组成部分。通过调控这些材料的结构和组成，可以实现更高的自旋极化率，从而大幅度提高器件的性能和稳定性。

5.2.1　自旋极化率

所谓自旋极化率（P）是指自旋向上、向下电子数之差与自旋向上、向下电子数之和的比值，即 $P=[N_{\uparrow}(E_F)-N_{\downarrow}(E_F)]/[N_{\uparrow}(E_F)+N_{\downarrow}(E_F)]$。传统的磁性金属材料其自旋极化率普遍较低。其中纯金属中，Fe 的自旋极化率最高为 45%；合金中 CoFeB 的自旋极化率最高为 60%。荷兰 Nijmegen 大学的 de Groot 等于 1983 年提出了半金属的概念，首次描述了这类材料的电子结构，如图 5-7 所示。该材料费米能级上只有一个自旋方向的电子占据，因此具有理论上 100%的自旋极化率。半金属概念的提出为后续高自旋极化率材料的发展奠定了重要基础。

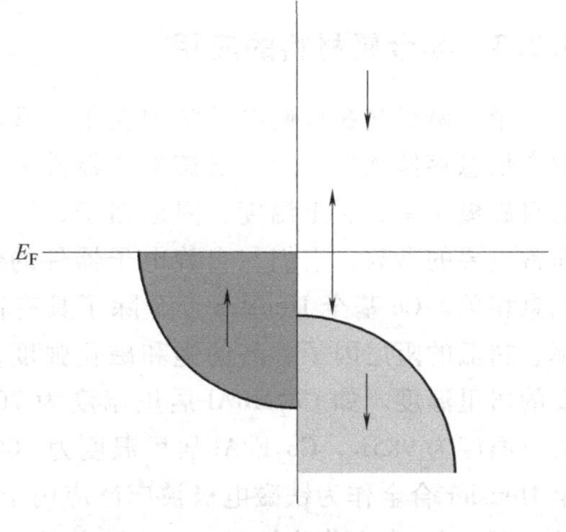

图 5-7　半金属材料的电子结构示意图

5.2.2　半金属材料的分类

半金属材料理论上具有 100%的自旋极化率，根据材料结构的不同，半金属材料分为以下几类。

(1) 钙钛矿结构 (Perovskite Structure)

钙钛矿结构具有 ABO_3 的结构，其中 A 和 B 为金属离子，O 为氧离子。如 (La, Sr) MnO_3 是一种钙钛矿结构的半金属材料。

(2) 尖晶石结构 (Spinel Structure)

尖晶石结构是一种 AB_2O_4 的结构，其中 A 可以是二价金属，B 可以是三价金属。如 Fe_3O_4（磁铁矿）是一种尖晶石结构的半金属材料。

(3) 金红石结构 (Rutile Structure)

金红石结构具有 AB_2 的结构，其中 A 为金属，B 为半金属。如 CrO_2 是一种金红石结构的半金属材料。

(4) 闪锌矿结构 (Wurtzite Structure)

闪锌矿结构是一种六方最密堆积结构，一般由离子晶体组成。如 CrAs 是一种闪锌矿结构的半金属材料。

(5) Heusler 结构

Heusler 结构是一种复杂的晶体结构，通常具有 XYZ 或者 X_2YZ 的化学式，其中 X 和 Y 为金属，Z 可为非金属或半金属。如 NiMnSb 和 Co_2FeAl 都是 Heusler 结构的半金属材料。

目前，半金属材料中研究最多的是 Heusler 合金，特别是全 Heusler 合金。全 Heusler 合金的化学组成为 X_2YZ，其中 X 多为 Cu、Ag、Au 等贵金属或 Fe、Co、Ni、Pd、Pt 等过渡族元素；Y 为 Mn、Fe、Ti 等另一种过渡金属或者稀土金属；Z 为 In、Ga、Al、Sn、Sb、Si 等 s-p 元素原子。理想的全 Heusler 合金一般为立方 $L2_1$ 结构，空间群为 Fm3m。X、Y 和 Z 元素分别占据着 (0,0,0) 和 (1/2,1/2,1/2) 位置、(1/4,1/4,1/4) 位置和 (3/4,3/4,3/4) 位置，如图 5-8 所示。事实上，由于 X、Y、Z 元素总是或多或少地存在混合占位，全 Heusler 合金并不总是严格的 $L2_1$ 结构，经常会伴随着其他的晶体结构一起出现，如 B2 结构（部分 Y 和 Z 元素之间相互替代），A2 结构（X、Y 和 Z 元素之间相互替代）。

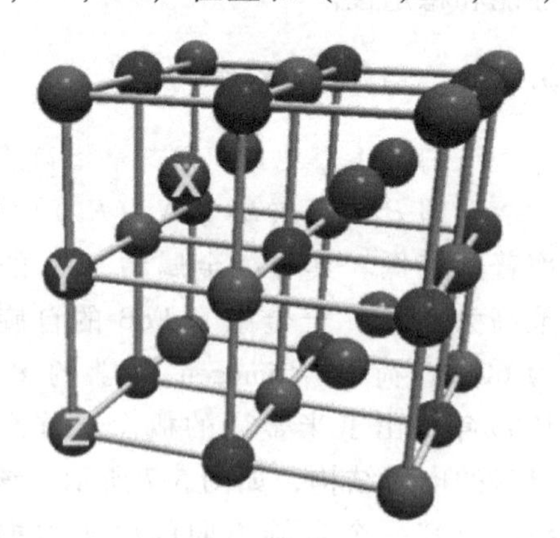

$L2_1$: X_2YZ

图 5-8 理想的全 Heusler 合金的晶体结构

5.2.3 半金属材料的应用

半金属材料在自旋电子学中应用非常广泛，主要集中在信息存储领域。对于自旋电子器件来说，铁磁材料的自旋极化率、居里温度、阻尼因子、饱和磁化强度是非常重要的参数，它们与自旋电子器件的性能、寿命等息息相关。Co 基全 Heusler 合金除了具有高的自旋极化率、超低的阻尼因子、高的饱和磁化强度，还具有非常高的居里温度。如 Co_2MnAl 居里温度为 700K，Co_2MnSi 居里温度为 985K，Co_2FeAl 居里温度为 1000K，Co_2FeSi 居里温度达到 1100K。因此，Co 基全 Heusler 合金作为铁磁电极被广泛应用于自旋阀和隧道结器件的研究中。下面主要介绍 Co 基全 Heusler 合金作为铁磁电极在自旋注入、GMR、隧穿磁电阻效应中的应用。

1. 自旋注入

实现从铁磁材料到半导体或非磁性金属的自旋注入是自旋场效应晶体管等自旋电子学器件非常关键一步。因此，筛选合适的铁磁材料对于实现高效的自旋注入至关重要。半金属 Heusler 合金具有理论上 100%的自旋极化率，与主要半导体的晶格匹配良好，并且具有高的居里温度，因此被认为是最佳选择之一。实验已经证实在 $Co_{2.4}Mn_{1.6}Ga$/InGaAs 量子阱结构中观察到了自旋注入的现象。尽管实验测得的 $Co_{2.4}Mn_{1.6}Ga$ 自旋极化率约为 50%，但注入的电子自旋极化率在 5K 时却只有 13%，比 Fe/InAs 量子阱结构的自旋极化率要小。理论研究表明，制备具有相关能带匹配的 Heusler 合金/半导体界面对于实现高效的自旋注入至关重要。此外，研究表明在 $Co_2FeSi/Cu/Co_2FeSi$ 非局域自旋阀结构中，其自旋注入效率达到了 27%，比传统的 NiFe/Cu/NiFe 非局域自旋阀自旋注入效率提高了 10 倍。

2. 自旋阀 GMR 器件

2006 年，Yakushiji 等首次在外延生长的 $Co_2MnSi/Cr/Co_2MnSi$ 自旋阀中观察到了 GMR 效应，室温下其 ΔRA 为 $19m\Omega \cdot \mu m^2$，是传统自旋阀 CoFe/Cu/CoFe（$<2m\Omega \cdot \mu m^2$）的 10 倍，表明高质量的 Co 基全 Heusler 合金电极在硬盘读出磁头方面有很广阔的应用前景。但是，其最大的 CPP（Current Perpendicular Plane)-GMR 值仅为 2.4%。2008 年，Furubayashi 采用 Ag 作为中间层，在 $Co_2FeAl_{0.5}Si_{0.5}/Ag/Co_2FeAl_{0.5}Si_{0.5}$ 自旋阀中得到了 6.9%的 CPP-GMR 值。随后，通过改进工艺，将这一比值提高到了 34%。2010 年，Sakuraba 等在 $Co_2MnSi/Ag/Co_2MnSi$ 自旋阀中观察到了比 $Co_2MnSi/Cr/Co_2MnSi$ 自旋阀中更大的 CPP-GMR 值，约为 36.4%。近些年，通过不断地优化全 Heusler 合金的成分配比，大量的四元的全 Heusler 合金被应用到自旋阀结构中。具有 $L2_1$ 有序结构序的 $Co_2Fe_{0.4}Mn_{0.6}Si/Ag/Co_2Fe_{0.4}Mn_{0.6}Si$ 自旋阀表现出进一步增加的 CPP-GMR 值，达到了 74.8%，RA 为（67.6～369.2)$\times10^{-3}\Omega \cdot \mu m^2$。Jung 等通过在 $Co_2Fe(Ga_{0.5}Ge_{0.5})/Ag$ 界面引入 NiAl 插层，$Co_2Fe(Ga_{0.5}Ge_{0.5})/NiAl/Ag/NiAl/Co_2Fe(Ga_{0.5}Ge_{0.5})$ 自旋阀器件的室温 CPP-GMR 值可以达到 82%，RA 为 $4\times10^{-2}\Omega \cdot \mu m^2$。这是迄今为止报道的最大的 GMR 值，表明通过控制界面的质量，可以进一步改善自旋阀的 GMR 性能。

3. 隧道结器件

2003 年，Inomata 教授第一次采用半金属 Heuler 合金 $Co_2Cr_{0.6}Fe_{0.4}Al$ 作为铁磁电极，报道了室温下结构为 $Co_2Cr_{0.6}Fe_{0.4}Al$(100nm) /AlO_x（1.8nm)/CoFe（3nm）的隧道结磁电阻（TMR）为 16%。之后，以 Co 基全 Heusler 合金为电极，AlO_x 作为绝缘层的隧道结的实验研究被大量的报道。2009 年，王文洪等在 $Co_2FeAl/MgO/Co_{75}Fe_{25}$ 隧道结中观察得到了室温下 330%的 TMR 值。同年，Tezuka 等通过分子束外延制备了高质量的 $Co_2FeAl_{0.5}Si_{0.5}/MgO/Co_2FeAl_{0.5}Si_{0.5}/Co_{50}Fe_{50}$ 隧道结，并得到了室温下 386%的 TMR 值。2016 年，刘洪喜等采用四元全 Heulser 合金 $Co_2Mn_{0.73}Fe_{0.27}Si$ 作为电极，在 $Co_2Mn_{0.73}Fe_{0.27}Si/MgO/Co_2Mn_{0.73}Fe_{0.27}Si$ 隧道结中得到了室温下 429%的 TMR 值。这是迄今为止报道的全 Heulser 合金磁隧道结中最大的 TMR 值。

5.3 磁电子器件

磁电子器件是利用磁电子材料自旋相关的输运特性而设计的新型电子器件，其在信息技术、医疗诊断、导航定位等领域具有广泛的应用，对于现代科技的发展起着重要作用。磁电子器件包括磁随机存储器、赛道存储器、自旋场效应晶体管、磁电阻传感器等。

5.3.1 磁随机存储器

磁随机存储器（MRAM）是一种以磁电阻性质来存储数据的非易失性随机存储器。它拥有静态随机存储器（SRAM）的高速读取写入能力，以及动态随机存储器（DRAM）的高集成度，可以无限次地重复写入。MRAM 由一系列存储单元阵列组成，每个存储单元的存储状态都可以通过与之相连的导线独立控制。早期的 MRAM 是基于各向异性磁电阻效应设计的，其存储单元为 Co-NiFe 的合金薄膜。GMR 效应被发现之后，很快被应用到 MRAM 中。但是基于 AMR 和 GMR 设计的 MRAM 信息写入能量较高、集成度受限且稳定性不高，因此并不适用。隧道结磁电阻效应的出现，使得 MRAM 很快走向实用化。目前，基于 TMR 效应的 MRAM 已经发展到了第三代。其采用的是一种集成了 NMOS 管（PN 结二极管）和 MTJ 单元的结构。如图 5-9 所示，NMOS 管的栅极连接到存储阵列的字线（WL），源（漏）极通过源极线（SL）与 MTJ 的固定层相连。而连接到 MTJ 自由层上的连线是存储阵列的位线（BL）。在位线和源极线之间施加不同的电压，可以产生流过磁隧道结的写入电流（I_{write}）。I_{write} 可改变磁隧道结自由层的磁化方向，进而使隧道结电阻发生变化，完成“0”和“1”的存储。第一代 MRAM 通过外磁场实现自由层中磁矩的翻转，因此称为磁场驱动型 MRAM。第二代 MRAM 则是通过通入垂直于隧道结的电流使得磁矩发生翻转，称为自旋转移矩 MRAM（STT-MRAM）。第三代 MRAM 技术则分为两种：一种是通过在重金属层中通入面内电流，利用自旋霍尔效应自由层的磁矩发生翻转，称为自旋轨道矩 MRAM（SOT-MRAM）；另一种是在 SOT-MRAM 基础上通过施加电压改变磁各向异性来辅助磁矩翻转，称为压控磁各向异性 MRAM（VCMA-SOT-MRAM）。

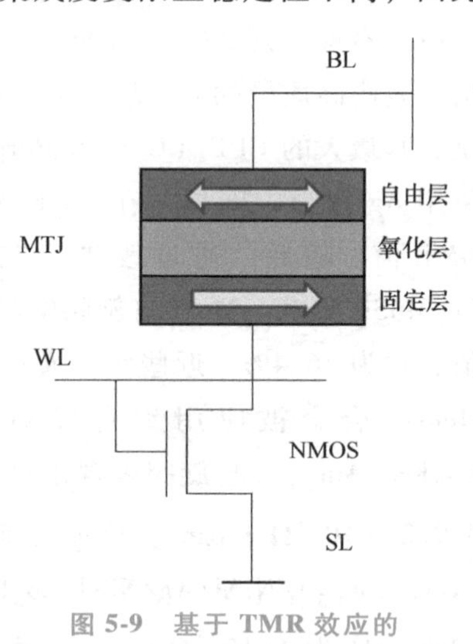

图 5-9 基于 TMR 效应的 MRAM 结构单元

STT-MRAM 和 SOT-MRAM 之间的主要区别在于写入所用的电流注入的几何结构不同。STT-MRAM 属于双端子器件，在存储器阵列中，每个 MTJ 单元仅需要一个晶体管，用于读取或写入的存储元件。而具有独立读写入路径的 SOT-MRAM 则是一种三端子器件。在这种情况下，每个存储元件需要两个存取晶体管：一个用于读操作，另一个用于写操作。因此，独立的读写路径为可靠性提供了额外的好处，但需要额外的存取晶体管。与 SOT-MRAM 相比，VCMA-SOT-MRAM 的优点在于写入操作需要较小的电流，此外可以在共享的 SOT 轨道材料上实现多个 MTJ 柱，共享 SOT 轨道只需要一个存取晶体管就能完成写入操作，因此总体上位元会更紧凑。

5.3.2 赛道存储器

2002 年，IBM 公司的 Stuart Parkin 博士及其同事共同研发了基于磁畴壁移动的赛道存储器（Racetrack Memory）技术，这种技术使得电子设备在同样的存储空间可存储更多的数据，容量是传统硬盘的 100 倍。同时，赛道存储器拥有闪存的高性能和可靠性，由于没有运动部件因此更加耐用，成本和能耗也非常低。

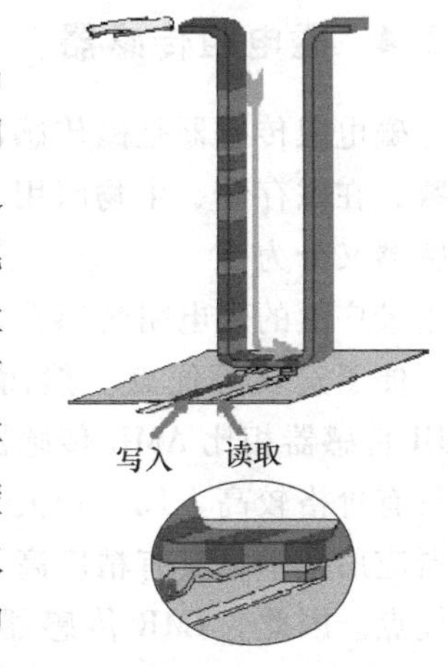

图 5-10 垂直配置的磁性赛道存储器在赛道中用磁隧道结（MTJ）器件读取数据

如图 5-10 所示，磁性纳米线（赛道）垂直或平行排列在晶圆的表面，红色和蓝色表示不同磁化方向的磁畴，每个畴都拥有一个“头”（正或北极）和一个“尾”（负或南极）。磁畴之间形成的边界是磁畴壁。赛道上连续磁畴壁“头对头”和“尾对尾”交替出现。磁畴壁之间的间距（即位长）由沿赛道设置的固定位进行控制。正如电荷在闪存单元中表示位元一样，两个磁畴壁之间的间隙磁畴表示赛道存储器的数据位元，用来存储数据信息。当写入磁头中的磁畴壁移动到赛道位置时，畴壁产生的局域漏磁场将信息写入赛道的目标数据位。数据的读取可以通过位于晶圆面的隧道结读出磁头获取。为了实现信息的连续写入并读取，对赛道施加脉冲电流，将赛道的目标数据位不断地驱动到指定的写入头和读出头位置，同时不影响其他已经写入的数据位。目前这种存储器还处于研发阶段，预计不远的将来可以推向市场。赛道存储器体现了金属自旋电子学领域的最新进展，同时它意味着信息存储的容量将突破摩尔定律，并为开发成本更低、速度更快的存储设备提供了新的可能性。

5.3.3 自旋场效应晶体管

自旋场效应晶体管（Spin Field Effect Transistor，Spin-FET）通过控制自旋实现晶体管的开和关，如图 5-11 所示。与传统的晶体管不同，Spin-FET 由两个铁磁电极（源极和漏极）组成，它们夹在半导体区域之间。铁磁电极含有大部分自旋极化的电子，并且起着极化器和分析器的作用。铁磁源接触将自旋极化电子注入半导体区域。由于非零自旋轨道的相互作用，电子在通道中传播时会自旋进动。在漏极接触处，只有自旋与漏极磁化方向对齐的电子才能轻松离开通道并对电流做出最大贡献。因此，器件的总电流取决于漏极接触的磁化方向

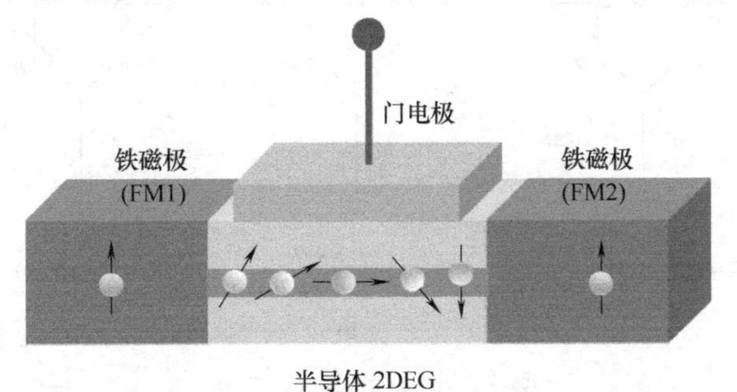

图 5-11 自旋场效应晶体管

与半导体通道末端的电子自旋极化之间的相对角度。通过调节半导体区域中的自旋轨道相互作用的强度（自旋进动的程度），实现电流的调制。重要的是，通道中的自旋轨道相互作用强度取决于有效电场，并且可以通过施加到栅极的电压来控制。

这种利用自旋属性的FET结构，具有速度快、能耗低的特点，有望在未来的电子学和信息技术中发挥重要作用。

5.3.4　磁电阻传感器

磁电阻传感器是磁传感器的一种，用于测量磁场强度，以获取电流、位置、方向等物理参数，在磁存储、生物医用、汽车电子领域应用广泛。根据磁电阻效应的不同原理，磁电阻传感器又分为AMR传感器、GMR传感器、TMR传感器三种技术类型。AMR传感器是目前应用最广泛的磁电阻传感器之一，已经大规模生产。它具有可靠性高、抗干扰能力强、尺寸小、便于安装等优点。然而，AMR传感器在检测磁场动态方面的范围较窄且精度不高。GMR传感器相比AMR传感器具有更高的灵敏度和更广的测量范围。然而，由于GMR传感器具有价格较高、尺寸较大等缺点，目前尚未大范围推广使用。TMR传感器是第四代磁传感器应用技术，具有精度高、灵敏度高、功耗低、尺寸小、温度稳定性好、工作温度范围宽等优点。因此，TMR传感器被认为是一种极具潜力的磁传感器技术，可能会在未来取代AMR传感器和GMR传感器。

为了减少磁电阻传感器的滞后效应并提高输出线性度，惠斯通电桥电路在磁电阻传感器设计中发挥了重要作用。如图5-12所示，惠斯通电桥配置有几种常见的变体，包括特殊元件、半电桥和全电桥。特殊元件电桥配置中，一端的未知电阻器直接连接到电源电压，而另一端则连接到地，产生一个单端输入。半电桥配置中，两个未知电阻器中的一个连接到电源电压，另一个连接到地，产生一个单端输出。而在全电桥配置中，两个未知电阻器分别连接到电源电压和地，产生一个差分输出，这样可以提高测量的灵敏度和稳定性。以全桥GMR传感器为例，其结构由四个GMR电阻器单元组成，如图5-13所示。两个电阻器受到磁场的保护，另外两个活动电阻器位于两个磁场集中器之间。通过改变两个磁场集中器之间的长度和距离，可以改变GMR传感器的灵敏度。

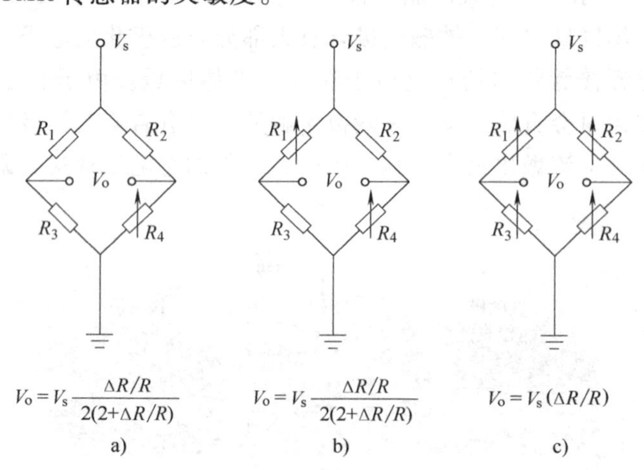

图5-12　惠斯通电桥配置

a）特殊元件　b）半电桥　c）全电桥

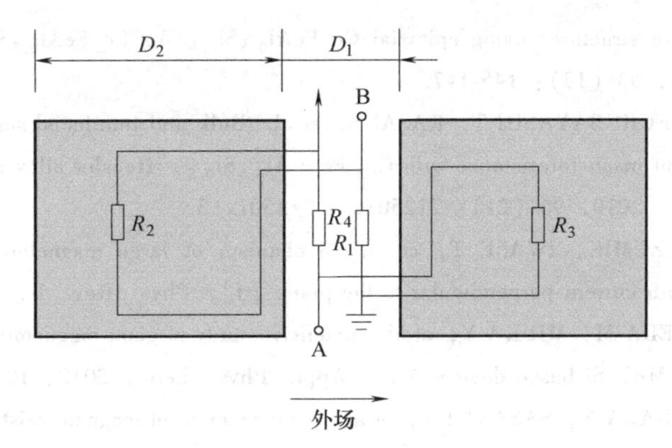

图 5-13　全桥 GMR 传感器示意图

参考文献

[1] 焦正宽，曹光旱. 磁电子学 [M]. 杭州：浙江大学出版社，2005.

[2] BAIBICH M N, BROTO J M, FERT A, et al. Giant magnetoresistance of (001) Fe/(001) Cr magnetic superlattices [J]. Phys. Rev. Lett., 1988, 61: 2472-2475.

[3] BINASCH G, GRÜNBERG P, SAURENBACH F, et al. Enhanced magnetoresistance in layered magnetic structures with antiferromagnetic interlayer exchange [J]. Phys. Rev. B., 1989, 39 (7): 4828-4830.

[4] FERT A, CAMPBELL I. Two-current conduction in Nickel [J]. Phys. Rev. Lett., 1968, 21 (16): 1190-1192.

[5] GRUNBERG P, SCHREIBER R, PANG Y, et al. Layered magnetic structures: evidence for antiferromagnetic coupling of Fe layers across Cr interlayers [J]. Phys. Rev. Lett., 1987, 61 (8): 3750-3752.

[6] SLONCZEWSKI J C. Current-driven excitation of magnetic multilayers [J]. J. Magn. Magn. Mater., 1996, 159 (1-2): L1-L7.

[7] BERGER L. Emission of spin waves by a magnetic multilayer traversed by a current [J]. Phys. Rev. B: Condens. Matter Mater. Phys., 1996, 54 (13): 9353-9358.

[8] MYERS E B, RALPH D C, KATINE J A, et al. Current-induced switching of domains in magnetic multilayer devices [J]. Science, 1999, 285 (5429): 867-870.

[9] LIU L, PAI C F, LI Y, et al. Spin-torque switching with the giant spin Hall effect of tantalum [J]. Science, 2012, 336 (6081): 555-558.

[10] LEE D, GO D, PARK H J, et al. Orbital torque in magnetic bilayers [J]. Nat. Commun., 2021, 12 (1): 6710.

[11] DE GROOT R A, MULLER F M, VAN ENGEN P G, et al. New class of materials: half-metallic ferromagnets [J]. Phys. Rev. Lett. 1983, 50. DOI: 10.1103/PhysRevLett.50.2024.

[12] HICKEY M C, DAMSGAARD C D, FARRER I, et al. Spin injection between epitaxial $Co_{2.4}Mn_{1.6}Ga$ and an InGaAs quantum well [J]. Appl. Phys. Lett., 2005, 86 (25): 056601.

[13] KIMURA T, HASHIMOTO N, YAMADA S, et al. Room-temperature generation of giant pure spin currents using epitaxial Co_2FeSi spin injectors [J]. Npg Asia Mater., 2012, 4 (3): eq.

[14] YAKUSHIJIK, SAITOK, MITANI S, et al. Current-perpendicular-to-plane magnetoresistance in epitaxial $Co_2MnSi/Cr/Co_2MnSi$ trilayers [J]. Appl. Phys. Lett., 2006, 88 (22): 144413.

[15] FURUBAYASHI T, KODAMAK, SUKEGAWA H, et al. Current-perpendicular-to-plane giant magnetore-

sistance in spin-valve structures using epitaxial $Co_2FeAl_{0.5}Si_{0.5}/Ag/Co_2FeAl_{0.5}Si_{0.5}$ trilayers [J]. Appl. Phys. Lett., 2008, 93 (12): 145-147.

[16] NAKATANI T M, FURUBAYASHI T, KASAI S, et al. Bulk and interfacial scatterings in current-perpendicular-to-plane giant magnetoresistance with Co_2 Fe ($Al_{0.5}Si_{0.5}$) Heusler alloy layers and Ag spacer [J]. Appl. Phys. Lett., 2010, 96 (21): 212501. 1-212501. 3.

[17] SAKURABA Y, IZUMIK, IWASE T, et al. Mechanism of large magnetoresistance in $Co_2MnSi/Ag/Co_2MnSi$ devices with current perpendicular to the plane [J]. Phys. Rev. B, 2010, 82 (9): 094444.

[18] SAKURABA Y, UEDA M, MIURA Y, et al. Extensive study of giant magnetoresistance properties in half-metallic Co_2 (Fe, Mn) Si-based devices [J]. Appl. Phys. Lett., 2012, 101 (25): 2442-R.

[19] JUNG J W, SAKURABA Y, SASAKI T T, et al. Enhancement of magnetoresistance by inserting thin NiAl layers at the interfaces in $Co_2FeGa_{0.5}Ge_{0.5}/Ag/Co_2FeGa_{0.5}Ge_{0.5}$ current-perpendicular-to-plane pseudo spin valves [J]. Appl. Phys. Lett., 2016, 108 (10): 1385.

[20] INOMATAK, OKAMURA S, GOTO R, et al. Large tunneling magnetoresistance at room temperature using a Heusler alloy with the B2 structure [J]. Jpn. J. Appl. Phys., 2003, 42 (4B): L419-L422.

[21] WANG W, SUKEGAWA H, SHAN R, et al. Giant tunneling magnetoresistance up to 330% at room temperature in sputter deposited $Co_2FeAl/MgO/CoFe$ magnetic tunnel junctions [J]. Appl. Phys. Lett., 2009, DOI: 10. 1063/1. 3258069.

[22] TEZUKA N, IKEDA N, MITSUHASHI F, et al. Improved tunnel magnetoresistance of magnetic tunnel junctions with Heusler $Co_2FeAl_{0.5}Si_{0.5}$ electrodes fabricated by molecular beam epitaxy [J]. Appl. Phys. Lett., 2009, 94 (16): L231.

[23] LIU H, KAWAMI T, MOGESK, et al. Influence of film composition in quaternary Heusler alloy Co_2 (Mn, Fe) Si thin films on tunnelling magnetoresistance of Co_2 (Mn, Fe) Si/MgO-based magnetic tunnel junctions [J]. J Phys D Appl Phys, 2015. DOI: 10. 1088/0022-3727/48/16/164001.

习　题

1. 什么是自旋流？举例说明产生自旋流的方法。
2. 什么是巨磁电阻效应？巨磁电阻效应的物理机制是什么？
3. 自旋转移力矩效应的物理机制是什么？自旋转移力矩效应有哪些应用？举例说明。
4. 自旋极化率的定义是什么？从电子结构出发解释什么是半金属材料？举例说明半金属材料的分类。
5. 磁电子器件与传统电子器件有什么不同？举例说明一两种磁电子器件的工作原理。

第 6 章

磁性纳米颗粒材料

纳米（nm）是空间上的量度单位，$1nm = 10^{-9}m$，相当于头发丝直径的十万分之一。纳米材料是指颗粒的直径或者在三维空间至少一个维度上处于 1~100nm 的尺度范围之内，相当于 10~1000 个原子紧密并排在一起的长度。在单颗纳米颗粒内一般含有 $10^2 \sim 10^7$ 个原子，由于纳米颗粒的尺寸已经接近电子的相干长度，也接近光的波长，再加上纳米材料具有较大的比表面积，因此纳米材料所表现出的磁学、光学、电学、热学等特性往往不同于该材料在块体状态下所表现的性质。磁性纳米颗粒材料正是由于具有与常规块材磁体截然不同的磁学特性，因此在磁记录、磁共振成像、磁热治疗、磁性分离等诸多领域都具有良好的实际应用。

6.1 磁性纳米颗粒的基本原理及分类

大多数元素的原子都具有未成对电子，根据洪德定则大多数原子都应该具有磁矩，然而实际上只有很少的常规块体材料能显示出磁性。磁性纳米颗粒的尺寸介于原子和块体之间，因此为研究磁性从原子到块体的演变规律提供了机会。经过将近半个世纪的探索，研究人员不但已经拓宽了磁性纳米颗粒的种类，而且在纳米磁学的理论研究方面也取得了显著的进步。

6.1.1 磁性纳米颗粒的基本原理

1. 超顺磁性

按照磁性纳米颗粒的固有磁偶极在外磁场中的响应情况以及净磁化强度，磁性纳米颗粒材料可以分为抗磁性、顺磁性、铁磁性、亚铁磁性以及反铁磁性五种类型。如图 6-1a 所示，抗磁性纳米颗粒在无外磁场时没有磁偶极，但在放入外磁场后则会受到外磁场的强烈排斥而产生与外磁场方向相反的磁偶极。顺磁性纳米颗粒在无外磁场时就有磁偶极，只不过它们的排列状态杂乱无章，在放入外磁场后则会顺着磁场方向排列。而铁磁性纳米颗粒与顺磁性纳米颗粒的不同之处在于它们在无外磁场时也有净磁偶极矩。反铁磁性和亚铁磁性纳米颗粒材料内部原子水平上的磁偶极与铁磁性材料有一些类似，不同之处是它们在邻位上还存在着一些不平行于外磁场取向的磁偶极矩，因而导致其磁偶极矩被有效抵消或者减小。由于在使用磁性纳米颗粒时基本上是要建立其对外磁场的最佳响应，因此磁性纳米颗粒的相关研究大多数集中于铁磁性和亚铁磁性纳米颗粒，除此之外还有一种特殊的磁性——超顺磁性纳米颗粒。磁性纳米颗粒典型的磁滞回线特征如图 6-1b 所示。

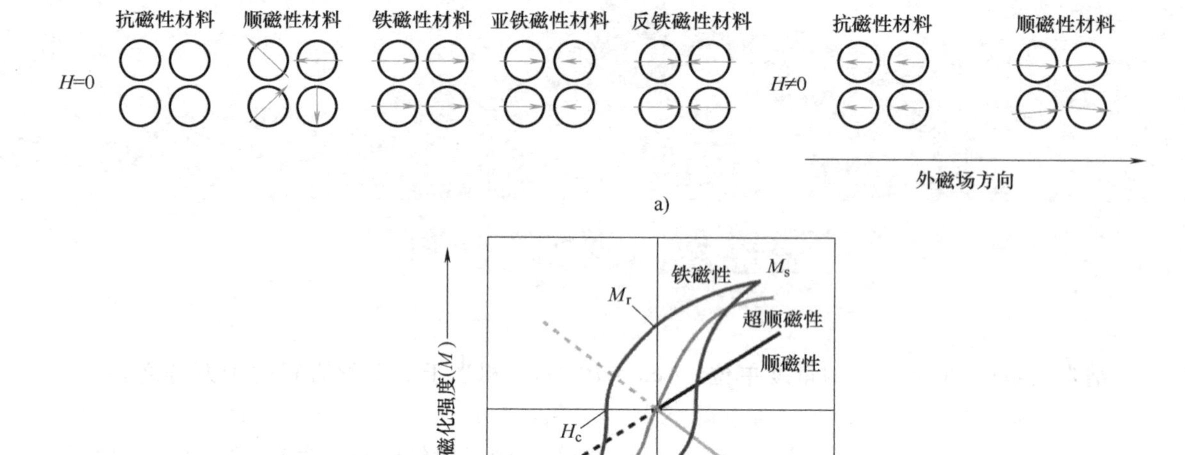

图 6-1　磁性纳米颗粒材料的性能

a）不同类型的磁性纳米颗粒磁偶极取向　b）典型的磁滞回线特征

超顺磁性是指将铁磁性材料的颗粒尺寸减小到一定程度时，其磁晶各向异性能小于或等于热涨落能，热扰动导致纳米颗粒的磁矩快速随机翻转所呈现的磁学特性。如图 6-2a 所示，超顺磁性纳米颗粒没有剩磁，也就是说在无外磁场时它们的净磁偶极矩为零，这一点与顺磁性纳米颗粒类似。但是它们与顺磁性材料却是截然不同的，它们的磁偶极在置于外磁场后能顺着磁场方向迅速磁化并达到磁化饱和状态。

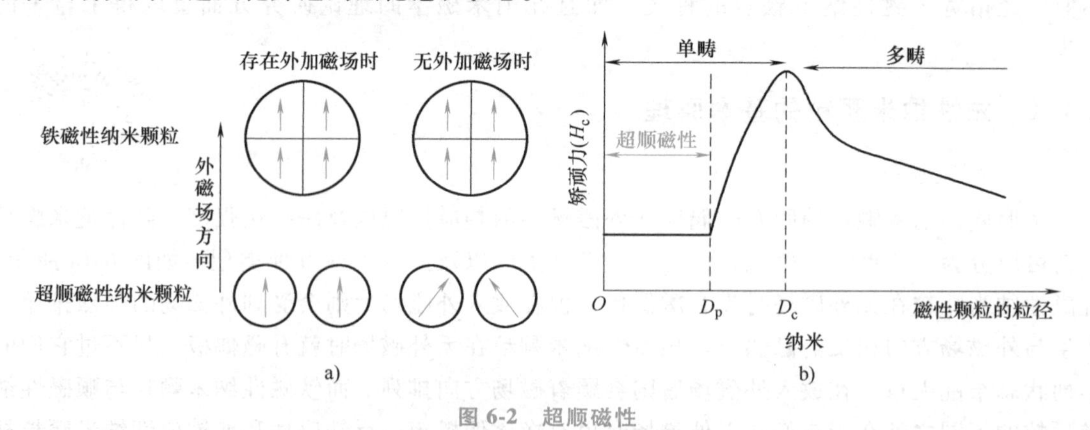

图 6-2　超顺磁性

a）铁磁性和超顺磁性纳米颗粒在外磁场下的磁学特性　b）铁磁性纳米颗粒的矫顽力与颗粒尺寸的关系

超顺磁性的出现充分体现了纳米材料的尺寸效应。根据磁学原理，磁能包括交换能、各向异性能和静磁能三种形式。当增加颗粒磁体的尺寸时，磁畴的数量随之增加，由于产生了更多的畴壁使交换能和各向异性能增加，静磁能减小。如图 6-2b 所示，矫顽力与尺寸密切相关，当颗粒的尺寸小于超顺磁临界尺寸 D_p 时呈超顺磁性，纳米颗粒的磁矩变得不稳定，其矫顽力 H_c 变为0。当颗粒尺寸介于超顺磁尺寸 D_p 和单畴临界尺寸 D_c 之间时呈铁磁性，磁矩稳定并且 H_c 随着颗粒尺寸的增加而增加。当颗粒尺寸大于单畴临界尺寸 D_c 时则进入多畴区域，H_c 随着尺寸的增加而减小。球形的单畴颗粒直径 D_c 以及超顺磁尺寸 D_p 估算公式为

$$D_c \approx \frac{36\sqrt{AK}}{\mu_0 M_S^2} \tag{6-1}$$

$$D_p = \sqrt[3]{\frac{6k_B T_B}{K}} \tag{6-2}$$

式中，A 为交换常数；K 为有效各向异性常数；μ_0 为真空磁导率；M_S 为饱和磁化强度；k_B 玻尔兹曼常数；T_B 阻塞温度。表6-1列出了常见超顺磁性纳米颗粒的性质参数。

表6-1　常见超顺磁性纳米颗粒的性质参数

成分	晶体结构	直径/nm	M_S/(A/m)(块体)	K/(J/m^3)	T_C 或 T_N/K(块体)
Fe	BCC	3.0~9.3	1.7×10^6(0K)	~1×10^6	1043(T_C)
ε~Co	FCC	3.5-17	1.4×10^6(0K)	~1.5×10^5	
Co	HCP	2.0~12	1.4×10^6(0K)	4.5×10^5	1394(T_C)
Ni	FCC	5.0~13	5.1×10^5(0K)	~8×10^4	631(T_C)
FePt	FCC,FCT	3.0~17	1.1×10^6(0K)	$(6\sim10)\times10^6$	750(T_C)
CoPt	FCC,FCT	7.0	0.8×10^6(0K)	4.9×10^6	840(T_C)
γ-Fe_2O_3	FCC	3.0~25	$(4.5\sim4.9)\times10^5$(300K)	~3.5×10^4	848(T_C)
Fe_3O_4	FCC	8.0~30	$(4.8\sim5.2)\times10^5$(300K)	~1×10^5	858(T_C)
CoO	FCC	8.0	1.4×10^6(0K)	~5×10^5	291(T_N)
$CoFe_2O_4$	FCC	2.0~12	4.8×10^5(0K)	~1×10^6	793(T_C)

超顺磁性对磁性应用具有很大的影响。在磁记录领域，减小铁磁性纳米颗粒的尺寸可以增加磁记录的面密度，但减小到一定程度时却由铁磁性转变为超顺磁性，因此超顺磁性成为阻止记录面密度进一步增加的技术极限。但是，超顺磁性纳米颗粒在生物医用领域却具有不可替代的重要作用，因为它们在撤掉外磁场时无磁性，因此不会产生磁性团聚，而在有外磁场时它们又能够快速产生磁性响应，便于进行操控，因此超顺磁性纳米颗粒在药物传递、磁共振成像、磁性分离等领域都具有非常重要的应用。

2. 单分散性

磁性纳米颗粒的尺寸是影响材料磁性的首要重要参数，如把 $Co_{0.6}Fe_{2.4}O_4$ 磁性纳米颗粒的尺寸从20nm减小到10nm时，就会导致 H_c 从800 Oe减小到0 Oe。磁性纳米颗粒的尺寸也会影响饱和磁化强度（M_S），如把 Fe_3O_4 纳米颗粒的尺寸从4nm增加到12nm时，M_S 就会相应地从25emu/g_{Fe} 增加到101emu/g_{Fe}。需要指出的是，研究中提到的纳米颗粒的尺寸其实并不是指单颗纳米颗粒的尺寸，而是经过窄化处理后的大量纳米颗粒的平均尺寸。除了颗

粒的尺寸，磁性纳米颗粒的尺寸分布也是一个重要的参数，不均匀的颗粒尺寸会造成磁记录的信噪比降低。如当磁记录介质的平均颗粒尺寸从15nm减小到7~9nm、尺寸分布从33%减小到20%时，虽然颗粒尺寸减小不到原来的一半，但是记录面密度却提高了15倍。这意味着如果将晶粒尺寸减小到5nm以下，则尺寸分布就要减小到20%以下。减小尺寸的偏差能够避免热衰减，提高信噪比。

刚制备出来的纳米颗粒尺寸通常都是不太均匀的，称为多分散的纳米颗粒。在经过分级处理后，纳米颗粒的尺寸分布变窄，颗粒尺寸变得比较均匀，称为单分散的纳米颗粒。图6-3a为单分散性纳米颗粒的尺寸分布示意图，可以首先利用电镜、光散射等方法测量出大量的磁性纳米颗粒的尺寸，然后以纳米颗粒的数量对尺寸作图绘制出纳米颗粒的尺寸分布曲线，颗粒的尺寸分布基本上呈正态分布。单分散的纳米颗粒尺寸分布曲线的半峰宽（FWHM）比较窄，而多分散的纳米颗粒尺寸分布曲线的半峰宽比较宽，如图6-3b所示。半峰宽是指曲线峰值高度1/2处的宽度。

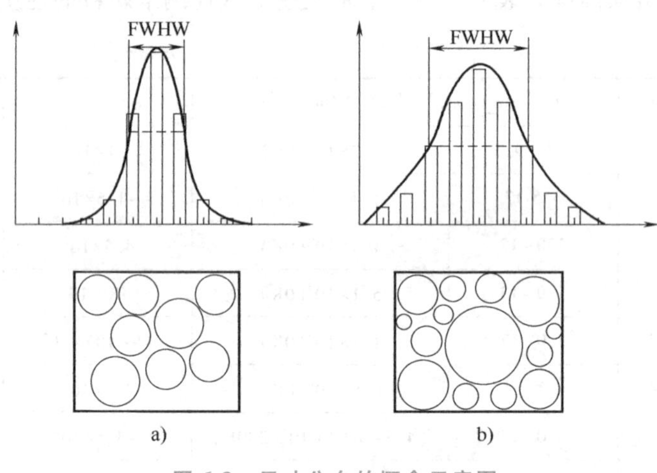

图6-3 尺寸分布的概念示意图
a）单分散 b）多分散

磁性纳米颗粒的尺寸分布可以采用尺寸的标准偏差定量表示。通常单分散性纳米颗粒的尺寸相对标准偏差小于10%，个别场合要求其相对标准偏差小于5%。由于磁性纳米颗粒不但具有类似于其他纳米颗粒的较大表面能，而且颗粒之间还具有磁性相互作用，因此为了阻止颗粒团聚，维持单分散性，可以在磁性纳米颗粒表面包覆离子型化合物以增加颗粒之间的排斥力，阻止团聚，如图6-4a所示，或者包覆高分子或表面活性剂等大分子降低表面张力，

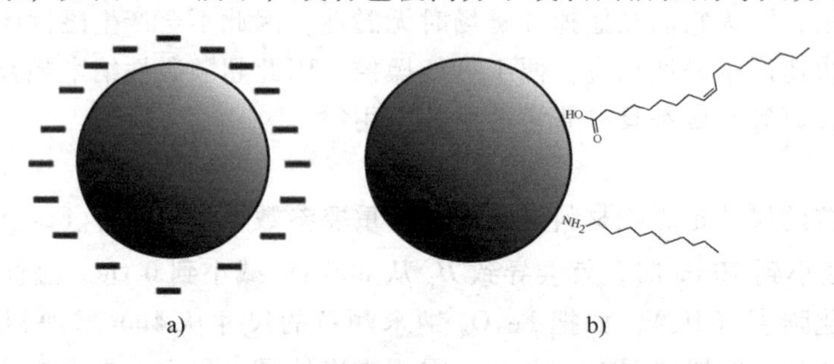

图6-4 纳米颗粒稳定性示意图
a）表面静电 b）空间位阻

以减小与表面能相关的吸引力，如图 6-4b 所示。

6.1.2　磁性纳米颗粒的分类

1. 磁性纳米颗粒的形貌

纳米材料按照几何结构的维度可以分为零维、一维和二维。其中，零维纳米材料是在三个空间维度上均处于 1~100nm 的材料或由它们作为基本单位构成的材料，如量子点一般是直径为 2~20nm 的球形或类球形，由于内部电子在各个方向上的运动都受到限制，因电子态的限域效应而表现出尺寸依赖效应，所以出现量子点的发光频率随尺寸的改变而变化的现象。一维材料又称为量子线，是指两个维度在纳米尺度 0.1~100nm 的材料，即长度有几百纳米甚至几毫米，横截面却是纳米级别。根据一维纳米材料是否中空以及形貌特点，又可以分为纳米管、纳米线、纳米棒和纳米带，用长径比可以区分纳米棒和纳米线，长径比小且长度小于 1μm 的为纳米棒，长径比大且长度大于 1μm 的为纳米线。纳米带的界面为四边形，宽厚比一般为几到几十。二维纳米材料只有一个维度在纳米尺度，如石墨烯、MOS_2 等。

在单畴磁性颗粒中所有的自旋都沿同一方向排列，粒子被均匀磁化。由于没有可移动的畴壁，磁化将通过自旋而不是通过畴壁的运动而翻转，这使得纳米颗粒具有较大的矫顽力。小颗粒产生高矫顽力的主要因素除了自旋以外还有形状各向异性，一维材料具有高的比表面积和长径比，使其具有形状各向异性。孤立的磁性颗粒是通过磁各向异性能保持其特定的自旋方向，其方向不一定与外磁场平行，而磁性材料的磁各向异性能是由电子的自旋-轨道相互作用产生的。如果粒子不是孤立的，还会涉及其他类型的相互作用。每个粒子的各向异性能估算公式为：

$$E_a(\theta)=KV\sin^2\theta \tag{6-3}$$

式中，V 为颗粒的体积；K 为有效磁晶各向异性常数；θ 为颗粒的磁化方向和易磁化轴之间的夹角。

由式（6-3）可以看出，纳米颗粒的最大能垒是 KV，它是将两个能量等效的易磁化方向分开的能量，即磁化翻转的能垒，这个能量的大小取决于多个因素，包括磁晶各向异性和形状各向异性。形状各向异性也会影响临界体积的估计（低于临界体积，粒子变成单畴），见表 6-2。其中，与形状各向异性较大的颗粒相比，球形颗粒的临界直径较小。

表 6-2　不同形状磁性纳米颗粒的临界尺寸及参数

磁性纳米颗粒种类	形状	尺寸/nm 体积比较	M_s/(emu/g)	矫顽力/Oe	T_B/K
$CoFe_2O_4$	球形	10	80	16000	275
	立方体	8	80	9500	275
		$V_{球体}=V_{立方体}$			
γ-Fe_2O_3	球体	14.5	75	30	235
	立方体	12(面)	75	33	190
		$V_{球体}=V_{立方体}$			

（续）

磁性纳米颗粒种类	形状	尺寸/nm 体积比较	M_s/(emu/g)	矫顽力/Oe	T_B/K
FePt	立方体	11.8	2.5	164	50
	八足体	12(主体直径)	2.0	1461	95
	立方八面体	6.8(直径)	0.1	11	20
		$V_{立方体}>V_{八足体}>V_{立方八面体}$			
Fe_3O_4	立方体	8.0(面)	40	0	60
	球体	8.5	31	0	100
		$V_{球体}>V_{立方体}$			
Fe_3O_4（含有 γ-Fe_2O_3）	立方体	12(面)	40	0	
	棒状	12(宽度)	18	55.44	
	球体	12	80	0	
	立方八面体	12(宽度)	80	0	
		$V_{立方体}>V_{棒状}>V_{球体}>V_{立方八面体}$			
$Zn_{0.4}Fe_{2.6}O_4$	球体	22	145	0	360
	立方体	18	165	0	320
		$V_{球体}=V_{立方体}$			

2. 磁性纳米颗粒的组成及相结构

在前面章节中已经提到磁性纳米颗粒的磁性可以分为抗磁性、顺磁性、铁磁性、亚铁磁性、反铁磁性五种类型，这些磁学特性是由于磁性纳米颗粒中的金属原子或金属离子有无未成对电子导致的，一个单电子能产生 $1.7\mu_B$（玻尔磁子）的磁矩。磁性纳米颗粒中的磁矩是可以估算的，如 Fe^{3+} 有五个单电子，会产生约 $5.92\mu_B$ 的磁矩，磁性与元素组分存在着特定的关系。此外，金属原子或者金属阳离子在晶格中的分布也是影响磁矩的另一个重要因素。

（1）金属氧化物磁性纳米颗粒

使用最广泛的磁性金属氧化物是氧化铁磁性纳米颗粒。氧化铁具有 FeO、γ-Fe_2O_3 和 Fe_3O_4 三种截然不同的组成和相结构，它们也具有不同的磁性。其中，FeO 晶格结构是 NaCl 型的面心立方（FCC）结构，如图 6-5a 所示，Fe^{2+} 处于氧八面体的空隙，室温下呈顺磁性，呈反铁磁性的 Néel 温度（T_N）为 183K，FeO 的化学性质不稳定，容易被氧化，但是 FeO 纳米颗粒由于表面包覆大量的有机物使得抗氧化能力得到较大提高。γ-Fe_2O_3 称为磁赤铁矿，Fe_3O_4 称为磁铁矿，它们都是亚铁磁性材料，都具有尖晶石结构。Fe_3O_4 实际上的组成是 $FeFe_2O_4$，如图 6-5b 所示，在一个尖晶石铁氧体的晶胞里存在着 64 个四面体空隙和 32 个八面体空隙，Fe^{2+} 和一半的 Fe^{3+} 离子占据着八面体空隙，还有一半 Fe^{3+} 离子占据着四面体空隙。γ-Fe_2O_3 和 Fe_3O_4 只有铁和氧两种组分，是最简单的铁氧体，与其他尖晶石结构的铁氧体相比受到了更多的关注。

铁氧体是指铁族的氧化物和其他一种或多种的金属元素组成的复合氧化物，它是 20 世纪 40 年代发展起来的一种新型的非金属磁性材料。铁氧体可以根据组成和磁性进行不同的分类，其中典型代表之一是尖晶石型铁酸盐（MFe_2O_4），其中 M 为+2 价的金属离子，如

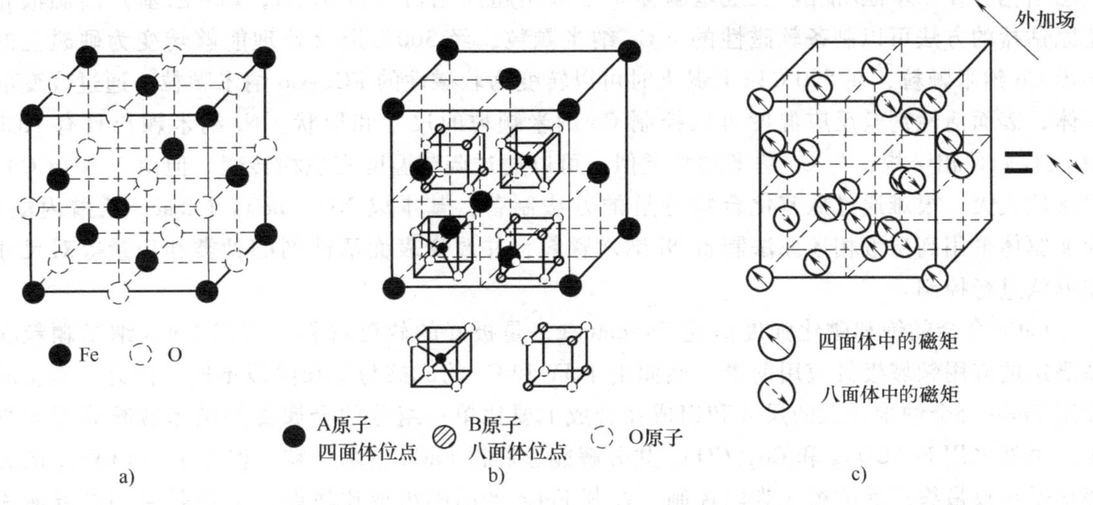

图 6-5 磁性金属氧化物的晶胞结构

a) FeO b) 尖晶石 c) 反尖晶石铁氧体的四面体和八面体位

Co^{2+}、Cu^{2+}、Fe^{2+}、Mn^{2+}、Ni^{2+}和 Zn^{2+}等。如图 6-5c 所示，八面体空隙的离子磁矩平行于磁场方向排列，而四面体空隙的离子磁矩则反平行于磁性方向排列，导致磁矩减小，因此净磁矩的变化取决于特定位置的离子属性。例如，当用 $Mn^{2+}(3d^5)$、$Co^{2+}(3d^7)$、$Ni^{2+}(3d^8)$ 代替 $Fe^{2+}(3d^6)$ 时，MFe_2O_4 的净磁化强度就会从 $5\mu_B$ 分别变为 $55\mu_B$、$3\mu_B$、$2\mu_B$，相应的饱和磁化强度的实验测量值也具有相同的变化趋势，$MnFe_2O_4$、Fe_3O_4、$CoFe_2O_4$ 和 $NiFe_2O_4$ 分别为 110emu/g、101emu/g、99emu/g、85 emu/g。这些铁氧体通常呈现亚铁磁性，而铁氧体纳米颗粒则呈现超顺磁性，并且比 Fe_3O_4 纳米颗粒表现出更高的热稳定性和化学稳定性。

一个尖晶石铁氧体立方晶胞单元由 8 个化学式单元组成，即 $M_8Fe_{16}O_{32}$，其中 32 个氧形成一个密堆积的面心立方结构，而 16 个阳离子占据 32 个八面体间隙的一半可用空间，其余 8 个阳离子占据 64 个四面体间隙的 1/8，因此还有 72 个剩余的空隙允许阳离子在晶胞内的点位之间自由迁移，因此超顺磁的铁氧体纳米颗粒具有独特的物理化学性质，除了优越的磁性，还具有很高热稳定、高表面积等，在用于废水处理的吸附剂和光催化剂、充电电池、气体传感器和催化剂，以及生物医用等诸多领域具有重要应用。

（2）金属及合金磁性纳米颗粒

Fe、Co、Ni 是典型的高饱和磁化强度的铁磁性材料，其中 Fe 的饱和磁化强度最高，其质量饱和磁化强度约为 220emu/g。高饱和磁化强度使 Fe 纳米颗粒适合灵敏的 MRI 以及磁流体热疗等应用，但由于易氧化的缺点使其化学性质很不稳定，在空气中很快完全氧化变为各种氧化铁，难以控制尺寸和纯相，致使磁化强度大大降低。为了阻止 Fe 纳米颗粒的氧化，在 Fe 纳米颗粒表面可以包覆各种钝化层，制备诸如 Fe@ SiO_2、Fe@ Au、Fe@ Fe_3O_4 等核壳型纳米颗粒。Co 纳米颗粒的制备方法与 Fe 纳米颗粒基本类似，如可以在二苯醚溶剂中以油酸和三苯基膦作为表面活性剂，采用羰基钴高温分解的方法制备 FCC-Co 纳米颗粒，其中，三苯基膦的作用是控制成核和生长，油酸是纳米颗粒的稳定剂。与 Fe 纳米颗粒不同的是，Co 纳米颗粒有六方密堆积（HCP）、面心立方（FCC）及 ε-Co 三种不同的相结构，研究显示 425℃以上 FCC 相优先，低温 HCP 相优先，而室温时两相能够共存。ε-Co 纳米颗粒是亚稳态结构，在二辛醚/油酸/三烷基膦体系中采用超氢化物（$LiBEt_3H$，Et=乙基）高温液相还原钴盐的方法可以制备软磁性的 ε-Co 纳米颗粒，经 300℃退火处理能够转变为硬磁性的 HCP-Co 纳米颗粒，在 500℃以上退火时可以转变为软磁性的 FCC-Co 纳米颗粒。通过改变前驱体、表面活性剂及反应温度可以控制 Co 纳米颗粒的尺寸和形状。Ni 纳米颗粒具有 HCP 和 FCC 两种相结构，与 Co 纳米颗粒类似，可以通过调节温度实现相转变，但由于 $Ni(CO)_4$ 的毒性太大，很难通过羰基化合物分解的方法制备，基本以 $Ni(acac)_2$（acac=乙酰丙酮）为前驱体采用高温液相还原法制备 Ni 纳米颗粒，并改变表面活性剂的种类和用量等对尺寸和形状进行控制。

FeCo 合金的饱和磁化强度高达 245emu/g，是极好的软磁材料，所以 FeCo 纳米颗粒在高磁矩的应用领域极具应用前景。然而由于 Fe 和 Co 的成核与生长阶段不同，因此在制备时控制 FeCo 合金纳米颗粒的尺寸和组成在合成上要比单一组分的金属磁性纳米颗粒难度大得多。虽然采用 $Fe(CO)_5$ 和 $Co_2(CO)_8$ 共分解能够制得 FeCo 纳米颗粒，但由于 $Fe(CO)_5$ 的分解率低导致最终产品的组成难以控制。控制 FeCo 产品的组成比较好的方法是采用高温液相还原和分解相结合的方法，如以油酸、油胺为表面活性剂，以 1,2-十六烷二醇为还原剂，在 $Ar+7\%H_2$ 的还原气氛下，令 $Fe(acac)_3$ 和 $Co(acac)_2$ 高温分解并同时还原来制备单分散的 FeCo 纳米颗粒。此外，还可以通过制备出不同厚度的 Fe@Co 核壳结构的纳米颗粒控制组成，然后经过合成后热处理转变为所需的 FeCo 合金纳米颗粒。

MPt（M=Fe，Co）合金纳米颗粒是已被广泛研究的用于磁记录介质的铁磁性纳米颗粒，其磁性与组成密切相关。以 FePt 纳米颗粒为例，FePt 有 Fe_3Pt、FePt、$FePt_3$ 三种不同的组成，当 Fe 和 Pt 的原子比接近相等时，即 $Fe_{(100-x)}Pt_x$（$35 \leqslant x \leqslant 55$）时，FePt 呈现化学无序的面心立方相，即 A_1 结构，此时材料具有较低的磁各向异性。在 1300℃下能够转变为 $L1_0$ 型结构，由于 3d 元素 Fe 和 5d 元素 Pt 在（001）方向上交替堆积，其立方结构被破坏，从而转变为面心四方（FCT）相的 $L1_0$ 结构，这时材料具有很高的磁各向异性。当 FePt 的化学计量比超出 $Fe_{(100-x)}Pt_x$（$35 \leqslant x \leqslant 55$）时，分别能够形成稳定的立方结构 $FePt_3$（$L1_2$）相和 Fe_3Pt（$L1_2$）相，它们分别呈现软磁性和反铁磁性。Pt 作为铂系元素与第一过渡系的 Fe 和 Co 化学活泼性相差较大，所以合成单分散的 MPt 合金纳米颗粒难度比合成 FeCo 难度更大。2000 年，IBM 公司的 Sun 等首次报道了在辛醚溶剂中采用高温液相分解及还原法合成单分散的 FePt 纳米粒子。随后为了控制 FePt 合金纳米颗粒的组成和磁性，其他的合成工艺也陆续出现，FePt 纳米颗粒作为未来新一代磁记录介质材料已成为一个研究热点。

6.2 纳米磁记录材料

近些年由于信息呈指数形式快速增长，人们对数据存储设备的需求也迅速上涨。虽然固态硬盘在个人计算机和电子设备市场上的发展迅速，但由于它每千兆的成本相对较高，因此硬盘驱动器（HDD）仍然是主要的存储设备类型。快速发展的云存储市场也对 HDD 技术提出了新的要求，在过去的几十年中，尤其是在 1996 年出现巨磁阻头技术以来，HDD 的记录面密度飞速增长。然而自 2003 年以后其增长率开始下降，部分原因是纵向记录介质的超顺磁性限制使其难以突破 $100Gbit/in^2$。随后出现了 CoCr 基合金垂直记录介质，它沿着磁记录薄膜的法线取向，能在一定程度上克服超顺磁效应，东芝公司在 2004 年采用垂直记录方式首次实现了 133Gbit/in^2 的记录面密度。然而随着垂直记录面密度的不断提高，CoCrPt 合金垂直记录的技术极限——1Tbit/in^2 也被逐渐逼近，因此为了实现更高的记录面密度，需要探索新的存储技术和介质材料。

6.2.1　磁记录用纳米颗粒的物理特性

实现超过 1Tbit/in^2 的高密度存储面临着“三难”的选择，面密度的增加意味着比特尺寸要随之减小，为了兼顾高存储密度和足够的信噪比（SNR），构成给定比特的单个磁性纳米颗粒的尺寸应接近超顺磁极限。然而，虽然高单轴各向异性材料大大提高了热稳定性，但是转换这样的高磁晶各向异性比特所需的磁场也超出了当前写磁头的能力，因此要同时权衡热稳定性、信噪比以及给定位的可写性，才能获得切实可行的记录介质。

1. 铁磁性纳米颗粒

铁磁性纳米颗粒指在撤掉外磁场仍能保持一定净磁矩的磁性纳米颗粒。如图 6-6a 所示磁滞回线是铁磁性纳米颗粒的磁化强度（M）随着外加磁场强度（H）变化的曲线，在无外磁场时每个纳米颗粒的磁化方向都是不同的，整体的磁矩为零。施加外磁场后磁性纳米颗粒在磁场的作用下使磁化方向沿着磁场方向排列，磁场强度足够大时所有的纳米颗粒都会朝着磁场排列达到所谓的饱和状态，相应的磁矩称为饱和磁矩（M_s）。当减小磁场强度时会导致磁化的随机化，磁矩减小。当外磁场强度降为零时，铁铁性纳米颗粒仍然保持了相当多的磁化强度，具有可测量的磁矩，称为剩余磁矩（M_r），简称剩磁，这就是磁性存储器的基础。为了使磁性纳米颗粒消磁，就要施加反向外磁场，全部磁矩为零时的外磁场强度称为矫顽力（H_c）。图 6-6b 为垂直记录的特征磁滞回线，很大的陡度有利于减小过渡宽度而增加信噪比。

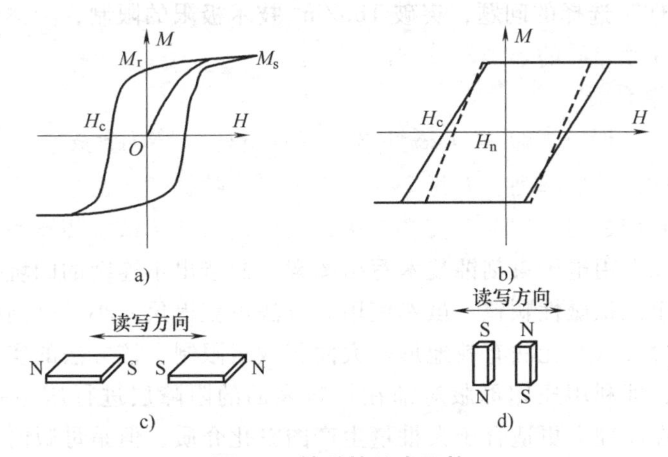

图 6-6　铁磁性纳米颗粒

a）铁磁性纳米颗粒的磁滞回线　b）垂直记录介质的磁滞回线　c）纵向记录的介质颗粒　d）垂直记录的介质颗粒

对于超顺磁性纳米颗粒，撤掉外磁场时剩磁为零，因此成为磁性存储器技术极限的限制。如图 6-6c 所示为磁性纳米颗粒的纵向记录模式示意图，磁头根据记录介质内微小磁体的磁化方向相同或相反能够读出高低电平，从而可以进行数字信号记录，为了被磁头正确地探测到，每个微小磁体需要具有一定的尺寸，因此每个单元至少要包含 50~100 个磁性颗粒，如图 6-6d 所示为垂直记录模式示意图，由于磁性纳米颗粒的尺寸减小，尺寸分布也越来越均匀，每个位所占的颗粒数目能够从 100 个减少到五六个，就有可能实现 $1Tbit/in^2$ 的面密度。

2. 磁记录纳米颗粒的各向异性能和热稳定性

由于高密度磁记录的 SNR 与每个位的磁性纳米颗粒数目成正比，所以为了获得更高的存储密度，传统的做法是减小存储介质颗粒的尺寸。但是存储介质颗粒的尺寸不能无限度地减小，因为尺寸减小到一定程度时，磁化状态就会受热扰动的影响而变得不稳定。磁性颗粒的尺寸越小，磁化状态的稳定性受到分子热扰动的影响就越显著。信息存储要求信息能长期保存，磁性颗粒的磁化状态必须稳定，要求其磁各向异性能（KV）远大于热能（kT）。Néel 提出的弛豫时间的表达式为

$$\tau_0 = 10^{-9}\exp\frac{KV}{kT} \tag{6-4}$$

式中，K 为磁性颗粒的磁晶各向异性参数；V 为磁性颗粒的体积；k 为玻尔兹曼常数。当颗粒内部的热扰动能大于其磁各向异性能即 $KV< kT$ 时，颗粒的矫顽力为零，呈超顺磁性。如果要信息能稳定地保存 5 年，则颗粒热稳定性要求 $\frac{K_uV}{kT}>35$。对于高密度磁记录，为了保证在长时间内（10 年以上）磁记录信息不丢失，则要求满足 $\frac{KV}{kT}\geqslant 60$。从这个条件可以看出，保证磁记录具有良好的热稳定性，就必须选择具有高磁晶各向异性材料（较高的 K）作为磁记录介质。为了实现 $Gbit/in^2$ 向 $Tbit/in^2$ 级别的过渡，新的硬盘技术将应运而生。

6.2.2 磁性纳米颗粒在图案化磁记录中的应用

为了克服“三难”选择的问题，突破 $Tbit/in^2$ 技术极限的限制，图案化记录介质已经成为高密度、低噪声硬盘介质的未来发展方向之一。

1. 图案化磁记录介质

所谓图案化介质（PM）就是在非磁性材料（如 SiO_2）表面预先设计好的位置上，形成周期性排列的单畴磁岛磁性阵列，而每个磁岛作为一个数据位。由于图案化介质上的纳米磁性单元彼此分立，它们之间无磁耦合交换作用，因此极大地降低了传输噪声。为了制作图案化介质，先要在盘面上用电子束刻蚀技术写出图案，制造出不连续的凹坑，然后再用传统镀膜技术在这些凹坑里沉积磁性颗粒。虽然使用此方法可获得尺寸小且排列极为整齐的磁性数组，然而工作时间过长以及无法有效地形成大面积数组限制了该方法的实际应用。纳米压印术可取代刻蚀步骤，即利用压印母版对铺在材料表面的阻障层进行压印制作图案化记录介质。纳米压印技术在原理上更适合于大批量生产图案化介质，但是母版的制作也依赖电子束光刻技术实现。图案化介质的另一个技术障碍是磁性层中利用常规薄膜沉积工艺制备出的磁岛尺寸分布还不够均匀，致使单个磁性颗粒的转换磁场会产生一些差异。

采用化学自组装技术制备的自组装有序磁阵列有望能突破光刻技术的限制。采用传统镀膜沉积技术制备的磁性颗粒尺寸分布较宽，其尺寸标准偏差 $\sigma>0.15$，而目前采用化学合成路线已经能够产生单分散的颗粒阵列，其颗粒尺寸标准偏差能够达到 $\sigma<0.05$。纳米颗粒的自组织有序磁阵列是位图形化磁记录的一种特殊形式，它的记录单元是单个的磁性纳米颗

粒，如果以单个 FePt 纳米颗粒作为磁记录中的一个记录单元，那么把自组装磁阵列与热辅助磁记录技术结合起来，最终有希望实现 40~50Tbit/in^2 的超高存储密度，这也就意味着达到了磁记录的理论极限。

2. 高磁晶各向异性纳米颗粒的自组装磁阵列

由表 6-1 可以看到，具有 $L1_0$ 结构的 FePt 具有极高的单轴各向异性和良好的化学稳定性，其磁晶各向异性常数都达到了 10^8erg/cm^3 的数量级，具有这么高磁晶各向异性的材料能够提供具有热稳定性的颗粒最小尺寸可低至 $D_p=\sqrt[3]{\frac{6kT}{K}}\approx 2.5\text{nm}$。虽然稀土合金如 $SmCo_5$ 具有更高的磁晶各向异性，但是在空气里容易被氧化，化学稳定性很差，相比之下 FePt 二元合金由于含有一半数量的 Pt，具有极好的化学稳定性，因此更适合实际应用。$L1_0$ 结构的 FePt 合金稳定的最小颗粒尺寸可达 2.8nm，因此已经成为最具前景的下一代信息存储材料。

采用自组装的方法制备 FePt 合金纳米颗粒图案化介质（即自组装磁阵列）的优点是成本低。将含有磁性纳米颗粒的分散液滴于基片表面上时，包覆了有机表面活性剂的 FePt 纳米颗粒随着溶剂的挥发会在基片表面形成紧密堆积的 2D 阵列，如图 6-7 所示，这个过程称为自组装。在这种自组装结构里，纳米颗粒之间存在着 van der Waals 作用力和磁性作用。

图 6-7 FePt 磁性纳米颗粒 3D 自组装阵列的 TEM 照片

合成出具有均匀尺寸和组成的 FePt 纳米颗粒是构建自组装磁阵列的关键前提。2000 年美国 IBM 公司的 Sun 等成功制备了单分散的 FePt 纳米颗粒，其直径从 3~10nm 可调，尺寸分布的标准偏差小于 5%。典型工艺为：在辛醚溶液中（沸点 297℃）加入油酸和油胺作为稳定剂，以 1,2-十六烷二醇作为还原剂还原铂前驱体 Pt（acac）$_2$，同时加入 Fe（CO）$_5$，加热到 297℃的高温使 Fe（CO）$_5$ 分解成为铁原子，与被还原出的铂原子共同沉积形成 FePt 二元合金纳米粒子。由于在高温液相反应体系中存在两种表面活性剂——油酸和油胺，这种方法后来也称为热皂法。该化学工艺在《科学》杂志一经发表就迅速引起了全世界上千个研究组的兴趣，目前仍在广泛引用，并随之应用于制备 $CoPt_3$ 二元合金纳米颗粒以及 FePtAg 等三元合金纳米颗粒等。但总体上说，液相合成的 FePt 合金纳米颗粒基本都是超顺磁性的，呈化学无序的 A_1 结构，需要经过 550~600℃的高温热处理才能转变为铁磁性，但是在退火过程中会造成纳米颗粒的团聚乃至烧结是个不可回避的重要问题。

6.3 纳米吸波材料

随着第五代技术、军事隐身以及民用互联网电磁兼容性的发展，电子技术的进步满足了不同领域的需求，但是随之产生的电磁辐射也成为继空气污染、水污染、噪声污染之后的第四大社会公害。不断升级的数字设备所释放的电磁辐射不但危害健康，还可能会干扰数字设备的正常运行，据估计全世界的电子电器设备每年因电磁波干扰造成故障所产生的经济损失高达 5 亿美元。一些发达国家先后制定了电磁辐射的标准和规定，并对电子装置加以屏蔽保护，而使用吸波材料减少或消除电磁干扰是最有效的手段。在军事领域，现代国防电子对抗技术的核心之一就是释放宽频率的强电磁波破坏对方的军事设备，信息的获取与反获取成为现代战争的焦点，因此开发有效的吸波材料对于现代防护工程以及隐身战斗机和无人机等军事隐身装备都是极为必要的。

6.3.1 纳米吸波材料的基本原理

研究和开发电磁波吸收材料以降低武器装备的雷达可侦测性是军事隐身技术的重要技术措施，如美国的三代隐身飞机、我国的歼-20隐身飞机以及各军事大国研发的军用水上舰艇、坦克、潜艇、战车等移动目标，均为吸波材料在军事领域的应用。吸波材料是指能够有效地吸收入射电磁波，并通过能量转化电磁波因干涉而相互抵消掉的一类材料。随着各军事强国对不同波段雷达的深入研究，雷达使用频率不断拓宽，高频方向已出现红外激光雷达，而低频方向的分米波、米波雷达也发挥着越来越重要的作用，因此实现“轻、薄、宽、强”结构功能一体化和智能化的新型吸波材料是电磁屏蔽领域的重要发展方向，即优异的吸波材料性能指标应该具有反射损耗高、厚度薄、频带宽、密度低等特点，同时具备这些优点的吸波材料才能有效吸收大部分电磁波，才更具实用性。

1. 阻抗匹配原理和衰减原理

任何材料的吸波性能都依赖于材料的固有电磁和外在性质，而固有电磁包括它的导电性、复介电常数和复磁导率，外在性质就是薄膜厚度、工作频率、形状和材料结构等。当电磁波照射至吸波材料表面时，能量主要有三个流向，即在材料的表面直接反射能量，进入材料内部后的电磁损耗，以及从底部界面射出的透射能量，如图6-8所示。吸波材料具备两个基本条件才能很好地吸收电磁波：①减少反射，即入射的电磁波在材料表面能够最大限度地进入材料内部，减少电磁波在界面处的直接反射，这需要在设计材料时充分考虑其阻抗匹配特性；②有效衰减，即电磁波进入材料内部后在内部传播，能够迅速并几乎全部地将其衰减消除掉。

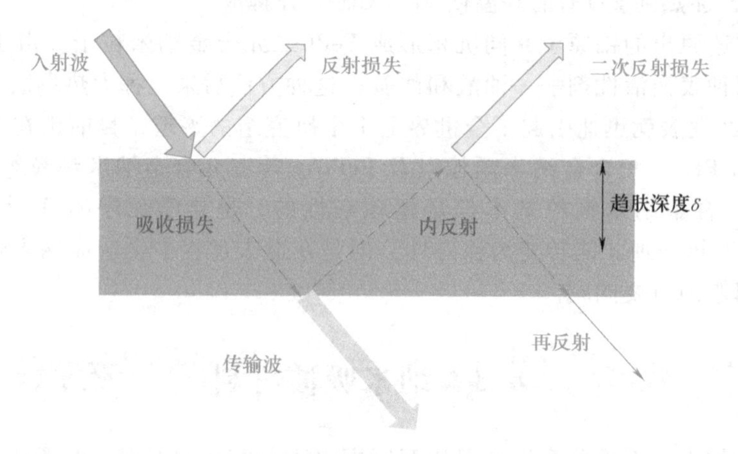

图6-8 电磁屏蔽的机理

为了使电磁波的能量无反射地被吸波材料吸收，需要材料的特性阻抗与传输线路的特性阻抗相等。对于在自由空间传播的电磁波而言，其归一化阻抗等于1，对于自由空间中的平板结构材料，其反射系数R与等效阻抗的关系为

$$R=\frac{1-Z/Z_0}{1+Z/Z_0}$$

其中
$$Z_0=\frac{\mu_0}{\varepsilon_0},Z=\frac{\mu}{\varepsilon} \tag{6-5}$$

理想的吸波材料理论上要求反射系数 R 为零，即要求阻抗 Z 与自由空间阻抗 Z_0 匹配，也就是要求在整个频率范围内复介电常数 ε 和复磁导率 μ 相等，实际难以实现，因此电磁匹配设计的主要原理是使材料表面介质的特性尽量接近空气的性质，从而达到使复合材料表面产生尽量少的反射，还可以通过几何形状过渡的方法获得良好的匹配和吸收。

材料的衰减特性常用复介电常数（ε）和复磁导率（μ）表征，这两个基本的电磁参数写成复数形式为

$$\varepsilon=\varepsilon'-\mathrm{j}\varepsilon'',\ \mu=\mu'-\mathrm{j}\mu'' \tag{6-6}$$

式中，实部 ε' 和 μ' 分别为吸波材料在电场或磁场作用下产生的极化或磁化强度的变量，表示对电磁波的存储能力；虚部 ε'' 为在外电场下材料电偶极矩产生重排引起损耗的量度；虚部 μ'' 为在外磁场作用下材料磁偶极矩重排引起损耗的量度。虚部 ε'' 和 μ'' 表示吸波材料对电磁波能量的损耗能力，它们引起的能量损耗性能分别称为介质损耗角 δ_ε 和磁损耗角 δ_μ，相应的正切值 $\tan\delta$ 称为损耗因子，可以表示为

$$\tan\delta=\tan\delta_\varepsilon+\tan\delta_\mu \tag{6-7}$$

式中，电损耗因子为

$$\tan\delta_\varepsilon=\frac{\varepsilon''}{\varepsilon'} \tag{6-8}$$

磁损耗因子为

$$\tan\delta_\mu=\frac{\mu''}{\mu'} \tag{6-9}$$

由损耗因子公式可知，$\tan\delta$ 随虚部 ε'' 和 μ'' 的增大而增大，在满足阻抗匹配的条件下，材料的 $\tan\delta$、ε'' 和 μ'' 越大，则损耗越大，吸波性能应越好。

实现薄层型宽带吸波材料的关键是减小电磁波反射的同时还要提供足够大的损耗，但在通常情况下这两个因素是互相制约的，如果想提高吸收强度则材料的虚部必须大，但是这种材料的表面阻抗往往与空气的阻抗相差很大，由于阻抗不匹配形成的界面反射就很大，因此设计吸波材料时要通过调节实部和虚部的匹配关系以及各结构层的电磁参数等，使之满足阻抗匹配原理。

2. 介电损耗

介电损耗就是电介质材料通过自身作用将电磁能转化为热能的耗散机制，主要包含依靠电极化产生的电介质损耗和电阻热效应带来的电阻损耗。

电阻损耗型吸波材料主要通过与电场的相互作用来吸收电磁波，从理论上讲其损耗能力与材料的电导率有关，即电导率越大则载流子引起的宏观电流（包括电场变化引起的电流以及磁场变化引起的涡流）越大，从而越有利于电磁能转化为热能，因此也称为电导损耗。但实际上当材料的电导率较高时，电磁波只能分布于材料表面无法进入材料内部，使材料成为反射体产生趋肤效应。根据麦克斯韦方程组可知，电磁波频率高则趋肤深度越小，若小于颗粒尺寸则电磁波只能作用于表面，因此材料颗粒越小越容易抵消趋肤效应，这也是发展微

纳米吸波剂的原因。碳系吸收剂如碳纳米管、石墨烯、炭黑、碳纤维、石墨泡沫，以及聚吡咯、聚苯胺等高导电性聚合物等都属于电阻型吸波机制，其主要特点是具有较高的电损耗正切角，依靠介质的电子极化或界面极化衰减来吸收电磁波。而构建高比表面、多孔性以及非均质结构有利于获得良好的界面极化，最终实现优异的吸波效能。如 Zhang 等报道了一种石墨烯泡沫，具有 60.5GHz 的吸波带宽，占全部带宽的 93.8%，并且具有 $14mg/cm^3$ 的超低密度，且吸波效能高达 $2.2\times10^5 dB\cdot cm^2/g$，此外还具有可压缩性，反射损耗和吸收带宽也会随之变化。

而电介质损耗主要包括离子极化、电子极化、界面极化和偶极子弛豫极化，其中离子极化、电子极化均是在交变电场作用下由带电粒子产生的相对移动引起的，通常发生在可见光范围。在微波频率范围内，电介质损耗主要是界面极化和偶极子弛豫极化。界面极化是发生在非一致相的界面处，外加交变电场作用，带电离子的不均匀聚集引起的电极化现象。偶极子弛豫极化产生于周期性变化的电场，当外加电场周期变化较慢时，偶极子与电场频率保持一致，极化过程能够完成；当外加电场频率较高时，偶极子落后于电场变化频率，进而产生弛豫。弛豫极化损耗常用德拜理论解释，若电介质材料存在弛豫极化过程，则在以实部 ε' 为横轴、以虚部 ε'' 为纵轴的坐标系中形成一个半圆曲线，也称为 Core-Core 半圆。电介质损耗型吸波材料主要以钛酸钡铁电陶瓷等为代表，以及氮化硅和氮化铁等，其主要特点为介电常数和介电损耗角正切值高、高频吸收好，并且耐高温，主要应用于航空材料领域，最近几年发展较为迅速。但因这类材料厚度大，所以难以做到薄层宽频吸收。

3. 磁损耗

磁损耗型吸波材料主要通过介质的磁滞损耗、涡流损耗、磁后效、自然共振以及畴壁共振作用等来吸收电磁波，复磁导率和磁损耗角正切值较高。磁损耗型吸波材料主要包括铁钴镍及其氧化物，即磁性金属（Fe，Co，Ni）、磁性合金（CoNi、FeCo、NiFe、NiCu）和磁性氧化物（Fe_3O_4、Fe_2O_3、Co_3O_4、NiO、$CoFe_2O_4$、$NiFe_2O_4$、$NiCo_2O_4$）等，它们通常在较低的频段表现出良好的电磁波吸收性能。

铁氧体是最早实用化的磁损耗型吸波材料，主要有镍锌铁氧体、锰锌铁氧体和钡系铁氧体等。铁氧体是一种双复介电材料，既有亚铁磁性又有介电特性，它的介电特性是由于分子的自极化效应引起的，而亚铁磁性则是由材料的自然共振所致，其中自然共振是铁氧体吸波材料的主要吸波机制。铁氧体的结构又可细分为石榴石型、尖晶石型和磁铅石型，其中六方晶系片状的磁铅石型铁氧体具有较高磁各向异性和磁损耗，而且它的自然共振频率也较高，因而表现出优良的高频吸波特性。在众多磁铅石型铁氧体中，钡铁氧体（$BaFe_{12}O_{19}$）最为典型。

与氧化物相比，金属磁性纳米材料具有更高的饱和磁化强度，有助于产生良好的复磁导率。如亚微米级的 Fe 立方体和采用溶胶凝胶法制备的 Fe 纳米线都展现了良好的吸波效能，最大反射损耗（R_L）分别为 -20dB 和 -17.2dB。而核壳式 NiCu 合金纳米颗粒以及花朵状 CoNi，除了自然共振产生的磁损耗以外还存在着界面损耗，进一步改善了吸波效能。

磁性纳米材料突出的磁损耗使其具有良好的吸波性能，而核壳结构以及层次化结构也能在一定程度上增加其反射损耗，其主要特点是吸收强、频带宽，但由于磁性材料都是无机物，其最大的缺点是密度较大、稳定性较差，因此不利于商业化应用，因而降低重量是亟待解决的重要问题。

6.3.2　磁性纳米颗粒在低频吸波材料中的应用

5G时代的到来加快了电磁波穿梭的脚步，手机通信、卫星导航、WiFi、蓝牙等随处可见的应用都伴随着1~18GHz电磁波的出现。生活中这些低频电磁辐射的危害是潜移默化的，它们不但干扰其他电子设备的正常工作，而且在长期使用过程中对人体固有的微弱电磁场产生干扰，甚至会对人体内部的功能和器官尤其是儿童产生危害。另一方面，0.5~18GHz电磁波段在军事领域是非常重要的雷达侦测手段，随着米波、分米波低频雷达在军事领域的大规模应用，飞行器特别是远程战略轰炸机受到的空中威胁越来越大，因此在C波段（4~8GHz）导弹的远距离跟踪侦查、在S波段（2~4GHz）敌方探测目标的跟踪监视和在L波段（1~2GHz）超远程外空目标的侦测都需要有良好反侦察能力的吸波材料。现代军事作战中，为实现武器的远距离隐身，在整个雷达波频段尤其是长波段提升吸波性能已成为目前吸波材料的发展趋势。

1. 低频吸波材料的磁性组成

吸波材料通过介电损耗或磁损耗将电磁波转化为热能或其他形式的能量进行耗散，从而达到吸收电磁波的目的。复介电常数（ε）和复磁导率（μ）是吸波材料的两个重要电磁参数，两者与材料的吸波性能有重要联系。吸波材料使用矢量网络分析仪，采用传输反射法在测量电磁参数（ε'、ε''、μ'、μ''）后计算反射损耗（R_L），或者使用弓形法直接测得其反射率，即

$$Z_{in}=Z_0\sqrt{\frac{\mu_r}{\varepsilon_r}}\tanh\left(j\frac{2\pi fd}{c}\sqrt{\mu_r\varepsilon_r}\right) \tag{6-10}$$

$$R_L=20\lg\frac{Z_{in}-Z_0}{Z_{in}+Z_0} \tag{6-11}$$

式中，Z_{in}为吸波材料的输入阻抗；Z_0为自由空间阻抗；f为电磁波频率；d为吸波材料厚度；c为光在真空中的速度。用反射损耗R_L表示电磁波吸收能力的大小，当$R_L<-10$dB时，表示吸波材料可以吸收90%的电磁波，一般将$R_L=-10$dB的频率范围作为材料有效带宽，如图6-9所示。

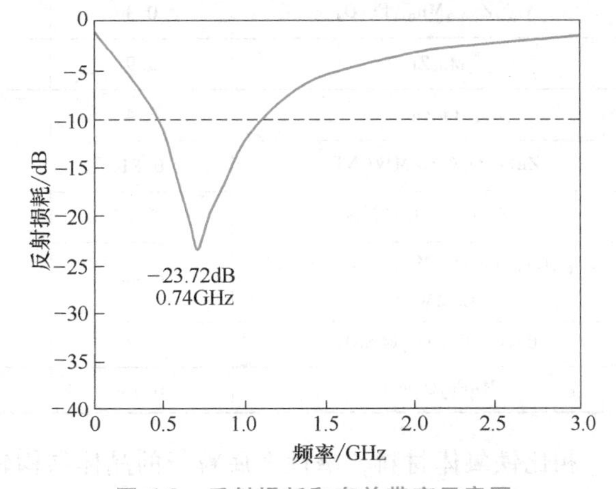

图6-9　反射损耗和有效带宽示意图

低频吸波材料以铁氧体、铁硅铝和羰基铁等磁性材料为代表，主要依赖于涡流损耗与共振损耗的磁损耗方式消耗掉电磁波。低频吸波材料一般采用磁导率高、匹配性能好、磁损耗能力强的磁性金属材料，高磁导率材料在拓宽吸收带宽方面具有更大的优势。已有的研究表明，形状各向异性在提高磁导率和调控磁共振频率方面具有重大意义。Snoek发现了各向同性的球形吸收剂的磁共振频率与初始磁导率的乘积是一个常数，该常数与材料的饱和磁化强度相关，采用高饱和磁化强度的材料有利于提高磁导

率。相对于球形吸收剂粒子，片状吸收剂在同样的共振频率条件下材料的磁导率大大提高，易突破各向同性吸波材料磁性能的 Snoek 极限。磁性吸收剂的成分、形状各向异性是获得高磁导率、高磁损耗的关键，因此要实现长波段强吸收，各向异性磁性材料是理想的吸收剂。

2. 低频吸波材料的吸波性能

铁氧体以其较高的磁导率以及价格低廉、容易制备及磁损耗强等优点成为重要且常用的低频电磁波吸收材料，其制备工艺通常采用溶胶凝胶法、固相烧结法、燃烧合成法和球磨法等。研究显示，通过掺杂或离子取代可以调节磁导率、介电常数、畴壁共振和自然共振频率等电磁参数。例如，通过向铁氧体中掺杂 Mn、Ni、Cu 等金属离子或改变铁氧体中某一离子的含量可以提高其磁导率及 M_S，从而获得强吸收。Qian 等采用溶胶凝胶法制备了 Ni-Zn 铁氧体，发现 Nd^{3+} 添加量增加导致晶粒扭曲造成更多的离子极化，所得 $Ni_{0.5}Zn_{0.5}Nd_{0.04}Fe_{1.96}O_4$ 在 4.3GHz 处吸收值达到-21.8dB，而当 Nd^{3+} 添加量为 0.04 时，在 4.4GHz 处吸收值达到-20.8dB，频宽为 3.2GHz。除了掺杂金属离子外，烧结温度及烧结条件等也可增强吸波性能，如 You 等发现 MnZn 铁氧体分别在真空、10% H_2+90% Ar 以 600℃ 煅烧 30min 后，加入少量 H_2 煅烧获得的样品粒径更均匀，且 M_S 同样得以提高，该铁氧体在 3.9GHz 处吸收值达到-15dB，频宽为 1.1GHz。Cai 等制备的非晶 Li-Zn 铁氧体空心球随着热处理的温度升高，无定型铁氧体逐渐结晶化，当热处理温度为 1200℃ 时空间电荷极化得以提高，所得 Li-Zn 铁氧体在 3.4GHz 时达到-49dB，有效吸收带宽为 1.3GHz。此外，为了克服铁氧体比重大、频带窄、稳定性差等缺点，可以将其与介电材料进行复合、包覆等，实现轻质化以及多重损耗机制等，见表 6-3。

表 6-3 典型的铁氧体及其复合材料的低频吸波性能

材料	吸收峰/GHz	最大反射损耗/dB	有效带宽/GHz	厚度/mm
$Ni_{0.5}Zn_{0.5}Nd_{0.04}Fe_{1.96}O_4$	4.3	-21.8	3	8.5
$Ni_{0.4}Zn_{0.2}Mn_{0.4}Fe_2O_4$	0.3	-49		
Mn-Zn	3.9	-15	1.1	5.5
Li-Zn	3.4	-15	1.1	5.5
$ZnFe_2O_4$@C/MWCNT	0.81	-40.65	0.97	2.5
$CoFe_2O_4$/FeCo/石墨	3.1	-30	1	5.5
($Zn_{0.5}Co_{0.5}Fe_2O_4$/$Mn_{0.5}Ni_{0.5}Fe_2O_4$)@C/MWCNT	0.56	-35.14	0.75	5
$Ba_3Co_2Fe_{24}O_{21}$@SiO_2	3.8	-9		3
$MnFe_2O_4$@C	0.78	-48.92	1.4	2.5

相比铁氧体材料，磁性金属粒子的晶体结构较为简单，居里温度较高，其 M_S 一般远高于铁氧体，可以获得较高的磁导率和磁损耗。例如，羰基铁粉是一种典型的磁损耗型吸收剂，是国内外研究起步最早、工艺最成熟、应用范围最广泛的雷达吸收剂之一。但金属微粉同样存在一些问题，如频宽较窄、耐氧化性低等，见表 6-4，故研究的重点是对其形貌和尺寸进行调控及复合处理以提高其磁导率和抗腐蚀性。例如，Le 等将球形羰基铁湿磨为片状，

经球磨后片状羰基铁粒子边缘呈锯齿状，由于片状化使粒子表面积增大、界面极化增强，颗粒之间容易相互搭接，形成导电网络，片状粒子磁导率虚部大于球状粒子，说明球磨后片状羰基铁在低频下具有更好的吸波性能。羰基铁比例为85%时，2 mm 厚度的球状羰基铁在4.6GHz 处吸收值到达-26dB，而同样厚度下片状羰基铁在 2GHz 处吸收值为-18dB，这表明经球磨后，片状羰基铁在低频下的吸收性能得到增强。

表 6-4　典型的磁性金属粒子的低频吸波性能

材料	处理方法	吸收峰/GHz	最大反射损耗/dB	有效带宽/GHz	厚度/mm
羰基铁	定向	1.9	-40	1.1	2.9
FeSiAl	平板设计	2.25	-19	0.93	3
FeSiAl	退火	1.13	-22.64	0.8	5
FeSiAl	球磨，氧化	1.4	-39.67	0.8	4
FeSiAl@ Fe_3O_4	镀层	3.4	-43	4	2
FeSiAlNi	掺杂	1.7	-11.9	0.5	2.5
$Ho_{0.6}Ce_{1.4}Co_{17}$	掺杂	3.6	-12.74	0.48	3.5
$Nd_{0.3}Ce_{1.7}Co_{17}$	掺杂	4.16	-13.85	0.64	3
FeNi	球磨	4.2	-21	2.5	
$Fe_{84}Co_4B_{11}Nd$	淬火，球磨	3.9	-9.8		1.5

6.3.3　磁性纳米颗粒在高频吸波材料中的应用

根据吸波材料的成型工艺和承载能力，可以将其分为结构型和涂覆型两大类。其中结构型吸波材料具有承载和减小电磁波反射双重功能，已得到广泛应用。而涂覆型吸波材料因其工艺简单、使用方便、容易调节而受到重视。涂覆型吸波材料包括绝缘的聚合物基质和具有磁损耗或/和介电损耗性能的化合物填料，软磁、硬磁以及介电材料都可以用作填料。虽然软磁性的尖晶石型铁氧体已经广泛用作低频吸波剂，但是在 GHz 范围使用时会出现磁导率和磁损耗迅速下降的问题，因此硬磁性 M 型六方铁氧体由于更高的磁损耗和介电损耗在高频吸波材料方面得到了大量的研究。

1. 高频吸波材料的磁性组成

与具有立方晶体结构的尖晶型铁氧体进行对比，六方结构的磁铅石型铁氧体在微波吸收领域表现出的优势显得更胜一筹。六角铁氧体是目前比较熟知的一类具有高频率的铁氧体，它的磁性能与材料中的磁性金属离子密切相关。通过探索工艺配方引入一些阳离子，这些阳离子以取代或者掺杂离子形式存在，这样就会改变原来铁氧体的磁性，获得一种新的变形铁氧体，如引入锶得到 M 型，引入锌得到 W 型，引入镍得到 Z 型，而引入镁则得到 Y 型，特别是 Co_2W、Co_2Z 等易面型铁氧体具有较大的 Snoek 常数，可获得超过 GHz 的共振频率，有望成为 X 波段（8~12GHz）和 K_u 波段（12~18GHz）优异的吸波材料。

六方铁氧体有不同的分类，这些粒子的谐振频率基本都位于 8GHz 以上的高频区，见表 6-5。

表 6-5　六方铁氧体的共振频率

类型	铁氧体化学式	共振频率/GHz
W 型	$BaM_2Fe_{16}O_{27}$(M=Fe, Ni, Zn)	36
	$BaCo_xZn_{2-x}Fe_{16}O_{27}$	2.5~12.0
	$Ba_{0.8}Al_{0.2}Co_{0.9}Zn_{1.1}Fe_{19}O_{27}$	9.62~13.29
	$Ba_2Co_{2-x}Zn_xFe_{12}O_{22}$	0.5
Z 型	$Ba_3Co_2Fe_{24}O_{41}$	1.0~3.5
X 型	$BaZn_xCo_{2-x}Fe_{28}O_{46}$	1.0
	$Ba_2(Zr_{0.5}Mn_{0.5})_xFe_{28-x}O_{44+0.25x}$	15.0~18.0
U 型	$(Ba_{0.7}Bi_{0.2})_4(Co_{1-x}Ni_x)_2Fe_{36}O_{60}$	11.3
M 型	$BaFe_{12}O_{19}$, $SrFe_{12}O_{19}$	40.0
	$BaFe_{12-2x}M_xO_{19}$(M=CoTi)	26.0~40.0
	$Ba_{(1-2x)}La_xNa_xFe_{10}Co_{0.5}TiMn_{0.5}O_{19}$	18.0~26.5

由表 6-5 可以看出，Z 型的 $Ba_3Co_2Fe_{24}O_{41}$ 和 X 型的 $BaZn_xCo_{2-x}Fe_{28}O_{46}$ 是一种非常重要的软磁性六角铁氧体，具有较高的磁导率，是低频吸收范围内最重要的磁性铁氧体材料。除此之外，六角型铁氧体的共振频率基本都处于高频段，甚至超高频段。设计高频吸波材料时可以选择上述所述特定类型的铁氧体材料与其他化合物材料进行复配即可。

2. 高频吸波材料的吸波性能

介电材料在吸波领域的研究主要以碳系材料为主，包括石墨烯、碳球、碳纳米管以及导电聚合物等。石墨烯等纳米介电材料具有轻质、吸收强度大等特点，但是由于介电材料往往具有较大的介电常数，在很大程度上使阻抗匹配变差导致介电材料作为吸波材料都会具有较大的厚度。为了解决介电常数较高的问题，研究人员慢慢倾向于在介电材料中引入其他一些如 MnO_2、TiO_2、CuO、ZnO 等具有高电阻率的金属氧化物材料，降低介电常数以促进阻抗匹配，增强吸波性能，但是这种材料设计方案并没有实际解决厚度较厚的问题。近些年，将介电材料和磁性纳米材料进行复合制备了一系列纳米复合吸波剂，在高频段获得了良好的吸波效果，见表 6-6。例如，PPy/HNTS/Fe_3O_4 纳米复合物吸波材料在 10.58GHz 处的最小反射损耗为-31.18dB，有效频带宽度为 10.58GHz，涂覆厚度 3mm。这些纳米复合材料不但具有质轻的优点，而且在高频吸波频段的吸波强度大、吸波频率宽，除了兼具介电损耗和磁损耗以外，还增加了独特的纳米效应的作用，多种机制共同作用。由于磁性纳米颗粒的尺寸小、比表面积大，因此界面极化与多重散射成为纳米材料重要的吸波机制。纳米材料量子尺寸效应也使电子能级分裂，分裂的能级间隔处于微波对应的能量范围（10^{-5}~10^{-2} eV）内，为纳米材料创造了新的吸波通道。

表 6-6　复合纳米材料的吸波性能

材料	厚度/mm	R_L/dB	频率/GHz	带宽(≤10dB)/GHz
聚氨酯/膨润土	5	-20.16	8.92	1
聚氨酯/Fe/SiO_2	1.8	-21.8	11.3	3
聚苯胺/Fe_3O_4	2	-15.8	15	8
聚苯胺/Fe_3O_4/CNT	1.5	-59.9	16.4	3.9

（续）

材料	厚度/mm	R_L/dB	频率/GHz	带宽(≤10dB)/GHz
Fe_3O_4/PEDOT	2	−30	9.5	2.8
$BaTiO_3$/聚苯胺	3	−14.5	5.3	0.6
聚吡咯/GNF/IONP	15×10^{-3}	−24	X 带	
Fe_3O_4/SiO_2/PVDF	3.5	−28.6	8.1	2
FPVDF/Fe_3O_4/PPy	2.5	−21.5	16.8	9.9
聚苯胺/钡铁氧体	2	−28.9	18	5.6
聚苯胺/$MnFe_2O_4$	1.4	−15.3	10.4	3.5
FeCo/C/$BaTiO_3$	2	−41.7	11.3	5.1
Fe_3O_4/聚苯胺	2	−37.4	15.4	5
聚苯胺/γ-Fe_2O_3	2	−15.3	14	0.6
Fe/C	2	−22.6	15	5.2
PNE/MXene/氧化铁		−43	11.5	4
RGO/MWCNT/$ZnFe_2O_4$	5	−23.8	4.3	2.6
聚苯胺/Fe/Fe_3O_4/Fe_2O_3	3	−72.61	10.9	1
Co_3O_4/MWCNT/GO	5	−42.6	0.4	0.4
Cu-Mg-Ni/MWCNT	1.5	−40	12.8	3.3
Fe_3O_4/rGO/聚苯胺	3.5	−45	8.5	12.2
RGO/Ga/PEDOT		−34	X 带	
$BaFe_{12}O_{19}$/聚苯胺	2	−28	12.8	3.8
$CoFe_2O_4$/rGO/SiO_2	2	−24.8	5.8	1

6.4　纳米磁性分离材料

在复杂样品如生化样品、水中污染物的分离或分析过程中，样品存在成分复杂、目标物质含量低或稳定性差等问题，无法用仪器直接测量，因此需要对样品进行预处理，将目标物质与杂质分开，浓缩富集目标物至关重要。与操作烦琐、费时费力的常规预处理相比，磁性分离法可以大大简化操作，磁固相萃取是21世纪在分离富集领域的革命性技术。

6.4.1　磁性分离载体的结构和物理特性

与传统的各类吸附剂相比，磁性纳米吸附剂不但具有尺寸小、比表面积大、吸附性能好等优点，而且该类材料具有超顺磁特性，在吸附过程完成之后容易完全分离回收，减少了二次污染。显而易见，磁性载体作为磁性分离的重要工具是关键的物质基础。

1. 磁性分离载体

磁固相萃取的原理是将磁性载体放入溶液后使目标物吸附在磁性颗粒材料表面，然后施加外磁场将磁性颗粒分离出来，再选用合适的溶剂将磁性分离载体上的目标物淋洗解吸下来，如图6-10所示。

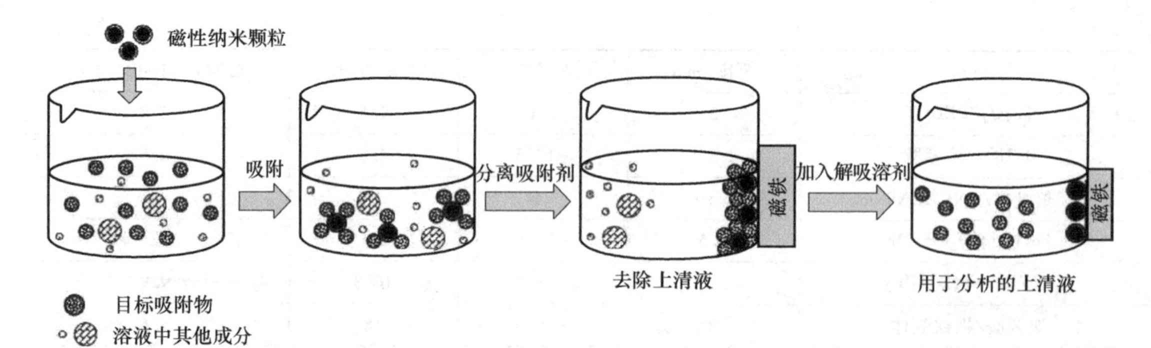

图 6-10　磁性分离载体的合成及应用示意图

在磁性分离过程中，借助磁场通过负载、运载和卸载等操作对目标生物分子进行分离的纳米或微粒级磁性颗粒称为磁性分离载体。磁性分离技术所需的磁性载体应具备以下特点：①磁性颗粒的粒径比较小、比表面积较大，具有较大的吸附容量；②磁性纳米颗粒的物理和化学性能稳定，有较高机械强度，使用寿命长；③磁性颗粒表面含有可活化的反应基团，用于亲和配基的固定化；④磁性颗粒的粒径均匀，能形成单分散体系；⑤悬浮性好，便于反应有效进行。在磁性分离载体的微观结构设计方面，主要有三种类型，如图 6-11 所示。

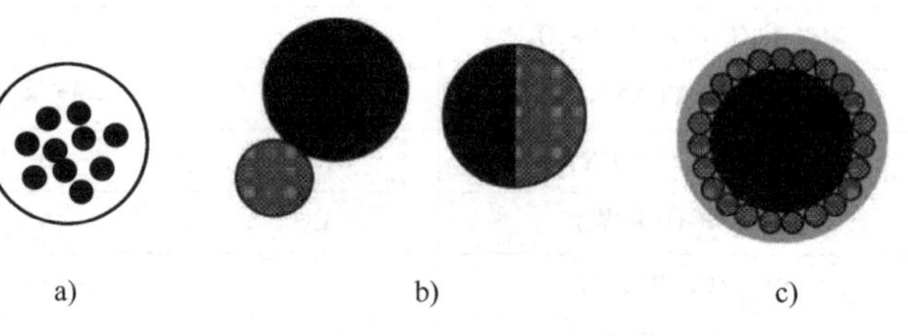

图 6-11　磁性分离载体的结构类型

a）镶嵌结构　b）Janus 结构　c）核-壳-壳结构

在镶嵌结构中，主要采用超顺磁性的 Fe_3O_4、γ-Fe_2O_3 以及 $CoFe_2O_4$ 或 MFe_2O_4 铁氧体纳米颗粒等作为磁性核，在磁性核外包覆聚合物、无机物等以实现吸附、催化等表面功能化，如 Fe_3O_4@ SiO_2-PEI（聚乙烯亚胺）、Fe_3O_4@ TiO_2 等。Janus 结构是磁性纳米颗粒与其他功能物质形成的异质结构，如 Fe_3O_4/Au 亚玲型结构，其中 Fe_3O_4 纳米颗粒具有超顺磁性便于磁性操控，Au 纳米颗粒可以吸附含有杂原子的有机分子等，相比之下，这种异质结型的复合磁性纳米颗粒的合成难度会更大一些。核-壳-壳结构是先在磁性核表面包覆了 SiO_2、聚合物等壳层，再借助 SiO_2 表面的硅羟基（-Si-O-H）或者聚合物的羟基（-OH）、羧基（-COOH）或者氨基（$-NH_2$）等吸附其他亲和配体，以最终实现对细胞的特异性吸附等目的。

2. 磁性分离载体的特异性识别

磁性分离技术在生物学方面的应用始于 20 世纪 70 年代后期，目前已经在分子生物学、细胞学、免疫学、微生物学、生物化学和生物医学等领域取得令人瞩目的研究成果。磁分离在生物医学领域的研究和应用主要分为细胞和蛋白质的分离和纯化，在此基础上还可以细分为几个亚类，包括抗体和生物标记物、病原体细菌和病毒、多肽和核酸等。随着纳米技术的飞速发展，近年来出现的纳米免疫磁珠具有较高的特异性及富集效率。免疫磁性分离技术是一种通过形成磁珠-抗体-抗原免疫复合物分离特定细胞的细胞分选技术，如在检测外周血、淋巴结及骨髓样本中的上皮源性肿瘤细胞时，为了提高检测方法的敏感性，需要在检测前将这些细胞特异性富集起来。通过在磁性纳米颗粒上固定针对靶细胞的特异性抗体，可以在细胞和其他生物分子的混合群体中实现对特定类型细胞的分离，而靶细胞在细胞膜上具有高特异性抗体的过表达受体。免疫磁性载体的结构基本采用核-壳-壳型的包覆结构，经由聚合物的取代基在磁性纳米颗粒表面负载特异性抗体。由于免疫磁性分离具有高特异性、高浓缩性、高分离率，且不影响细胞活性等特点，因此能从大量外周血细胞中筛选出极少量的肿瘤细胞，它与常规检测技术（如免疫细胞化学、RT-PCR、流式细胞仪等）相结合，弥补了常规检测技术的不足，改善了这些检测方法对循环肿瘤细胞检测的敏感性及特异性。

6.4.2　磁性纳米材料在纯化分离领域的应用

磁分离生物技术于1973年首次提出，Wikstrom等在1987年报道了使用磁敏感物质（铁磁流体或氧化铁颗粒）和外磁场实现了比其他常规液-液萃取工艺更快的生物材料分离，1996年Towler等利用在Fe_3O_4表面包覆二氧化锰的磁性复合材料吸附回收海水中的镭、铅和钋等离子，1999年科学家们出于分析的目的提出了磁固相萃取的概念，即利用磁性纳米材料吸附复杂样品的成分，在外磁场的操控下实现富集样品的目的。目前在生物技术和医学领域使用磁性分离技术分离细胞、蛋白质、酶以及肽已获得普遍的应用。近些年，研究人员还将磁性分离技术拓宽到环境、食品等领域，如对水中痕量的重金属离子污染物进行在线预浓缩和检测，以及降解污水中的有机污染物等。

1. 磁性纳米材料用于分离和降解水中污染物

工业废水是水体污染的主要污染源之一，我国的工业废水主要集中在石油、化工、钢铁、造纸、制药、皮革、食品等行业，不可降解的重金属、一些有毒的纺织品染料和有害的酚类化合物因不能被生物降解而在环境中积累，恶化了水体质量，对人体健康造成无法治愈的伤害。磁性纳米颗粒具有超顺磁性、比表面积高、表面易于功能化等特点，既能增强吸附能力，又能避免二次污染，因此可实现吸附材料的多次回收再利用。

磁性吸附剂常采用核壳结构，铁基氧化物纳米颗粒是废水处理中最为常用的磁性核，包括铁氧化物（γ-Fe_2O_3和Fe_3O_4）以及MFe_2O_4型铁氧体（M = Co、Cu、Mn、Ni、Zn等）等，它们由于具有高M_S、高生物相容性、低毒、低成本等优点，在工业废水处理领域应用广泛。常见的功能化壳层材料及载体有聚合物功能化、生物分子功能化、碳质材料功能化、有机分子功能化和无机分子功能化等。以硅基磁性吸附剂为例，如图6-12所示，磁性吸附剂的微观结构及制备工艺主要分为三步，首先采用化学法制备出Fe_3O_4磁性纳米颗粒，然后通过硅烷（通常是四乙基硅烷，TEOS）的水解反应在Fe_3O_4磁性纳米颗粒表面包覆SiO_2，

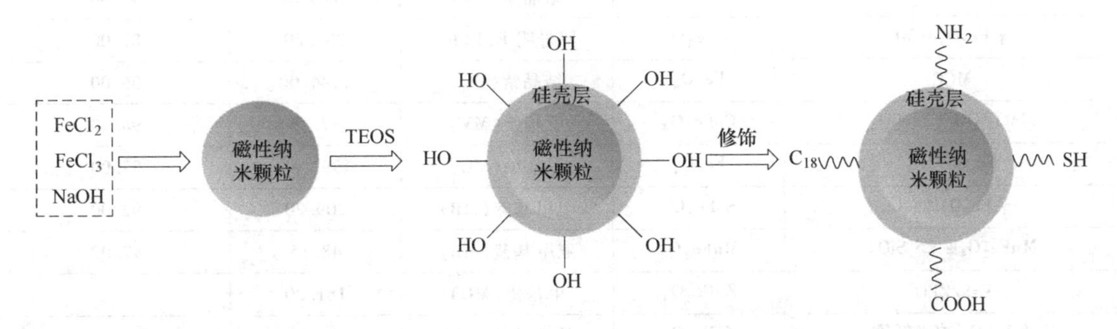

图6-12　表面功能化的Fe_3O_4@SiO_2纳米颗粒的制备及改性工艺示意图

最后借助表面的硅羟基（-Si-O-H）将吸附能力更强的有机官能团（-COOH、$-NH_2$、-SH 等）接枝于纳米颗粒表面，这些活性官能团不但实现了磁性纳米颗粒功能化，还可以提高纳米粒子的分散性和稳定性。

磁性纳米吸附剂的另一个理想特点是分离后的吸附剂经过简单再生处理后可多次循环使用，常用的解吸剂包括乙醇、EDTA、盐酸等，因此可降低吸附过程的总成本。部分磁性纳米颗粒吸附水中污染物的效果见表 6-7。

表 6-7 磁性纳米颗粒吸附水中污染物的效果

磁性纳米复合材料	磁性纳米颗粒	待吸附成分	最大吸附容量/(mg/g)	吸附-解吸 3 次后再生率(%)
Fe_3O_4-GO-(O-MWCNT)	Fe_3O_4	Cd(Ⅱ)	625.00	85.23
		Cu(Ⅱ)	574.71	87.21
		Ni(Ⅱ)	384.62	86.33
磁性层状双氧化物(MLDO)	γ-Fe_2O_3	As(Ⅴ)	83.01	74.40
		Sb(Ⅴ)	180.96	44.50
磁性羧甲基壳聚糖复合微球(MCMCM)	Fe_3O_4	Mn(Ⅱ)	75.74	75.00
磁性聚合物复合物($MPHP_{30}$)	Fe_3O_4	Cu(Ⅱ)	303.30	
		Zn(Ⅱ)	149.20	
		Pb(Ⅱ)	135.90	
Fe_3O_4-coated CA/CS	Fe_3O_4	Cr(Ⅵ)	193.20	90.00
		Ni(Ⅱ)	143.30	90.00
		Sb(Ⅴ)	180.96	44.50
γ-Fe_2O_3/TNT	γ-Fe_2O_3	Pb(Ⅱ)	223.71	84.30
膨润土/$CoFe_2O_4$@MnO_2-NH_2	$CoFe_2O_4$	Cd(Ⅱ)	115.79	48.50
$ZnFe_2O_4$@NH_2-SiO_2@PMDI@双硫腙(ZNPD)	$ZnFe_2O_4$	Pb(Ⅱ)	267.00	95.00
磁性 $MnFe_2O_4$/CS 微球(MCMS)	$MnFe_2O_4$	Cu(Ⅱ)	62.30	37.00
		Cd(Ⅱ)	60.60	
Fe_3O_4@SiO_2/P(AM-AMPS)	Fe_3O_4	亚甲基蓝(MB)	1462.34	80.00
		结晶紫(CV)	2160.37	97.00
γ-Fe_2O_3@Mt	γ-Fe_2O_3	罗丹明 B(RhB)	209.20	87.00
MCC	Fe_3O_4	结晶紫(CV)	1144.00	96.00
MMT/GO/$CoFe_2O_4$	$CoFe_2O_4$	甲基紫(MV)	97.26	98.00
Fe_3O_4/HA	Fe_3O_4	甲基绿(MG)	199.986	87.00
γ-Fe_2O_3@GL	γ-Fe_2O_3	亚甲基蓝(MB)	209.20	92.00
$MnFe_2O_4$@CS-SiO_2	$MnFe_2O_4$	亚甲基蓝(MB)	48.15	97.00
CsS/ZFO	$ZnFe_2O_4$	甲基橙(MO)	181.20	
$ZnFe_2O_4$ 纳米纤维	$ZnFe_2O_4$	酸性品红(FA)	150.37	

2. 磁性纳米材料可回收催化剂

磁性纳米颗粒除了采用吸附的方式以外，还可以采用光催化降解和生物催化降解的方法去除废水中的有机污染物。光催化氧化反应是以 TiO_2、ZnO 等宽禁带半导体为催化剂，以光为能量，通过光吸收产生自由基，用于污染物（染料）的氧化和降解，将有机物降解为二氧化碳和水。但催化剂在反应完成后从水中的分离是个问题，因此将 TiO_2、ZnO 等光催化材料包覆于磁性核表面，在将废水中的有机染料、酚类等进行光催化降解以后，利用磁场可以很容易地回收催化剂，不造成二次污染，因此磁性可回收的光催化技术是一种高效、安全的环境友好型环境净化技术。例如，Beydoun 等以亚甲蓝溶液检验磁性 $Fe_2O_3/SiO_2/TiO_2$ 纳米颗粒在紫外光下的光催化降解性能，在 660nm 处监测吸光度，80min 后有机物的分解率达到 80%，磁性纳米颗粒 SiO_2 中间层的作用是防止光生电子进入磁性核的能量较低的导带，从而导致光催化性能消失。为了增强该类磁性光降解催化剂在可见光区对有机污染物的降解率，可以采用染料作为光敏剂，或者对 TiO_2 进行掺杂调节其带隙结构。

酶作为生物催化剂在温和的反应条件下具有高稳定性、超高选择性和特异性等突出优点，将漆酶、辣根过氧化氢酶等通过吸附或共价交联等方式固定于磁性纳米颗粒表面可制得固定化酶，可对水中的染料、芳烃衍生物等有机污染物连续进行专一催化反应并实现重复利用和回收。Fe_3O_4 磁性纳米颗粒常用作酶的固定化载体，如 Zhang 等采用自组装法制备的 Fe_3O_4@CS（壳聚糖）纳米复合材料，用戊二醛将漆酶共价交联固定在纳米复合颗粒上得到固定化漆酶，在光降解浓度为 100mg/L 的 2,4-二氯苯酚和对氯苯酚时连续经过 10 次循环后降解效率分别从 91.4%和 75.5%下降为 75.8%和 57.4%，表明该固定化漆酶对水溶液中的含氯苯酚具有高效的降解作用。

固定化酶可有效去除水中难降解的有机污染物，如苯酚类、氯苯类、硝基苯等，其中氧化还原酶是处理难降解有机物固定化酶的首选，其中漆酶和过氧化还原酶的相关研究最多。磁性可回收的固定化酶不仅有助于提高酶的热稳定性和化学稳定性，同时还提高了酶的可回收性和可重复使用性，大大降低了生物法处理有机废水的成本。固定化酶技术已成为很有发展前途的生物催化剂。

6.4.3 磁性纳米材料在生物分离中的应用

在生物医用领域，将抗体、蛋白质、酶等生物分子固定在磁性纳米颗粒表面，然后在外加磁场的操纵下对复杂临床样品中的目标生物分子以及细胞等进行预浓缩和富集，提高检测的敏感性和特异性，具有简单、快速、廉价、高效等优点，对于疾病的早期快速诊断和治疗具有重要作用。磁性分离法与常规的复杂耗时的色谱分离法的截然不同之处在于它具有更好的选择性、灵敏性以及可控的靶向捕获性。为了实现高效的磁性分离，超顺磁性的磁性纳米吸附剂或者捕获剂不但应该具有高 M_S，还应该具有良好的稳定性、生物相容性，在磁性纳米颗粒表面要具有键合基团-亲和配体的结构，以实现对目标物的高特异性、高选择性的吸附。

1. 磁性纳米材料蛋白质固定化

蛋白质分离载体不需要结合抗体，壳层配体通常使用的是合成材料，通过亲和作用、离子作用、疏水作用或者这几种作用混合的模式对蛋白质进行分离，因此更具成本效益。由于磁性吸附剂的尺寸小、比表面积高，所以它们对蛋白质的结合能力很强，这点已被实践所证实。研究显示，尺寸为70~100nm的带负电的磁性颗粒通过阳离子交换对细胞色素C的结合能力可达到640 mg/g。表6-8中列出了部分磁性分离生物制药用蛋白质案例，从中可以看出抗体是生物制药研究最多的蛋白质产品。

表6-8　磁性分离生物制药用蛋白质案例

物种	包覆/封装材料	配体	源
鼠 lgG2b	3-(2,3-环氧丙氧基)-丙基三甲氧基硅烷(MagPrep® Protein A)	Protein A	100 l 细胞培养上清液
鼠 lgG2a	聚(甲基丙烯酸酯-二乙烯基苯)	Protein A	鼠腹水
鼠 lgG	戊二醛交联的 Protein A	Protein A	鼠血清
兔 lgG	纤维素	Protein A	水溶液及兔血清
兔 lgG	Dynabeads M-280	Sheep Anti-Rabbit lgG	全抗钙网蛋白血清
人 lgG1	二氧化硅(SiMAG)	苯基硼酸 Protein A	中国仓鼠卵巢细胞培养上清液
	聚甲基丙烯酸甲酯核 N-异丙基丙烯酰胺-共聚丙烯酸壳	COOH	中国仓鼠卵巢细胞培养上清液
人 lgG	阿拉伯树胶	人造 Protein A	
		人造 Protein L	
	聚乙二醇二甲基丙烯酸酯-甲基丙烯酰-L-组氨酸甲酯	甲基丙烯酰氧基组氨酸甲酯	水溶液和/或人血浆
	聚(2-羟乙基甲基丙烯酸乙二醇二甲基丙烯酸酯)	3-(2-咪唑啉-1-基)丙基三乙氧基硅烷	水溶液和/或人血浆
	聚(醋酸乙烯酯-二乙烯基苯)	2-巯基苯并噻唑	人血清
	聚(醋酸乙烯酯-二乙烯基苯)	2-巯基-4-甲基-嘧啶	人血清
	聚(苯乙烯-乙烯基树胶-二乙烯基苯)	2-巯基烟酸	人血清
	聚(醋酸乙烯酯-二乙烯基苯)	2-巯基烟酸	人血清
	琼脂糖(MacroPAC™)	2-巯基乙醇	人血清及全血
抗 DNA 人类抗体	聚(2-羟乙基甲基丙烯酸酯)	DNA	系统性红斑狼疮患者血浆
鼠 lgG	3-氨基丙基三乙氧基硅烷聚戊二醛	4-巯基乙基吡啶	兔抗血清
lgE	磁脂质体	抗原蛋白	过敏患者血清
刀豆球蛋白 A	3-氨基丙基乙氧基硅烷聚戊二醛	葡聚糖	刀豆提取物
块茎茄凝集素 小麦属凝集素	戊二醛交联的卵清蛋白或蛋清		马铃薯块茎提取物,小麦胚芽提取物
块茎茄凝集素	壳聚糖		块茎提取物,马铃薯废水
干扰素 α-2b	琼脂糖	抗 IFN α-2b lgG	假单胞菌菌株 VG-84 粗细胞裂解物
	纤维素		
	聚乙烯醇		
	带纤维素结合域的纤维素-蛋白A复合物	抗 IFN α-2b lgG	粗细胞裂解液

（续）

物种	包覆/封装材料	配体	源
抑肽酶	壳聚糖	胰蛋白酶	牛胰粉
肿瘤坏死因子	Oynabeads M-280	抗肿瘤坏死因子小鼠单克隆抗体	
肿瘤坏死因子 α		抗肿瘤坏死因子小鼠单克隆抗体	人类颞下颌皮肤
			人类牙龈空间皮肤
人类中性粒细胞防御素	Oynabeads M-450	抗防御素抗体	人类牙龈缝隙

生物制药是一个快速发展的市场，当改进生产线的上游工艺时会使蛋白质粗产品浓度大大提高，这必定会增加常规色谱分离的循环次数和分离时间，而磁性分离方法的处理时间快，并且能够处理带有悬浮固体物质的粗样品，因此可以将工艺集成化，进一步增强优势。

2. 磁性纳米材料 DNA 固定化

核酸的提取是分子生物学的基本操作，对于很多的生化和诊断过程是必不可少的技术手段。传统的核酸纯化方法包含多个提取和沉淀步骤，不但费时费力，而且还使用苯酚和氯仿等有毒的有机溶剂。磁性纳米颗粒与特定配体耦合使核酸的磁分离更具高效性和特异性，可直接加入原始样品，利用磁场实现快速回收，从而避免离心、沉淀和过滤等耗时的步骤，不但提高了样品处理量，而且减小了样品降解的风险。利用磁性纳米颗粒进行目标 DNA 的富集捕获技术，还能够使研究人员快速找到重要的基因组区域，以发现变异，包括传染病检测、单核苷酸多态性（SNP）、基因同工型和结构变异，大大提高了检测的准确性和灵敏性，并大大降低了实验成本和周期时间。例如，病原体的 DNA 通过与磁性分离载体上能与该 DNA 特异性结合的分子偶联，借助外加磁场进行分离。表 6-9 列出了部分磁性分离法提取检测病原体实例。

表 6-9　磁性分离法提取检测病原体实例

磁性颗粒	测试样本	检测下限
磁珠(MB)	B 族链球菌	1.25×10^{3} cfu/mL
	肠炎沙门氏菌	1cfu/mL
	CPV-2	3×10^{4} copies/mL
	恰加斯病、布鲁氏菌病、牛布鲁氏菌病、手足口病	
	艰难梭菌	
	利什曼病	3.125×10^{3} ng/μL
		1×10^{3} cells/mL
磁性纳米颗粒(MNP)	H9N2,H1N1,H7N9	2×10^{-2} pg/mL
SiO_2@ MNP	HBV,HCV,HIV-1	10cfu/mL,10cfu/mL,100cfu/mL
金磁性双功能纳米珠(GMBN)	猪霍乱沙门氏菌	5×10^{5} cfu/mL
金磁性纳米珠(AuMagNB)	甲型流感病毒	4.42×10^{-14} g/mL

磁性分离法已成为现代分子生物学的主流。目前已市售的 DNA 磁性分离载体最典型的是在磁性核的表面包覆 SiO_2 的硅基磁性纳米颗粒，为了增大表面吸附面积许多硅基颗粒甚

至还制成了多孔结构。此外，还有其他市售磁性纳米颗粒的包覆层材料采用的是纤维素、葡聚糖、聚乙烯醇、聚苯乙烯和苯乙烯-马来酸共聚物等聚合物。

3. 磁性纳米材料细胞固定化

磁性分离快速、温和的特点使其特别适合分离完整的细胞。1975 年首次报道了磁性细胞分离，有趣的是使用的并不是磁性吸附剂，而是利用血红蛋白缺氧时红细胞的本征磁性（磁化率为 3.88×10^{-6}）将其从全血中分离出来。仅仅两年后，Molday 等报道了结合抗体或凝结素的磁性微球分离红细胞和淋巴细胞，进一步证明了磁性颗粒的多功能性，除了分离细胞，还能检测淋巴细胞和 Hela 细胞上的免疫球蛋白受体和小麦胚芽凝集素受体。磁性纳米颗粒的另一个重要应用是转染，磁性辅助转染已经应用于各种细胞，不但效率高，而且简单、快捷。

磁性细胞分离与任何分离过程一样是有针对性地直接分离出靶细胞或除掉不需要的细胞，为了有效地分离，在任何情况下细胞都必须具有特定的标记。大多数情况是将能识别细胞表面的特异抗原的抗体与磁性纳米颗粒偶联，然后再用于细胞的选择性分离。例如，Xu 等先在 Fe_3O_4 纳米颗粒表面包覆具有羧基的聚合物，制备了尺寸约为 30nm 的磁性纳米颗粒，然后用人上皮生长因子受体 2 抗体（Ab）（抗 her2 或抗 her2 /neu）修饰形成 Fe_3O_4-IO-Ab，可从新鲜人全血中提取分离 73.6%的人上皮细胞生长因子受体 2 过表达人乳腺癌细胞（SK-BR3），总富集因子（癌细胞高于正常细胞）为 1：10000000。此外，凝集素、膜联蛋白 V 以及碳水化合物等小分子也被用作细胞选择性识别的配体。

6.5 生物医用磁性纳米材料

自 20 世纪初研究人员实现高单分散纳米氧化铁的可控制备以来，基于高生物学安全性的氧化铁磁性纳米颗粒或者掺杂铁氧体磁性纳米颗粒的生物医学应用研究出现了爆发式增长，磁性纳米颗粒材料在新型磁共振成像对比剂、肿瘤磁热治疗和磁力生物调控等应用方向出现了多学科交叉的研究，有望建立基于磁性纳米颗粒材料的可控、安全和精准的疾病诊断和治疗新模式，提高疾病的治疗疗效。

6.5.1 磁性纳米颗粒的物理特性及修饰

20nm 以下的磁性纳米颗粒对于生物医用材料的研究来说尤为重要，它们通常具有超顺磁性和高磁矩，可以对外磁场产生快速响应，如在每个纳米颗粒周围产生二次场干扰生物组织内水的质子自旋弛豫，因此这种磁性纳米颗粒可以在磁共振成像（MRI）诊断中作为敏感的磁探针。此外，当暴露在交变磁场中时，磁性纳米颗粒可以快速切换磁化方向，将磁能转化为热能，通过磁热消灭对热敏感的癌细胞。磁场相关的医疗技术往往具有无创性、可实时调控、无辐射危害等优势，因此开展磁场作用下氧化铁纳米材料生物效应的跨学科、创新性的科学研究，有望为生物医学领域带来变革性的医疗技术，改善当前疾病治疗的效果。

1. 磁性纳米颗粒的生物相容性

磁性氧化铁纳米颗粒一般根据内核组成分为 Fe_3O_4 及 γ-Fe_2O_3 两大类，直径从数十至数百纳米。颗粒的大小是决定药物在组织中清除半衰期的关键因素，其中粒径小于 10nm 的颗粒可以通过肾小球过滤而排泄，而大于 200nm 的颗粒则容易被单核巨噬细胞吞噬，然后经溶酶体消化后沉积在肝脏、脾脏等器官。中等大小的磁性纳米颗粒在体内的半衰期从数分钟到数小时不等，因此既要控制其尺寸足够小（<200nm）以避免由于脾脏和肝脏的迅速过滤而缩短血液循环时间，但也要确保尺寸足够大（>10nm）以逃避肾脏的过滤和快速渗透。

对医疗技术的临床应用要求是必须安全、有效，因此生物医用材料首先应该具有良好的生物相容性。磁性纳米颗粒的生物相容性与其代谢特性高度相关。国际标准化组织（ISO）在 1992 年将生物相容性解释为生物医用材料与人体之间相互作用产生的生物、物理、化学反应的一个整体概念，医用材料进入人体后将与组织和细胞直接接触，因此要求它们对人体必须无毒性、无致敏性、无刺激性、无遗传毒性。生物相容性的常规检测主要聚焦于体外细胞毒性测试、皮肤刺激测试和致敏检测三项，以此评估生物材料与生命体组织之间的相互作用，确保材料对宿主不会引起不良反应。此外还有其他一系列测试，如急性全身毒性、亚慢性全身毒性试验、植入试验、血液相容性等。

氧化铁磁性纳米颗粒表面带正电荷，容易吸附机体内的蛋白而被单核吞噬细胞系统吞噬，因此为了增长纳米颗粒在机体内的有效循环时间，应该对磁性纳米颗粒表面进行修饰，将纳米颗粒设计成不同的核壳结构。理想的表面修饰材料为两亲性分子，如聚乙二醇，其疏水端对磁性纳米颗粒有较高的亲和力，而亲水端可以增强磁性纳米颗粒的水溶性及分散性，并降低颗粒的毒性进而提高生物相容性。目前用于修饰磁性纳米颗粒的材料主要有天然生物高分子与合成高分子两类。天然生物高分子包括葡聚糖、壳聚糖、琼脂糖等，合成高分子包括聚乙二醇（PEG）、聚乙烯醇（PVA）等。采用高分子材料对纳米颗粒进行表面修饰可改善颗粒细胞毒性、生物相容性，修饰材料所携带的羟基、羧基或者氨基等极性基团可以与抗体、凝集素、叶酸、蛋白多肽、激素、核苷酸、生物素等特异性结合，在外磁场作用下实现药物的靶向运输，减小了药物的不良反应。

最具代表性的氧化铁纳米颗粒 Ferumoxytol 已于 2009 年通过 FDA 认证而作为缺铁性补铁剂应用到临床，它是一个超小型的氧化铁纳米粒子，在超顺磁性氧化铁核的表面包覆了亲水性的羧甲基右旋糖苷涂层。目前 Ferumoxytol 主要用于粥样硬化斑块评估，心肌炎和心肌病诊断，识别心脏移植排斥，缺血性心肌病干细胞移植示踪，评估心肌梗死后心肌炎症和左心室重塑等一系列临床试验，充分展示了 Fe_3O_4 磁性纳米颗粒在心血管领域具有广阔的应用前景和巨大的临床转化潜力。

2. 复合磁性纳米颗粒

癌症是一个具有高发病率和高死亡率的世界性医学难题，由于有些癌临床症状不明显、不特异，多数患者在诊断时已为晚期甚至转移，因此早期发现和治疗是提高癌症患者生存率的关键因素。纳米技术为改善目前诊断和治疗肿瘤的方法提供了新思路，由于纳米颗粒能够克服肿瘤间质屏障，通过与靶向物质如抗体、多肽和小分子结合，从而靶向肿瘤组织，因此在肿瘤的诊治中具有很好的应用潜力。超顺磁性氧化铁纳米颗粒不仅可以作为药物载体，还可以作为磁共振成像检查的对比剂，因此能够同时对肿瘤进行成像诊断和治疗，实现肿瘤的诊疗一体化。诊疗一体化是精准医疗中一个相对较新的概念，这种策略是通过只使用一种整合性的药物，将诊断和治疗结合在一起，其中治疗部分用于治疗病变，而诊断部分用于增强肿瘤组织的对比度，使整个治疗过程实时可视化。这种整合性的药物是由磁性纳米颗粒与具有其他诊断和治疗功能的纳米材料或有机分子等形成的复合纳米颗粒生物医用材料。

复合磁性纳米颗粒是指将磁性无机粒子与其他物质相结合形成的具有独特结构的材料，

具有超顺磁性和其他众多优良特性。在临床背景下，MRI是应用最广泛的无创成像技术，具有较高的空间分辨率和软组织对比度，缺点是灵敏度低，容易产生伪影，因此它经常与其他成像技术如光学成像、计算机断层扫描（CT）等相结合进行多模态成像，为精准诊断提供补充信息和预后。多模态成像依赖于多模态纳米探针，它是将磁性纳米颗粒与光学材料结合在一起的复合磁性纳米颗粒，能够增强正常细胞和癌细胞之间的对比度，称为对比剂或造影剂。多模态对比剂的结构基本采用核-壳-壳型，如图6-13所示。其中，Fe_3O_4纳米磁性核表面包覆高分子，尤其是天然高分子，经由高分子表面的基团负载荧光染料或量子点，Fe_3O_4用作MRI对比剂，荧光染料或量子点用作光学成像对比剂，实现多模态检测。同时该复合磁性纳米材料可以负载抗癌药物，进行化学动力治疗。此外，由于癌细胞内的微环境为缺氧富过氧化氢，磁性核的铁离子经Fenton反应对癌细胞内的过氧化氢分解反应产生催化作用，生成高活性的·OH杀死癌细胞。进一步，通过近红外照射在光敏剂作用下将过氧化氢分解为单线态氧，利用光动力治疗进一步杀死癌细胞，实现化学动力和光动力多模式的治疗。

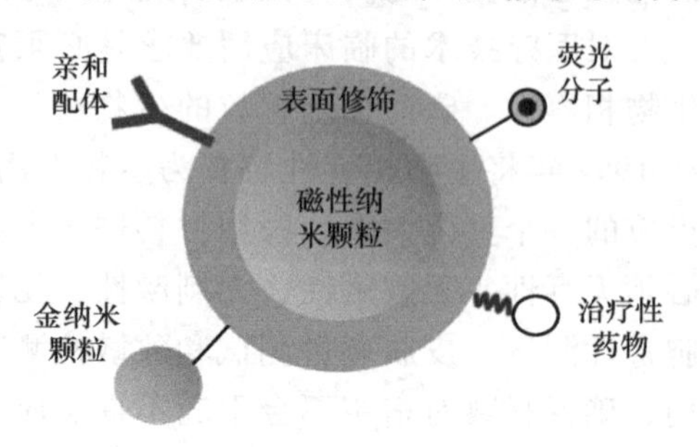

图6-13　复合磁性纳米颗粒结构示意图

6.5.2　磁性纳米颗粒在磁共振成像中的应用

目前MRI在临床影像诊断和疾病监测中广泛应用，对比剂可增强病灶部位的信号，提高其与周围正常组织的对比度，从而提高影像灵敏度和早期检测能力。磁共振成像主要通过测量组织的弛豫时间进行诊断，分为纵向弛豫和横向弛豫两部分。其中纵向弛豫又称自旋-晶格弛豫，指吸收了能量跃迁至高能级的质子将能量释放到其周围晶格中，恢复到低能级稳态的过程。横向弛豫又称自旋-自旋弛豫，是由质子间自发的散相导致磁化矢量不断衰减的过程。对比剂通常通过缩短组织中的质子纵向弛豫时间T_1（T_1对比剂）或横向弛豫时间T_2（T_2对比剂）来增强正常组织和病变组织之间的对比度，其中T_1和T_2分别为纵向磁化矢量恢复到最初的63%所需的时间和横向磁化矢量恢复到最初的37%所需的时间。T_1是阳性对比剂，可以使目标区域变得更亮；T_2是阴性对比剂，使病变组织成像变得更暗。T_1和T_2对比剂的弛豫增强效能分别用弛豫率r_1（即$1/T_1$）和r_2（即$1/T_2$）来衡量。为了使磁性纳米颗粒能够长时间循环，避免非特异性摄取，纳米颗粒的水动力尺寸最好控制在50nm以下，因此通常采用具有高磁化强度和薄涂层的磁性纳米颗粒用于敏感的核磁共振成像。

1. 磁共振成像对比剂

磁共振成像对比剂也称为造影剂，是在注入病灶区后通过改变组织的弛豫时间和信号强度改善磁共振成像的组织对比度和软组织图像分辨率的磁性材料。目前临床使用的对比剂均为钆基造影剂，如钆特酸葡胺（Gd-DOTA）、钆喷酸葡胺（Gd-DTPA）、钆塞酸二钠（Gd-EOB-DTPA）等，均属于顺磁性物质。但是钆基对比剂在水中可能会解离出的钆离子，可能会在中枢神经和肾脏部位积累，增加肾源系统性纤维化的风险。临床上将治疗缺铁性贫血的超小纳米氧化铁Ferumoxytol用于MRI对比剂，由于超顺磁性铁氧体纳米颗粒具有较低的毒性和独特的磁学性能，所以目前基于磁性纳米颗粒的造影剂已成为当前MRI对比剂研究的热点。

顺磁性离子是磁共振 T_1 信号增强的关键，游离的 Fe^{2+} 和 Fe^{3+} 顺磁性离子都能导致 T_1 信号增强，通常 20nm 以下的 Fe_3O_4 超顺磁性纳米颗粒主要使 T_2 信号增强。要想获得较大的 r_2 值，要求纳米颗粒具备较高的磁化强度，但是随着颗粒尺寸急剧减小，其表面自旋紊乱层占比将显著提高，同时小尺寸还抑制了颗粒内核的磁化强度和 T_2 弛豫效能。研究显示当 Fe_3O_4 的尺寸减小到 5nm 以下时这种由高占比的表面顺磁性非晶层与内部极小铁磁性晶核构成的核壳结构纳米氧化铁整体表现为准顺磁特性，反而具有高 r_1 弛豫率和低 r_2/r_1 比值，可作为新型、低毒的 T_1 对比剂替代钆基对比剂。表面自旋紊乱导致较小纳米颗粒的 M_S 降低，与块材的饱和磁化强度 M_{Sb} 关系表示为

$$M_S = M_{Sb}\left(\frac{r-d}{r}\right)^3 \tag{6-12}$$

式中，r 为纳米颗粒的半径；d 为表面自旋紊乱层的厚度。

2. 多模态磁成像对比剂

氧化铁磁性纳米颗粒通常用作单模态对比剂，即仅采用单一的 T_1 或 T_2 模式成像。但由于脂肪、钙化、出血、血凝块和空气等内源性因素易产生假阳性信号，导致难以准确呈现病变组织的目标区域，因此设计合成 T_1/T_2 双模态探针，利用双模态 MRI 能够很好地增强其影像诊断的准确度和灵敏度。构建 T_1/T_2 双模态氧化铁磁共振对比剂的方法主要有两种：一种是在氧化铁纳米颗粒中掺杂顺磁元素，如在 Fe_3O_4 磁性纳米颗粒中掺铕（Eu^{3+}）可以合成 T_1/T_2 双模对比剂，其 T_1 和 T_2 弛豫效能分别明显优于 Fe_3O_4 或 Eu_2O_3 纳米颗粒；另一种是通过优化氧化铁纳米颗粒的尺寸以及表面，或将顺磁性的 Gd（Ⅲ）、Mn（Ⅱ）化合物包覆 Fe_3O_4 磁性纳米颗粒形成核壳结构，以实现两种模式成像的兼容。

多模态成像也可以是将 MRI 和其他成像技术结合起来的形式。磁共振成像空间分辨率高但难以准确定量和灵敏度相对较低，而光学成像灵敏度高但空间分辨率低，因此通过设计多模态纳米探针可实现与其他成像方式的集成和优势互补，从而提高诊断的灵敏度、准确性和定量能力。如在 Fe_3O_4 磁性纳米颗粒表面先包覆 SiO_2，然后将 Cy5.5 或类似的近红外荧光染料接枝于表面制备而成的 MRI/荧光成像多模态对比剂，兼具 T_2 模式 MRI 检测和荧光检测功能。将 Fe_3O_4 磁性纳米颗粒和 Au 纳米颗粒复合制备的哑铃型复合纳米颗粒，Fe_3O_4 磁性纳米颗粒作为 T_2-MRI 对比剂，Au 纳米颗粒作为 CT 对比剂，可以实现 MRI/CT 多模检测。

通过设计基于氧化铁的多模态纳米探针，将不同的成像技术如单光子发射计算机断层扫描（SPECT）、荧光成像（FLI）、光声成像（PAI）等与磁共振成像结合所形成的多模式精准成像，将两种以上的检测技术提供的信息融合分析，并且同时具有光热治疗、光动力治疗作用，为恶性肿瘤的诊疗一体化提供了新策略。

6.5.3　磁性纳米颗粒在靶向治疗中的应用

目前临床上对肿瘤的治疗主要有手术、放疗、化疗三种方式。手术治疗通常不能彻底切除肿瘤，而化疗药物作用在病变部位的有效浓度较低，因此需要大剂量用药，对肝肾造成了不同程度的损害，因此提高化疗药物的靶向性，增加其在肿瘤部位的分布是提高抗肿瘤药物的药效和减轻不良反应的核心。

1. 磁控靶向药物

利用磁性微粒和纳米颗粒输送化疗药物始于1976年，齐默尔曼和皮尔瓦特利用磁性红细胞递送给药。1996年研究人员首次用动物模型测试了装载抗癌药表柔比星的磁性纳米颗粒靶向治疗胰腺癌，1997年FeRx（CO，USA）公司生产了负载阿霉素的磁性纳米颗粒，显示了在外磁场作用下药物在猪肝细胞癌模型处具有靶向性积累，没有显示任何脱靶毒性，证明了磁控靶向治疗的可行性。

磁控靶向治疗就是在外磁场的作用下将携带药物的超顺磁性纳米颗粒载体富集在病变部位，进行靶向给药和治疗。目前磁性纳米颗粒搭载的化疗药物研究较多的是阿霉素、顺铂、紫杉醇和喜树碱等，可以将治疗性药物封装在磁性纳米颗粒的聚合物涂层内或通过分子交联剂键合到聚合物表面。为了进一步提高靶向效率并增强磁性纳米颗粒在靶位点的特异性积累，可以进一步在磁性纳米颗粒表面负载特异性靶向配体，部分案例见表6-10。

表6-10 几种癌症治疗的临床条件下磁性纳米颗粒的治疗药物输送案例

研究名称	开始日期	病症	干预手段	资助者
利用新型磁针和纳米粒子检测白血病患者淋巴母细胞的研究	2010年8月	白血病	装置：MagProbe™	新墨西哥大学
使用超顺磁性氧化铁（SPIO）新型淋巴超顺磁性纳米粒子对比剂进行磁共振淋巴造影的验证研究	2005年7月	膀胱癌、泌尿生殖系统癌症和前列腺癌	药物：Ferumoxtran-10（USPIO） 手术：磁共振淋巴管造影	安德森癌症中心
成人/儿童肉瘤中的铁氧体酚增强核磁共振成像	2012年9月	软组织肉瘤	药物：阿莫西托（Ferumoxytol）	丹娜法伯癌症研究所
利用超顺磁性氧化铁磁共振成像（SPIO-MRI）对胰腺癌进行术前分期	2009年7月	胰腺癌	药物：超顺磁性氧化铁核磁共振成像	马萨诸塞州综合医院
评估接受化疗的复发性高级别胶质瘤患者的动态磁共振成像效果	2008年10月	脑肿瘤	药物：阿莫西托（Ferumoxytol）	OHSU Knight Cancer Institute

治疗性蛋白质和多肽也能够通过抑制或刺激各种细胞通路来实现特异性治疗效果，其靶向治疗广受关注。例如，氯毒素肽对含有基质金属蛋白酶-2（MMP-2）的脂筏锚定复合物和维持胶质瘤癌细胞的侵袭性所需的氯离子通道具有高亲和力，研究表明氯毒素修饰的磁性纳米颗粒比游离的氯毒素细胞摄取和侵袭抑制率明显增强。

2. 磁热治疗

磁热治疗是指在交变磁场中磁性纳米颗粒利用磁滞损耗等作用将磁场能量转化为热量，在病灶区域形成中高温区达到精准施治的目的。“磁热疗”一词于1957年首次提出，它是利用肿瘤细胞比正常细胞对热的耐受性更差以及磁性氧化铁纳米颗粒在外加交变磁场作用下能产生热的特性发展起来的一种新型物理治疗肿瘤的方法，磁性纳米颗粒在外加交变磁场作用下受到磁滞损耗、弛豫损耗等影响而吸收外磁场能量产生热量，使肿瘤组织局部快速升温至41~47℃的高温来诱导肿瘤细胞凋亡。

肿瘤磁热疗比水热、射频、超声波等传统肿瘤热疗法更具明显的优势，如无穿透深度限制、无耐药性、更均匀、磁性纳米颗粒表面易功能化、更具靶向性等。超顺磁性的纳米颗粒在交变磁场作用下主要由Néel-Brownian弛豫损耗产生热量，其中Néel弛豫是源于磁性纳米颗粒内部磁矩的旋转，即颗粒内部的磁矩在振荡过程中均保持同外磁场方向一致的重新取向，主要取决于颗粒的体积及磁晶各向异性，弛豫所需时间称为Néel弛豫时间，即

$$\tau_N = \tau_0 \exp \frac{KV}{kT} \tag{6-13}$$

式中，k为玻尔兹曼常数；T为温度；K为颗粒的磁晶各向异性常数；V为颗粒的体积；τ_0为特征翻转频率，通常认为τ_0是在$10^{-13} \sim 10^{-9}$s范围内的一个常数。

在Brownian弛豫过程中，磁性纳米颗粒的磁晶各向异性足够大，磁矩被锁定在晶体轴上并保持与外磁场方向一致，当受到外部磁场影响时，磁性纳米颗粒带动磁矩一起转动，Brownian弛豫是由于颗粒自身物理旋转时与载体液体之间产生摩擦而引起的，Brownian弛豫时间（τ_B）的计算公式为

$$\tau_B = \frac{3\eta V_H}{k_B T} \tag{6-14}$$

式中，η为流体的黏度；V_H为纳米颗粒的动力学体积。

对于超顺磁纳米颗粒，Néel-Brownian弛豫是同时发生的，其有效弛豫时间τ_{eff}计算公式为

$$\tau_{eff} = \frac{\tau_N \tau_B}{\tau_N + \tau_B} \tag{6-15}$$

由式（6-13）~式（6-15）可以看出，Brownian弛豫具有严格的尺寸依赖性，同时也受所处流体黏度的影响，Néel弛豫受颗粒的体积和磁晶各向异性的影响。当颗粒尺寸较小时，Néel弛豫占据主导地位，随着颗粒尺寸增加，Brownian弛豫则起主要支配作用。虽然这两种弛豫时间都与尺寸密切相关，但是Néel弛豫时间随颗粒体积呈指数增加，而Brownian弛豫时间则与颗粒体积呈线性相关。

磁热治疗的加热效率由比损耗功率（SLP）确定，即

$$\mathrm{SLP} = \frac{\mu_0 M_s H}{2\rho} \frac{(2\pi f)^2 \tau}{1+(2\pi f\tau)^2} L(\xi) \tag{6-16}$$

式中，μ_0为真空磁导率；H为交变磁场强度；f为交变磁场频率：ρ为磁性纳米颗粒的密度；τ为弛豫时间，$L(\xi)$为郎之万函数。

虽然SLP值随着交变磁场的频率和强度的增加而增加，但是临床安全要慎重考虑选择交变磁场的频率和强度。研究显示，在H=24.5kA/m和f=400kHz的交变磁场中，当Fe_3O_4磁性纳米颗粒的尺寸从5nm增加到14nm时，SLP从180W/g增加到447W/g。然而SLP并不总是随着尺寸增加而增加，其最佳尺寸应接近从超顺磁性到铁磁性的转变点。SLP也强烈地依赖于磁性纳米颗粒的M_S，M_S越高，则SLP越高，因此通过增加磁性纳米颗粒的M_S可以增强SLP。例如，在H=26kA/m和f=177kHz的交变磁场中，Fe（非晶态）/Fe_3O_4磁性纳米颗粒的SLP值为10W/g，而Fe（BCC）/Fe_3O_4磁性纳米颗粒由于具有更高的M_S故SLP为140W/g，显著高于非晶态Fe/Fe_3O_4纳米颗粒。此外，磁晶各向异性对增加SLP也起着重要作用，如$CoFe_2O_4$的磁晶各向异性常数比Fe_3O_4大得多，相应的9nm的$CoFe_2O_4$磁性纳米颗粒的SLP值约为Fe_3O_4的3倍。因此，结合M_S的影响，为了设计兼具高磁晶各向异性和高饱和磁化强度的磁性纳米颗粒，研究人员合成了硬磁-软磁交换耦合的纳米复合颗粒，以硬磁性$CoFe_2O_4$纳米颗粒作为磁性核，以软磁性$MnFe_2O_4$材料作为壳层，合成了15nm的超

顺磁性 $CoFe_2O_4/MnFe_2O_4$ 纳米复合颗粒，在 $H=37.3kA/m$ 和 $f=500kHz$ 的交变磁场中 SLP 值为 2280W/g，约为单相组分的 5 倍（$CoFe_2O_4$ 为 443W/g，$MnFe_2O_4$ 为 411W/g）。使用该复合磁性纳米颗粒治疗 18 天后肿瘤消失，而 Feridex 或阿霉素化疗法对照组的肿瘤不但没有收缩，实际上还有一定的生长。

参考文献

[1] WU L，MENDOZA-GARCIA A，LI Q，et al. Organic phase syntheses of magnetic nanoparticles and their applications [J]. Chem. Rev. (Washington，DC，U. S.)，2016，116：10473.

[2] MOHAMMED L，GOMAA H G，RAGAB D，et al. Magnetic nanoparticles for environmental and biomedical applications：a review [J]. Particuology，2017，30：1.

[3] JEONG U，TENG Y W，WANG Y，et al. Superparamagnetic colloids：controlled synthesis and niche applications [J]. Adv. Mater.，2007，19，33-60.

[4] ISSA B，OBSAIADT I M，ALBISS B A，et al. Magnetic nanoparticles：surface effects and properties related to biomedicine applications [J]. Int. J. Mol. Sci.，2013，14：21266-21305.

[5] KOLHATKAR A G，JAMISON A C，LITVINOV D，et al. Tuning the magnetic properties of nanoparticles [J]. Int. J. Mol. Sci.，2013，14：15977.

[6] CHEN J S，SUN C J，CHOW G M. Nanostructured high-anisotropy materials for high-density magnetic recording [M]. Functional Nanostructures，2008：345.

[7] SUN S H，MURRAY C B，WELLER D，et al. Monodisperse FePt nanoparticles and ferromagnetic FePt nanocrystal superlattices [J]. Sci.，2000，287：1989-1992.

[8] Zhang Y，Huang Y，Zhang T F，et al. Broadband and tunable high-performance microwave absorption of an ultralight and highly compressible graphene foam [J]. Adv. Mater.，2015，27 (12)：2049-2053.

[9] ELMAHAISHI M F，AZIS R A S，ISMAIL I，et al. A review on electromagnetic microwave absorption properties：their materials and performance [J]. J. Mater. Res. Technol.，2022，20：2188.

[10] QIANK，YAO Z，LIN H，et al. The influence of Nd substitution in Ni-Zn ferrites for the improved microwave absorption properties [J]. Ceram. Int.，2020，46 (1)：227-235.

[11] YOU C，FAN X，TIAN N，et al. Improved electromagnetic microwave absorption of the annealed pre-sintered precursor of Mn-Zn ferrite [J]. J. Magn. Magn Mater.，2015，381：377-381.

[12] CAI X，WANG J，CUIK，et al. Crystallization processes and microwave absorption properties of amorphous LiZn ferrite hollow microspheres [J]. J. Mater. Sci.-Mater. Electron.，2017，28 (13)：9596-9605.

[13] 韩敏阳，韦国科，周明，等. 低频雷达吸波材料的研究进展 [J]. 复合材料学报，2022，39 (4)：1363-1377.

[14] LE C，ZHAO Z G，MING X Z，et al. Microwave absorbing property of thin coating in the broadband low-frequency range [J]. Mater. Sc. Forum.，2018，916：33-37.

[15] ROUHI M，HAJIZADEH Z，TAHERI-LEDARI R，et al. A review of mechanistic principles of microwave absorption by pure and composite nanomaterials [J]. Mater. Sci. Eng. B，2022，286：116021.

[16] WIKSTRÖM P，FLYGARE S，GRÖNDALEN A，et al. Magnetic aqueous two-phase separation：a new technique to increase rate of phase-separation，using dextran-ferrofluid or larger iron oxide particles [J]. Anal. Biochem.，1987，167：331-339.

[17] TOWLER P H，SMITH J D，DIXON D R，et al. Magnetic recovery of radium，lead and polonium from seawater samples after preconcentration on a magnetic adsorbent of manganese dioxide coated magnetite [J].

Anal. Chim. Acta., 1996, 328 (1): 53-59.

[18] ŠAFAŘÍKOVÁM, ŠAFAŘÍK I. Magnetic solid-phase extraction [J]. J. Magn. Magn. Mater., 1999, 194 (1): 108-112.

[19] 郑怀礼，蒋君怡，万鑫源. 磁性纳米材料吸附处理工业废水的研究进展 [J]. 中国环境科学，2021，41 (8)：3555-3566.

[20] BEYDOUN D, AMALA R, LOWB G, et al. Occurrence and prevention of photodissolution at the phase junction of magnetite and titanium dioxide [J]. J. Mol. Catal. A: Chem., 2002, 180: 193.

[21] ZHANGK, YANG W, LIU Y, et al. Laccase immobilized on chitosan-coated Fe_3O_4 nanoparticles as reusable biocatalyst for degradation of chlorophenol [J]. J. Mol. Struct., 2020, 1220: 128769.

[22] BORLIDO L, AZEVEDO A M, ROQUE A C A. Magnetic separations in biotechnology [J]. Bio. Adv., 2013, 31: 1374-1385.

[23] TANG C, HE Z, LIU H, et al. Application of magnetic nanoparticles in nucleic acid detection [J]. J Nanobio., 2020, 18: 62.

[24] MOLDAY R S, YEN S P S, REMBAUM A. Application of magnetic microspheres in labelling and separation of cells [J]. Nat., 1977; 268: 437-438.

[25] XU H, AGUILAR ZP, YANG L, et al. Antibody conjugated magnetic iron oxide nanoparticles for cancer cell separation in fresh whole blood [J]. Biomater., 2011, 32: 9758-65.

[27] SHARMA SK, SHRIVASTAVA N, ROSSI F, et al. Nanoparticles-based magnetic and photo induced hyperthermia for cancer treatment [J]. Nano Today, 2019, 29: 100795.

[28] GONZALES-WEIMULLER M, ZAISBERGER M, KRISHNANK M, et al. Size-dependent heating rates of iron oxide nanoparticles for magnetic fluid hyperthermia [J]. J. Magn. Magn. Mater., 2009, 321: 1847-1950.

[29] LACEOIX L M, HULS N F, HO D, et al. Stable single-crystalline body centered cubic Fe nanoparticles [J]. Nano Lett., 2011, 11: 1641-1645.

[30] LEE J H, JANG J T, CHOI J S, et al. Exchange-coupled magnetic nanoparticles for efficient heat induction [J]. Nat. Nanotech., 2011, 6: 418-422.

习　题

1. 能否通过不断减小铁磁性纳米颗粒的尺寸提高磁记录介质的存储密度？指出两种最有可能用作未来超高密度存储介质的磁性纳米颗粒材料及其存储方式。

2. 试比较铁磁性、超顺磁性、顺磁性三种纳米颗粒的主要磁性特点及主要的应用领域。

3. 针对消除废水中的重金属离子、有机染料，从选材和纳米颗粒结构的角度各设计一种磁性分离载体，并指出所依据的化学原理。

4. 现代吸波材料的发展潮流要求吸波材料必须具备哪四个特点？请逐一解释，并设计一种符合此要求的吸波剂。

5. 磁成像对比剂有哪几种类型？简述其原理，并指出所适用的磁性纳米颗粒材料。

第 7 章

拓扑磁性材料与器件

20 世纪 80 年代，巨磁电阻效应的发现拉开了信息产业蓬勃发展的序幕，随之诞生了以操控电子自旋属性为核心的自旋电子学。随后的四十余年里，自旋电子学材料、器件与物理相关研究工作迅速展开，逐步成为后摩尔时代集成电路关键技术的主流发展方向之一。经过数十年以应用为先导的快速发展，自旋电子学器件的存储密度、读写速度、临界翻转电流密度和功耗等诸多关键性能的进一步提升受到材料和物理原理的限制。为了进一步突破这一技术瓶颈，研究人员将目光聚焦在了新型磁性功能材料的设计与新原理磁存储的探索上。

拓扑原本是一个数学名词，主要表征几何图形或者空间在连续改变形状后还能保持不变的特性，后面延展到物理和材料科学领域，拓扑绝缘体是最早被发现的拓扑材料。2011 年，国内磁学领域的科学家们首次提出了拓扑磁学与拓扑磁性材料的概念，并在随后的十余年中快速发展成为一门新型学科，是当前磁学与磁性材料领域最具活力的主要研究方向之一。

近年来，拓扑磁学与拓扑磁性材料的研究发展迅猛。鉴于篇幅限制，本章将围绕拓扑磁性材料与器件展开介绍，重点讲述拓扑磁学与拓扑磁性材料的起源与发展历程，深入探讨拓扑磁性器件及其相关工作原理。

7.1 拓扑磁性材料概论

7.1.1 拓扑磁性

磁有序体系中拓扑性质及相关新奇物理效应研究的逐步开展形成了当前磁学与磁性材料领域的前沿热点研究方向——拓扑磁学（Topological Magnetism）。拓扑磁学是基于自旋电子学与拓扑学的结合而形成的一门以研究磁性材料拓扑性质为核心的新兴学科。通常情况下，拓扑磁学的研究内容主要包括具有拓扑保护性质的磁畴结构的表征与调控。

斯格明子（Skyrmion）的概念是由英国原子能科学研究院的粒子物理学家 Tony Skyrme 于 20 世纪 60 年代初率先提出的，它是非线性西格玛（Sigma）模型的一个非平庸经典解，是一种典型的拓扑孤立子。直到 20 世纪 80 年代后期，以色列魏茨曼科学研究所的 Kugler 教授首次将当时在核物理中已经十分热门的“斯格明子”一词引入凝聚态物理，并从理论上预言了一种斯格明子晶体。该理论工作将凝聚态物理中的晶体及对称性等性质与斯格明子结合，并称“除了进行数值弛豫计算以外，我们还从凝聚态物理里改进了一种方法”。需要指出的是，美国普林斯顿大学的 Klebanov 教授将斯格明子整齐地排列到简单立方晶格位置上，结果显示斯格明子可以旋转并与最近邻的斯格明子发生相互作用。随后，美国加州大学洛杉矶分校的 Kivelson 教授在对量子霍尔铁磁体进行理论计算时发现，当塞曼分裂很小时，体系呈现非平庸的自旋有序，且是宏观的，这样的结构即为斯格明子，这是斯格明子首次在凝聚态物理和材料科学中正式被提出。

磁性斯格明子（Magnetic Skyrmions）作为拓扑磁结构的典型代表，是一种不同于传统磁畴结构的非共线手性自旋结构。磁性斯格明子的自旋漩涡状结构可以通过拓扑定义粒子性质；也就是说，二维片内的所有自旋动量仅环绕球体一次。其尺寸从几纳米到几百纳米可调，展现了局域类粒子特性，这使得基于磁性斯格明子的存储密度有望提高一个数量级。此外，驱动磁性斯格明子的临界电流密度仅为 102A/cm^2，比传统磁畴运动所需电流密度低 5、6 个数量级，远低于硅基半导体技术中沟道电流密度上限值（105A/cm^2），这一振奋人心的研究成果极大地促进了研究人员对拓扑磁性的研究热情。基于磁性斯格明子的这种拓扑性质可以通过拓扑保护和低电流激发的驱动运动形成奇异的亚稳态，有望在未来应用于新型信息磁存储领域。

7.1.2 拓扑磁性材料的分类

研究人员将新发现的具有拓扑保护性质的磁性材料统一称之为拓扑磁性材料，其相关磁学性质称为拓扑磁性。按照拓扑磁性材料的维度特性划分，主要包括拓扑磁性体材料、拓扑磁性薄膜材料和二维拓扑磁性材料等。按照拓扑磁性产生的物理机制划分，主要包括由 Dzyaloshinskii-Moriya（DM）相互作用所产生的拓扑磁结构材料和非 DM 相互作用所产生的拓扑磁结构材料。拓扑磁性材料中的拓扑磁结构主要包括磁性（反）斯格明子、（反）麦纫、（反）涡旋等。

过去很长一段时间中，研究人员对拓扑磁性体材料和拓扑磁性薄膜材料中的不同拓扑磁结构进行了深入探索。2009 年，德国 Pfieiderer 教授团队利用小角中子散射首次证实了 MnSi 中的斯格明子。随后不久，日本 Tokura 教授团队 Yu 等利用 LTEM 技术首次在 $\text{Fe}_{0.5}\text{Co}_{0.5}\text{Si}$ 单晶体系中观察到二维磁性斯格明子，极大地推动了拓扑磁性材料相关研究的进程。大量的研究结果表明，不同的拓扑磁结构具有明显不同的自旋排列方式。斯格明子的自旋构型可以看成中心点磁矩垂直向下，最外侧磁矩垂直向上，自中心点开始向外，磁矩从垂直向下开始逐渐旋转，直至最外侧的垂直向上，其中间过渡区域类似于磁畴壁。斯格明子有不同内在自旋排列的变体，如图 7-1a 所示。三种典型变体分别称为布洛赫型斯格明子、奈尔型斯格明子和反斯格明子，区别在于沿径向方向的自旋排布不同，其拓扑荷为 $Q=\pm1$。麦纫（Meron）最初由 De Alfaro 等提出，作为 Yang-Mills 方程的一个经典解。麦纫在粒子物理中用来描述夸克禁闭，因此麦纫只能以配对形式存在，不能单独存在，其自旋结构如图 7-1b 所示，其拓扑荷为 $Q=\pm1/2$。

这些自旋织构根据拓扑电荷和维数特征被分类为一般组，然后再根据涡量和螺旋度进行细分。这里根据拓扑展示了这些自旋织构的分类。可以注意到该分类仅对自旋织构有效，其特征长度尺度远大于原子间距，因此还需要将局部磁矩视为连续矢量场 $\boldsymbol{m}(\boldsymbol{r})$ 来定义拓扑。

扭曲的自旋结构通常按拓扑电荷（用 Q 来表示）分类，其定义为

$$Q=\frac{1}{4\pi}\int_S \boldsymbol{n}(\boldsymbol{r})\cdot[\partial_i \boldsymbol{n}(\boldsymbol{r})\times\partial_j \boldsymbol{n}(\boldsymbol{r})]\,\mathrm{d}\boldsymbol{r} \tag{7-1}$$

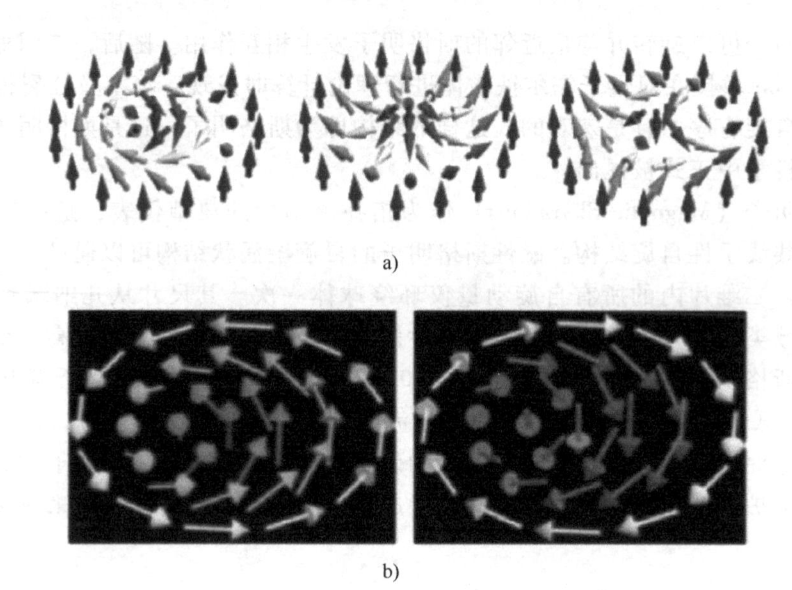

图 7-1　自旋结构示意图

a）布洛赫型斯格明子、奈尔型斯格明子及反斯格明子自旋结构示意图（$Q=\pm1$）　b）麦纫自旋结构示意图（$Q=\pm1/2$）

式中，$\boldsymbol{n}(\boldsymbol{r})$ 为动量的方向，$\boldsymbol{n}(\boldsymbol{r})=\boldsymbol{m}(\boldsymbol{r})/|\boldsymbol{m}(\boldsymbol{r})|$。对于 2D(3D) 自旋织构，积分范围是包含所关注自旋织构的整个区域 S（对于 3D 情况，表面 S 包含单个核心）；i、j 为封闭表面的独立基。如果自旋织构是径向对称的，则积分区域和基通常取如下：2D 结构中 S 是一个圆盘并且在笛卡儿坐标系中 $(i,\ j)=(x,\ y)$ 或在极坐标中 $(i,\ j)=(r,\ \phi)$；3D 结构中 S 是一个球面且 $(i,\ j)=(\theta,\ \phi)$，θ 和 ϕ 为球坐标中的极角和方位角。Q 对应于 $\boldsymbol{n}(\boldsymbol{r})$ 所包围的单位球体上的环绕数。

二维自旋织构在内部自旋排列的基础上进一步细分。在此，考虑半径为 R 的轴对称自旋织构并在球坐标中描述它们的磁化场为

$$\boldsymbol{m}(\boldsymbol{r})=m[\sin\Theta(\boldsymbol{r})\cos\Phi(\boldsymbol{r}),\sin\Theta(\boldsymbol{r})\sin\Phi(\boldsymbol{r}),\cos\Theta(\boldsymbol{r})] \tag{7-2}$$

式中，$\boldsymbol{r}$ 为极坐标位置矢量，$\boldsymbol{r}=r(\cos\phi,\ \sin\phi)$。将 $\boldsymbol{m}(\boldsymbol{r})$ 代入式（7-1）可得

$$Q=-\frac{1}{4\pi}[\cos\Theta(r)]_{r=0}^{r=R}[\Theta(\phi)]_{\phi=0}^{\phi=2\pi} \tag{7-3}$$

在一般的斯格明子形式中，核心磁矩反平行于 $\boldsymbol{H}$，即 $\Theta(0)=\pi$，而外围磁矩平行于 $\boldsymbol{B}$，即 $\Theta(R)=\pi$，以此获得较大的塞曼能收益 $\left|-\int_S \boldsymbol{m}(\boldsymbol{r})\cdot\boldsymbol{B}\mathrm{d}\boldsymbol{r}\right|$。因此，式（7-3）的前半部分变为 $[\cos\Theta(r)]_{r=0}^{r=R}=2$，同时后半部分定义了涡旋度，$\omega=[\Theta(\phi)]_{\phi=0}^{\phi=2\pi}/2\pi$。涡旋度 ω 对应于 $\boldsymbol{n}(\boldsymbol{r})$ 沿着环绕中心的封闭路径的方位角旋转数（整数）。在边界条件 $\Theta(0)=\pi$、$\Theta(R)=\pi$ 下，得到 $Q=-\omega$。若磁矩的方位角 Φ 随位置 $\boldsymbol{r}$ 的方位角 ϕ 单调变化，则 Φ 可表示为

$$\Phi=\omega\phi+\gamma \tag{7-4}$$

式中，相位 γ 为螺旋度。ω 和 γ 取决于磁相互作用，后者依赖于基础晶体对称性。基于上述公式，$(Q,\ \omega,\ \gamma)=(-1,\ 1,\ -\pi/2)$、$(-1,\ 1,\ 0)$ 和 $(1,\ -1,\ -\pi/2)$ 的典型情况分别对应于布洛赫型斯格明子、奈尔型斯格明子和反斯格明子。布洛赫型斯格明子和奈尔型斯格

明子的名称来自于与两个基本畴壁中的磁矩旋转的类比。在布洛赫型斯格明子中，磁矩在垂直于径向方向的平面内旋转，对应于（ω，γ）=（1，±π/2）；在奈尔型斯格明子中，磁矩在平面内沿径向旋转，对应于（ω，γ）=（1，0或π）；反斯格明子具有交替的布洛赫型斯格明子和奈尔型斯格明子磁矩旋转，其特征为（ω，γ）=（-1，0，±π/2或π）。

7.1.3　拓扑磁性材料的物理起源

一般地，磁性斯格明子的形成是多种磁相互作用竞争的结果。在磁性材料中，磁相互作用包含以下几种：

1）海森堡交换作用。仅考虑局域电子的最近邻相互作用时，基于海森堡模型，相邻两个原子的哈密顿量可以表示为

$$\boldsymbol{H}=-2J\boldsymbol{s}_1\cdot\boldsymbol{s}_2 \tag{7-5}$$

当$J>0$时，相邻两个原子的磁矩为平行排列；当$J<0$时，相邻两个原子的磁矩为反平行排列。在磁性材料中，仅考虑原子间的最近邻相互作用并且在交换常数J保持不变的情况下，体系总的交换作用哈密顿量表示为

$$H=-\frac{1}{2}\sum_{ij}J_{ij}s_i\cdot s_j \tag{7-6}$$

由连续近似可得体系交换作用能为

$$E=A\int[(\nabla m_x)^2+(\nabla m_y)^2+(\nabla m_z)^2]\mathrm{d}V \tag{7-7}$$

2）磁各向异性能。磁各向异性能包含磁晶各向异性能与界面各向异性能，其中磁晶各向异性能起源于离子与晶体场之间的相互作用，其方向由晶体的对称性决定；而界面各向异性能一般来自于异质结界面处的自旋轨道耦合作用，与薄膜的厚度、元素化学状态息息相关。

立方晶体的磁各向异性能可表示为

$$e_{K_c}=K_0+K_1(m_x^2m_y^2+m_x^2m_z^2+m_y^2m_z^2)+K_2m_x^2m_y^2m_z^2 \tag{7-8}$$

式中，m_x、m_y、m_z分别为磁矩沿立方晶系三个方向的分量，磁易轴的方向由K_1决定。

对于具有立方晶体的体系的界面磁各向异性，可以表示为

$$e_s=K_{s1}(1-m_x^2n_x^2-m_y^2n_y^2-m_z^2n_z^2)-2K_{s2}(m_xm_yn_xn_y+m_xm_zn_xn_z+m_ym_zn_yn_z) \tag{7-9}$$

式中，n为平面的法向量。当$K_{s1}=K_{s2}$时，有

$$e_s=K_{s1}[1-(m\cdot n)^2] \tag{7-10}$$

可以看出，当$K_{s1}>0$时，磁矩倾向于垂直平面排列。

3）塞曼能。当施加外磁场时，磁性材料的磁化与外加磁场的相互作用可以表示为

$$E_H=-\mu_0\int\boldsymbol{M}\cdot\boldsymbol{H}\mathrm{d}V \tag{7-11}$$

当磁矩平行于外磁场时，体系能量最小。

4）Dzyaloshinskii-Moriya（DM）相互作用。1958年，Dzyaloshinskii提出在不改变晶体对称性的情况下将α-Fe_2O_3的自旋朝垂直反铁磁平面偏转一定角度，可使体系具有一定的净磁矩。1960年，Moriya将自旋轨道耦合作用引入超交换作用中，提出了弱铁磁现象的围观机制，成功地解释了Dzyaloshinskii提出的唯象模型，这种新的自旋相互作用称为DM相互作

用。DM相互作用来源于超交换作用与自旋轨道耦合，只存在于反演对称性破缺的体系中，可以表示为

$$H_{\mathrm{DMI}}=\frac{1}{2}\sum_{ij}\boldsymbol{D}_{ij}\cdot(\boldsymbol{s}_i\times\boldsymbol{s}_j) \tag{7-12}$$

由连续近似可得

$$H_{\mathrm{inter}}=\int D\left(m_x\frac{\partial m_z}{\partial x}-m_z\frac{\partial m_x}{\partial x}+m_y\frac{\partial m_z}{\partial y}-m_z\frac{\partial m_y}{\partial y}\right)\mathrm{d}^3r \tag{7-13}$$

在磁性薄膜中，DM相互作用也称为界面DM相互作用，其通常产生奈尔型斯格明子。

在具有对称性破缺的B20体系中，DM相互作用能可以表示为

$$H_{\mathrm{bulk}}=\int D\left(m_y\frac{\partial m_z}{\partial x}-m_z\frac{\partial m_y}{\partial x}+m_z\frac{\partial m_x}{\partial y}-m_x\frac{\partial m_z}{\partial y}+m_x\frac{\partial m_y}{\partial z}-m_y\frac{\partial m_x}{\partial z}\right)\mathrm{d}^3r \tag{7-14}$$

在体DM相互作用下，体系中倾向于稳定具有特定手性的布洛赫型斯格明子。

在D_{2d}对称性体系中，由于其特殊的对称性，$\boldsymbol{D}$矢量沿着垂直的两个方向具有相反的符号，即

$$H_{\mathrm{an}}=\int D\left(m_x\frac{\partial m_z}{\partial x}-m_z\frac{\partial m_x}{\partial x}-m_y\frac{\partial m_z}{\partial y}+m_z\frac{\partial m_y}{\partial y}\right)\mathrm{d}^3r \tag{7-15}$$

这种各向异性的DM相互作用是稳定产生反斯格明子的必要条件之一。

5）偶极相互作用。偶极作用使得磁性材料的磁矩沿面内分布，两个自旋之间的偶极相互作用可以表示为

$$H_{\mathrm{DDI}}=-\frac{\mu_0}{4\pi}\left[3\frac{(\boldsymbol{s}_i\cdot\boldsymbol{r}_{ij})(\boldsymbol{s}_j\cdot\boldsymbol{r}_{ij})}{r_{ij}^5}-\frac{\boldsymbol{s}_i\cdot\boldsymbol{s}_j}{r_{ij}^3}\right] \tag{7-16}$$

与界面DM相互作用不同的是，偶极相互作用是非手性的，倾向于两种螺旋度的布洛赫型斯格明子共存。

在磁性材料中，体系的总能量为各个磁相互作用的能量之和。为了使得磁性材料体系能量为最低，具有一定尺寸的块体或者薄膜内部通常包含磁畴结构，磁畴是由于体系中各个磁相互作用竞争产生的。值得注意的是，磁性材料体系中并不是含有所有的磁相互作用。例如，在中心对称磁体中是不具有DM相互作用的，而对于非晶软磁薄膜则不具有磁晶各向异性。磁畴壁存在于相邻磁畴的过渡区域，从一个磁畴的方向逐渐转变为另一个磁畴的方向。可以看出，磁畴壁为自发的非共线结构。磁畴壁具有两种典型的构型，即布洛赫型与奈尔型。在布洛赫型磁畴壁中，磁矩沿着平行于畴壁的平面进行旋转；而在奈尔型磁畴壁中，磁矩沿着垂直于畴壁平面进行旋转，如图7-2所示。在图7-2a所示布洛赫型磁畴壁中，畴壁宽度δ_{Bloch}与畴壁能σ_{Bloch}分别为

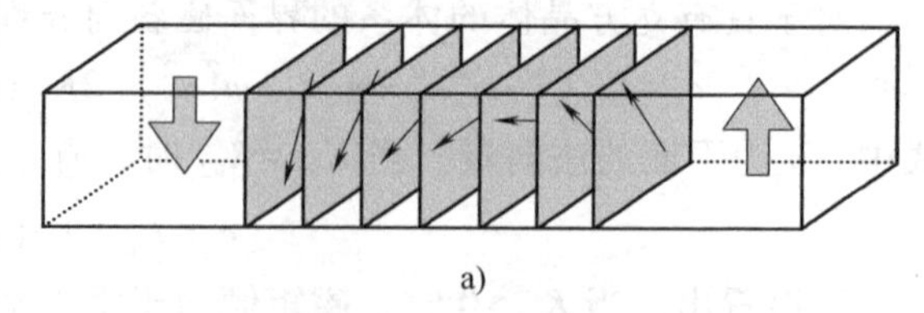

a)

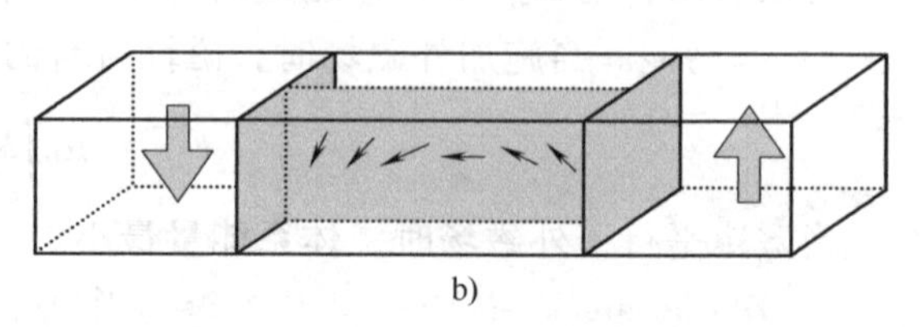

b)

图7-2 布洛赫型及奈尔型磁畴壁示意图
a）布洛赫型磁畴壁 b）奈尔型磁畴壁

$$\delta_{\mathrm{Bloch}}=\pi\sqrt{A/K_{\mathrm{u}}} \tag{7-17}$$

$$\sigma_{\mathrm{Bloch}}=4\sqrt{AK_{\mathrm{u}}} \tag{7-18}$$

在图 7-2b 所示奈尔型磁畴壁中，畴壁宽度 $\delta_{\mathrm{Néel}}$ 与畴壁能 $\sigma_{\mathrm{Néel}}$ 分别为

$$\delta_{\mathrm{Néel}}=\frac{\pi}{\left(\frac{K_{\mathrm{u}}}{A}+\frac{\mu_0 M_{\mathrm{S}}^2}{2A}\right)^{1/2}} \tag{7-19}$$

$$\sigma_{\mathrm{Néel}}=4\sqrt{A\left(K_{\mathrm{u}}+\frac{1}{2}\mu_0 M_{\mathrm{S}}^2\right)} \tag{7-20}$$

在具有界面对称性破缺的磁性薄膜中，由于界面 DM 相互作用通常形成奈尔型的磁畴壁。

7.2　拓扑磁性薄膜材料

7.2.1　拓扑磁性薄膜材料的分类

在磁性薄膜中，根据薄膜材料的种类及空间反演对称性破缺的有无可以分为不对称的重金属/铁磁体和对称的铁磁（亚铁磁）薄膜材料。其中，在不对称的重金属/铁磁体薄膜材料中，由于界面处强的 DM 相互作用可以稳定产生奈尔型斯格明子；在对称的铁磁（亚铁磁）薄膜材料中，由于体系不具备反演对称性破缺，偶极相互作用主导产生布洛赫型斯格明子。

（1）不对称的重金属/铁磁体薄膜材料

除在手性磁体中由于中心对称性破缺产生体 DM 相互作用外，DM 相互作用也可以在重金属/铁磁体薄膜的界面处产生。由于界面处空间反演对称性的破缺以及重金属中强的自旋轨道耦合，相邻的两个磁性原子会产生由重金属原子传导的间接交换作用，使得原子的磁矩倾向于垂直排列，称为界面 DM 相互作用。2011 年，Stefan Heinze 等利用自旋极化扫描隧道显微镜在 Ir(111)/Fe（单原子层）薄膜中观察到了尺寸为 1nm 的斯格明子。由于 Ir(111)/Fe 中非常强的界面 DM 相互作用、较弱的海森堡作用及四自旋交换相互作用，使得在零磁场下稳定产生四方排布的奈尔型斯格明子晶格，如图 7-3 所示。同样地，Niklas Romming 等在 Ir(111)/PdFe（单原子层）薄膜中实现了局域自旋极化电流对单个奈尔型斯格明子的调控。此外，在此类超薄的多层膜体系中，斯格明子晶格的排布方式与原子结构密切相关。例如，将面心立方的 Fe 单原子层替换成六方结构，形成的斯格明子晶格也会按照六方排布。虽然这类超薄磁性薄膜具有尺寸小以及零磁场稳定性，但是其稳定温度都非常低，并不是室温斯格明子器件的最优选择。

近年来，利用磁控溅射生长的具有垂直磁各向异性及界面 DM 相互作用的重金属/铁磁体多层膜引起了广泛的研究。磁控溅射是工业界中广泛应用的材料生长技术，在磁性存储领域具有重要的应用。此外，利用磁控溅射生长的磁性多层膜中的垂直磁各向异性及界面 DM 相互作用等磁相互作用，可以通过改变薄膜材料的种类、厚度等参数得到有效的调控，赋予了此类材料体系极大的自由度，从而可以更好地优化其中斯格明子的尺寸、稳定性以及动力

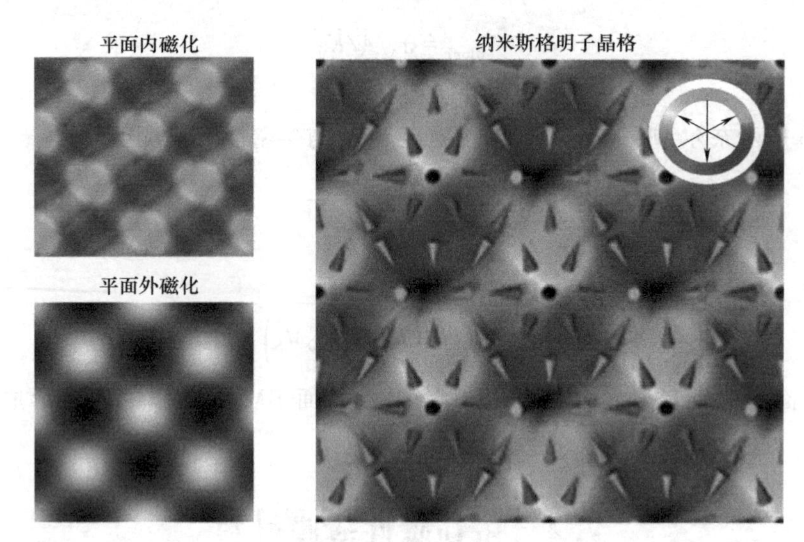

图 7-3 Ir(111)/Fe（单原子层）薄膜中利用自旋极化扫描隧道显微镜观察得到的斯格明子晶格及其磁化分量分布

学等特性。2015 年，Chen 等在 Cu（001）/Ni/Cu/[Ni/Fe] 多层膜中首次在室温下利用自旋极化低能电子显微镜观察到奈尔型斯格明子，如图 7-4 所示。此外，通过调控 Cu 层的厚度来改变 Ni 层与［Fe/Ni］层的层间交换耦合作用，实现了室温、零磁场下的斯格明子。在此类薄膜材料中，奈尔型斯格明子均可在室温下稳定存在。根据材料种类的不同，斯格明子的尺寸通常为 100~1000nm。

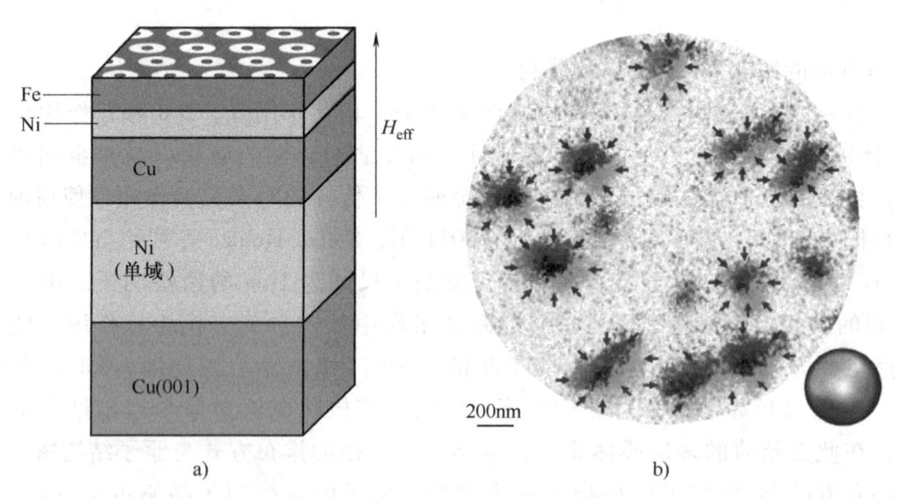

图 7-4 Cu(001)/Ni/Cu/[Ni/Fe] 多层膜结构示意图及利用自旋极化低能电子显微镜观察得到的奈尔型斯格明子的自旋分布

a）Cu(001)/Ni/Cu/[Ni/Fe] 多层膜结构示意图

b）利用自旋极化低能电子显微镜观察得到的奈尔型斯格明子的自旋分布

（2）对称的铁磁（亚铁磁）薄膜材料

除了在具有界面 DM 相互作用的重金属/铁磁多层膜中可以稳定产生奈尔型斯格明子外，对称的铁磁（亚铁磁）薄膜中可以通过长程偶极相互作用以及畴壁能的相互竞争来稳定产生拓扑磁结构。由于与体 DM 相互作用稳定产生的布洛赫型斯格明子类似，一般称这类拓扑磁结构为偶极稳定的斯格明子。2017 年，Montoya 等首次在 Fe/Gd 多层膜中利用洛伦兹透射电镜在室温下实空间观测到布洛赫型斯格明子，并且斯格明子的尺寸为 50~70nm。此外，在 Fe/Gd 多层膜中两种螺旋度的斯格明子共存并且出现的概率一致，如图 7-5 所示，这与长程偶极相互作用稳定产生斯格明子的理论机制一致。与 DM 相互作用诱导的单一手性的奈尔型斯格明子不同，在对称的铁磁（亚铁磁）薄膜材料中由长程偶极相互作用可诱导产生丰富的磁结构，除两种螺旋度的布洛赫型斯格明子外，还可诱导出二型磁泡、反斯格明子及高阶（反）斯格明子等，因此对于拓扑磁性的基础研究是更具潜力的薄膜材料之一。

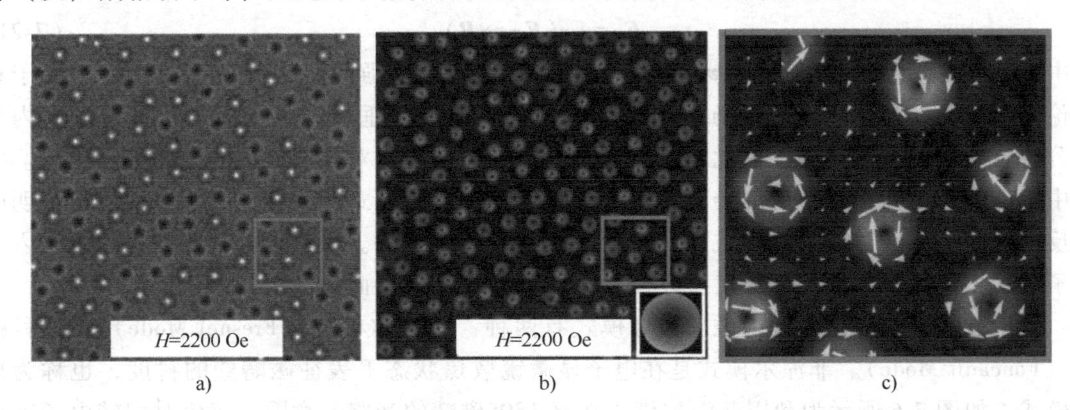

图 7-5 Fe/Gd 多层膜在 2200 Oe 的外加垂直磁场下得到的 L-TEM 图像及面内磁化分布

a）L-TEM 图像 b）面内磁化分布

7.2.2 拓扑磁性薄膜材料的磁结构表征

拓扑磁结构的实空间观察一直是该领域重点关注的热点问题之一，因此深入研究拓扑磁结构的精细结构尤为重要。拓扑磁性薄膜材料中磁结构的表征技术主要包括洛伦兹透射电镜（L-TEM）、极化中子反射谱仪（PNR）和光发射电子显微镜（PEEM）等。通常情况下，L-TEM 对拓扑磁结构的二维投影有较高的分辨率，但对于样品制备的要求较为苛刻。PEEM 强烈依赖于同步辐射大科学装置，对样品表面的清洁度要求高。下面重点介绍洛伦兹透射电镜和极化中子反射谱仪两种表征手段。

1. 洛伦兹透射电镜

在传统的透射电镜中，样品放在靠近物镜的位置来达到高的分辨率，但此时样品所处区域的磁场强度高达 2~3T，使得大多数磁性样品达到磁矩饱和状态而无法观察样品的本征磁畴结构。在传统透射电镜中，通常需要在洛伦兹模式下对磁性样品进行观察，即将主物镜关闭，利用位于样品下方较远的洛伦兹透镜进行成像，从而实现低磁场环境下磁性样品的磁畴成像。该方法能够将样品处的磁场降至 20mT 左右，同时可以通过手动增加物镜电流对样品施加垂直磁场，在电子束没有严重畸变的情况下，垂直磁场可以加至几百毫特。

洛伦兹透射电镜是一种目前广泛用于磁畴结构直观表征的高分辨实空间成像技术。洛伦兹透射电镜将样品放置于物镜下极靴的位置而非传统的上、下极靴之间，使得样品处的磁场能够降低至 0.4~1mT。但是物镜电流能够施加的垂直磁场仅为几十毫特，这种特殊设计的专门洛伦兹透射电镜的磁畴成像空间分辨率相比前面提到的普通电镜的洛伦兹模式有了显著提升，对磁场敏感的磁性材料内部本征磁结构的表征具有明显优势。此外，多种基于洛伦兹透射电镜的磁畴表征技术逐渐发展，包括离轴电子全息技术、微分相位衬度技术及四维扫描透射技术等，多种模式结合进行磁畴结构表征能够克服单一观察模式的限制，并获取更加丰富的磁信息，在这里就不一一赘述。

洛伦兹透射电镜成像的原理是基于高能量电子束（通常为200keV或300keV）在磁性样品内部或周围的磁场强度作用下的偏转现象。对于均匀磁化的样品，当电荷为 e、速度为 v 的电子经过一个具有静电场强度 E 和静磁场强度 B 的空间，会受到电场力和洛伦兹力的共同作用，表达式为

$$\boldsymbol{F}_{\mathrm{L}}=-e(\boldsymbol{E}+\boldsymbol{v}\times\boldsymbol{B}) \tag{7-21}$$

式中，e 为电子所携带电荷量；$\boldsymbol{v}$ 为电子速度；$\boldsymbol{E}$ 为静电场强度；$\boldsymbol{B}$ 为磁感应强度。由于在洛伦兹模式下样品附近处的电场 $\boldsymbol{E}$ 只改变电子的动能，仅垂直于电子束运动方向的面内磁场分量会使电子发生偏转，因此洛伦兹透射电镜图像衬度只对样品面内的磁矩分量敏感。实验中，由电子束的偏转形成的会聚和发散，在欠焦和过焦模式下会在电镜像平面上形成明暗相反的衬度，从而可以通过磁成像的衬度来研究磁畴微结构。从量子力学角度来理解，入射电子波的相位透过磁性样品会发生改变并产生干涉效应，从而形成明暗的衬度。

洛伦兹透射电镜中常用的磁畴成像模式有两种：菲涅尔模式（Fresnel Mode）和傅科模式（Foucault Mode）。菲涅尔模式是在电子显微镜散焦状态下表征磁畴壁的衬度，也称为离焦模式。如图7-6所示为利用菲涅尔模式观察180°磁畴的光路示意图，正焦时偏转电子束均匀聚焦在像平面处，此时不显示磁畴壁的衬度；过焦时畴壁处的电子束发散，显示出灰暗的衬度；欠焦时畴壁处的电子束会聚，产生明亮的衬度。菲涅尔模式成像可总结为磁畴壁处的衬度变化，并且由于欠、过焦时电子的会聚和发散而显示出相反的衬度。由于该模式观察磁性样品时处在离焦状态，相应的空间分辨率也会有所降低。此外，相位发生突变的区域在离焦模式下会显示出明显的菲涅尔条纹，对观察到的磁畴衬度会产生影响，因此菲涅尔模式不适用于研究样品边缘处的磁畴状态。该方法的优势在于操作简单并且能实时地记录磁畴的动态变化过程。傅科模式是在正焦模式下直接进行磁畴衬度的观察，因此具有较高的空间分辨

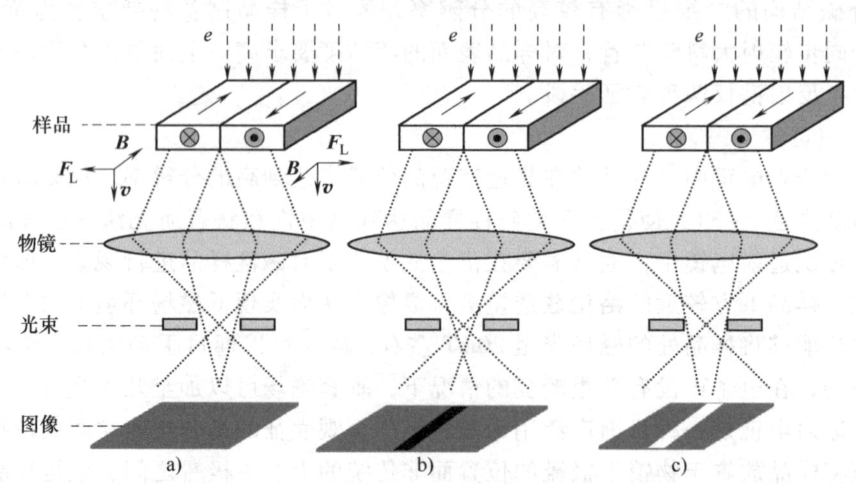

图7-6 洛伦兹透射电镜在菲涅尔模式下正焦、过焦和欠焦的光路示意图

a）正焦 b）过焦 c）欠焦

率。由于具有不同磁矩分布的相邻磁畴对电子束的偏转角不同，使得样品处的倒空间的衍射点发生分裂，通过偏移物镜光阑选取分裂的衍射点来实现特定磁畴取向的观测，类似于普通透射电镜中的暗场成像。如图 7-7 所示，被光阑选中的衍射点对应的磁畴区域显示亮的磁衬度，没有被选择的衍射点对应磁畴将会产生暗衬度，因此该明暗衬度能够直接反应样品磁畴信息。傅科模式下的电子束图像衬度对光阑位置非常敏感，实际操作中必须仔细调节光阑位置，并且在施加磁场时电子束会与光阑位置偏离，因此不适用于原位实时的磁化过程研究。

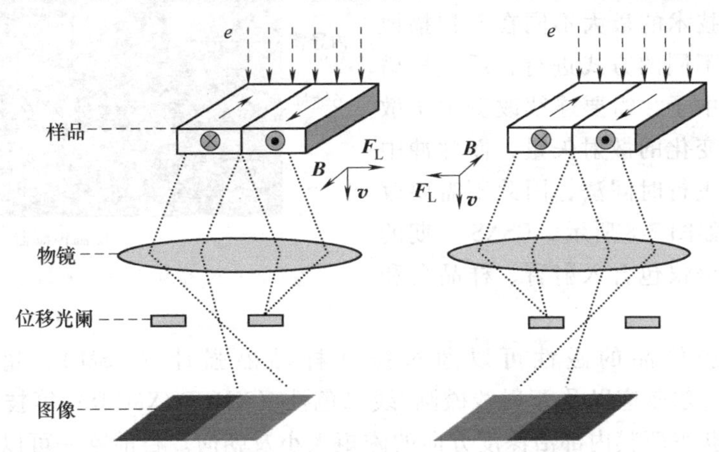

图 7-7 洛伦兹透射电镜在傅科模式下光路示意图

2. 极化中子反射技术（Polarized Neutron Reflectometry，PNR）

英国物理学家 James Chadwick 于 1931 年发现了中子，并于 1935 年获得诺贝尔物理学奖。20 世纪 40 年代，美国物理学家 Enrico Fermi 主持建造了世界上第一座可控原子反应堆，使得利用中子开展实验来研究物质的结构成为可能。1946 年，美国物理学家 Clifford Glenwood Shull 与加拿大物理学家 Bertram Neville Brockhouse 在同一时期分别开展了非弹性中子散射实验，并因此获得了 1994 年的诺贝尔物理学奖。

与 X 射线衍射技术类似，中子衍射也是基于布拉格衍射发展起来的研究物质结构的技术手段。由于中子独特的物理性质，在研究物质结构方面有着以下几种不可比拟的优势：①中子探测为无损探测技术，可以最大限度地反映物质的本质特性；②中子具有磁矩，可以定量探测磁性物质的磁结构；③中子具有静质量的同时不带电荷，因此中子可以直接穿透电子云直接测量原子核的信息，从而可以更加精确地获得物质的结构信息并且具有更大的穿透深度；④中子散射的散射截面与原子序数没有相关关系，所以相较于 X 射线在探测较轻原子方面具有很大的优势；⑤中子散射实验中，中子的能量与其波长成正比，这与声子的特征能量相匹配，因此在强关联体系材料动力学的研究中具有重要的地位。

中子散射技术中的中子束通常由反应堆的核裂变反应或者加速器中高能粒子轰击靶的核裂变反应所获得。由反应堆的核裂变反应发展出了反应堆中子散射技术，其中代表研究设施有美国国家标准与技术研究院中子散射研究中心（National institute of standards and technology center for neutron research，NCNR）、法国劳厄-朗之万研究所（Institute Laue-Langevin，ILL）等高通量反应堆中子源。我国在 20 世纪初先后建立了北京的中国先进研究堆（CARR）和四川绵阳的中国绵阳研究堆（CMRR）。由加速器中的高能粒子轰击靶的核裂变反应发展出了散裂中子源，主要的研究设施有英国散裂中子源（ISIS Neutron and Muon Source，ISIS）、美国散裂中子源（Spallation Neutron Source，SNS）和日本散裂中子源（Japan Proton accelerator research complex，J-Parc）。2018 年，中国散裂中子源（Chinese Spallation Neutron Source，CSNS）在广东东莞完成了项目一期的建设，其设计束流为 100 kW，主要包含负氢离子直线加速器、快循环质子同步加速器、靶站以及三台谱仪（小角中子散射、多功能中子反射和通用中子衍射谱仪）。反应堆和散裂中子源散射技术的最大不同在于扫描散射矢量通过两种不同的方式进行，反应堆谱仪通常使用单色中子，需要连续改变中子散射角来获得连续变化的散射矢量，而脉冲中子束仪器则使用飞行时间法，因此不需要改变中子入射角。如图 7-8 所示，CSNS 一期的多功能中子反射谱仪包含入射臂、样品台和反射臂三部分。

图 7-8　散裂中子源—多功能中子反射谱仪

一般地，薄膜样品的磁性可以通过振动样品磁强计（VSM）、超导量子干涉仪（SQUID）、磁光克尔效应以及 X 射线磁圆/线二色性（XMCD/XMLD）等技术表征，但是这些表征手段难以获得薄膜内部沿深度方向的磁矩大小及朝向。目前唯一可以实现薄膜磁性纳米级空间分辨率及内部磁结构的手段仅有极化中子反射技术。中子在与薄膜材料发生相互作用时，会受到与相干散射长度相关的散射势影响；对于磁性薄膜，中子还会受到磁性材料额外的磁势能作用。在极化中子反射实验中，入射中子首先被平行于薄膜平面的磁场极化为向上（↑）或者向下（↓）的自旋态。之后，可以测量四个不同反射截面关于散射矢量 $\boldsymbol{Q}=4\pi\sin\theta/\lambda$ 的函数，这四个反射截面分别为 R^{++}、R^{--}、R^{+-}和 R^{-+}（上标第 1 位表示入射中子的极化方向，第 2 位表示反射中子的极化方向）。R^{++}和 R^{--}为非自旋翻转反射率（Non-Spin-Filp，NSF），其对薄膜的磁矩沿着中子极化方向的分量非常敏感；R^{+-}和 R^{-+}为自旋翻转反射率（Spin-Flip，SF），其对薄膜的磁矩垂直中子极化方向的分量非常敏感。值得注意的是，对于具有垂直磁各向异性的薄膜样品，由于缺少垂直方向分量的磁化强度，$R^{+-}=R^{-+}=0$。通过分析 R^{++}、R^{--}、R^{+-}和 R^{-+}四个不同反射截面关于散射矢量 $\boldsymbol{Q}$ 的函数，拟合核散射和磁散射的散射长度密度（SLD）在整个薄膜样品中的深度分布情况，可以得到样品的厚度、成分构成、磁性大小和方向及界面的粗糙度等信息。

特别需要指出的是，当前对于拓扑磁结构的研究主要集中在二维投影的实空间表征上，其三维结构的研究还相对较少。随着拓扑磁结构表征手段与技术的不断更新，对于拓扑磁结构的精细表征与深度解析，将有助于加深理解拓扑磁结构的物理起源，并更好地指导拓扑磁性材料的设计与优化。

7.2.3　拓扑磁性薄膜材料的主要研究进展

1. 斯格明子

在磁性薄膜材料中，斯格明子的实验观测最早要追溯到 2011 年，德国基尔大学的 Heinze 等与合作者采用分子束外延生长系统在 Ir 单晶<111>表面生长出一个原子层的 Fe 薄膜，首次利用自旋极化扫描隧道显微镜在该薄膜中发现了斯格明子拓扑自旋结构。随后在

2013 年，德国汉堡大学的 Romming 等利用扫描隧道显微镜的局部自旋极化电流，在超薄磁性双层薄膜 Ir/PdFe 中实现了单个斯格明子的可控产生或湮灭。单个斯格明子的产生和湮灭也为后续基于拓扑磁结构的信息存储的发展提供了基础。早期在薄膜材料中发现的斯格明子虽然尺寸小，但是只能在低温下稳定存在，这限制了磁性薄膜材料的进一步发展。

随着研究的进一步深入，不同材料体系和结构都相继报道存在室温的斯格明子。最早是在磁性薄膜/重金属异质结中发现了室温的斯格子。2015 年，Jiang 通过溅射法制备了 Ta/CoFeB/TaO_x 三层膜结构，利用微纳加工技术构建了桥式结构，结合脉冲电流激励实现了微米量级的室温斯格明子磁泡，如图 7-9a 所示。2016 年，法国巴黎萨克雷大学的 Moreau-Luchaire 等发现室温斯格明子可以稳定存在于 $2mJ/m^2$ 的界面 DMI 的 Pt/Co/Ir 多层膜中，同时利用扫描透射 X 射线显微技术在极低的外加磁场下观测到了尺寸约 60nm 的斯格明子结构，如图 7-9b 所示。中国科学院物理研究所 Yu 通过调控具有 DM 相互作用的薄膜异质结中的垂直磁各向异性，实现了室温斯格明子的成核，进一步通过电流诱导斯格明子的平移运动证明了其手性性质，提供了一种普遍适用的实现室温斯格明子的方法。剑桥大学 Woo 等与合作者利用软 X 射线显微镜在 Pt/Co/Ta 多层膜中实现了室温稳定的斯格明子，并且利用短电流脉冲驱动单个斯格明子，其速度超过 100m/s，Pt/Co/Ta 多层膜中电流脉冲驱动单个斯格明子的平均速度与电流密度关系如图 7-9c 所示。2017 年，新加坡国立大学 Pollard 等利用洛伦兹透射电镜技术在交换耦合的 Co/Pd 多层膜材料中观察到了室温、无场条件下稳定存在的奈尔型斯格明子，如图 7-9d 所示。中国科学院物理研究所 Zhang 等在 Pt/Co/Ta 垂直多层膜中，利用电场与磁场的协同效应实现了斯格明子的形成与调控，在一定条件下可以在零磁场下观察到稳定的高密度斯格明子。南洋理工大学 Soumyanarayanan 等改变 Ir/Fe/Co/Pt 多层膜中铁磁层的成分进而实现了可调控的室温斯格明子，如图 7-9e 所示。2020 年，清华大学的 Wang 等报道了金属多层膜中斯格明子的热生成、操作和热电检测。局部加热可以促进磁畴形态转变，并在器件边缘形成低能量势垒。实验中观察到斯格明子从热区向冷区单向扩散，这是斯格明子之间的排斥力、热自旋轨道力矩、熵力和磁振子自旋力矩相互作用的结果，$[Ta/CoFeB/MgO]_{15}$ 多层膜中热驱动诱导斯格明子如图 7-9f 所示。2021 年，松山湖材料实验室 Cui 等报道了在使用斜角溅射 Co 的 Pt/Co/Ta 多层膜中直接观测到平行排列的椭圆磁斯格明子，其形成原因与平面内各向异性的有效垂直磁各向异性和 DM 相互作用有关，如图 7-9g 所示。北京科技大学 Feng 等利用 TiNiNb 衬底的形状记忆效应，在 $[Pt/Co/Ta]_n$ 多层膜中证明了有效的应变诱导斯格明子成核/湮灭现象。通过热驱动衬底相变，可以在薄膜中实现高达 1.0% 的可调拉伸应变，极大地减小了斯格明子的成核场，最多可减小 400Oe。2022 年美国乔治城大学 Chen 等通过 Ni 和 Co 薄膜表面的氢化学吸附/解吸附，在室温下实现了可逆地无外场写入和删除斯格明子。蒙特卡罗模拟结果表明，铁磁表面的氢诱导磁各向异性变化是造成斯格明子产生和湮灭的主要原因，Ni/Co/Pd/W(110) 氢化 ON/OFF 循环中可逆的斯格明子写入/删除如图 7-9h 所示。法国格勒诺布尔阿尔卑斯大学 Fillion 等发现栅极电压可以逆转斯格明子的手性，并且通过观察斯格明子与手性畴壁的电流诱导运动方向来探索它们的手性。这种局部的和动态的手性反转来源于界面 DM 相互作用的符号反转，将其归因于在门电压下氧的离子迁移，Ta/CoFeB/TaO_x 中相反手性下电流驱动斯格明子运动如图 7-9i 所示。

另一方面，具有层间交换偶的多层膜体系中同样可以实现斯格明子的稳定形核。2019

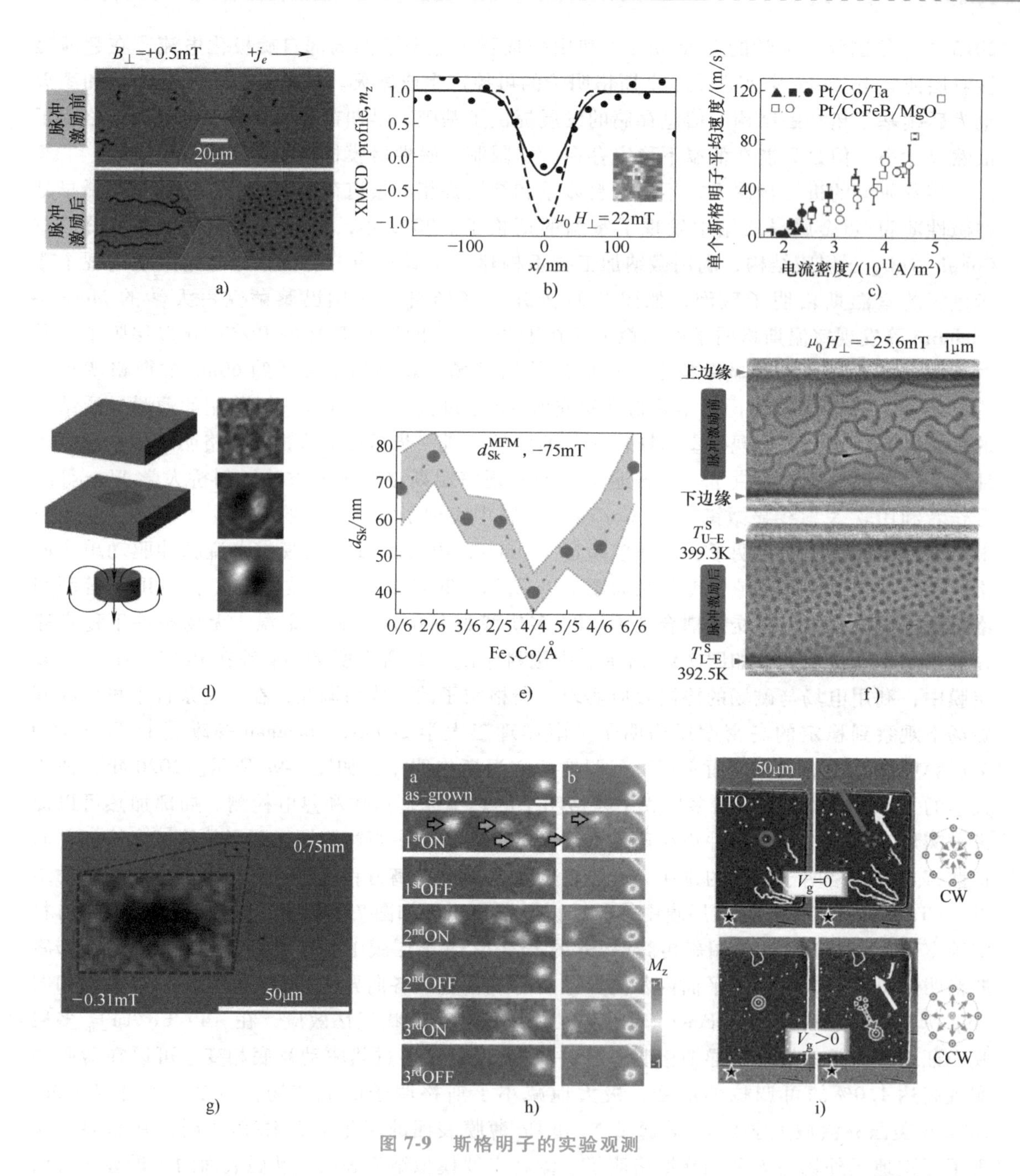

图 7-9　斯格明子的实验观测

年，瑞士苏黎世联邦理工学院 Luo 等利用界面 DM 相互作用实现了横向相邻纳米磁体的强耦合，基于此实现横向交换偏置，无外场磁化翻转，以及合成反铁磁体中的斯格明子。日本东北大学 Dohi 等利用 MOKE 观测了合成反铁磁多层膜中的斯格明子磁泡，同时利用电流的自旋轨道矩作用驱动斯格明子运动，其展现了高移动速度并且斯格明子霍尔效应几乎可以忽略不计。2020 年，法国巴黎萨克雷大学 Legrand 等在人工合成反铁磁［Pt/Co/Ru］$_n$ 多层膜中通过优化材料结构实现了室温无外磁场的斯格明子。2020 年，北京科技大学 Zhang 与合作者利用散裂中子源大科学装置的极化中子反射谱仪首次证实了垂直反铁磁耦合霍尔天平材料的界面倾斜磁矩，为斯格明子的形成奠定了基础。基于此采用洛伦兹透射电镜与原位电流激励技术成功实现了室温高密度的合成反铁磁斯格明子，如图 7-10 所示。南京师范大学 Li 等报道了在人工反铁磁多层膜中利用层间反铁磁交换耦合代替 DM 相互作用来稳定人工斯格明子，并且温度在 4.5~300K、器件尺寸从 400~1200nm 的斯格明子都可以稳定存在。清华大学 Chen 等通过集成的热诱导器件研究了人工反铁磁薄膜中斯格明子的生成、操纵和电流驱动动力学。通过有效补偿拓扑电荷，观察到斯格明子霍尔效应得到明显的抑制。此外，通过调节加热电流的大小，可以有效地控制人工合成反铁磁中斯格明子的密度。

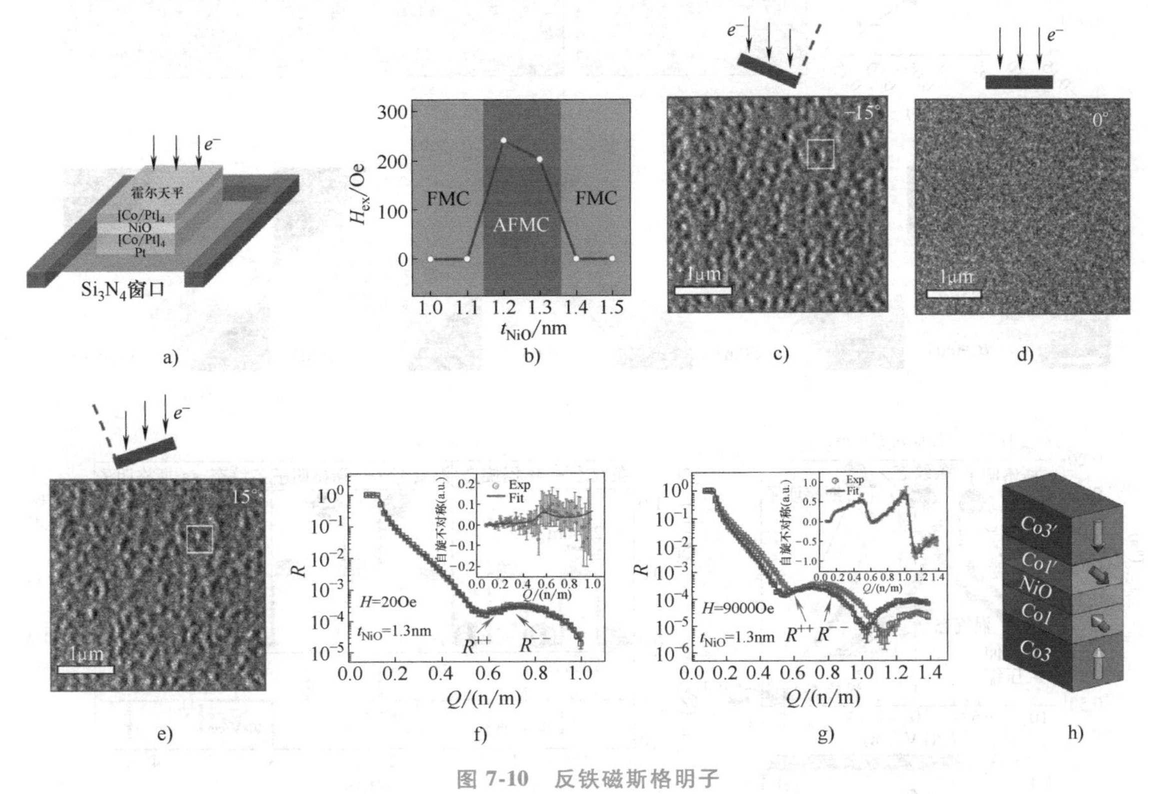

图 7-10　反铁磁斯格明子

a）L-TEM 成像实验几何示意图（采用典型的霍尔天平，其核心结构为［Co/Pt］$_n$/NiO/［Co/Pt］$_n$）

b）交换耦合场与 NiO 厚度依赖的依赖关系　c）~e）不同倾斜角度下 Néel 型斯格明子的零场的 L-TEM 图像

f）在 20Oe 和 g）9000Oe 的面内磁场条件下反铁磁耦合（$t_{NiO}=1.3$nm）的霍尔天平的极化中子反射曲线

h）反铁磁耦合的多层膜在室温下的磁性结构示意图

除了铁磁多层膜材料外，反铁磁金属薄膜与铁磁薄膜的异质结及稀土亚铁磁多层膜也为薄膜体系中斯格明子的研究提供了新思路。2020 年，美国弗吉尼亚联邦大学 Bhattacharya 等报道了由于交换偏置场的存在，在没有任何外部磁场的情况下，斯格明子可以稳定在反铁磁/铁磁/氧化物异质结构薄膜中。通过增加或减少垂直磁各向异性的电压脉冲，湮灭或形成孤立的斯格明子，施加电场前后的磁各向异性变化曲线与 MFM 图像如图 7-11a、b 所示。Yu 等在 Pt/Co/IrMn 多层膜中利用软 X 射线辐照引起的反铁磁磁序以及交换偏置，在零磁场下诱导产生了小于 100nm 的斯格明子。对于亚铁磁体系，Woo 等于 2018 年在 Pt/GdFeCo/MgO 亚铁磁体系中使用时间分辨 X 射线成像技术，通过施加电流实现了单个斯格明子的产生或湮灭，利用 STXM 观测亚铁磁多层膜中磁场驱动磁畴演变，如图 7-11c 所示。后续在该体系中发现斯格明子可以分别在 Gd 和 FeCo 亚层中产生，两层中的斯格明子通过反铁磁耦合在一起，并在电流驱动下具有较快运动的速度。Hirata 等研究了 GdFeCo 中电流以及钉扎作用下的亚铁磁斯格明子横向扩张行为，如图 7-11d 所示。

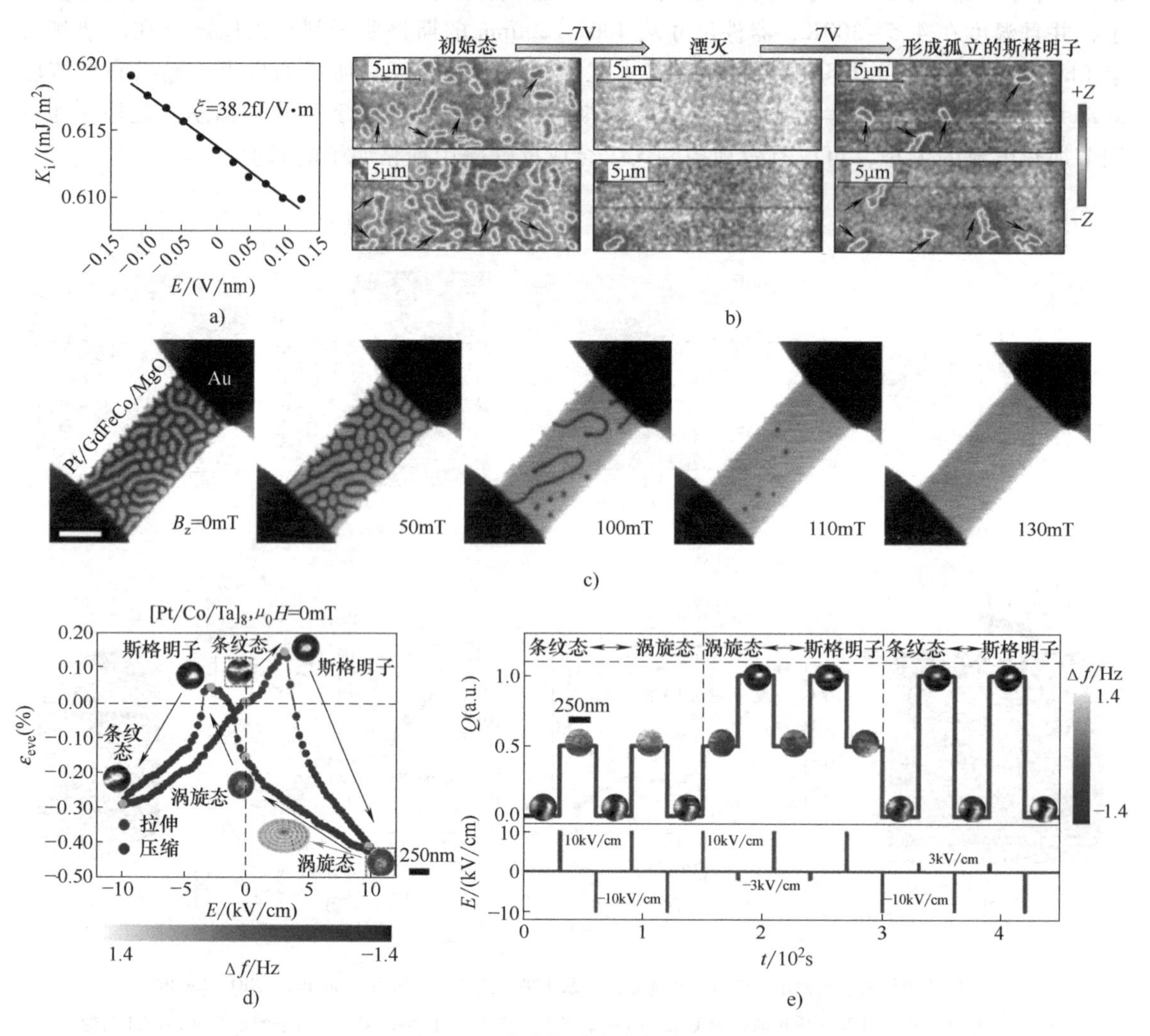

图 7-11　薄膜体系中的斯格明子

a）界面各向异性随外加电场的变化规律　b）施加电场前后的 MFM 图像　c）利用 STXM 观测亚铁磁多层膜中磁场驱动磁畴演变　d）电场诱导单个斯格明子的转换　e）在脉冲电场下磁结构的转换

此外，铁电/铁磁异质结材料体系也成为斯格明子产生与调控的热点材料。2018 年，韩国基础科学研究院的 Wang 等报道了 $BaTiO_3/SrRuO_3$ 双层异质结中由于铁电近邻效应触发的 DM 相互作用从而产生稳定的小于 100nm 的斯格明子。2020 年，华南师范大学的 Wang 等通过逆磁-机械效应实现了纳米结构铁磁/铁电异质结构中斯格明子的电场操纵，如图 7-11e 所示。这种操作是非易失性的，并表现出多态特征。美国加利福尼亚大学的 Das 等报道了 $(PbTiO_3)_n/(SrTiO_3)_n$ 超晶格中的极性斯格明子，并且这些拓扑保护结构对电场和温度的响应表现出从斯格明子态到平庸均匀铁电态的可逆相变，并伴随着较大的介电常数可调性。清华大学的 Ba 在铁磁/铁电多铁异质结构中通过磁电耦合效应展示了斯格明子的电场控制。

原位施加电场并进行磁力显微镜成像，展示了多个斯格明子的非易失地产生、可逆形变和单个斯格明子湮灭的过程。

2. 麦纫

随着拓扑磁性材料发现、物性研究、物态调控及探索方面的迅速发展，新型拓扑磁结构如磁麦纫、反斯格明子等逐渐被研究观测到。麦纫结构在实验中最早于坡莫合金多层膜中被观测到。2012 年，Phatak 等利用洛伦兹电镜首次在 NiFe/Cr/NiFe 多层膜纳米盘中观测到麦纫对。2018 年，英国牛津大学的 Chmiel 等报道了在 α-Fe_2O_3 外延薄膜中发现存在半斯格明子，并且涡旋/麦纫对可以被面内磁场操控。2020 年，中国科学院金属研究所的 Wang 等在超薄的 $PbTiO_3$ 薄膜中利用电子显微镜不仅观察到了拓扑荷为 1/2 的麦纫结构，还观察到了在拉伸外延应变作用下的周期性麦纫晶格。2021 年，新加坡国立大学的 Jani 等在 α-Fe_2O_3/Pt 中观察到了大小为 100nm 的麦纫与反麦纫（半斯格明子）及其对（双麦纫）。此外，它们可以被磁场擦除，并可以通过温度重新产生。中国科学院物理研究所的 Li 等报道了在不需要磁场的情况下，在亚铁磁性 GdFeCo 薄膜的局域畴壁中通过温度诱导的自旋重取向，在实空间观测到麦纫对和斯格明子之间的磁拓扑转换，如图 7-12 所示。

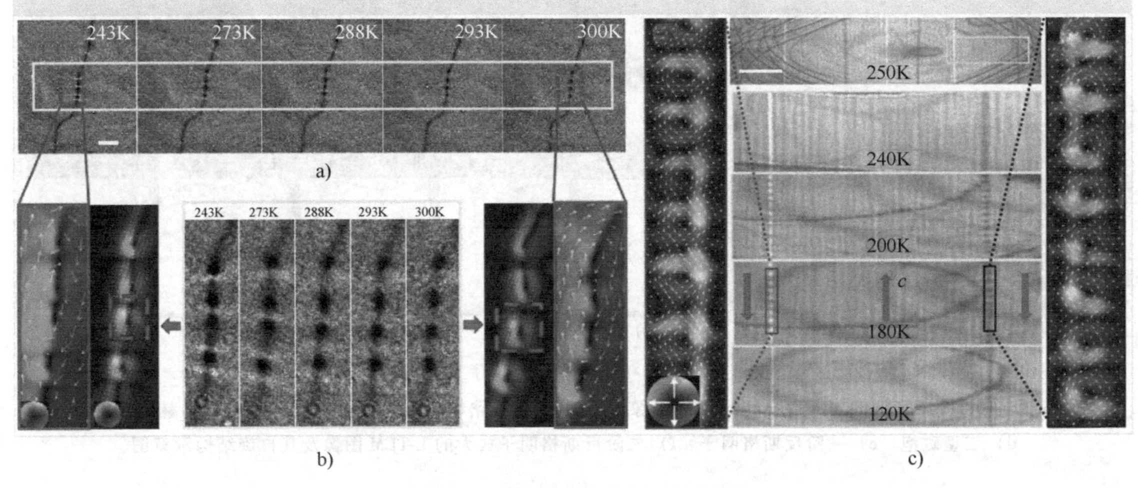

图 7-12 亚铁磁性 GdFeCo 薄膜

a）不同温度时 GdFeCo 样品在 L-TEM 下的磁畴壁衬度 b）243~300K 下利用强度传输方程解析得到的面内磁化分布
c）$Fe_{5-x}GeTe_2$ 在不同温度下的 L-TEM 图像及在 180K 下麦纫链的面内磁化分布

值得一提的是，近期二维范德瓦耳斯材料由于其新奇的物理特性和丰富的应用前景受到广泛关注，在二维材料中探索新型拓扑磁畴结构和材料体系成为当前研究领域的热点。二维体系中的麦纫链最早于 2020 年由中国科学院物理研究所的 Gao 等在范德瓦耳斯二维磁体 $Fe_{5-x}GeTe_2$ 磁性材料中观测到，实验中无须磁场稳定的新型拓扑麦纫链在自旋重取向、自发螺旋磁矩排列的磁畴壁限域效应及弱范德瓦耳斯力共同作用下由 180°磁畴壁自发演变形成，这一发现丰富了拓扑磁材料的体系。

3. 反斯格明子

反斯格明子由于具有交替变化的手型，因此在理论上需要各向异性的 DM 相互作用才可稳定产生这一特殊的拓扑磁结构。2016 年，德国马普所 Parkin 教授团队首次在非中心对称 D_{2d} 的 Heusler 合金中观察到室温反斯格明子。之后，日本 Taguchi 教授团队在具有另一种 S_4

对称性的磷铁石材料中也观察到了反斯格明子的存在。值得注意的是，D_{2d} 和 S_4 对称性都导致了样品具有各向异性的 DM 相互作用，从而观察到了反斯格明子这一特殊的拓扑磁结构。在拓扑磁性薄膜材料中，过去近十年的研究大都集中在具有界面反演对称性破缺的磁性多层膜体系当中。由于其固有的强界面 DM 相互作用，因此研究中仅仅可观察到奈尔型斯格明子。2016 年，Zhang 人在 Pt/Co 多周期层薄膜中利用 Ga^+辐照产生了人工反斯格明子，但这不能表明反斯格明子在磁性薄膜材料中的稳定机制。2021 年，Heigl 等在 Fe/Gd 多层膜中观察到了室温的反斯格明子。如图 7-13 所示，实验中发现反斯格明子总是与两种螺旋度的布洛赫型斯格明子共存，并且 Fe/Gd 薄膜中的反斯格明子稳定机制主要来自长程偶极相互作用与磁各向异性的相互竞争。2024 年，Hassan 等利用相同的机制在 Co/Ni 多层膜中实现了偶极稳定的任意拓扑数的反斯格明子与斯格明子（高阶斯格明子与反斯格明子）。这一重要发现为在不具备空间反演对称性破缺的拓扑磁性薄膜材料中观察新颖的拓扑磁结构提供了一条有效的途径。

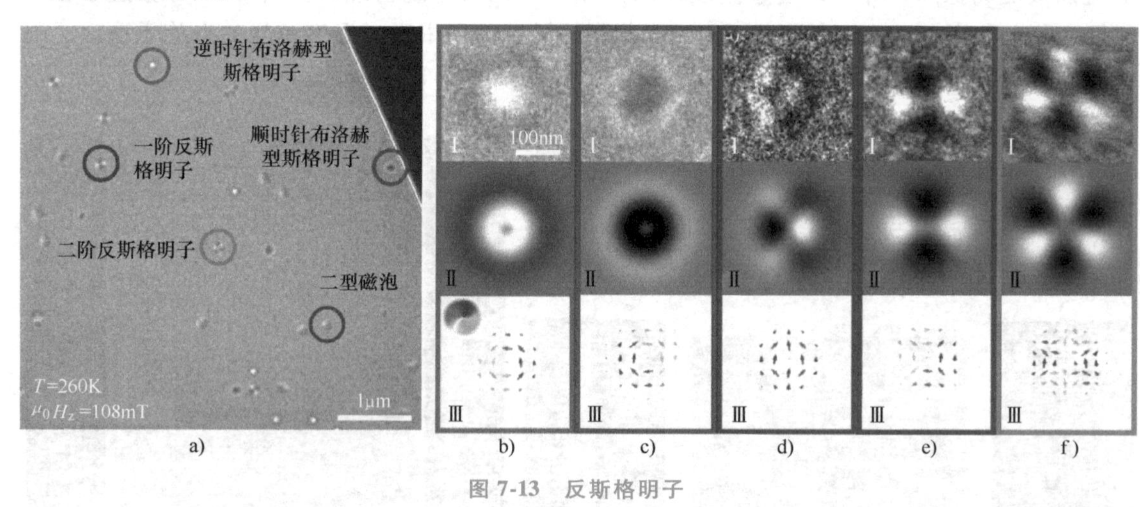

图 7-13　反斯格明子

a）260K、108mT 磁场下 Fe/Gd 薄膜的 L-TEM 图像　b）逆时针布洛赫型斯格明子　c）顺时针布洛赫型斯格明子　d）二型磁泡　e）一阶反斯格明子　f）二阶反斯格明子放大的 L-TEM 图像及其自旋结构示意图

7.3　拓扑磁性功能器件

7.3.1　拓扑磁性功能器件的分类

前面章节中主要介绍了拓扑磁性材料及拓扑磁结构的研究历程，这些微纳尺度拓扑磁结构在具有较高的稳定性的同时，也具有极高的密度，因此可应用于下一代自旋电子学元器件，如赛道存储器、逻辑器件、类脑神经形态器件等。本节重点介绍拓扑磁性功能器件的主流发展方向。

7.3.2　拓扑磁性功能器件的主要进展

1. 赛道存储器

赛道存储器是一种将磁畴作为存储单元的新型、尚在研发阶段的非易失性存储器件，如

图 7-14a 所示。通过脉冲自旋极化电流驱使磁畴组成的信息单元沿着导线移动，并由读取设备读出。由于斯格明子等拓扑磁结构具有尺寸小及高稳定性的优势，基于磁斯格明子的赛道存储器应运而生。低功耗的驱使电流及高传输速度使得磁斯格明子赛道存储器在应用方面有着显著优势，但仍存在一些问题需要有效地解决。磁斯格明子在被自旋极化电流驱动时，由于马格努斯力的作用，斯格明子会在横向方向发生位移，无法沿驱动电流的方向做直线运动，这种现象称为斯格明子霍尔效应（Skyrmions Hall effect）。斯格明子霍尔效应由 Zang 等通过理论计算发现。清华大学的 Jiang 等和德国美茵茨大学的 Litzius 等首次在实验中观测到电流驱动斯格明子运动过程中的斯格明子霍尔效应，如图 7-14b、c 所示。在赛道存储器的应用场景中，需尽量减小或避免斯格明子霍尔效应的影响。一方面，斯格明子霍尔效应会促使其偏转至器件边缘，导致斯格明子的湮灭；另一方面，由于斯格明子的运动速度与驱动电流的密度成正比，提升运动速度意味着斯格明子与器件边缘的相互作用增强，会进一步降低斯格明子稳定性。关于斯格明子霍尔效应导致斯格明子在赛道边缘的不稳定问题，研究人员

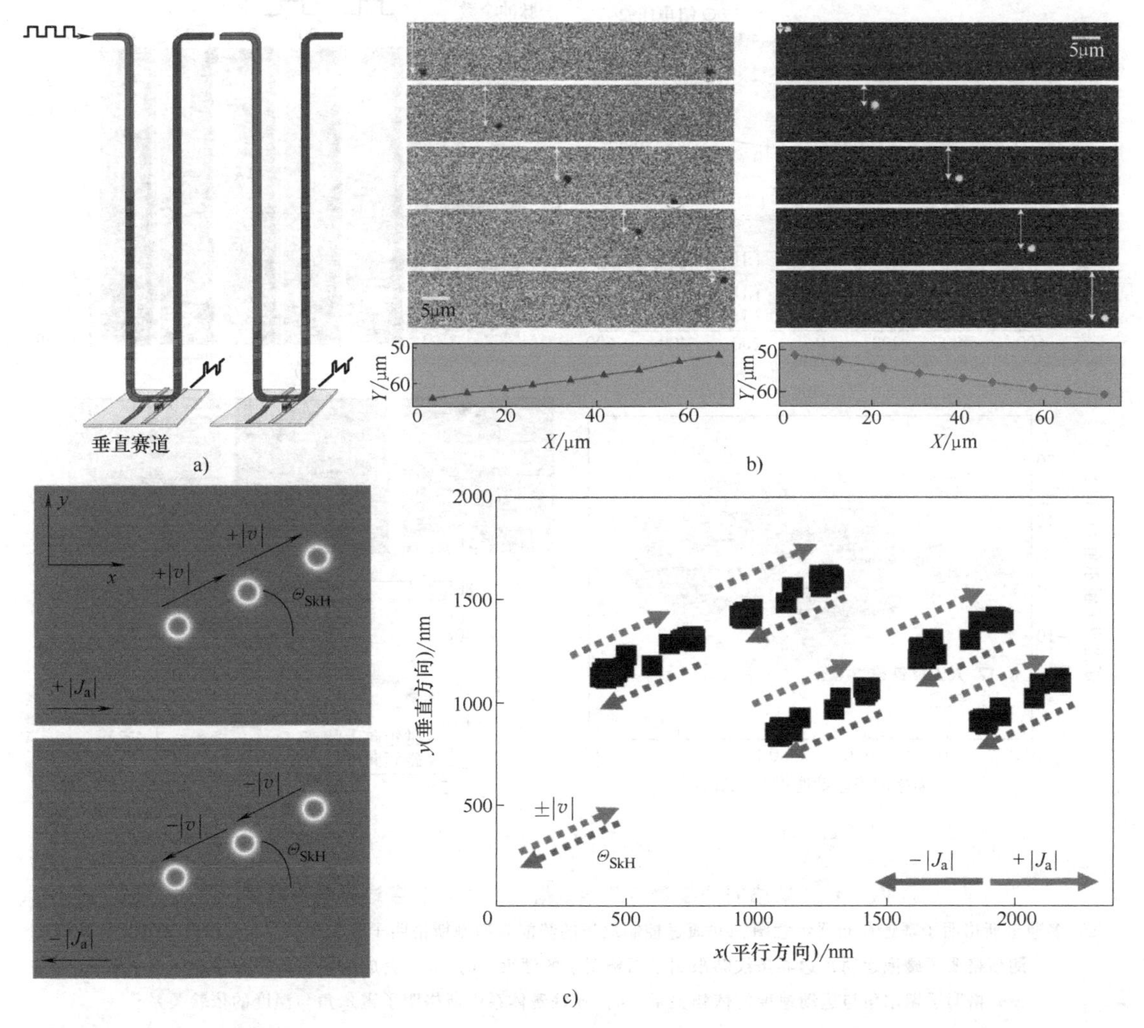

图 7-14　赛道存储器

a）赛道存储器示意图　b）利用 MOKE 显微镜观测 Ta/CoFeB/TaO_x 薄膜中斯格明子在脉冲电流驱使下的运动
c）微磁模拟得到的斯格明子在电流作用下的运动及实验中得到的斯格明子在电流下的运动轨迹

提出了多种优化方案。一种有效的方式是通过调控赛道存储器的边界来限制斯格明子的运动。Song 等提出利用电压控制磁各向异性来限制斯格明子在特定通道中移动，如图 7-15a 所示。Yang 等报道了特定情况下形成的长条状条纹畴沿着样品边缘排列，可以将斯格明子磁泡与边缘隔开，避免其湮灭，如图 7-15b 所示。另一方面，可以利用人工合成反铁磁、亚铁磁等新材料体系中的斯格明子，以实现零斯格明子霍尔效应下的高速运动。人工合成反铁磁中上、下磁性层的斯格明子拓扑数相反，受到的有效马格努斯力为零，从而实现了无斯格明子霍尔效应。日本东北大学的 Dohi 等在人工合成反铁磁结构中通过电流驱动斯格明子磁泡运动，并展现了基本为零的斯格明子霍尔角，如图 7-15c 所示。此外，亚铁磁体系中两套自旋子晶格为反铁磁耦合，其净磁矩趋近于零，因此兼具铁磁和反铁磁材料的优势。Woo 等在 GdFeCo 中观测到明显降低的斯格明子霍尔角。Hirata 等在同样的体系中发现当温度达到角动量补偿温度时，斯格明子霍尔效应为零，如图 7-15d 所示。

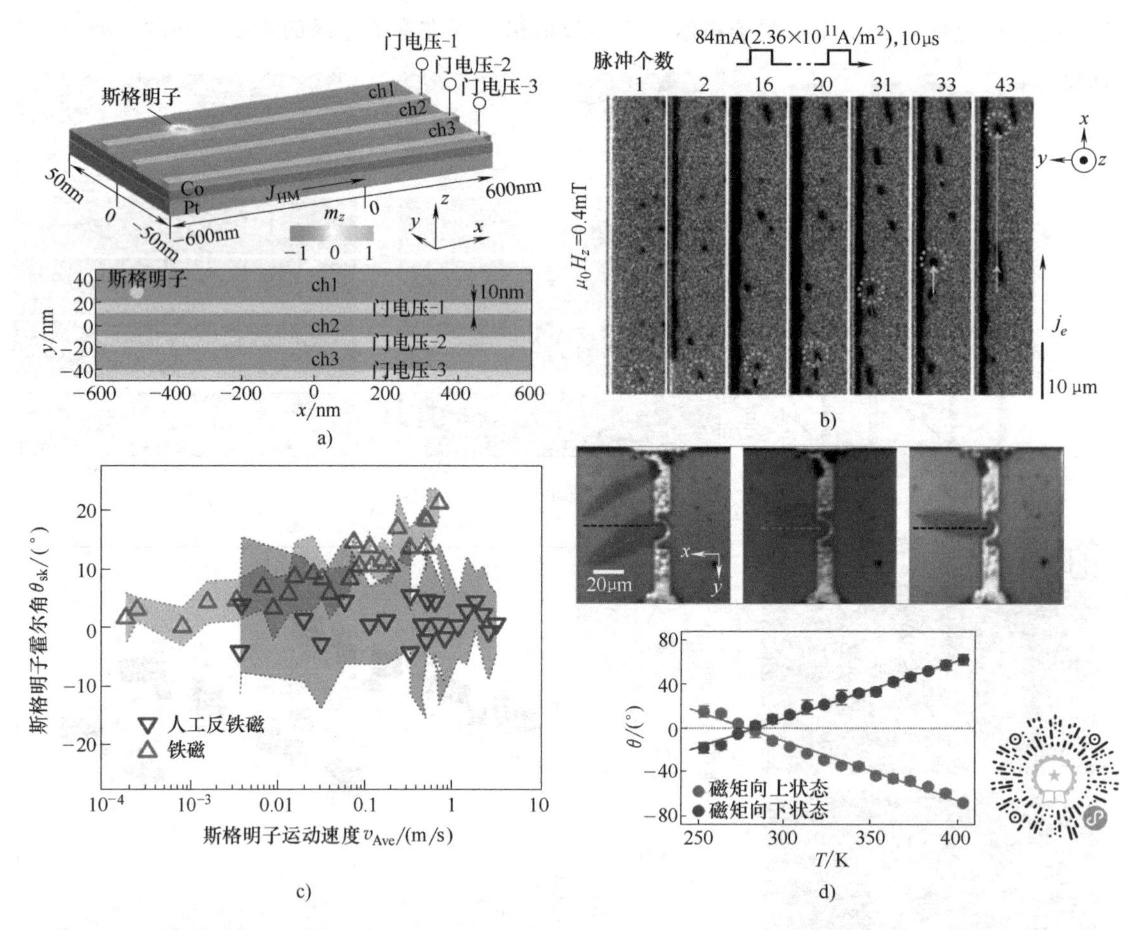

图 7-15　斯格明子霍尔效应导致斯格明子在赛道边缘的不稳定

a）多通道斯格明子赛道存储器示意图，并通过控制局域的势能来抑制斯格明子霍尔效应　b）利用 MOKE 显微镜观测斯格明子磁泡运动，边界条纹畴限制了斯格明子的湮灭　c）人工合成反铁磁体系和铁磁体系中斯格明子霍尔角与运动速度的依赖关系　d）亚铁磁体系中斯格明子霍尔角与温度的依赖关系

2. 逻辑器件

在信息存储之外，研究人员也尝试将斯格明子应用于信息处理，实现存算一体功能的斯

格明子器件。传统计算机中的信息处理是基于经典的布尔逻辑，即利用电子元件实现特定的逻辑功能。斯格明子逻辑器件构建的思路是利用斯格明子代替传统半导体器件中的载流子，实现逻辑功能，如图 7-16 所示。Zhang 等基于磁畴壁和斯格明子的可逆转换，提出可以通过 Y 型轨道实现斯格明子复制和融合，并实现了逻辑或门和与门。而实现更加复杂逻辑操作需要将多个逻辑门级联。Chauwin 等实现了基于斯格明子的全加器，并且发现利用缺陷结构的时钟同步机制可以确保信号的完整性。这些器件的设计也为斯格明子的存内计算奠定了一定的基础。

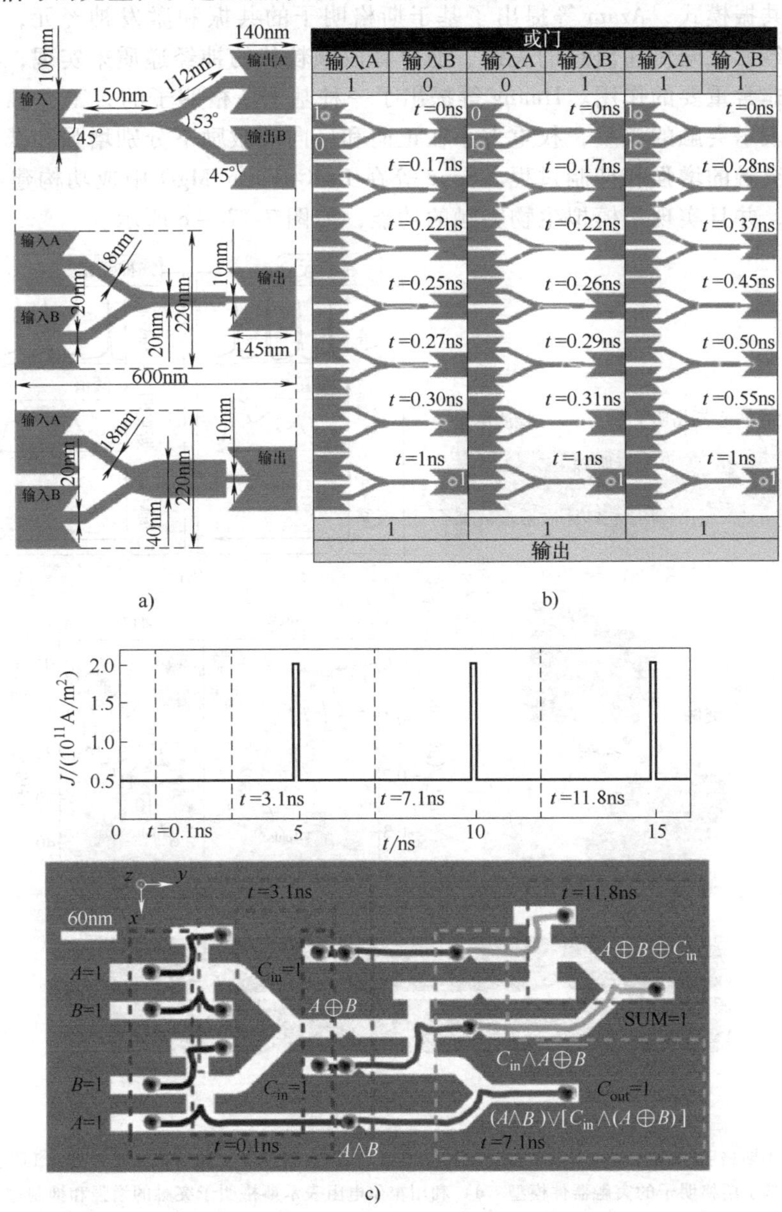

图 7-16　逻辑器件

a）磁斯格明子逻辑门系统的基本模型　b）斯格明子逻辑器件的或操作　c）级联的一比特全加器

3. 类脑器件

在神经计算器件方面，斯格明子具有小尺寸、低驱动电流密度和拓扑保护稳定性，研究人员尝试利用斯格明子构建神经计算系统，发现斯格明子能够很好地模拟人脑的核心功能。神经元是参与神经系统功能的关键，随着接收到的多个激励信号而出现兴奋和抑制状态。人工神经元的功能是首先对每个输入的激励信号进行处理得到加权值，而后确定所有输入信号的求和值，最后根据电位阈值确定其输出。根据自旋轨道力矩驱动的斯格明子动力学，Li 等提出了构建人工神经元器件的方法。研究发现，通过控制电流的大小，斯格明子在纳米条带中的动力学可以很好地模拟并实现带泄漏整合发放模型的功能，如图 7-17a 所示。利用斯格明子的呼吸共振模式，Azam 等提出了基于斯格明子的共振和激发神经元，如图 7-17b 所示。突触是神经元之间传递信息的关键，通过释放颗粒状的神经递质来实现，在增强或抑制脉冲中扮演着非常重要的作用。Huang 等提出了一种基于斯格明子的人工突触器件。利用斯格明子的数量表示突触的权重，权重大小在正向和反向的激励下分别增强和减弱，这种变化可以模拟生物突触的增强和抑制过程。Song 等在 Pt/GdFeCo/MgO 中成功构建出基于斯格明子的人工突触，并且实现了模拟生物突触的功能，如图 7-17c～e 所示。

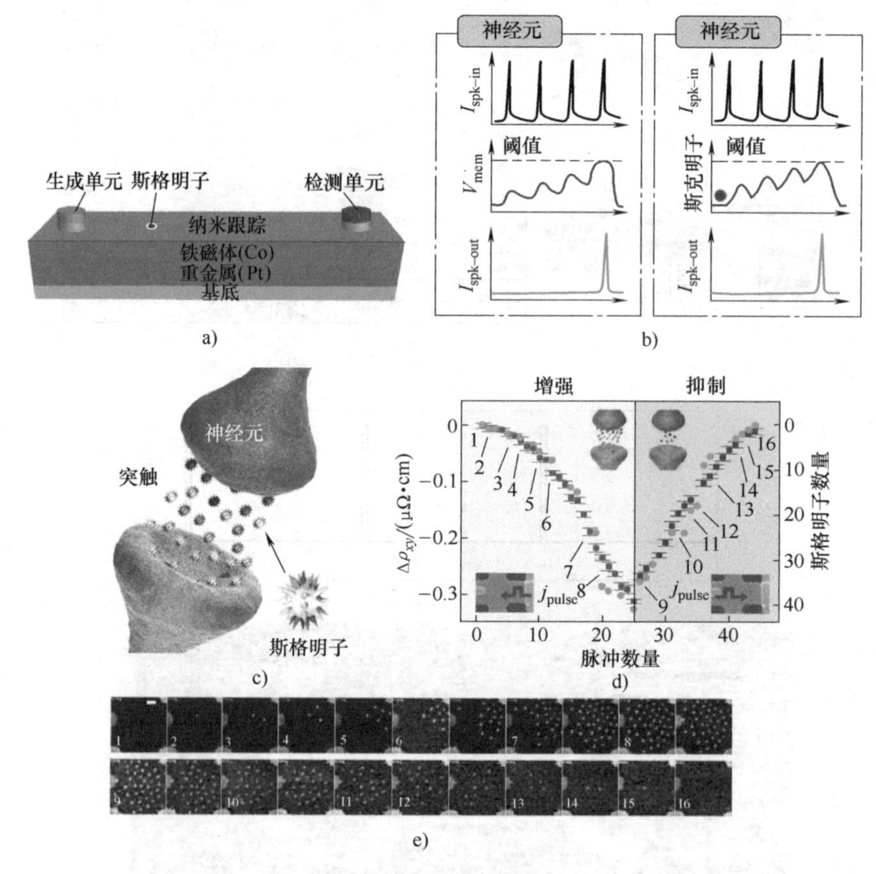

图 7-17　类脑器件

a）基于斯格明子的梯度纳米条带神经元器件模型　b）生物神经元和斯格明子神经元 LIF 模型
c）基于斯格明子的突触器件模型　d）利用霍尔电阻表示斯格明子突触的增强和抑制过程
e）增强和抑制过程中斯格明子数量的变化

总的来看，斯格明子在自旋电子学器件领域具有广泛的前景，众多基于斯格明子的器件概念被相继提出。然而，实际器件在构建中仍然存在挑战，为了促使斯格明子应用化的进程，需要在新材料、技术和集成化等领域深入研究。

7.3.3 拓扑磁性功能器件的主要挑战

在信息磁存储器件的实际应用中，拓扑磁性薄膜材料更具优势：①室温拓扑磁结构的稳定存在；②微纳米加工流程与当前主流的硅基半导体产业相兼容；③复杂的界面结构提供了拓扑磁性调控的维度。对于传统铁磁薄膜体系而言，拓扑磁结构作为存储单元时受限于斯格明子霍尔效应，其运动轨迹的偏移容易导致信息的丢失。因此，如何有效抑制斯格明子霍尔效应从而实现拓扑磁结构运动路径可控是当前亟待解决的核心问题之一。另外，如何在拓扑磁性薄膜材料中实现更多的磁拓扑态并实现这些拓扑态之间的相互转换，将是未来拓扑磁学领域主要的发展方向之一。拓扑磁性材料从十年前才开始发展，目前国内对于该领域的研究水平与国际基本持平，研究队伍也进一步壮大。但国内的研究规模较小、团队分散，更加重视论文的发表，在器件工作原理、微纳米加工与设计等方面重视不足。近期，国家相关机构正在出台一系列新措施，鼓励科研人员将论文本土化，更加重视原始创新和知识产权保护，进一步将核心材料与器件掌握在自己手中，解决“卡脖子”问题。

参考文献

[1] JONIETZ F, MÜHLBAUER S, PFLEIDERER C, et al. Spin transfer torques in MnSi at ultralow current densities [J]. Science, 2010, 330: 1648-1651.

[2] SCHULZ T, RITZ R, BAUER A, et al. Emergent electrodynamics of skyrmions in a chiral magnet [J]. Nat. Phys., 2012, 8: 301-304.

[3] RÖβLER U K, BOGDANOV A N, PFLEIDERER C. Spontaneous skyrmion ground states in magnetic metals [J]. Nature, 2006, 442: 797-801.

[4] MÜHLBAUER S, BINZ B, PFLEIDERER C, et al. Skyrmion lattice in a chiral magnet [J]. Science, 2009, 323: 915-919.

[5] NEUBAUER A, PFLEIDERER C, BINZ B, et al. Topological Hall effect in the A phase of MnSi [J]. Phys. Rev. Lett., 2009, 102: 186602.

[6] YU X Z, ONOSE Y, KANAZAWA N, et al. Real-space observation of a two-dimensional skyrmion crystal [J]. Nature, 2010, 465: 901-904.

[7] DE ALFARO V, FUBINI S, FURLAN G. A new classical solution of the Yang-Mills field equations [J]. Phys. Lett. B, 1976, 65: 163-166.

[8] TOKURA Y, Kanazawa N. Magnetic skyrmion materials [J]. Chem. Rev., 2021, 121: 2857-2897.

[9] NAGAOSA N, TOKURA Y. Topological properties and dynamics of magnetic skyrmions [J]. Nat. Nanotechnol., 2013, 8: 899-911.

[10] RAJARAMAN R. Solitons and Instantons [M]. North Holland: Elsevier, 1987.

[11] BRAUN H B. Topological effects in nanomagnetism: from superparamagnetism to chiral quantum solitons [J]. Adv. Phys., 2012, 61: 1-116.

[12] DZYALOSHINSKII I. A thermodynamic theory of “weak” ferromagnetism of antiferromagnetics [J]. J. Phys. Chem. Solids, 1958, 4: 241-255.

[13] MORIYA T. Anisotropic superexchange interaction and weak ferromagnetism [J]. Phys. Rev., 1960, 120: 91-98.

[14] SEKI S, MOCHIZUKI M. Skyrmions in magnetic materials [M]. New York: Springer, 2016.

[15] HEINZE S, BERGMANN K V, MENZEL M, et al. Spontaneous atomic-scale magnetic skyrmion lattice in two dimensions [J]. Nat. Phys., 2011, 7: 713-718.

[16] ROMMING N, HANNEKEN C, MENZEL M, et al. Writing and deleting single magnetic skyrmions [J]. Science, 2013, 341: 636-639.

[17] CHEN G, MASCARAQUE A, N' Diaye A T, et al. Room temperature skyrmion ground state stabilized through interlayer exchange coupling [J]. Appl. Phys. Lett., 2015, 106: 242404.

[18] MONTOYA S A, COUTURE S, CHESS J J, et al. Tailoring magnetic energies to form dipole skyrmions and skyrmion lattices [J]. Phys. Rev. B, 2017, 95: 024415.

[19] HEIGL M, KORALTAN S, VANATKS M, et al. Dipolar-stabilized first and second-order antiskyrmions in ferrimagnetic multilayers [J]. Nat. Commun., 2021, 12: 2611.

[20] HASSAN M, KORALTAN S, ULLRICH A, et al. Dipolar skyrmions and antiskyrmions of arbitrary topological charge at room temperature [J]. Nat. Phys., 2024, 20: 615-622.

[21] POHL J. Formation of electron-optical image with photoelectrons (PEEM and THEEM of Pt) [J]. Zeitschrift fürtechnische Physik, 1934, 15: 579-581.

[22] STÖHR J, WU Y, HERMSMEIER B D, et al. Element-specific magnetic microscopy with circularly polarized X-rays [J]. Science, 1993, 259: 658-661.

[23] SCHOFIELD M A, BELEGGIA M, ZHU Y, et al. Characterization of JEOL 2100F Lorentz-TEM for low-magnification electron holography and magnetic imaging [J]. Ultramicroscopy, 2008, 108: 625-634.

[24] CHAPMAN J N, MORRISON G R. Quantitative determination of magnetisation distributions in domains and domain walls by scanning transmission electron microscopy [J]. J. Magn. Magn. Mater., 1983, 35: 254-260.

[25] CHAPMAN J N, SCHEINFEIN M R. Transmission electron microscopies of magnetic microstructures [J]. J. Magn. Magn. Mater., 1999, 200: 729-740.

[26] VOLKOV V V, ZHU Y. Lorentz phase microscopy of magnetic materials [J]. Ultramicroscopy, 2004, 98: 271-281.

[27] PENG L C, ZHANG Y, ZUO S L, et al. Lorentz transmission electron microscopy studies on topological magnetic domains [J]. Chin. Phys. B, 2018, 27: 066802.

[28] MARCINKOWSKI M J, POLIAK R M. Variation of magnetic structure with order in the Ni 3 Mn superlattice [J]. Philos. Mag., 1963, 8: 1023.

[29] DU H F, CHE R C, KONG L Y, et al. Edge-mediated skyrmion chain and its collective dynamics in a confined geometry [J]. Nat. Commun., 2015, 6: 8504.

[30] 张颖，李卓霖，彭丽聪，等. 透射电镜在磁性斯格明子领域的应用 [J]. 陕西师范大学学报 (自然科学版), 2021, 49: 44-53.

[31] CARPENTER J M, LOONG C K. Elements of slow-neutron scattering [M]. Cambridge: Cambridge University Press, 2015.

[32] ZHU T, ZHAN X Z, XIAO S W, et al. MR: the multipurpose reflectometer at CSNS [J]. Neutron News, 2018, 29: 11-13.

[33] JIANG W J, UPAADHYAYA P, ZHANG W, et al. Blowing magnetic skyrmion bubbles [J]. Science, 2015, 349: 6245.

[34] MOREAU-LUCHAIRE C, MOUTAFIS C, REYREN N, et al. Additive interfacial chiral interaction in multilayers for stabilization of small individual skyrmions at room temperature [J]. Nat. Nanotechnol., 2016, 11: 444-448.

[35] YU G Q, UPADHYAYA P, LI X, et al. Room-temperature creation and spin-orbit torque manipulation of

skyrmions in thin films with engineered asymmetry [J]. Nano Lett., 2016, 16: 1981-1988.

[36] WOO S, LITZIUS K, KRÜGER B, et al. Observation of room-temperature magnetic skyrmions and their current-driven dynamics in ultrathin metallic ferromagnets [J]. Nat. Mater., 2016, 15: 501-506.

[37] POLLARD S D, GARLOW J A, YU J, et al. Observation of stable Néel skyrmions in cobalt/palladium multilayers with Lorentz transmission electron microscopy [J]. Nat. Commun., 2017, 8: 14761.

[38] HE M, PENG L C, ZHU Z Z, et al. Realization of zero-field skyrmions with high-density via electromagnetic manipulation in Pt/Co/Ta multilayers [J]. Appl. Phys. Lett., 2017, 111: 202403.

[39] SOUMYANARAYANAN A, RAJU M, GONZALEZ A L O, et al. Tunable room-temperature magnetic skyrmions in Ir/Fe/Co/Pt multilayers [J]. Nat. Mater., 2017, 16: 898-904.

[40] WANG Z, GUO M, ZHOU H A, et al. Thermal generation, manipulation and thermoelectric detection of skyrmions [J]. Nat. Electron., 2020, 3: 672-679.

[41] CUI B, YU D, SHAO Z, et al. Néel-type elliptical skyrmions in a laterally asymmetric magnetic multilayer [J]. Adv. Mater., 2021, 33: 2006924.

[42] FENG C, MENG F, WANG Y, et al. Field-free manipulation of skyrmion creation and annihilation by tunable strain engineering [J]. Adv. Funct. Mater., 2021, 31: 2008715.

[43] CHEN G, OPHUS C, QUINTANA A, et al. Reversible writing/deleting of magnetic skyrmions through hydrogen adsorption/desorption [J]. Nat. Commun., 2022, 13: 1350.

[44] FILLION C E, FISCHER J, KUMAR R, et al. Gate-controlled skyrmion and domain wall chirality [J]. Nat. Commun., 2022, 13: 5257.

[45] LUO Z, DAO T P, HRABEC A, et al. Chirally coupled nanomagnets [J]. Science, 2019, 363: 1435-1439.

[46] DOHI T, DUTTAGUPTA S, FUKAMI S, et al. Formation and current-induced motion of synthetic antiferromagnetic skyrmion bubbles [J]. Nat. Commun., 2019, 10: 5153.

[47] LEGRAND W, MACCARIELLO D, AJEJAS F, et al. Room-temperature stabilization of antiferromagnetic skyrmions in synthetic antiferromagnets [J]. Nat. Mater., 2020, 19: 34-42.

[48] ZHANG J Y, ZHANG Y, GAO Y, et al. Magnetic skyrmions in a Hall balance with interfacial canted magnetizations [J]. Adv. Mater., 2020, 32: 1907452.

[49] LI Y, FENG Q, LI S, et al. An artificial skyrmion platform with robust tunability in synthetic antiferromagnetic multilayers [J]. Adv. Funct. Mater., 2020, 30: 1907140.

[50] CHEN R, CUI Q, HAN L, et al. Controllable generation of antiferromagnetic skyrmions in synthetic antiferromagnets with thermal effect [J]. Adv. Funct. Mater., 2020, 32: 2111906.

[51] BHATTACHARYA D, RAZAVI S A, WU H, et al. Creation and annihilation of non-volatile fixed magnetic skyrmions using voltage control of magnetic anisotropy [J]. Nat. Electron., 2020, 3: 539-545.

[52] GUANG Y, BYKOVA I, LIU Y Z, et al. Creating zero-field skyrmions in exchange-biased multilayers through X-ray illumination [J]. Nat. Commun., 2020, 11: 949.

[53] WOO S, SONG K M, ZHANG X, et al. Deterministic creation and deletion of a single magnetic skyrmion observed by direct time-resolved X-ray microscopy [J]. Nat. Electron., 2018, 1: 288-296.

[54] WOO S, SONG K M, ZHANG X, et al. Current-driven dynamics and inhibition of the skyrmion Hall effect of ferrimagnetic skyrmions in GdFeCo films [J]. Nat. Commun., 2018, 9: 959.

[55] HIRATA Y, KIM D H, KIM S K, et al. Vanishing skyrmion Hall effect at the angular momentum compensation temperature of a ferrimagnet [J]. Nat. Nanotechnol., 2019, 14: 232-236.

[56] WANG L F, FENG Q, KIM Y, et al. Ferroelectrically tunable magnetic skyrmions in ultrathin oxide heterostructures [J]. Nat. Mater., 2018, 17: 1087-1094.

[57] WANG Y, WANG L, XIA J, et al. Electric-field-driven non-volatile multi-state switching of individual skyrmions in a multiferroic heterostructure [J]. Nat. Commun., 2020, 11: 3577.

[58] DAS S, HONG Z, STOICA V A, et al. Local negative permittivity and topological phase transition in polar skyrmions [J]. Nat. Mater., 2021, 20: 194-201.

[59] BA Y, ZHUANG S, ZHANG Y, et al. Electric-field control of skyrmions in multiferroic heterostructure via magnetoelectric coupling [J]. Nat. Commun., 2021, 12: 322.

[60] PHATAK C, PETFORD-LONG A K, HEINONEN O. Direct observation of unconventional topological spin structure in coupled magnetic discs [J]. Phys. Rev. Lett., 2012, 108: 067205.

[61] CHMIEL F P, PRICE N W, JOHNSON R D, et al. Observation of magnetic vortex pairs at room temperature in a planar α-Fe2O3/Co heterostructure [J], Nat. Mater., 2018, 17: 581-585.

[62] WANG Y J, FENG Y P, ZHU Y L, et al. Polar meron lattice in strained oxide ferroelectrics [J]. Nat. Mater., 2020, 19: 881-886.

[63] JANI H, LIN J C, CHEN J, et al. Antiferromagnetic half-skyrmions and bimerons at room temperature [J]. Nature. 2021 590: 74-79.

[64] LI Z, SU J, LIN S Z, et al. Field-free topological behavior in the magnetic domain wall of ferrimagnetic GdFeCo [J]. Nat. Commun., 2021, 12: 5604.

[65] GAO Y, YIN Q W, WANG Q, et al. Spontaneous (anti) meron chains in the domain walls of van der Waals ferromagnetic Fe5-xGeTe2 [J]. Adv. Mater., 2020, 32: 2005228.

[66] NAYAK A K, KUMAR V, MA T P, et al. Magnetic antiskyrmions above room temperature in tetragonal Heusler materials [J]. Nature, 2017, 548: 561-566.

[67] KARUBE K, PENG L C, MASELL J, et al. Room-temperature antiskyrmions and sawtooth surface textures in a non-centrosymmetric magnet with S4 symmetry [J]. Nat. Mater., 2021, 20: 335-340.

[68] ZHANG S, PETFORD-LONG A K, PHATAK C. Creation of artificial skyrmions and antiskyrmions by anisotropy engineering [J]. Sci. Rep., 2016, 6: 31248.

[69] PARKIN S S P, HAYASHI M, THOMAS L, et al. Magnetic domain-wall racetrack memory [J]. Science, 2008, 320: 190-194.

[70] ZANG J, MOSTOVO M, HAN J H, et al. Dynamics of skyrmion crystals in metallic thin films [J]. Phys. Rev. Lett., 2011, 107: 136804.

[71] JIANG W J, ZHANG X, YU G Q, et al. Direct observation of the skyrmions Hall effect [J]. Nat. Phys., 2017, 13: 162-169.

[72] LITZIUS K, LEMESH I, KRÜGER B, et al. Skyrmion Hall effect revealed by direct time-resolved X-ray microscopy [J], Nat. Phys., 2017, 13: 170-175.

[73] SONG C, JIN C, WANG J, et al. Skyrmion-based multi-channel racetrack [J]. Appl. Phys. Lett., 2017, 111: 192413.

[74] YANG S, WU K, ZHAO Y, et al. Inhibition of skyrmion Hall effect by a stripe domain wall [J]. Phys. Rev. Appl., 2022, 18: 024030.

[75] ZHANG X, EZAWA M, ZHOU Y, et al. Magnetic skyrmion logic gates: conversion, duplication and merging of skyrmions [J]. Sci. Rep., 2015, 5: 9400.

[76] CHAUWIN M, HU X, GARCIA F, et al. Skyrmion logic system for large-scale reversible computation [J]. Phys. Rev. Appl., 2019, 12: 064053.

[77] LI S, KANG W, HUANG Y, et al. Magnetic skyrmion-based artificial neuron device [J]. Nanotechnology, 2017, 28: 31LT01.

[78] AZAM M A, BHATTACHARYA D, QUERLIOZ D, et al. Resonate and fire neuron with fixed magnetic

skyrmions [J]. J. Appl. Phys., 2018, 124: 152122.

[79] HUANG Y, KANG W, ZHANG X, et al. Magnetic skyrmion-based synaptic devices [J]. Nanotechnology, 2017, 28: 08LT02.

[80] SONG K M, JEONG J S, PAN B, et al. Skyrmion-based artificial synapses for neuromorphic computing [J]. Nat. Electron., 2020, 3: 48-155.

习　　题

1. 简述拓扑磁学、拓扑磁性材料的基本概念。
2. 简述拓扑磁结构的分类。
3. 简述拓扑磁结构产生的主要影响因素。
4. 简述斯格明子霍尔效应的基本概念。
5. 简述洛伦兹透射电镜的基本工作原理。

第 8 章

二维范德瓦尔斯磁性材料

二维范德瓦尔斯磁性材料（简称二维磁性材料）是二维材料大家族的新成员，由于其具有磁各向异性、二维长程磁序可保持至单原胞层厚度且易受调控等特性，已成为二维极限下的磁性以及新奇物理效应研究的理想对象，特别在基于自旋载体的低功耗信息处理和高密度存储方面（如非易失性磁随机存储器和逻辑器件）具有巨大的应用潜力，已成为国际上备受关注的前沿热点。本章综合介绍了二维范德瓦尔斯磁性材料。首先概述了二维范德瓦尔斯磁性材料，包括范德瓦尔斯层状材料的基本概念、Mermin-Wagner 定理，以及二维本征磁性材料的发现和材料种类。接着依据层状块材和二维薄膜的分类介绍了二维范德瓦尔斯磁性材料的制备方法。随后介绍了二维磁性理论和二维磁性的多种调控手段，以及利用二维材料的转移堆叠技术制备二维磁性范德瓦尔斯异质结构。最后，总结了二维范德瓦尔斯磁性材料的应用领域，侧重介绍了几个典型的应用。

8.1 二维范德瓦尔斯磁性材料概述

根据 Mermin-Wagner 定理，热波动将破坏二维各向同性海森堡模型中的长程铁磁有序，因此非零温度下长程磁有序在二维体系中无法稳定存在。长期以来，研究人员认为很难像石墨烯、过渡金属硫化物等二维材料通过微机械剥离方法获得原子层级厚的二维本征磁性材料。然而在 2017 年，具有本征磁性的范德瓦尔斯层状材料 CrI_3 和 $Cr_2Ge_2Te_6$ 突破了这一限制，研究人员通过微机械剥离获得了其二维长程磁序且可保持至单原胞层厚度，由此开启了二维范德瓦尔斯磁性材料的研究热潮。二维范德瓦尔斯磁性材料作为二维范德瓦尔斯层状材料的一个新兴分支，兼具二维材料的独特性质与磁性特征。

8.1.1 范德瓦尔斯层状材料

1. 范德瓦尔斯力

范德瓦尔斯力（van der Waals Forces）也称为范德瓦尔斯键或范德瓦尔斯相互作用，是在固体、液体和气体中观察到的分子或原子间的弱相互作用力。这种力是以荷兰物理学家约翰内斯·迪德里克·范德瓦尔斯（Johannes Diderik van der Waals）的名字命名的，他首次提出了这种分子间力的假设，并用一个半经验关系来描述这种分子间力，解释了为什么真实气体的行为偏离了理想气体定律。液体和气体的范德瓦尔斯状态方程考虑了由于分子间存在吸引力的相互作用而导致的偏离理想行为。这些吸引力现在称为范德瓦尔斯力。利用 Mie 描述

的二元相互作用势，可以有效地模拟一对分子间的范德瓦尔斯力，即

$$U_x=-\frac{A}{x^n}+\frac{B}{x^m} \tag{8-1}$$

式中，U_x 为相隔距离 x 的两个分子间的电势，其中一项描述分子之间的排斥相互作用，另一项描述吸引相互作用。Mie 电势的一个常见情况是当 $n=6$ 和 $m=12$ 时的伦纳德-琼斯势(Lennard-Jones Potential)，该势是描述两个电中性分子或原子间相互作用势能的一个较为简单的数学模型。然而，随着量子理论的发展，人们才清楚地认识到大多数分子间的相互作用都源于静电。比如，疏水相互作用或溶剂化力是范德瓦尔斯力的不同情况，不同类型的范德瓦尔斯力也经常根据短程力或长程力进行分类。在讨论分子间的范德瓦尔斯力时，它通常以短程相互作用为主。

（1）范德瓦尔斯力的类型

根据参与相互作用的分子类型，范德瓦尔斯力可分为伦敦色散力（London Dispersion Forces）、基森力（Keesom Forces）和德拜力（Debye Forces）。图 8-1 总结了这三种类型的范德瓦尔斯力。根据作用力大小，范德瓦尔斯力也可分为两大类型：弱的伦敦色散力和强的偶极-偶极力（Dipole-Dipole Forces）。基森力和德拜力可归属于强的偶极-偶极力。

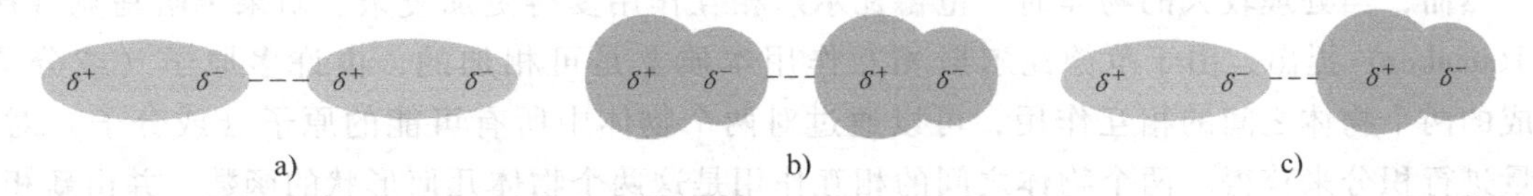

图 8-1　范德瓦尔斯力三种类型的示意图

a）伦敦色散力　b）基森力　c）德拜力

1）伦敦色散力。伦敦色散力是由于电子云的波动而在两个原子或两个非极性分子之间发生的分子间作用力，即伦敦色散力出现在没有永久偶极的分子中。在一个原子或分子中，电子云的波动导致电荷分布的瞬时变化，从而原子或分子的一端带负电，另一端带正电，出现了瞬时偶极子。然后，这种弱而瞬时的偶极子通过静电吸引和排斥使得相邻的原子或分子发生电荷重新分布，从而诱导偶极子。伦敦色散力的强度随着原子或非极性分子中电子数量的增加而增加。氯气（Cl_2）、氦气（He）和四氯化碳（CCl_4）分子间存在伦敦色散力。

2）基森力。基森力来源于两个极化分子之间由于电荷分布的固有差异而产生的相互作用力。

3）德拜力。德拜力来源于一个具有永久偶极的分子诱导没有偶极矩的相邻分子发生电荷重新分布，从而两个分子间产生的相互作用力。

总的来说，感应偶极子之间的伦敦色散力、永久偶极子之间的基森力，以及永久偶极子和感应偶极子之间的德拜力是不同类型的短程范德瓦尔斯力，通常只延伸到原子或分子的几个原子距离。相隔距离 x 的两个分子之间存在的范德瓦尔斯力通常用每个分子的偶极矩（u）和电子极化率（α_0）表示为

$$U_{\text{London}}x=-\frac{3I_1I_2\alpha_{0.1}\alpha_{0.2}}{(2I_1+I_2)4\pi\varepsilon^2x^6} \tag{8-2}$$

$$U_{\text{Keesom}}x=-\frac{u_1^2u_2^2}{34\pi\varepsilon^2k_bTx^6} \tag{8-3}$$

$$U_{\text{Debye}}x=-\frac{u_1^2\alpha_{0.2}+u_2^2\alpha_{0.1}}{34\pi\varepsilon^2x^6} \tag{8-4}$$

式中，T 为温度；k_b 为玻尔兹曼常数；ε 为环境的介电常数；I_i 为分子 i 的电离势。不同类型的分子间相互作用，即范德瓦尔斯力的总和可以概括为

$$U_{\nu dW}x=U_{\text{London}}x+U_{\text{Keesom}}x+U_{\text{Debye}}x=-\frac{C}{x^6} \tag{8-5}$$

或

$$U(r)=-\frac{C}{r^6} \tag{8-6}$$

式中，C 为特定于每对相互作用分子的相互作用常数；x 或 r 为分子间距离（m）。

因此，范德瓦尔斯力是由于电荷分布的变化，即涨落现象，引起中性分子或原子发生极化，进而在它们之间产生电偶极子-电偶极子相互作用，从而形成的一种吸引力。范德瓦尔斯力是存在于分子或原子之间的一种弱相互作用力，但它会对物质的熔点、沸点和溶解度等物理性质有重要影响。例如，通过范德瓦尔斯力结合在一起的固体通常比通过更强的离子键、共价键和金属键结合在一起的固体具有更低熔点并且更软。

然而，当处理较大的物体时，范德瓦尔斯相互作用变得更加复杂。雨果·哈马克（Hugo Hamaker）提出，由于范德瓦尔斯相互作用本质上是可相加的，由许多原子（或分子）组成的两个物体之间的相互作用，可以通过对两个物体中所有可能的原子（或分子）对的能量进行积分来获得。两个物体之间的相互作用是这两个物体几何形状的函数，并由新相互作用常数（哈马克常数）定义。

（2）范德瓦尔斯力的特征

1）属于短程的作用力，当原子或分子距离较近时，相互作用非常显著，随着距离增加而消失。

2）明显弱于共价键和离子键，强度通常在0.4~4kJ/mol之间。

3）相加性，即几种分子间相互作用力加在一起形成可量化的力。

4）非方向性，即它们可以从各个方向吸引原子或分子。

5）不依赖于温度，偶极-偶极相互作用除外。

（3）范德瓦尔斯力的重要性和应用

分子对固体表面的物理吸附和凝聚相的内聚力都可以用范德瓦尔斯力来解释，如解释惰性气体在固态和液态下的内聚力。范德瓦尔斯力的存在还有助于维持蛋白质结构、聚合物链和胶体的稳定性。在二维材料中，范德瓦尔斯力是不同层之间的主要相互作用力，影响了材料的结构和性质。例如，石墨由无数个碳原子层依靠层间的范德瓦尔斯力结合组成，与常规的C-C共价键相比，各层之间的范德瓦尔斯力较弱。由于碳只能形成三个键，因此每个碳原子都有一个离域电子。当所有的离域电子在片层中移动时，非常大的瞬时偶极子会在上、下片层中诱导出相反的偶极子，最终诱导偶极子将遍布整个晶体。

2. 范德瓦尔斯层状材料

范德瓦尔斯层状材料（van der Waals layered materials）是指由层状的原子或分子组成，层间依靠较弱的范德瓦尔斯力结合，而层内以较强的化学键相连，从而形成二维晶体结构的材料。严格来说，层间依靠范德瓦尔斯力结合的二维、三维材料都属于范德瓦尔斯层状材

料。三维范德瓦尔斯层状材料通过机械剥离可得到其对应的二维材料，如通过胶带机械剥离石墨片，可以获得单层或几个原子层厚的石墨烯。因此在二维材料领域，范德瓦尔斯层状材料通常指二维材料及其层状块材。更详细或准确地说，二维材料应称为二维范德瓦尔斯材料（Two-Dimensional van der Waals Materials）或二维晶体材料。二维和三维材料的判定不是仅依据厚度，一般从两个方面判定是否为二维材料：电子仅能在两个维度上自由运动（即平面运动）；材料往往表现出与块体材料迥异的性质。对于石墨烯，除了严格意义上的单层石墨烯外，双层和少数层石墨烯在结构和性能上都明显区别于块体石墨，因此常被归为石墨烯的范畴。

3. 二维范德瓦尔斯材料的发展

2004 年，石墨烯的发现开启了二维范德瓦尔斯材料（简称二维材料）的研究热潮，性质各异的二维材料已经形成一个庞大的二维材料家族，拥有丰富的电子能带特性，如金属（VSe_2、$NbSe_2$、Fe_3GeTe_2 等）、半导体（MoS_2、WSe_2、黑磷等）、绝缘体（h-BN、Bi_2Se_3、WTe_2 等）性质，同时兼具本征磁性或拓扑特性。二维材料具有不同于体相材料的电子结构、比表面积、量子效应等新奇的性质，可广泛应用于电子/光电子、催化、储能、生物医学等众多领域。图 8-2 为几种代表性二维材料的晶格结构示意图。

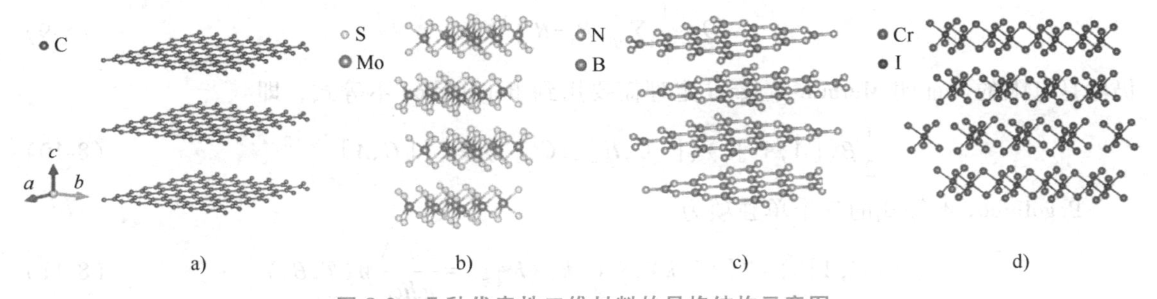

图 8-2　几种代表性二维材料的晶格结构示意图

a）石墨烯（Graphene）　b）二硫化钼（MoS_2）　c）六方氮化硼（h-BN）　d）三碘化铬（CrI_3）

下面介绍几种代表性的二维材料。

1）石墨烯（Graphene）：由碳原子以六边形的蜂窝状结构排列组成单层或几层的二维晶格材料，它是研究最为广泛的二维材料之一。

2）六方氮化硼（Hexagonal Boron Nitride，h-BN）：由氮和硼原子组成的层状结构，具有良好的绝缘性和热稳定性，常作为石墨烯和其他二维材料的衬底或封装材料，以及隧道结中的势垒层。

3）过渡金属硫化物（Transition Metal Dichalcogenides，TMD）：由过渡金属和硫族元素组成的层状结构，具有半导体性质，如二硫化钼（MoS_2）、二碲化钨（WTe_2）、二硒化钒（VSe_2）等，在半导体器件和光电子学领域具有潜在的应用价值。

4）黑磷（Black Phosphorus）：由磷原子组成的层状结构，具有半导体性质和独特的光学性质，在光电子学和能源领域具有潜在应用价值。

5）过渡金属三卤化物（Transition Metal Trihalides）：由过渡金属和卤族元素组成的层状结构，具有二维本征磁性，如三碘化铬（CrI_3）、三溴化铬（$CrBr_3$）、三氯化铬（$CrCl_3$）等。其中，CrI_3 是 2017 年最早被发现的二维本征磁性材料之一。

8.1.2 Mermin-Wagner 定理

梅尔明-瓦格纳定理（Mermin-Wagner Theorem）是凝聚态物理学中的一个重要定理。定理指出：在有限温度下（$T\neq0$），自旋为 S 的各向同性且交换作用有限长的海森堡模型在一维和二维的情况下不会发生自发磁化。

1. Mermin-Wagner 定理的证明

Mermin-Wagner 定理是基于各向同性的海森堡模型，证明在非零温度下是否给出了自发磁化。从哈密顿函量出发，如下：

$$H=-\sum_{i,j}J_{ij}S_i\cdot S_j-b\sum_i S_i^z e^{-iK\cdot R_i} \tag{8-7}$$

磁化

$$M_s(T)=\lim_{B_0\to0}gJ\frac{\mu_B}{\hbar}\sum_i e^{-iK\cdot R_i}\langle S_i^z\rangle_{T,B_0} \tag{8-8}$$

式中，g 为朗德因子（无量纲）；J 为电子自旋数；μ_B 为玻尔磁子（J/T）；$\langle S_i^z\rangle_{T,B_0}$ 为在温度 T 和外部磁场 B_0 下粒子 i 的自旋在 z 方向上的期望值。

下面假设交换积分 J_{ij} 随着距离 $|R_i-R_j|$ 的增加而下降得足够快，使得量

$$Q=\frac{1}{N}\sum_{ij}|R_i-R_j|^2|J_{ij}| \tag{8-9}$$

仍然是有限的。证明 Mermin-Wagner 定理需要用到 Bogoliubov 不等式，即

$$\frac{1}{2}\beta\langle[A,A^\dagger]_+\rangle\langle[[C,H]_-,C^\dagger]_-\rangle\geqslant|\langle[C,A]_-\rangle|^2 \tag{8-10}$$

Bogoliubov 不等式的三个单独项为

$$\langle[C,A]_-\rangle=\langle[S^+(k),S^-(-k)+K]_-\rangle=\frac{2\hbar^2N}{gJ\mu_B}M(T,B_0) \tag{8-11}$$

$$\sum_k\langle[A,A^\dagger]_+\rangle=\sum_k\langle[S^-(-k+K),S^+(k-K)]_+\rangle=2\hbar^2N^2S(S+1) \tag{8-12}$$

$$\langle[[C,H],C^\dagger]_-\rangle\leqslant4\hbar^2|B_0M(T,B_0)|+4Nk^2\hbar^4QS(S+1) \tag{8-13}$$

将式（8-11）~式（8-13）代入不等式（8-10），并对第一布里渊区的所有波矢量求和，可得

$$S(S+1)\geqslant\frac{m^2v_d\Omega_d}{\beta(2\pi)^d g_j^2\mu_B^2}\int_0^{k_0}\frac{k^{d-1}\mathrm{d}k}{|B_0M|+k^2\hbar^2NQS(S+1)} \tag{8-14}$$

接下来要做的就是求积分。对于一维晶格，当磁场强度极低接近 0（$B_0\to0$）时，有

$$|m(T,B_0)|\leqslant\text{const.}\frac{B_0^{1/3}}{T^{2/3}} \tag{8-15}$$

对于二维晶格，当磁场强度极低，接近 0 时，可得

$$|m(T,B_0)|\leqslant\text{const.}\left[T\ln\left(\frac{\text{const.}'+|B_0m|}{|B_0m|}\right)\right]^{-1/2} \tag{8-16}$$

由以上两个表达式，可得出在有限温度下（$T\neq0$），一维和二维晶格中不存在自发磁化的结论，即

$$M_{sp}=\lim_{B_0\to0}m(T,B_0)=0 \tag{8-17}$$

式中，M_{sp} 为自发磁化强度（A/m）；T 为温度（K）；B_0 为外加磁场（T）。

由此证明了 Mermin-Wagner 定理。根据 Mermin-Wagner 理论预言：在二维及以下的空间中，由于热涨落的影响，在有限温度下（$T \neq 0$）连续对称性无法完全破缺，因此在一维和二维的情况下，不会发生自发磁化。

2. Mermin-Wagner 定理满足的条件

1）定理只对 $T>0$ 有效。对于 $T=0$，定理没有预测。

2）通过 e^{-iKR_i} 因子，该定理也禁止了反铁磁体中的长程磁有序。

3）定理只对一维和二维空间（$d \leqslant 2$）有效，对于三维或以上空间（$d>2$）不能做任何预测。

4）定理对任意自旋 S 都有效。

5）定理所用的海森堡模型不包含各向异性，具有连续旋转对称性，因此也适用于其他具有连续对称性的体系。

6）定理只对各向同性海森堡模型有效。即使对于弱各向异性，该定理也不成立。这解释了后续发现的许多二维海森堡铁磁体和反铁磁体的存在。

8.1.3　二维本征磁性的发现

尽管 Mermin-Wagner 定理预言在二维及以下空间中，由于热涨落的影响，在非零温度下长程磁有序无法稳定存在，因此二维磁有序（即二维本征磁性）被认为不可能实现。不过，近年来的理论和实验均证明，磁各向异性可以抵消热涨落带来的不利因素，使得二维磁有序可以在一定温度下稳定存在。2017 年，研究人员首次在实验上获得了二维范德瓦尔斯磁性材料 $Cr_2Ge_2Te_6$ 和 CrI_3，分别观测到双层和单层结构的二维本征磁性。在单层 CrI_3 中观测到居里温度（Cuire temperature，T_C）为 45K 的铁磁性，在双层 $Cr_2Ge_2Te_6$ 中观测到 T_C 为 28K 的铁磁性。图 8-3 给出了 $Cr_2Ge_2Te_6$ 和 CrI_3 的晶体结构和磁学特性。2018 年，研究人员发现了另一种新型的二维范德瓦尔斯磁性材料 Fe_3GeTe_2，其为一种二维铁磁金属材料，具有很

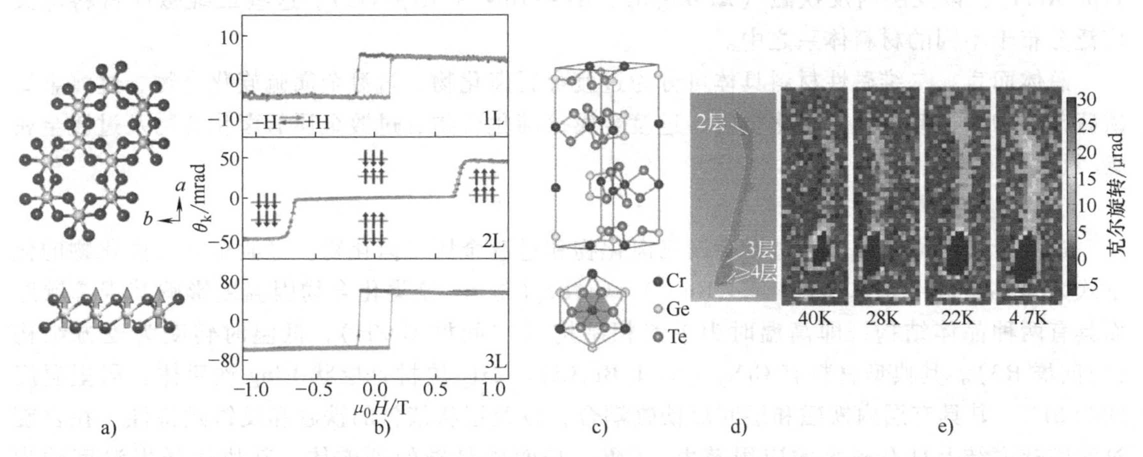

图 8-3　最早发现的两种二维磁性材料 CrI_3 和 $Cr_2Ge_2Te_6$ 的晶体结构和磁学特性

a）CrI_3 晶体结构的俯视图（上）和侧视图（下）　b）CrI_3 层数依赖的磁学特性，显示 1-3 层的 CrI_3 在温度 15K 下的磁光克尔（MOKE）信号随磁场的变化情况　c）$Cr_2Ge_2Te_6$ 晶体结构的侧视图（上）和俯视图（下）　d）不同层数 $Cr_2Ge_2Te_6$ 的光学显微图　e）不同温度下的 MOKE 信号强度

强的面外各向异性，其块材的居里温度为220~230K，而且外加栅压可以调控 T_C 到室温以上，为研究二维巡游磁性提供了一个全新的理想体系。随后，一大批二维磁性材料不断被发现。目前，已发现的二维磁性绝缘体/半导体/金属材料具有丰富的磁性特性和诸多新现象，如垂直磁化或面内磁化的磁各向异性可保持到单原子层、铁磁或反铁磁的层间耦合、层数依赖的磁学特性。基于这些特性，二维范德瓦尔斯磁性材料在基础科学研究和磁信息技术领域展现了巨大的应用潜力。

8.1.4 二维磁性材料的种类

按照磁性的来源，二维磁性材料可分为两大类：二维非本征范德瓦尔斯磁性材料；二维本征范德瓦尔斯磁性材料。

1. 二维非本征范德瓦尔斯磁性材料

自从石墨烯被发现后，研究人员致力于通过缺陷工程、元素掺杂等多种方法在非磁性的二维材料（如石墨烯、氮化硼、硫化钼等）中引入磁性。这类材料的磁性来源于缺陷或外来原子，属于非本征磁性。如缺陷石墨烯（点缺陷、掺杂氮或硫、氟化、边界态），缺陷氮化硼（点缺陷、掺杂碳）纳米片，掺杂 Mn、Fe、Co 等磁性过渡金属元素的二硫化钼（MoS_2）或二硒化钒（VSe_2）。这类非本征的二维磁性材料不是本章介绍的内容。

2. 二维本征范德瓦尔斯磁性材料

二维本征范德瓦尔斯磁性材料简称二维范德瓦尔斯磁性材料或二维磁性材料。如果没有特别指出，二维磁性材料一般指二维本征范德瓦尔斯磁性材料，即具有范德瓦尔斯层状结构的本征磁性材料。二维磁性材料本身具有未配对电子，如 d 轨道单电子的存在，因此磁性来源于自身磁性离子的耦合，属于本征磁性。自从2017年 $Cr_2Ge_2Te_6$ 和 CrI_3 被发现具有二维本征磁性后，新型的二维磁性材料层出不穷，种类繁多。从磁学特性分类，二维磁性材料可分为铁磁和反铁磁两大类。通常来说，二维铁磁材料层间均为铁磁耦合，且多以 c 轴为易磁化轴；而二维反铁磁材料的磁序则较为复杂，可进一步分为层内铁磁和层间反铁磁（A-Type AFM），以及层内反铁磁（AF-Zigzag、AF-Stripy 和 AF-Néel）。这些二维磁性材料却又广泛分布于不同的材料体系之中。

总体而言，二维磁性材料具体可分为过渡金属卤化物、过渡金属硫族化合物、过渡金属磷硫化合物、过渡金属锗碲化合物、过渡金属铋碲化合物、过渡金属氧卤化合物及过渡金属碳/氮化物或碳氮化物。

（1）过渡金属卤化物

过渡金属卤化物可分为过渡金属三卤化物和过渡金属二卤化物。过渡金属三卤化物的化学式为 MX_3（M=Ti,V,Cr,Fe,Mo,Ru；X=Cl,Br,I 等）。该类化合物因温度影响其堆叠顺序而具有两种晶体结构，即高温时为单斜相结构（空间群 C2/m），低温时转变为菱方结构（空间群 R3）。其典型材料有 CrX_3（X=I,Br,Cl）。CrI_3 块材是层状 Ising 铁磁体，居里温度约为61K。其具有层内铁磁和层间反铁磁耦合，以及层状依赖的铁磁和反铁磁特性，在自旋过滤磁隧道结上具有极大的应用潜力。$CrBr_3$ 是面外易轴的铁磁体，其块体居里温度约为37K。单层 CrI_3 和 $CrBr_3$ 均为易磁化轴为 c 轴的铁磁体。块材 $CrCl_3$ 是 A 型反铁磁体，其奈尔温度约为17K，而单层 $CrCl_3$ 是易磁化轴在 ab 平面内的铁磁体。

过渡金属二卤化物的化学式为 MX_2（M=Mn,Fe,Co,Ni；X=Cl,Br,I 等），也具有两种晶体结构，分别是X离子六边形紧密堆积排列的结构（空间群Pm1）和X离子立方紧密堆积排列的结构（空间群Rm）。其典型材料NiI_2是反铁磁半导体，具有层内铁磁和层间反铁磁耦合特性。体相FeX_2（X=Cl,Br,I）均为易磁化轴为c轴的反铁磁体，而单层预测为铁磁体。

（2）过渡金属硫族化合物

过渡金属硫族化合物的化学式为M_xX_y（M为过渡金属；X=S,Se,Te），大多数的过渡金属硫族化合物具有非层状结构的磁性材料。其核心结构为中心过渡金属原子与周围6个硫族元素形成共价键后组成的三角棱柱、八面体相或扭曲八面体相。通过理论计算表明，过渡金属原子上的局域磁矩可以与周围硫族元素的非局域p轨道发生交换作用，进而形成长程磁序。二硒化钒（VSe_2）的结构类似于其他层状过渡金属硫族元素化合物（TMD），如二硫化钼（MoS_2）。目前，有关于单层VSe_2是否具有本征铁磁性还存在争议，而块材VSe_2磁性较为复杂，研究相对较少。相比于其他二维磁性材料，过渡金属硫族化合物具有相对较高的磁转变温度，如Cr_2S_3的T_C接近室温，单层$MnSe_x$和VSe_2的T_C甚至超过室温，这使其更容易被应用到自旋电子学器件中。

（3）过渡金属磷硫化合物

过渡金属磷硫化合物（MPS_3，M=Fe,Mn,Co,Ni,V,Cu）是一类重要的层状反铁磁材料，该类材料具有单斜晶体结构（空间群C2/m）。大部分块体MPS_3具有独特的本征反铁磁性质，其奈尔温度（T_N）在80~155K之间。在每层中，过渡金属原子形成一个类似石墨烯的蜂窝状晶格，且该晶格被阴离子（P_2S_6）$^{4-}$包围起来。同时，S原子与过渡金属原子平面上、下的两个P原子相连呈哑铃状。典型的MPS_3材料有$NiPS_3$、$MnPS_3$和$FePS_3$。$NiPS_3$的T_N随厚度的降低而减小，体相的T_N接近于150K，双层的T_N为130K，而单层$NiPS_3$的反铁磁序被抑制。当$NiPS_3$层数≥2时，$NiPS_3$的厚度对T_N影响不大。因此，层内交换相互作用比层间交换相互作用起着更主要的作用。$MnPS_3$表现出与$NiPS_3$相似的反铁磁行为，体相T_N约为78K，其磁有序稳定到双分子层。$FePS_3$层间为反铁磁耦合，与$NiPS_3$和$MnPS_3$的层间铁磁耦合不同，其磁结构可描述为磁矩垂直于ab平面，且在平面内以AF-Zigzag型排列。另外，$FePS_3$的磁转变温度与厚度关系不大，无论体相还是薄层材料，其T_N均约为118K。

（4）过渡金属锗碲化合物

常见的过渡金属锗碲化合物有Cr基和Fe基两种化合物，它们都具有分层结构。其中，$Cr_2Ge_2Te_6$是Cr基化合物的一类代表性材料。通过扫描磁光Kerr显微镜，少层$Cr_2Ge_2Te_6$薄膜被证实具有二维长程铁磁序。而且，根据第一性原理计算，铁磁序与$Cr_2Ge_2Te_6$层数无关，整体磁矩完全源于Cr原子。因此，$Cr_2Ge_2Te_6$单层显示出强的铁磁有序。此外，$CrSiTe_3$作为$Cr_2Ge_2Te_6$的衍生物，其单层$CrSiTe_3$也具有强铁磁有序，理论预测的居里温度为80K。

Fe基过渡金属碲锗化合物主要包括Fe_3GeTe_2、Fe_4GeTe_2和Fe_5GeTe_2。已通过反常霍尔效应测量验证了Fe_3GeTe_2薄膜的铁磁性。Fe_3GeTe_2薄膜的居里温度会随着厚度增加而提升，单层Fe_3GeTe_2的居里温度为75K，但当厚度达到十层时，其居里温度升至175K以上。此外，第一性原理计算结果显示，单层Fe_4GeTe_2和Fe_5GeTe_2均具有铁磁性，且它们的铁磁序位于面内，这与Fe_3GeTe_2单层的面外铁磁序的特性不同。

（5）过渡金属铋碲化合物

过渡金属铋碲化合物是一类重要的二维磁性材料。最典型的材料为 $MnBi_2Te_4$，它是第一个被发现具有内禀磁性的拓扑绝缘体。其晶体结构隶属空间群 $R\bar{3}m$，单层 $MnBi_2Te_4$ 在单胞中包含 7 个原子层，按照 Te-Bi-Te-Mn-Te-Bi-Te 的顺序沿 c 轴叠加，可以将其看作是将 MnTe 双层插入到 Bi_2Te_3 五重层的中心。单层 $MnBi_2Te_4$ 具有铁磁性，其磁性来源于 Mn 原子，易磁化轴为 c 轴。在每个七重层内，Mn 原子的磁矩铁磁排列，而在两个七重层之间，Mn 原子的磁矩反铁磁排列，形成 A 型 AFM 磁序，最终形成体相的反铁磁拓扑绝缘体态。$MnBi_2Te_4$ 厚度为奇数个七重层时表现为量子反常霍尔相，为偶数个七重层时则处于轴子绝缘体相，其三维体相是具有拓扑轴子表面态的反铁磁拓扑绝缘体，而在外加磁场下又可转变为只有一对外尔点的磁性外尔半金属。因此，$MnBi_2Te_4$ 丰富的拓扑物态、极易剥离的层状结构使其成为绝佳的观测和调控拓扑量子物态的平台。此外，将 Bi_2Te_3 插层至 $MnBi_2Te_4$ 中得到的 $MnBi_4Te_7$ 和 $MnBi_6Te_{10}$ 也具有 A 型 AFM 磁结构，体相 T_N 分别为 13K 和 11K。

（6）过渡金属氧卤化物

过渡金属氧卤化物是化学表达式为 MOX（M = Fe, V, Cr, Ti 等；X = Cl, Br, 和 I）的无机化合物。其块材具有范德瓦尔斯层状晶体结构，其中每层由两个卤化物层夹着 XO 原子层构成三明治结构。其中，FeOCl 的体相呈现反铁磁性，T_N 一般为 84~92K，但薄层的 FeOCl 磁性研究较少，通过液相剥离获得的薄层 FeOCl 保留了其块材的固有反铁磁性，T_N 约为 14K。此外，理论预测，单层 CrOCl 和 CrOBr 具有铁磁性，分别在 160K 和 129K 以下沿 c 轴呈现磁有序。单层 CrOF 也具有铁磁性，沿 c 轴呈现磁有序。单层 VOCl 和 VOBr 具有平面内磁化取向的反铁磁性。

（7）过渡金属碳/氮化物或碳氮化物

过渡金属碳化物、氮化物和碳氮化物可衍生出二维层状材料 MXene。MXene 是指一类具有 $M_{n+1}X_nT_x$ 元素构成的材料体系（其中 M 表示过渡族金属元素，X 表示 C 或 N，T 表示该二维材料表面的基团/修饰体，n 通常取值 1~3）。二维层状结构的 MXene 由于化学组分丰富和表面易修饰，使其具有丰富的磁性。在 MXenes 中，二维的 Cr_2C、Cr_2N、Ta_3C_2、Cr_3C_2 被预测为铁磁体，可以从其体相中剥离，而二维的 Ti_3C_2 和 Ti_3N_2 是反铁磁体。Ti_2C 和 Ti_2N 是近半金属的铁磁性。Mn_2C 单层被预测是一种反铁磁体，T_N 高达 720K，但通过表面官能团化（F、Cl 和 OH）可使其变成具有高居里温度（520K）的铁磁体。通常，通过 MXene 表面引入不同的钝化官能团，这些表面官能团与 MXene 之间的共价结合可等效为一种掺杂效应，直接影响其面内磁耦合，如局域磁矩和巡游电子之间的竞争。此外，MXene 中 M 和 X 原子的种类也会影响过渡金属 d 轨道的电子占据情况。例如，$Cr_2TiC_2F_2$ 和 $Cr_2TiC_2(OH)_2$ 的磁基态为反铁磁性，而 $Cr_2VC_2(OH)_2$、$Cr_2VC_2F_2$ 和 $Cr_2VC_2O_2$ 则是铁磁性。

8.2　二维范德瓦尔斯磁性材料的制备方法

材料的性能与应用很大程度上依赖于简便可靠的合成方法。目前广泛采用的二维范德瓦尔斯磁性材料的制备方法主要包括助熔剂法、化学气相输运、机械剥离、化学气相沉积、分子束外延、液相剥离和液相合成等。二维范德瓦尔斯磁性材料包括范德瓦尔斯磁性单晶块材和二维磁性薄膜，本节将依据层状块材和二维薄膜分类介绍其制备方法。

范德瓦尔斯层状单晶块材的合成方法主要包括化学气相输运（Chemical Vapor Transport，CVT）和助熔剂法（Flux Method）。

二维磁性薄膜即二维单层或少数层范德瓦尔斯磁性材料，可以通过两种方法进行合成，即自上而下（Up Down）或自下而上（Bottom Up）。自上而下的方法通常成本低且易于操作，它是通过Scotch胶带或离子束研磨的机械剥离、超声辅助的液相剥离等方法将块体层状材料剥离至二维单层或少数层的二维磁性薄膜。自下而上的方法是在给定的基板上使用原子层沉积（Atomic Layer Deposition，ALD）、溅射（Sputtering）、分子束外延（Molecular Beam Epitaxy，MBE）和化学气相输运或沉积（Chemical Vapor Transport or Deposition，CVT或CVD）合成二维单层或少数层的二维磁性薄膜。自下而上的方法通常需要高真空和昂贵的仪器来制备高质量的二维磁性薄膜样品。

8.2.1　层状单晶块材的合成

1. 助熔剂法

助熔剂法又称熔盐法，是通过添加低熔点的助熔剂，使得原本高熔点的晶体材料能够在相对较低的高温下溶解并形成均匀的饱和溶液，随后通过缓慢降温或其他方法使溶液进入过饱和状态，从而析出晶体。因为这种方法的生长温度较高，故一般也称为高温溶液生长法。自熔剂法或自熔法（Self-Flux Method）属于助熔剂法，是原料中的某些成分在高温下会形成液态熔剂，充当助熔剂的作用，促进反应或晶体生长。图8-4a为助熔剂法的原理示意图。晶体从液体中成核并生长，倒转后液体流过过滤器，使晶体易于分离。图8-4a中展示了两种配置，一种使用石英棉作为过滤器（左图），另一种使用氧化铝作为熔块过滤器（右图）。助熔剂生长法利用了所需固体在液体中的溶解度对温度的依赖性。一般情况下，随着温度的升高，溶剂对溶质的溶解度也在升高。在冷却过程中，晶体会在液体（通常是熔融的金属或盐）中成核并生长，然后在液体冻结之前将晶体与液体分离。图8-4b为采用助熔剂法生长出的几种单晶块材的实物图。

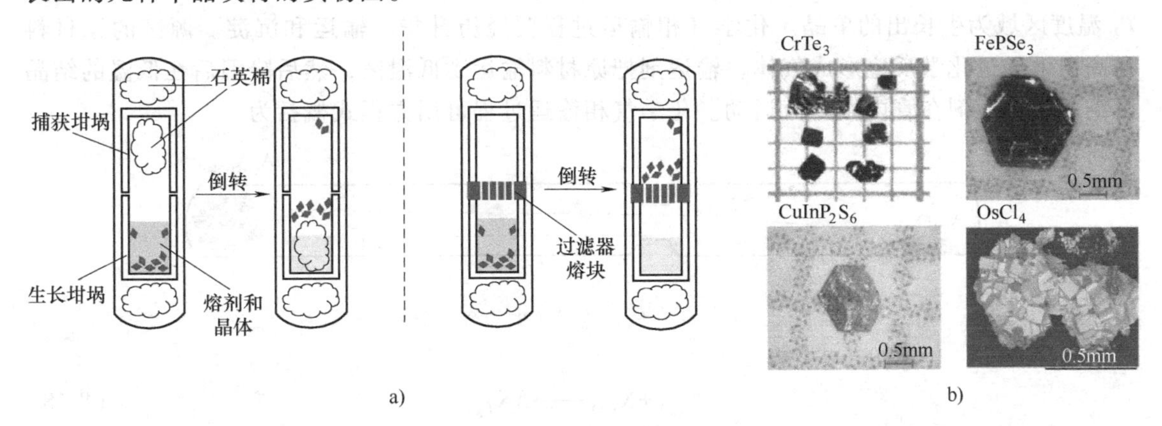

图8-4　助熔剂法

a）助熔剂法的原理示意图　b）助熔剂法生长出来的$CrTe_3$、$FePSe_3$、$CuInP_2S_6$光学图和$OsCl_4$立方体簇的SEM图

助熔剂法制备单晶所需的实验设备包括手套箱、箱式炉或井式炉、离心机等。制备单晶过程中，除了结晶材料之外，作为重要的溶剂成分——助熔剂，如何选择其种类尤为重要。

助熔剂的选择，首当其冲考虑助熔剂的物理化学性质。助熔剂的种类可归纳为两类：金属，如低熔点金属 Al、Ga、In、Sn、Pb 及高熔点金属 Fe、Co、Ni、Cu 等，分别用于低熔点晶体和高熔点晶体的生长，主要针对半导体种类晶体的生长；氧化物和卤化物，如 Bi_2O_3、B_2O_3、PbO、NaCl、KCl、RbCl 等，一般用于氧化物或者离子材料的生长。

原料与助熔剂的配比需要根据体系的多元相图决定。助熔剂法晶体生长过程中涉及组分众多，生长周期长，且生长条件难以控制，因此影响因素较多。而且，此方法生长的晶体可能会含有助熔剂的杂质。总体而言，助熔剂法是一种非常有效的晶体生长技术，特别适用于生长那些难以直接从其熔融状态中生长的材料，尤其是那些具有高熔点或在熔点附近具有高蒸气压的材料。目前，助熔剂法已广泛应用于合成各种不同类型的单晶，是生长范德瓦尔斯磁性单晶块材的常用方法之一。例如，Fe_3GaTe_2、$Cr_2Ge_2Te_6$、$CrSiTe_3$ 自助熔生长得到的 $IrSb_3$、Mo_3Sb_7、MnBi，以及卤化物助熔生长得到的 FeSe、$CrTe_3$、$NiPSe_3$、$FePSe_3$、$CuInP_2S_6$、$RuCl_3$ 和 $OsCl_4$ 等。

Wang 等利用自熔剂法（Te 作为自熔剂，也称 Te 自熔剂法）制备了单晶 $Cr_2Ge_2Te_6$。原料粉末按化学式计量比 Cr：Ge：Te=1：4：20 进行混合，在 950℃ 保温 6h，然后将混合物以 2℃/h 的速度冷却，在 500℃ 下进行离心，得到单晶 $Cr_2Ge_2Te_6$。2022 年，Zhang 等采用自熔剂法生长了高质量的 Fe_3GaTe_2 单晶。将摩尔比为 1：1：2 的高纯度铁粉（阿拉丁，99.99%）、镓块（阿拉丁，99.9999%）和碲粉（阿拉丁，99.99%）置于真空石英管中并密封。首先将混合物在 1h 内加热到 1273K，并保持 24h 进行固相反应。然后在 1h 内迅速降温至 1153K，随后在 100h 内缓慢冷却至 1053K，即可得到 Fe_3GaTe_2 块状单晶。

2. 化学气相输运法

化学气相输运法是利用化学可逆反应在不同温度下朝不同方向进行的原理，在真空密封容器中放置原料和输运剂，并控制温度梯度，使原料在输运剂的携带下从高温区向低温区输运并沉积在低温端，从而合成单晶材料。CVT 法生长材料发展到现在，已经实现了从生长三维晶体扩展到通过调节生长动力学来合成二维晶体材料。

图 8-5 为化学气相输运法的原理示意图。图中 T_1 温度区域为原料和输运剂的混合物，T_2 温度区域为生长出的单晶。化学气相输运过程要经历升华、输运和沉淀。源区的原材料在高温下经过化学反应形成气体，输运剂把原材料输运到低温区，然后降温后在低温的结晶区结晶，输运剂在管内做环流运动。化学气相输运过程可用方程式概括为

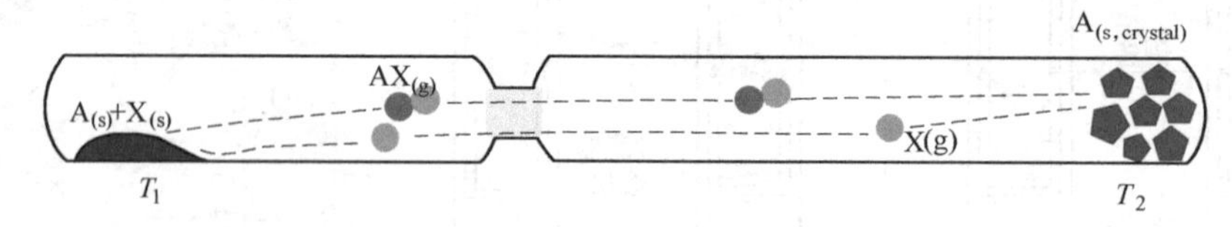

图 8-5 化学气相输运法的原理示意图

$$A_{(s)}+X_{(s)}\xrightarrow{T_1}AX_{(g)} \tag{8-18}$$

$$AX_{(g)}\xrightarrow{T_2}A_{(s,crystal)}+X_{(g)} \tag{8-19}$$

或

$$AX_{(g)}\xrightarrow{T_2}AX_{(s,crystal)} \tag{8-20}$$

式中，A 为固态生长原料，可包括多种元素的混合物；X 为输运剂；s/g 为固相/气相；T_1

为源区温度；T_2 为结晶区温度。式（8-18）表示源区的固态生长原料与输运剂发生反应转化为气相，由于分压梯度及温度梯度的存在，该气相会输运至结晶区转变为 A 晶体，即进行着与源区相反的逆反应，见式（8-19）。当 X 也是结晶元素时，最终可能形成 AX 晶体，见式（8-20）。

在气相物质转化为沉积晶体产物的过程中，输运剂同时被释放出来，输运剂一般排出生长系统，或者经过扩散，再次回到源区与前驱体材料反应，参与晶体生长过程，以此循环往复，得到目标晶体材料。

化学气相输运的设备包括：

1）石英管真空封口系统，包括氢氧机、电子阻火器、封口机、真空泵机组及氩气的气路等。

2）双温区或多温区的管式炉。管式炉内壁采用氧化铝管。

目前，CVT 法已用于合成各种各样的纯固体和结晶固体，包括金属、类金属、金属间相、金属氧化物、卤化物、卤化硫、硫族化物和羟基。CVT 法可以用于自上而下和自下而上两种策略制备二维范德瓦尔斯材料。自上而下的策略分为两步，先生长单晶块材，再机械剥离获得厚度不等且不规则二维晶体薄片；自下而上的策略则是通过 CVT 法在密封的安瓿中一步直接生长具有规则形状的单层或数层的二维晶体薄片。CVT 法是生长范德瓦尔斯磁性单晶块材的常用方法之一，如 CrI_3、Fe_3GeTe_2、$FePS_3$、$NiPS_3$ 和 $MnPS_3$、Fe_3GaTe_2 等。

Fei 等以碘（I_2）为输运剂，采用 CVT 法生长出 Fe_3GeTe_2 单晶块材。称取高纯度的 Fe（99.998%）、Ge（99.999%）和 Te（99.999%），按化学式计量比 3∶1∶2 混合，随后冷压成一个颗粒；将此颗粒与 $2mg/cm^3$ 的固体碘一起放入石英管中，抽真空并充入 15mTorr（1mTorr = 0.133Pa）的氩气后密封；将密封管放置在 750℃/650℃ 的温度梯度中一周，原料置于热端，Fe_3GeTe_2 单晶块材在石英管的冷端析出。Liu 等采用 CVT 法合成了室温铁磁性的 Fe_3GaTe_2 晶体。为避免 Ga 金属与石英管之间的化学反应，采用 GaTe 粉末代替 Ga。将高纯度 Fe、GaTe 和 Te 粉末按化学式计量比 3∶1∶1 混合后置于石英管中，并加入 100mg 碘作为输运剂，真空密封石英管；随后放入温度梯度为 750~700℃ 的炉子中保温一周；生长完成后，石英管在炉子中自然冷却至室温。

3. 其他方法

范德瓦尔斯层状晶体的生长方法除了上述最常用的助熔剂法和化学气相输运法，还有定向凝固技术（Directional Solidification Techniques），包括布里奇曼-斯托克巴格生长法（Bridgman-Stockbarger Growths），在晶体与其凝固的液体具有相同成分时特别有用。气相输运生长晶体材料除了上述化学气相输运法外，还包括物理气相输运（Physical Vapor Transport，PVT）法。PVT 法中，固态生长原材料通过加热升华转变为气相，传输到低温生长区进行重结晶，此过程不涉及固态生长原料与输运剂发生化学反应。

8.2.2　二维磁性薄膜的制备

二维磁性薄膜的制备方法主要包括机械剥离法、化学气相沉积法、分子束外延、液相剥离和液相合成。前两种是最为常用的制备方法。

1. 机械剥离法

机械剥离（Mechanical Exfoliation）法主要是利用机械力作用，如胶带的黏附与剥离，从层状材料表面精准地分离出单层或多层二维晶体或薄膜，也常称为胶带剥离法，操作难度小且成本低，广泛应用于制备各种高质量的二维薄膜材料，因此在二维材料研究中获得了极大的成功。最典型的应用是通过此方法获得单层石墨烯。众多二维材料的本征物理性质都是在机械剥离的二维薄膜材料中观察得到，而且在二维范德瓦尔斯异质结构及其功能器件中，通常采用机械剥离获得高质量的二维材料，更有利于出现物理效应和新奇物理现象。同样，研究人员从范德瓦尔斯层状磁性块材，通过机械剥离法获得原子层级厚度至单层的二维磁性薄膜。如单层的 CrI_3、双层的 $Cr_2Ge_2Te_6$。

虽然机械剥离已经实现一部分二维层状材料的制备，但仍需要一定的改进手段使其更普适于众多二维材料的获取。例如，部分原子级厚度的二维范德瓦尔斯磁性材料的层内相互作用力薄弱，不足以支撑传统的机械剥离。基于这一现状，复旦大学的张远波课题组开发了一种基于 Al_2O_3 的辅助剥离方法，剥离过程中利用 Al_2O_3 作为支撑用于保护材料剥离情况下的完备性，后续通过聚合物 PDMS 的转移获得单层。这在实验研究中为其他层内化学键强度缺乏的磁性材料提供了借鉴。机械剥离法的不足之处是制备效率低和样品尺寸小等，限制了二维材料的一些表征以及批量的工业化应用。

为了解决样品尺寸小和效率低的问题，Huang 等利用氧气等离子体增强二维材料和基底相互作用的新型解理方法，成功获得了毫米量级的单层石墨烯和高温超导材料 $Bi_2Sr_2CaCu_2O_x$，极大地提高了样品尺寸和制备效率。此外，Huang 等还发展了一种金膜辅助的普适性机械解理方法，利用金作为媒介层与许多二维材料形成远大于范德瓦尔斯力的准共价键，可以在不影响材料本征物性的前提下高效地解理出大面积的超薄二维材料。他们在实验中成功实现了对 40 种二维材料的大面积解理，不限于过渡金属二硫族化合物、金属单硫族化合物、黑磷、黑砷、金属三氯化物及二维磁性材料 Fe_3GeTe_2，获得单层二维材料的尺寸达到毫米量级以上。Moon 等提出了一种分层工程的机械剥离方法，利用在层状材料上蒸发金属薄膜引起拉应力，从而剥落层状材料，能够获得大尺寸的石墨烯，最大可达毫米，还可以通过使用不同的金属膜来调整剥离后的层数。Deng 等发展了一种 Al_2O_3 辅助的机械剥离方法，利用氧化铝和 Fe_3GeTe_2 之间强的黏附性以及较大的接触面积来制备单层 Fe_3GeTe_2。剥离流程如下：将待剥离晶体表面覆盖一层氧化铝；利用胶带将氧化铝与少数 Fe_3GeTe_2 层撕下；再利用 PDMS 再撕一次，得到 Al_2O_3/单层 Fe_3GeTe_2 的薄片，用于随后的测试表征。这种方法制备效率高，解理能力强，为开发其他难剥离的层状材料提供了一种新思路。

2. 化学气相沉积法

化学气相沉积（Chemical Vapor Deposition，CVD）是利用气态或蒸气态的物质在气相或气固界面上发生化学反应生成固态沉积物。CVD 可进一步细分为常压化学气相沉积（APCVD）、低压化学气相沉积（LPCVD）、超高真空化学气相沉积（UHVCVD）、等离子体化学气相沉积（PECVD）、激光诱导化学气相沉积（LCVD）、金属有机物化学气相沉积（MOCVD）等。CVD 法的主要流程如下：持续加热管式炉内生长端的原料使其蒸发，气态或蒸气态的物质源源不断地传送至反应端的衬底上，发生化学反应，同时得到反应物薄膜或其他固态沉积物。CVD 法制备薄膜技术具有薄膜生长可控、高纯度、可工业化生产的优点，也是生长二维范德瓦尔斯磁性材料的常用技术之一。

近年来，CVD 法常用于制备铬硫族化物磁性材料。Zhang 等采用 APCVD 生长得到了 CrSe，其表现出非凡的磁性，温度低于 280K 时，无论面外还是面内都具备显著的铁磁性。

Li 等以 $CrCl_2$ 和 Te 粉作为原料通过 CVD 制备了 1-T 相的 $CrTe_2$，其呈现规则的六边形形貌。随着薄膜厚度的减小，其易磁化轴由面内转向面外，展现出面外磁各向异性，同时居里温度呈现降低趋势。Chen 等也是利用 $CrCl_2$ 和 Te 粉作为原料在云母片上通过 CVD 法制备了 Cr_5Te_8 纳米薄片，其展现出了出色的空气稳定性，尤其是暴露空气数月后，表面粗糙度及铁磁性依旧保持如初。随着 Cr_5Te_8 纳米薄片厚度从 1.2nm 增加至 30nm，纳米薄片的形貌从三角形转变成了六边形。当 Cr_5Te_8 纳米薄片厚度从 30nm 减至 10nm 时，居里温度从 160K 降低至 100K，但保持硬磁性，并且通过密度泛函理论（DFT）预测单层为铁磁性，源于 Cr-Cr 通过 Te 的 p 轨道的超交换作用。对于双层 Cr_5Te_8，层间铁磁状态的泡利排斥作用大于反铁磁状态，导致出现反铁磁的基态。当 Cr_5Te_8 的层数增加，尤其超过七层以上时，又转变成了铁磁状态占主导，呈现铁磁性耦合。这种非层状结构的 Cr_5Te_8 中的近邻原子均通过较强的化学键（Cr-Cr 金属键及 Cr-Te 离子键）相结合，因此难以通过机械剥离的方法获得超薄的纳米片，CVD 法制备的 Cr_5Te_8 更适合用于基础研究与应用。

3. 分子束外延法

分子束外延生长是在高真空或者超高真空环境下，通过控制反应元素的沉积速率，在衬底上发生化学反应或者重构，外延生长高质量单晶薄膜的重要技术。MBE 具有以下优点：由于 MBE 过程无须载体，可以避免外来杂质的引入和扩散，获得高质量、高纯度的薄膜和纳米结构；高真空条件下的逐层生长机制，可实现高精度生长原子层级厚度的薄膜和形成优质的异质结构；可以在线监测分析产物；高真空环境下，MBE 可以有效控制表面上的吸附作用，实现精确的表面修饰和掺杂。MBE 的缺点是所用设备比较昂贵和运行成本高、实验条件比较复杂、在大面积薄膜生长上还存在一定的挑战。

MBE 法可以实现二维范德瓦尔斯磁性材料的生长。Chen 等通过 MBE 制备双层的 $CrBr_3$ 薄膜，揭示了 $CrBr_3$ 的堆垛结构跟层间的反铁磁耦合和铁磁耦合相关：H 型堆垛对应层间铁磁耦合，R 型堆垛对应层间反铁磁耦合。Ribeiro 等通过 MBE 在绝缘基板上大面积生长 Fe_5GeTe_2 的单晶超薄膜。其厚度为 12nm 时显示居里温度为 293K，软铁磁性在室温下持续存在，并且具有较弱的面外磁晶各向异性。铁磁有序可保持至双层 Fe_5GeTe_2 中，居里温度降至 229K。Zhang 等在双层石墨烯上通过 MBE 生长了单层和少层 $CrTe_2$。磁性表征显示少层 $CrTe_2$ 具有较强的垂直磁各向异性且居里温度高达 300K，单层 $CrTe_2$ 居里温度降为 200K，但仍具有本征铁磁性，这得益于强 PMA 和弱层间耦合。此外，MBE 还可以用于生长二维半金属铁磁、磁性拓扑绝缘体等多种单晶磁性薄膜。

4. 液相剥离法

液相剥离法是在液体介质中，通过增大层间距来调节层状材料的层间范德瓦尔斯力，或者利用外源剪切力诱导片层结构在平面方向上的滑移进行剥离，从而获得二维磁性薄膜材料。目前主要的液相剥离手段涉及电化学插层剥离法、超声剥离法、分子辅助剥离法、碱金属插层剥离法等。其中，超声剥离法是利用超声波粉碎作用将分散在有机溶剂中的层状晶体材料中层与层之间的范德瓦尔斯力打破，从而得到单层或少层的二维材料，其最为典型的应用是把石墨剥离成石墨烯。液相剥离法不仅反应条件温和、成本低、操作较简单，而且产率较高，可以作为大批量合成二维磁性薄膜材料的方法。Ma 等开发了一种三级超声处理辅助的液相剥离法，大规模制备具有显著增强的本征交换偏置效应的少层和单层 Fe_3GeTe_2 纳米薄片，而且尺寸可控，可有几微米至最大 $10^3\mu m$。Feng 等通过将小分子 NH_3 引入材料间隙，

VS_2 在 c 轴方向上的周期性被打破，最后形成超薄的 VS_2 纳米薄片。

5. 液相合成法

液相合成法也称湿化学法或溶液法，是将原料在液相中按所需的比例进行充分混合、均匀分散呈现分子或离子态，通过改变反应条件调控一系列化学反应、氧化还原反应及沉淀等过程，最终合成所需的产物。在液相反应中，通过改变反应条件（温度、压力等）、反应原料比或者添加剂的使用，可实现对产物的结构尺寸、物相、形貌的可控制备。液相合成法可以进一步细分为水热法、沉淀法、溶胶-凝胶法、脱溶剂法等多种方法。总体来说，液相合成具备设备和生产成本低、易操作、反应速度快、可实现自组装、反应条件易控且温和、高产量等优点，适合大规模商业化制备使用。

Yang 等通过液相合成法成功制备出二维范德瓦尔斯铁磁材料 $CrGeTe_3$ 纳米片。首先，采用改进的有机溶剂相化学分解方法合成了 Cr_2Te_3 二元模板，Cr：Te 的源比值为 1：1.8。其次，采用阳离子交换法将 Ge 源注入二元 Cr_2Te_3 种子晶体中，制备了三元 $CrGeTe_3$。将 Cr_2Te_3 种子晶体悬浮液（1mmol）分散在含有 30mL OLA 的烧瓶中。然后在室温下用氮气流泵入系统 30min，以去除低沸点的溶剂和氧气。将 1mmol GeI_4 溶解在 5mL OLA 中的透明无色溶液中，在 100℃ 的剧烈搅拌下滴入混合物溶液中。随后，当温度以 5℃/min 的加热速率达到 330 ℃ 的回流温度时，搅拌反应混合物 2h。反应结束后，将溶液快速冷却至室温，萃取纯化过程与 Cr_2Te_3 相似。$CrGeTe_3$ 纳米结构可以分散在正己烷中。所制备的 $CrGeTe_3$ 纳米片具有均匀的六边形，直径大于 1μm，并表现出良好的稳定性。

8.3 二维磁性及其调控

8.3.1 二维磁性理论

二维磁性材料种类多样，具有丰富的磁学特性。对于二维磁性的研究，首先需要理解从空间维度如何影响相变和相关现象。对于在晶格空间中大量磁性离子组成的一般系统，哈密顿量通常考虑以下几个重要组成部分：各向同性交换相互作用项 H_{ex}、各向异性能 H_{an}、局部磁矩与外部磁场 B 的相互作用（即塞曼效应项）。它们对哈密顿量的贡献取决于晶格结构、外部磁场，有时还有热波动。哈密顿量（H）可以写为

$$H=-\frac{1}{2}\sum_{ij}{}'J_{ij}S_i\cdot S_j-\sum_i{}'A_i(S_i^z)^2-g\mu_B B\sum_i{}'S_i^z \tag{8-21}$$

式中，第一项为各向同性海森堡模型；第二项为磁晶各向异性（Magnetocrystalline Anisotropy），是磁各向异性（Magnetic Anisotropy）的一种重要类型；最后一项是局部磁矩与外部磁场 B 的相互作用。其中，S_i 对应于任意晶格位点上的自旋算符；J_{ij} 为位点 i 和 j 上的自旋之间的交换耦合，其正、负值分别表示铁磁和反铁磁有序；A_i 为单离子各向异性；g 为朗德因子；μ_B 为玻尔磁子。

在 8.1.2 节提到，Mermin-Wagner 定理应用 Bogoliubov 不等式得到一个严格的解，并证明了具有有限相互作用的二维各向同性海森堡模型，由于热涨落影响，在非零温度下不可能存在二维铁磁或反铁磁体。然而，Mermin-Wagner 定理的条件很容易受到额外相互作用的影响，导致对称性破缺。磁各向异性是在二维极限中实现铁磁性的先决条件。磁各向异性具有

不同的类型，如形状各向异性、交换各向异性、磁弹性各向异性，以及最重要的磁晶各向异性。在各向同性海森堡模型的基础上，进一步考虑了磁各向异性，特别是具有不同取向和强度的磁晶各向异性，研究人员提出了二维范德瓦尔斯磁耦合系统中的不同模型，如海森堡模型、*XY* 模型和 Ising 模型。目前发现的大多数二维范德瓦尔斯磁性材料的磁耦合可通过这几种模型来描述。

图 8-6 为海森堡模型、*XY* 模型和伊辛模型示意图。海森堡模型中，相邻原子自旋可以指向三维空间的任何地方，自旋维数为 3。*XY* 模型中，相邻原子自旋可以指向平面的任何地方，自旋维数为 2，系统具有面内各向异性。Ising 模型中，相邻原子自旋可以向上或向下，自旋维数为 1，系统具有较强的单轴各向异性。

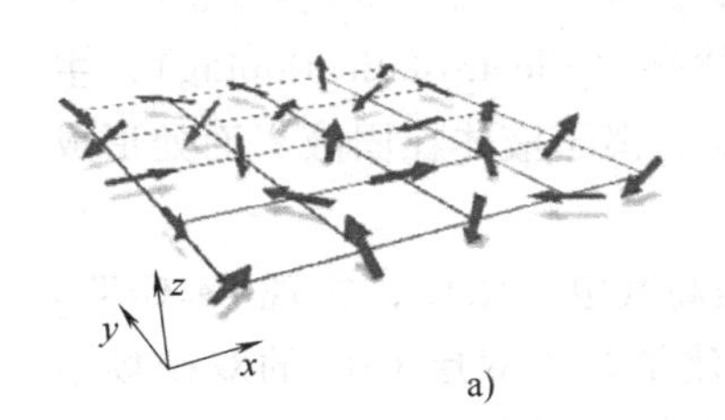

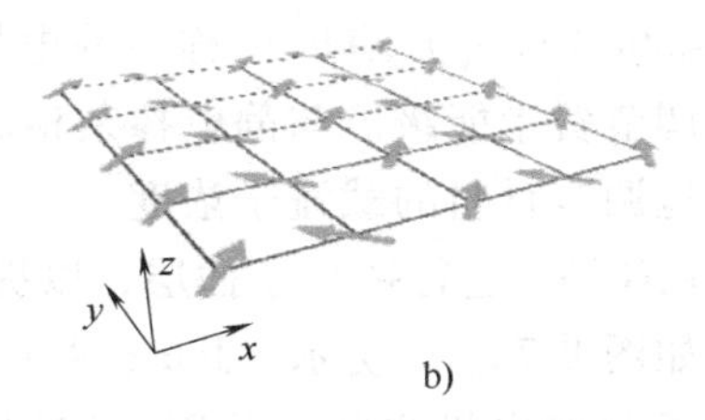

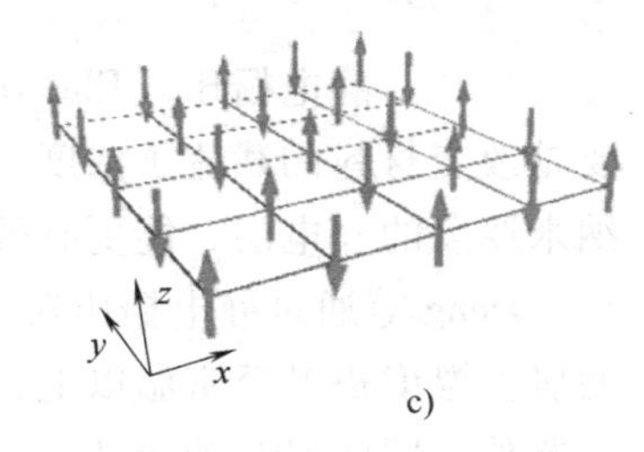

图 8-6　海森堡模型、*XY* 模型和伊辛模型示意图

a）海森堡模型　b）*XY* 模型　c）伊辛模型

各向异性海森堡模型已被用于解释超薄 $Cr_2Ge_2Te_6$ 薄片中的二维磁性，如果同时考虑磁晶各向异性和塞曼效应以及海森堡交换相互作用，则长程铁磁有序会存在于双层的 $Cr_2Ge_2Te_6$。磁各向异性和外场影响磁振子的态密度（DOS），在最低能量模式下产生一个非零的激发能隙和有限的铁磁转变温度（即居里温度 T_C）。具有平面各向异性的磁体可以用 *XY* 模型来描述。这是经典自旋在平面内旋转的晶格模型。二维 *XY* 系统具有由自旋波和涡旋产生的特殊临界行为，即限制在一定温度以下的拓扑激发。铁磁性的伊辛模型用来描述高度各向异性磁体的最简单模型，物理学家拉斯 · 昂萨格（Lars Onsager）最早得到了二维伊辛模型在没有外磁场时的解析解。在二维伊辛系统中，来自自旋-轨道相互作用的单离子二次单轴各向异性对磁有序具有至关重要的影响。据报道，$Cr_2Si_2Te_6$ 是第一个表现出准二维伊辛铁磁行为的化合物（$T_C=32K$），而 CrI_3 是第一个被发现的单层的二维本征铁磁体。

以上海森堡、*XY* 和伊辛模型都是局域模型，适用于局域系统，如含有大多数 f 电子和一些 d 电子的磁体。另一个经典模型是斯托纳（Stoner）模型，适用于理解金属磁铁中自发磁化的起源 。然而，这种巡游铁磁性也可以用具有 Ruderman-Kittel-Kasuya-Yosida 交换相互作用的经典海森堡模型来解释，如 Fe_3GeTe_2。与局域系统类似，磁晶各向异性对保持居里温度以下的磁有序起到了重要作用。在斯托纳模型中，两个参数决定了金属的磁状态，即在非自旋极化系统的斯托纳参数 I 和费米能级处的电子态密度（EDOS）。根据斯托纳准则，在费米能级处具有较大电子态密度（$\rho(E_F)$）或具有较大交换相互作用的金属往往具有铁磁性。单层 Fe_3GeTe_2 满足 $I\rho(E_F)>1$ 的斯托纳准则，从而产生巡游铁磁序，且已被实验验证。

8.3.2　二维磁性调控

为了实现二维磁性材料在基础科学和功能器件方面的应用，研究人员提出了各种有效的手段对其二维磁性进行调控。一方面侧重于提升二维磁性材料的磁相变温度（T_C 或 T_N），以期能实现室温的二维磁性；另一方面通过多种手段调控其物理特性，可用于探索一些新奇的物理现象。磁性基态和交换耦合强度对电荷分布、费米能级、价态、对称性、轨道占据、轨道杂化、能级、跳跃路径等非常敏感。基于这些目标参数，研究人员提出了许多调控手段，包括电学/电场、光学、压力和应力、化学掺杂、插层、界面工程、缺陷工程、Janus 结构和堆叠方式等。由于二维磁性材料及其异质结构具有原子层级厚度，因此它们的磁态可以有效地通过上述调控手段进行控制或切换。下面介绍较为常见的几种调控手段。

1. 电学/电场调控

电学/电场调控主要通过施加栅电压（即门电压）调节材料的载流子浓度、轨道占用数、电子结构和电化学反应，以实现调控二维磁体的磁性，如磁基态、磁交换相互作用和磁各向异性。静电栅压（Electrostatic Gating）有时也称为静电掺杂（Electrostatic Doping），主要是改变材料的载流子浓度，调节费米能级。与静电掺杂相比，离子液体在固液界面处形成纳米厚度的介电层，能更有效地调节材料的载流子浓度。

Deng 等通过静电栅压对 Fe_3GeTe_2 进行锂离子插层，以提高其电子浓度，实现 Fe_3GeTe_2 的居里温度提升至室温以上，如图 8-7a、b 所示。Jiang 等构建了基于双层 CrI_3 的双栅场效应器件，即将 CrI_3 夹在上、下石墨烯电极之间，并用 *h*-BN 封装，如图 8-7c、d 所示。通过静电掺杂成功调制了单层和双层 CrI_3 的磁性能，特别是通过很小的栅极电压实现双层 CrI_3 中反铁磁和铁磁的切换。实验结果表明，在单层 CrI_3 中，静电掺杂效应改变了饱和磁化强度、矫顽力和居里温度，并随空穴/电子掺杂的变化而增强/减弱。电子掺杂（即施加负静电栅压）显著地改变了双层 CrI_3 的层间交换耦合，$2.5\times10^{13}/cm^2$ 以上浓度的电子掺杂导致双层 CrI_3 从反铁磁基态转变为铁磁基态。这种现象归因于自旋有序调制的磁电耦合效应，磁电耦合系数达到 110ps/m，超过大多数单相磁电耦合材料。Huang 等也证明了双层 CrI_3 中由电压可以控制反铁磁和铁磁状态的切换。

Wang 等构建了基于 $Cr_2Ge_2Te_6$ 的场效应晶体管，如图 8-7g 所示。在不同的静电栅压下，在少层铁磁半导体 $Cr_2Ge_2Te_6$ 中观察到双极栅压调制的磁性行为，即通过电子或空穴掺杂可以有效地调节 $Cr_2Ge_2Te_6$ 的磁滞回线，如图 8-7h、i 所示。这可能归因于在调节费米能级时，磁矩在自旋极化带上的重新平衡。Tan 等构建了基于 Fe_5GeTe_2 的固体质子场效应晶体管，利用固态质子栅电压（Solid Protonic Gate），Fe_5GeTe_2 纳米片中可获得高于 $10^{21}/cm^3$ 的电子掺杂浓度。当施加较大电压使电荷掺杂达到一定浓度时，会实现铁磁到反铁磁的相变，如图 8-7k 所示。

2. 光学调控

光学调控是利用强的光-物质相互作用，调控二维磁性。对于超薄磁性薄膜，光的引入可以改变交换相互作用或磁性各向异性能量，从而不断调制磁性行为。Tian 等理论预测，光学手段可以驱动单层 $RuCl_3$ 从自旋液相转变为稳定的铁磁有序。光驱动磁相的机制主要来源于光激发的电子-空穴对，通过电子的流动增强了铁磁性。同时，通过改变光学参数来增加电子-空穴对的密度，可以进一步增强铁磁性，显著提高居里温度。Bo 等在实验上证明飞秒脉冲激光可以有效地诱导原子层级厚度的 Fe_3GeTe_2 薄膜的室温铁磁性。其磁性调控，包括饱和磁化强度、矫顽力和居里温度的改变，均源自光掺杂效应所引发的电子结构变化。光激发空穴导致费米能级附近的电子状态重新分布，进而使费米能级移向增强的态密度。根据

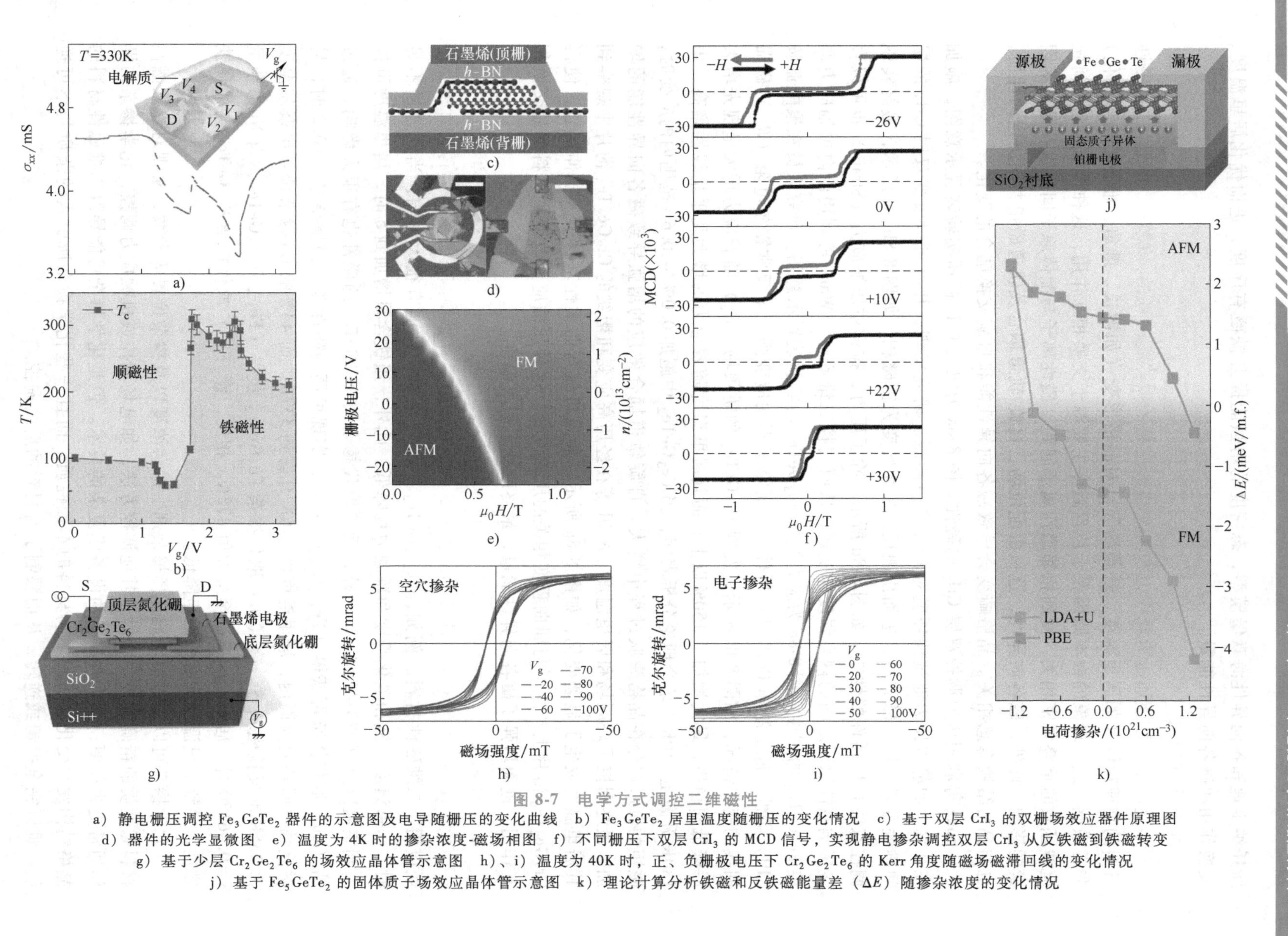

图 8-7 电学方式调控二维磁性

a）静电栅压调控 Fe_3GeTe_2 器件的示意图及电导随栅压的变化曲线 b）Fe_3GeTe_2 居里温度随栅压的变化情况 c）基于双层 CrI_3 的双栅场效应器件原理图 d）器件的光学显微图 e）温度为 4K 时的掺杂浓度-磁场相图 f）不同栅压下双层 CrI_3 的 MCD 信号，实现静电掺杂调控双层 CrI_3 从反铁磁到铁磁转变 g）基于少层 $Cr_2Ge_2Te_6$ 的场效应晶体管示意图 h）、i）温度为 40K 时，正、负栅极电压下 $Cr_2Ge_2Te_6$ 的 Kerr 角度随磁场磁滞回线的变化情况 j）基于 Fe_5GeTe_2 的固体质子场效应晶体管示意图 k）理论计算分析铁磁和反铁磁能量差（ΔE）随掺杂浓度的变化情况斯托纳定理和各向异性海森堡模型，态密度的增强能提升铁磁有序度，进而优化居里温度、交换作用和磁各向异性能量。

3. 压力和应力

通过应变工程施加压力或应力产生晶格形变是调控二维磁性的一种重要手段。二维磁性材料的物理特性（如居里温度、矫顽场等）对晶格形变（如键长、键角、堆叠结构等变化）非常敏感。这一现象的根本原因在于长程磁序主要源于交换相互作用，这种作用与离子间轨道波函数的重叠紧密相关，受到相邻磁性离子间距、磁性离子与配体原子间距以及键角等因素的影响。此外，磁各向异性，这一由配位场、自旋-轨道耦合及轨道磁矩共同决定的性质，也与晶格结构息息相关。晶格畸变会导致磁各向异性能和自旋交换耦合的变化。

Song 等利用压力调控双层 CrI_3 的磁性。图 8-8a 为双层 CrI_3 高压实验装置示意图，施加在活塞上的静水压力通过油环境对 CrI_3 产生高压。研究发现，压强可以改变双层 CrI_3 的层间堆叠方式、影响磁有序，进而出现反铁磁相转变为铁磁相，如图 8-8b、c 所示，最终实现调控双层 CrI_3 器件的性能，如图 8-8d 所示。除了压力，拉伸或压缩应力（Strain）也可以直接影响磁性原子之间的耦合强度和模式，从而调控二维磁性。Wang 等利用面内单轴应力调控 Fe_3GeTe_2 的磁性。图 8-8e 为应力调控 Fe_3GeTe_2 的实验装置示意图。研究人员在聚酰亚胺（PI）柔性衬底上制作 Fe_3GeTe_2 器件，并研究了不同应变强度下反常霍尔电阻（R_{xy}）磁滞回线的变化情况，如图 8-8f 所示，发现 Fe_3GeTe_2 的矫顽场（H_c）随着应力增大呈现先增大后降低的趋势，最大增加了 150%以上；而其居里温度随着应力的增大几乎呈线性增高，由 180K 升高至 210K。结合理论分析表明，当 Fe_3GeTe_2 中施加 0.0% ~ 0.6%范围内的应变时，磁矩的轨道部分在晶格膨胀过程中增大。自旋轨道耦合效应的增强导致磁各向异性能的增加，最终调控了矫顽场和居里温度。Neill 等在经历高应变和褶皱的 $Cr_2Ge_2Te_6$ 薄片中观察到其居里温度发生了显著变化，如图 8-8g 所示。通过机械弯曲柔性基材引入拉伸褶皱，使得 $Cr_2Ge_2Te_6$ 薄片上产生了与屈曲程度相关的压缩应变。这种压缩应变改变了材料的超交换相互作用，进而增强了磁各向异性能量，最终改变了居里温度。

4. 化学掺杂

化学掺杂，如元素取代或增加磁性元素的化学计量比，是调制本征磁性的传统方法，已经应用于二维磁性材料。例如，$Fe_{3-x}GeTe_2$ 中铁含量对磁性能有很大影响，当铁含量不足时，居里温度、饱和磁化强度和矫顽力场降低。此外，当铁含量增加到 5 时，居里温度可提高到室温以上（270~310K）。此外，元素取代掺杂对 Fe_5GeTe_2 的磁性也有很大影响。通过钴（Co）取代掺杂可获得 $(Fe_{1-x}Co_x)_5GeTe_2$，实现可调的磁性能。当掺杂量 $x=0.2$ 时，易磁化轴由面外变为面内，居里温度由 276K 升高到 337K。而 44%的 Co 掺杂诱导出奈尔温度为 335K 的反铁磁基态。镍（Ni）取代掺杂 Fe_5GeTe_2 获得 $(Fe_{1-x}Ni_x)_5GeTe_2$，当 Ni 掺杂量 $x=0.36120$ 时，居里温度提高至最大值 478K。相反，镍（Ni）取代掺杂 Fe_3GeTe_2 会稀释铁磁性，导致居里温度和有效磁矩降低。

化学掺杂可以通过精确地选择掺杂剂、掺杂浓度以及掺杂位置等参数，实现对二维磁性材料磁性质的精确调控。相对于其他调控方法，如电场调控或机械应力调控，化学掺杂的操作通常更为简便，不需要昂贵的设备或复杂的技术。但是化学掺杂可能导致二维磁性材料的晶格结构发生变化，从而影响材料的本征性质。而且一些化学掺杂所引入的杂质是不可逆的，难以完全撤销或逆转，从而限制了对材料的后续调控。

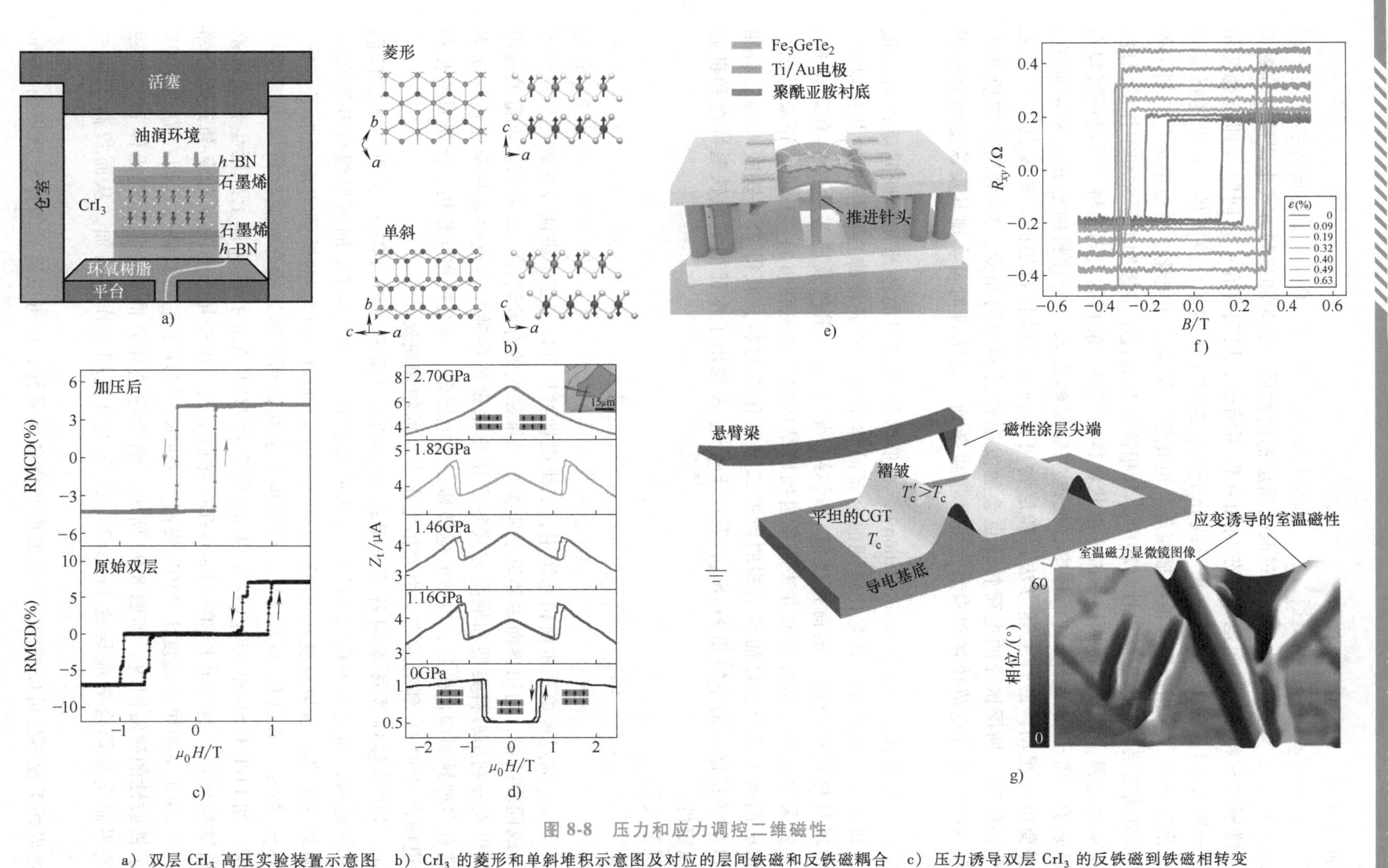

图 8-8　压力和应力调控二维磁性

a）双层 CrI_3 高压实验装置示意图　b）CrI_3 的菱形和单斜堆积示意图及对应的层间铁磁和反铁磁耦合　c）压力诱导双层 CrI_3 的反铁磁到铁磁相转变　d）压力调控下双层 CrI_3 器件的隧穿电流曲线的变化情况　e）应力调控 Fe_3GeTe_2 的实验装置示意图　f）应变调控下 FGT 反常霍尔电阻的磁滞回线变化情况　g）层状 $Cr_2Ge_2Te_6$ 的压缩褶皱、磁力显微镜（MFM）表征的示意图以及表征结果

5. 插层调控

插层（Intercalation）调控是通过在二维磁性材料中插入原子、分子或化合物来实现对其磁性调控的方法。这种方法可以通过改变插层物的性质、数量和排列方式来调控二维磁性材料。二维磁性材料通过层间范德瓦尔斯相互作用结合，层间存在一定间隙（即范德瓦尔斯间隙，vdW Gap），为实现原子、离子或分子插层提供了优越的先决条件。常见的插层方式包括电化学插层、气相插层和液相插层等。电化学插层常常在电化学电池中进行，利用外电流/电压驱动插层物进入层状磁性材料中。气相插层是通过精确控制插层物和本体的温度，调控气相输运过程，高效地将插层物嵌入层状材料的层间。液相插层则是将二维材料沉浸在含有插层原子、离子或者分子的液体中，使这些插层物进入二维材料的范德瓦尔斯间隙，而且不需要电流驱动。通过上述方法，插层物可以进入二维材料层间，调控其电学、磁学和催化性能等。插层诱导的电荷转移也会触发磁性材料中的相变。Mi 等通过四庚基溴化铵插层 $NiPS_3$ 诱导电荷转移和掺杂，当电子掺杂到一定浓度时可实现其反铁磁相和铁磁相的转变。

插层还包括自插层（Self-Intercalation），在低维层状材料的范德瓦尔斯间隙内可以嵌入本体金属原子，获得化学计量比可调的全新晶体结构，形成超薄自插层式的共价材料，并可以实现对材料铁磁性、电荷密度波、超导、量子反常霍尔效应等物性的有效调控。自插层主要采用化学气相沉积的方法制备自插层结构的二维磁性材料。Huang 等采用化学气相沉积法制备了具有铁自插层结构的新型二维硒化铁材料，获得 25%铁嵌入的三斜相 Fe_5Se_8 和 50%铁嵌入的单斜相 Fe_3Se_4，其中 Fe_5Se_8 表现出了本征的室温铁磁特性和良好的环境稳定性。

6. 界面工程

界面工程（Interfacial Engineering）是指通过精准调控材料之间的界面结构和相互作用，旨在优化材料的力学、电学、热学、光学、磁学等性能，或实现特定的物理、化学和生物功能的技术手段。通过范德瓦尔斯相互作用，二维磁性材料可以与二维磁性或非磁性材料组成异质结构或同质结构，利用界面磁邻近效应实现二维磁性的有效调控，或者探索丰富的磁阻现象。可以充分利用材料类型和堆叠方式等自由度来设计各种二维范德瓦尔斯磁性异质界面，其具有多种界面耦合机制，包括电荷转移、介电屏蔽、超交换相互作用、能带重整化和自旋-轨道耦合（SOC）邻近效应，由此衍生出丰富的物理现象。

Zhang 等用转移堆叠技术制备了 $FePS_3/Fe_3GeTe_2$（简称 FPS/FGT）异质结构。低温 MOKE 表征显示，通过反铁磁性 $FePS_3$ 的邻近耦合效应，Fe_3GeTe_2 的居里温度和矫顽力得到了显著的提高，居里温度从 150K 提高到 180K，$FGT/FePS_3$ 的矫顽力场增加了一倍，如图 8-9a~c 所示。在其他 AFM/FM 异质结构中也观察到了邻近耦合效应导致居里温度提高的现象，如 FGT/CrSb 和 NiO/CGT。Wang 等利用 MBE 在拓扑绝缘体上外延生长二维范德瓦尔斯铁磁材料，制备出 Bi_2Te_3/Fe_3GeTe_2 异质结构。由于拓扑态的强自旋-轨道耦合邻近效应，Fe_3GeTe_2 的居里温度由 230K 提高至 400K，实现了室温铁磁性，即在温度 300K 下仍显示铁磁性的磁滞回线，如图 8-9d 所示。结合理论计算推测，拓扑绝缘体和二维磁性材料的界面交换耦合效应导致 Fe_3GeTe_2 的层内自旋相互作用增加，从而提高了居里温度。

通过界面工程不仅可以调控磁相变温度和磁各向异性，还可以通过调控异质界面 Dzyaloshinskii-Moriya Interaction（DMI）获得拓扑磁畴结构。理论研究表明，铁磁/反铁磁异质结构通过形成摩尔超晶格（Moiré Superlattice）可以有效调控层间磁耦合的强度，进而诱导产生磁斯格明子。在实验中，研究人员已在二维磁性范德瓦尔斯异质结构中观测到拓扑霍尔效应和磁斯格明子，如图 8-9e～g 所示，在 $Fe_3GeTe_2/Cr_2Ge_2Te_6$ 异质界面的两侧观测到两组磁斯格明子以及两种不同的拓扑霍尔信号。

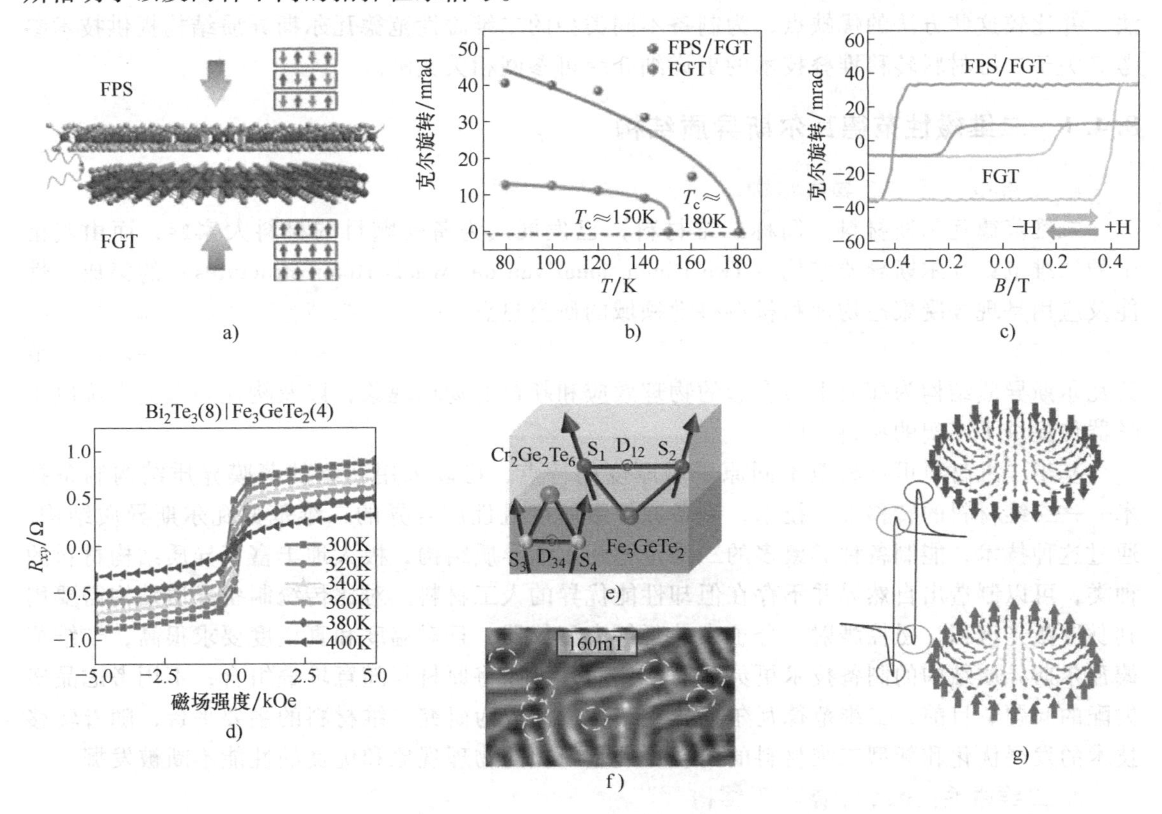

图 8-9 界面工程调控二维磁性

a）$FePS_3/Fe_3GeTe_2$ 异质结构示意图 b）FGT 和 FPS/FGT 异质结构的 Kerr 角度随温度的变化

c）Kerr 角度随磁场变化的磁滞回线 d）Bi_2Te_3/FGT 异质结构的反常霍尔电阻随磁场变化的磁滞回线

e）$Fe_3GeTe_2/Cr_2Ge_2Te_6$ 异质结构 f）观察到磁斯格明子（虚线圈标注）

g）异质界面两侧可观测到两组磁斯格明子和两种不同拓扑霍尔信号示意图

此外，二维磁性材料和拓扑材料异质界面的磁邻近效应可以调控自旋极化输运、反常霍尔效应。研究人员构筑了 $CrCl_3$/双层石墨烯的异质结构，通过低温磁电输运测量表征了 $CrCl_3$ 磁邻近效应在双层石墨烯中诱导出交换场，从而影响双层石墨烯的自旋极化输运，以及调制双层石墨烯的量子霍尔基态。通过异质界面处的自旋-轨道耦合和本征磁性的相互作用，在某些条件下会产生量子反常霍尔效应和拓扑磁电效应。Otrokov 等的理论研究工作表明，二维磁性材料和拓扑绝缘体的异质结构有望实现量子反常霍尔效应。通过异质界面的耦合作用，在 $MnBi_2Te_4/Bi_2Te_3$ 中形成了一个大的交换间隙。因此，结合界面工程和转角堆叠技术制备二维磁性异质结构，有望调制磁性能和拓扑性质，这提供了一种新颖的方法来调控二维磁性。

8.4 二维磁性范德瓦尔斯异质结构的制备

本节重点介绍制备二维磁性范德瓦尔斯异质结构的转移堆叠技术。先简要介绍二维磁性范德瓦尔斯异质结构，再从转移堆叠技术所需的通用设备着手，介绍目前常用的多种转移方法，并比较这些方法的优缺点，为制备不同类型的二维磁性范德瓦尔斯异质结构提供技术参考。关于二维材料转移堆叠技术的更详细介绍可参阅相关文献。

8.4.1 二维磁性范德瓦尔斯异质结构

1. 二维范德瓦尔斯异质结构

二维范德瓦尔斯材料（简称二维材料）已发展成为备受瞩目的材料大家族，而由其衍生的二维范德瓦尔斯异质结构（Two-Dimensional van der Waals Heterostructures）的集成、性能及应用是现今凝聚态物理和材料科学领域的研究热点之一。二维范德瓦尔斯异质结构是把不同的二维材料通过层间范德瓦尔斯力结合在垂直方向上层层堆叠形成的异质结构。二维范德瓦尔斯异质结构为探索丰富多彩的物理效应和新奇的物理现象，以及构建新型的自旋电子学器件提供了广阔的材料基础。

基于二维材料可剥离至不同原子层厚度的特点，可以采用新型的薄膜异质结构制备技术——二维材料的转移堆叠技术，制备原子级厚度且性质各异的二维范德瓦尔斯异质结构。通过这种技术，能制备种类繁多的二维范德瓦尔斯异质结构，极大地丰富了异质结构材料的种类，可以制造出自然界并不存在但却性能优异的人工材料。对比传统制备异质结构需要用到脉冲激光沉积、磁控溅射、分子束外延等大型仪器，且对温度和真空度要求很高，二维范德瓦尔斯异质结构的制备技术更灵活简便，而且可以将原材料随意堆叠组合，不用考虑晶格失配的问题。目前，二维范德瓦尔斯异质结构逐渐成为研究二维材料的主要平台，随着转移技术的发展优化和新型二维材料的出现，大量新颖的物理现象和优良的性能不断被发掘。

2. 二维磁性范德瓦尔斯异质结构

二维磁性范德瓦尔斯异质结构（Two-Dimensional Magnetic van der Waals Heterostructures）是由二维磁性材料与其他磁性或非磁性的二维材料通过原子层级堆叠组合形成，属于二维范德瓦尔斯异质结构的范畴。依赖于转移堆叠技术和庞大的二维材料家族，研究人员可开发出种类繁多的二维磁性范德瓦尔斯异质结构，用于探索二维极限下的磁学特性和制备新原理型的自旋电子学器件，在自旋电子学、光电子学、谷电子学、转角电子学和超导体等领域展现出巨大的应用潜力。特别在磁信息技术领域，二维磁性范德瓦尔斯异质结构可以为磁信息技术的核心元器件（如磁隧道结、自旋阀）提供更多的材料选择，可构建全二维范德瓦尔斯的核心元器件，还可作为新型的二维拓扑磁性材料。

8.4.2 二维材料的转移堆叠技术

二维材料的转移堆叠技术通常采用不同的转移介质，把二维材料从生长基底转移到目标基底，或者精确转移到另一个二维材料上形成堆叠的层状结构。它常用于二维材料的表征测量，或者制备二维范德瓦尔斯异质结构材料。现有的转移堆叠技术可分为湿法转移技术和干法转移技术。湿法转移技术是指转移过程中二维材料需要在溶液（如刻蚀液）中与原基底分离，再转移到另一目标基底，如化学气相沉积法在 Cu 或 Ni 衬底上生长的单层石墨烯通过湿法转移技术转移到 SiO_2/Si 等任意衬底。干法转移技术是指在转移过程中待转移的二维材料不需要在溶液中与原基底分离。这两种转移技术根据转移过程中采用的不同转移介质材料或不同的化学过程，可进一步细分。湿法转移技术主要分为基底刻蚀、液体楔入的转移法、电化学鼓泡法 、乙醇辅助转移法等；干法转移技术可分为基于聚二甲基硅氧烷（Polydimethylsiloxane，PDMS）的全干性转移法（也称 PDMS 剥离的转移法或 PDMS 辅助的转移法）、范德瓦尔斯作用力拾取的转移法（也可细分为基于 PDMS/PC 和 PDMS/PPC 等转移法）、热塑性牺牲层的方法（Thermoplastic Sacrificial Layer Method）、卷对卷（Roll to Roll）转移法等。

1. 转移技术的通用设备

二维材料转移堆叠的实验操作需要配置光学显微系统的三维微操纵转移平台。图 8-10 为干法转移所用的转移平台示意图。该平台包括一台光学显微镜、可在 *XY* 平面上平移的衬底载物台、可在 *XYZ* 三轴移动的转移支架、显示器、计算机主机。其中，衬底载物平台连接加热系统且由真空卡盘辅助固定衬底样品，转移支架用于夹住黏有聚合物转移介质（如 PDMS、PDMS/PPC）的载玻片。此转移平台常用于干法转移，流程大致如下：将二维薄片材料剥离或黏附到聚合物转移介质上；再将其缓慢下降并对齐到含有另一二维薄片材料的衬底上；热释放转移介质上的二维薄片于另一个二维薄片上，或加热使转移介质上的多聚物和二维薄片一起留在衬底样品上。当需要转移堆叠对大气、水分等敏感的二维薄片时，通常将上述转移平台系统放置于充满惰性气体的手套箱中，可以最大限度地减少氧气和水对二维薄片结构和性能的影响。

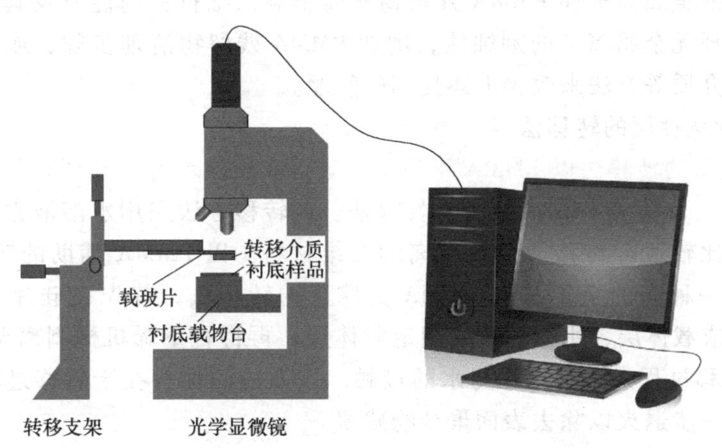

图 8-10　干法转移所用的转移平台示意图

2. 湿法转移技术

（1）基底刻蚀法

对于采用物理或化学法在基底上直接生长的二维薄膜，研究人员常用湿法转移技术中的基底刻蚀法把二维薄膜从生长基底转移到任意目标基底，如柔性基底、透射电子显微镜的载网、电极等，用于表征、器件制备等应用。基底刻蚀法有时也称化学刻蚀法。基底刻蚀法一般需要经历在二维薄膜上方旋涂多聚物支持层（如 PMMA、PDMS）、刻蚀液中进行基底刻蚀、水溶液中清洗掉残留的刻蚀液、转移二维薄膜到目标衬底和清洗掉多聚物的过程。

以 PMMA 为转移介质的基底刻蚀法属于目前应用广泛的湿法转移技术，主要流程如图 8-11 所示。首先，在金属基体上生长的二维薄膜材料表面旋涂 PMMA 膜并加热固化；随后将 PMMA/二维材料/金属基底放入刻蚀溶液中，溶解掉金属基底；接着将悬浮在刻蚀溶液中的 PMMA/二维材料捞起并清洗，PMMA 在此过程中起到转移介质和保护二维材料的作用；然后将 PMMA/二维材料复合体转移到目标衬底上；最后用丙酮清洗去除 PMMA，完成转移流程。

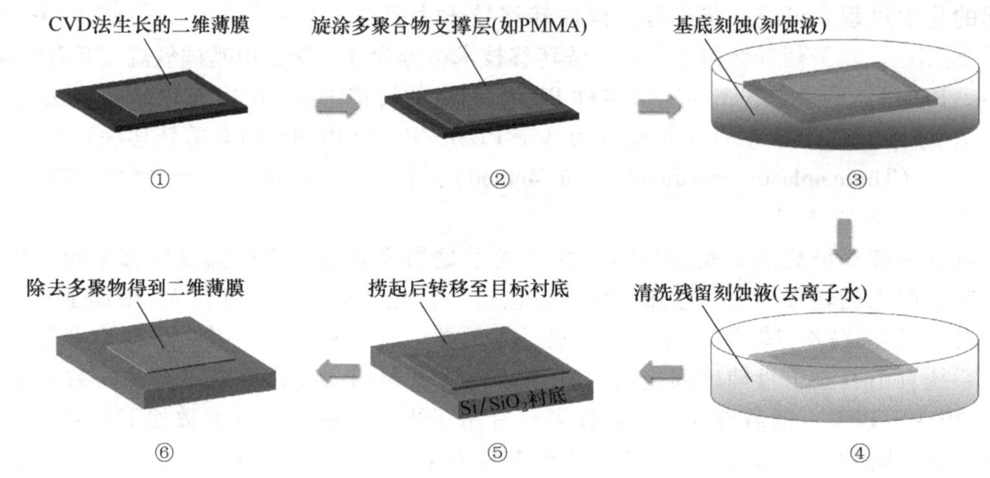

图 8-11　以 PMMA 为转移介质的基底刻蚀法

图 8-11 所示基底刻蚀法的优点是可实现大规模地转移大面积的二维材料，但是也存在几个显著的问题。例如，所刻蚀的金属基底成本一般较高从而导致大量资源浪费，二维材料表面会存在刻蚀液金属离子和 PMMA 残留物从而影响二维材料的性质及其器件的性能。为此，研究人员选择无金属离子的刻蚀液，增加 PMMA 残留物清理步骤，或者采用其他类型多聚物作为转移介质等方法来改善上述提到的问题。

（2）PMMA/牺牲层的转移法

PMMA/牺牲层的转移法以 PMMA 作为支撑层，多数以水溶性聚合物作为牺牲层，可称 PMMA/水溶层的转移法或 PMMA 支撑的转移法。此转移方法采用水溶液去溶解水溶层使得下方衬底脱落，比较适合转移微机械剥离的二维材料。以 PMMA 辅助的转移技术为基础，研究人员提出了一种新的全干法的 PMMA 支撑层的转移法，首先在硅片衬底上依次旋涂 PVA、PMMA 形成载体层，用蓝色胶带固定载体层，再将石墨烯机械剥离至载体层 PMMA/PVA 上，避免转移过程中二维薄片与水的接触。该方法的优势在于转移过程中不存在毛细管力，但仍需进一步退火以除去表面聚合物残留。

（3）液体楔入的转移法

液体楔入的转移法（也称表面能辅助的转移法）是通过在亲水性衬底和疏水性聚合物薄膜间插入一层水（楔形水）来实现二维薄片和聚合物薄膜从衬底剥离，水能够把疏水性的二维材料从亲水性的衬底上剥离。此方法利用材料与衬底的不同表面能驱动水分子渗透到衬底与材料的界面，使二维材料和聚合物从衬底分离，因此液体楔入的转移法也称表面能辅助的转移法。被分离后的二维材料可转移至目标衬底的特定位置，甚至是球形衬底等不平整表面，实现二维材料及其他纳米材料的定点转移。

采用液体楔入的转移法制备范德瓦尔斯异质结构的流程如图 8-12 所示，具体操作步骤如下：首先，将二维薄片机械剥离到亲水性的 SiO_2/Si 衬底上；然后在其表面旋涂疏水性聚合物，并在左旋聚乳酸（PLLA）边缘处划出一小块以暴露出衬底的 SiO_2 表面；接着在疏水性聚合物 PLLA 上贴附 PDMS 膜，并在 SiO_2/Si 衬底的暴露处滴水，使水滴浸入疏水性的

PLLA 与亲水性的 SiO_2 界面，从而使 PDMS/PLLA/二维薄片从衬底上脱离；将 PDMS 另一面粘贴于载玻片上，倒置放在转移平台的转移支架上，调节使上、下两个二维薄片对准；当 PLLA 接触到衬底后加热至 50℃，软化 PLLA 后抬起 PDMS 印章使 PLLA 留在衬底上；最后在 50℃的二氯甲烷溶液中溶解掉 PLLA，清洗和烘干后获得二维材料的异质结构。

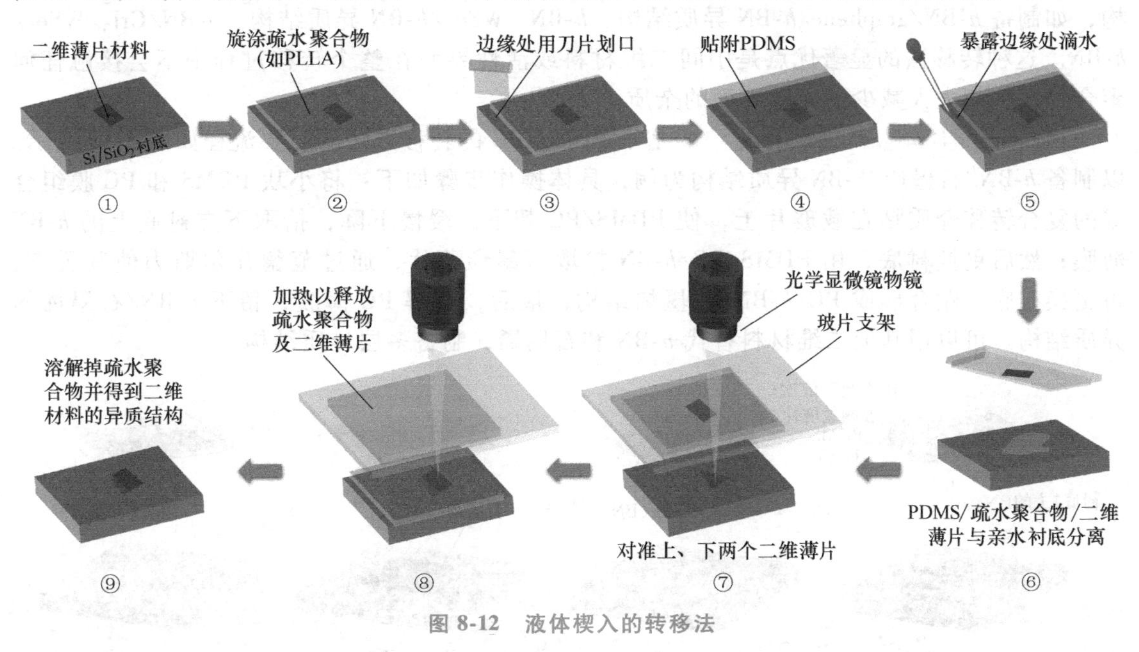

图 8-12　液体楔入的转移法

总之，液体楔入的转移法适用于机械剥离以及 CVD 生长等方法得到的多种二维材料的转移，具有操作简单、消耗时间短、转移晶体质量高、可大面积转移及方便转移蓝宝石、云母等较难溶解的衬底上的二维材料等优点。

3. 干法转移技术

对于二维范德瓦尔斯异质结构的制备，常见的问题是界面处形成的气泡、薄膜褶皱以及转移过程中的溶液和多聚物的残留物，这些会极大降低范德瓦尔斯异质界面的耦合，最终导致器件性能变差。因此，除了上述的湿法转移技术，研究人员还发展了干法转移技术，尽可能地提高范德瓦尔斯异质界面的质量。下面介绍干法转移技术中常用的几种制备二维范德瓦尔斯异质结构的转移法。

（1）基于 PDMS 的全干性转移法

基于 PDMS 的全干性转移法是以 PDMS 为转移介质的转移方法，属于实验室十分常用的二维材料的全干性转移法。PDMS 指聚二甲基硅氧烷，是一种疏水类的有机硅物料，其厚度均匀、透明度高，作为商业产品较容易获得。作为转移介质的 PDMS 小块薄膜通常称为 PDMS 印章（PDMS Stamp）。此方法是基于 PDMS 膜的黏弹性，把二维材料直接剥离到 PDMS 膜上，随后利用聚合物 PDMS 和二维材料之间热膨胀系数的差异，通过聚合物 PDMS 的热收缩机械地将二维材料脱落在目标衬底上。2014 年，Castellanos-Gomez 等提出了一种基于黏弹性 PDMS 印章的全干性转移法，实现了将一种二维材料转移到另一个二维材料上方并形成异质结构的目标。该技术不使用任何湿化学手段，可在提高转移速率的同时减少样品污染，获得较高的成品率。

（2）范德瓦尔斯作用力拾取的转移方法

范德瓦尔斯作用力拾取的转移方法通常采用PDMS与高分子多聚物PC或PPC组成复合转移介质，如PDMS/PC和PDMS/PPC，因此也可进一步分为基于PDMS/PC或PDMS/PPC的转移方法。此转移法最常用于制备*h*-BN封装的二维材料或多种二维材料堆叠的异质结构，如制备*h*-BN/graphene/*h*-BN异质结构、*h*-BN/ WSe_2/*h*-BN异质结构、*h*-BN/CrI_3/WSe_2/*h*-BN。这种转移法的显著优点是中间二维材料或活性界面在整个转移过程中不会接触任何聚合物，从而大大减少了异质界面的杂质。

1）基于PDMS/PC的转移方法。基于PDMS/PC的转移方法的简要流程如图8-13所示。以制备*h*-BN/石墨烯/*h*-BN异质结构为例，具体操作步骤如下：将小块PDMS和PC膜组合成的复合转移介质贴在载玻片上，使PDMS/PC朝下；缓慢下降，拾取下方衬底上的*h*-BN薄膜；然后更换衬底，用PDMS/PC/*h*-BN拾取石墨烯薄片，通过范德瓦尔斯力使其脱离；再更换衬底，贴合形成PC/*h*-BN/石墨烯结构；最后，溶解PC薄膜，留下*h*-BN/石墨烯的异质结构。可以用其他二维材料替代*h*-BN和石墨烯，制备多层异质结构。

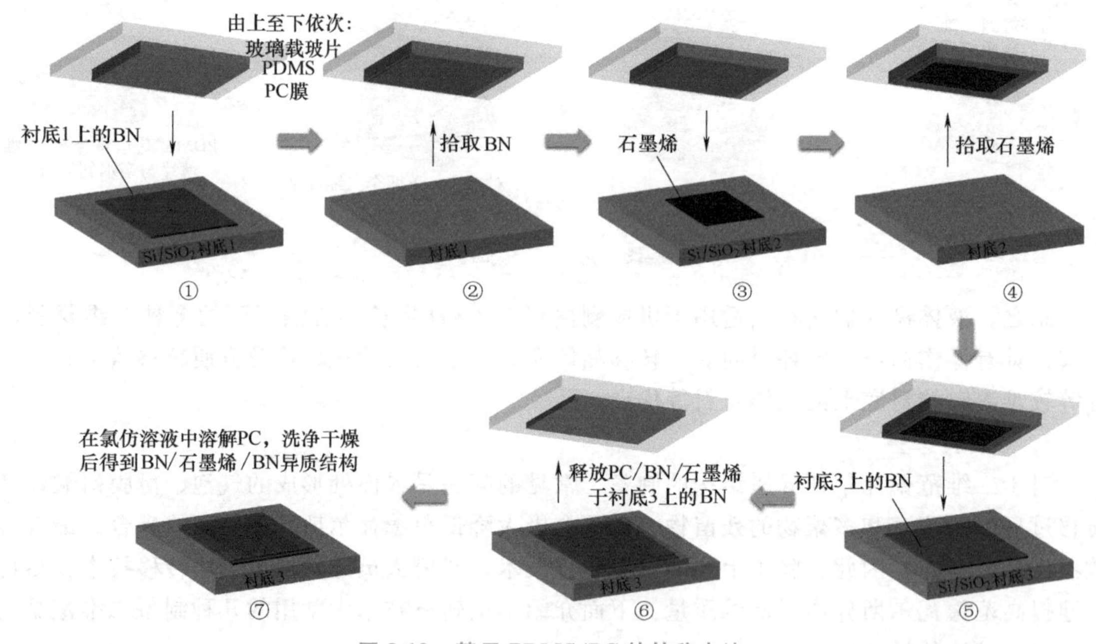

图8-13　基于PDMS/PC的转移方法

2）基于PDMS/PPC的转移方法。2013年，Wang等介绍了一种全新的范德瓦尔斯力拾取转移技术，也就是基于PDMS/PPC的转移方法。该转移方法利用不同二维薄片材料间的范德瓦尔斯相互作用力，在不与任何聚合物接触的情况下实现二维薄片的确定性转移，提高转移速率的同时极大程度上减少了二维薄片的层间污染。基于PDMS/PPC转移方法与基于PDMS/PC转移方法的步骤相似，但在步骤①可以有所不同，PDMS/PPC转移方法是将*h*-BN薄膜直接微机械剥离到PPC薄膜上。

范德瓦尔斯作用力拾取的转移方法实现了高效快捷、无聚合物残留、任意层数的范德瓦尔斯异质结构的制备，是基于范德瓦尔斯异质结构相关研究中的重要制备技术。

（3）热塑性牺牲层方法

热塑性牺牲层方法于2011年由Zomer等提出，该转移方法以热塑性聚合物层作为转移二维材料的转移介质。以制备石墨烯/*h*-BN 异质结构为例。首先，柔性透明胶带粘于玻璃载玻片上（胶面朝向玻片），在胶带背面旋涂上共聚物层，将三层物质组成的转移支撑层置于120℃下烘烤 10min 以除去共聚物层中的 MIBK 和平整共聚物；然后，采用微机械剥离石墨烯至共聚物层，再将转移支撑层倒置并安装在转移支架上；缓慢下降的同时将共聚物层上的石墨烯与下方衬底上的 *h*-BN 薄片对准，设置衬底载物台的加热温度为 75～100℃，当共聚物层接触到加热的衬底会融化并与柔性透明胶带脱离，此时抬起玻璃载玻片和透明胶带可释放共聚物层和石墨烯在 *h*-BN 上方；转移完成后可通过丙酮除去共聚物，异丙醇清洗后，最终获得石墨烯/*h*-BN 异质结构。

4. 三维操纵二维材料的转移方法

二维材料的转移堆叠技术目前主要限于简单的拾取和释放。然而，范德瓦尔斯异质结构的多样化需求要求发展更复杂的二维材料操控方法，如旋转、滑动和折叠等。2020 年，Wakafuji 等报道了一种通过微拱形聚合物（MDP）实现二维材料三维操控的方法，包括滑动、折叠、切割、剥离、旋转和翻转，有助于制备清洁的范德瓦尔斯异质结构和更复杂的三维结构。三维操控关键在于使用低曲率的 MDP 和聚氯乙烯（PVC）黏合层组成的 PVC-MDP 结构。相比之前以 PDMS 或复合结构作为转移介质的转移方法，这种 PVC-MDP 新结构具有接触面积较小且可调节、无固定熔点、机械强度高等特点。

5. 二维范德瓦尔斯异质结构的界面清洁

（1）转移技术中的污染问题

尽管研究人员利用湿法转移技术和干法转移技术成功地把二维材料从生长衬底转移到任意目标衬底，而且制备出各种类型的范德瓦尔斯异质结构，但这两类技术存在着二维材料污染问题。湿法转移技术存在转移过程中二维薄膜接触到溶液而引入化学杂质污染，影响二维材料的性质及其器件的性能。干法转移技术中的多数转移法都涉及转移后需要用有机溶剂溶解掉多聚物转移介质。溶解多聚物的过程中，有机溶剂会不同程度地渗透入异质界面而造成化学污染，影响异质界面的质量从而最终影响异质结构器件的性能。

（2）二维异质界面的清洁

界面洁净是获得高质量的范德瓦尔斯异质结构器件的关键。目前主流的清洁异质结构界面的方法是对已制备的异质结构实施退火处理。该工艺通过促进污染物的扩散来扩大异质结构的洁净区域。T. Uwanno 等研究了不同温度热退火对 *h*-BN/石墨烯异质界面处气泡的影响，200℃的 Ar/H_2 气氛下退火会使 *h*-BN/石墨烯异质界面处的小气泡凝聚成大气泡，当退火温度达到 500℃时气泡破裂。实验证明，后退火处理的石墨烯表面将获得更大的清洁、平坦区域，从而使异质结构具有更好的性能。S. J. Haigh 等尝试在测试中用 AFM 尖划破气泡，污染物会逸出界面并再次被界面处的范德瓦尔斯相互作用密封，从而形成新的气泡。此外，机械挤压技术能够用于移除二维异质界面的气泡和污染物，提高异质结构样品的品质。

8.4.3　其他制备方法

二维磁性范德瓦尔斯异质结构的制备方法除了转移堆叠技术以外，还包括分子束外延（MBE）和化学气相沉积（CVD）等。MBE 是一种在超高真空环境下，通过原子或分子束直接在基底上沉积材料的方法。该技术可以实现原子级的生长控制，可制备高纯度和高质量的二维磁性薄膜或二维磁性范德瓦尔斯异质结构材料。但是 MBE 需要昂贵的设备和复杂的过程，而且生长效率相对较低。CVD 是一种通过化学反应在基底表面沉积薄膜的技术。在高温条件下，将前驱体气体引入反应室中，气体分子在基底表面分解并形成所需的二维磁性薄膜或二维磁性范德瓦尔斯异质结构材料。CVD 法可控制材料的厚度和晶体质量，且能在大面积基底上实现均匀生长二维薄膜材料。

8.5 二维范德瓦尔斯磁性材料的典型应用

二维磁性材料为研究人员研究二维极限下的磁性、探索新奇物理现象、制备新型的二维自旋电子学器件提供了丰富的材料平台，特别在磁信息技术上具有广阔的应用前景。表面呈现原子级洁净的二维磁性材料相互堆叠形成的范德瓦尔斯异质结构可以展现出更加丰富的物理效应，是构建新型自旋电子学器件的核心结构。结合电压、磁场、应力和光辐射等外部手段调控二维范德瓦尔斯异质结构，可制造各种具有非凡性能的范德瓦尔斯异质结构器件，在自旋电子学、光电子学、谷电子学、转角电子学和超导体等领域展现巨大的应用潜力。由于涉及领域比较广，本节侧重介绍在磁隧道结、自旋-轨道矩器件和自旋场效应晶体管的应用。

8.5.1 磁隧道结

磁隧道结（Magnetic Tunnel Junctions，MTJ）具有优异的性能，如电阻率高、能耗小、热稳定性良好，在读出磁头及各类传感器上具有出色的应用，特别在磁性随机存储器（MRAM）的应用上具有广阔的前景。以 MTJ 为核心单元的 MRAM，具有非易失性的特点，有望推动诸如存内计算、神经形态计算和随机计算等新兴应用领域的发展。MTJ 一般通过控制两铁磁层的相对磁化方向（平行或反平行排列）来获得不同的电阻态，用于“0”和“1”的信息编码，从而应用于磁存储技术。二维磁性材料及其范德瓦尔斯异质结构具有原子层级平滑的界面和可调的物理特性，是构建新型 MTJ 的潜力材料，特别是用于构建全二维范德瓦尔斯的磁隧道结，为 MRAM 的小型化、提升存储密度和降低功耗提供了新方案。

1. 磁隧道结和隧穿磁阻效应

（1）磁隧道结的基本结构

磁隧道结是隧穿磁阻（Tunnel Magnetoresistance，TMR）效应的核心结构，一般由磁性层/势垒层/磁性层组成的三明治结构构成。MTJ 的间隔层通常采用能隙较大的绝缘体材料，只有势垒层足够薄时，电子才能够实现隧穿。MTJ 有两个铁磁层，一个称为参考层或固定层，其磁化方向沿易磁化轴方向固定不变或较难改变；另一个称为自由层，其磁化方向有两个稳定的取向，分别与参考层平行或反平行。当施加外磁场使得两个铁磁层饱和磁化时，两者的磁化方向互相平行；当施加一定的反向磁场进行磁化时，由于通常两铁磁层的矫顽力不同，矫顽力小的铁磁层磁化矢量首先翻转，此时两铁磁层的磁化方向变成反平行。电子从一个铁磁层隧穿到另一个铁磁层的隧穿概率与两铁磁层的磁化方向有关。铁磁层的磁化方向可以在外磁场的控制下形成反平行和平行状态，因此在 MTJ 中呈现高阻态和低阻态的切换。图 8-14 为 MTJ 的结构和 TMR 效应原理示意图。自由层的磁化方向可以利用外磁场、自旋-转移矩（Spin-Transfer Torque，STT）或自旋-轨道矩（Spin-Orbit Torque，SOT）等方式实现翻转。

（2）隧穿磁阻效应的基本原理

隧穿磁阻效应是指电流在通过两个磁性层之间的绝缘层（即隧道势垒）时，电子发生自旋极化隧穿，当两铁磁层的磁化方向平行与反平行时，自旋极化隧穿的概率发生变化从而导致电阻显著变化的物理现象。在磁性材料中，由于自旋具有向上和向下两个方向，电子能级发生劈裂形成多数自旋子带（$N_{1\downarrow}$，$N_{2\downarrow}$）和少数自旋子带（$N_{1\uparrow}$，$N_{2\uparrow}$），如图 8-14a 所示。当两个铁磁层 FM1 和 FM2 的磁化状态相对平行排列时（P 态），多数自旋子带中的电子将通过势垒层隧穿到另一侧的多数自旋子带，而少数自旋子带中的电子将隧穿到另一侧的少数自旋子带，这时参与输运的电子较多，导致结电阻较低（低阻态）。当 FM1 和 FM2 的磁化状态相对反平行排列时（AP 态），多数自旋子带中的电子将隧穿到另一侧的少数自旋子带，而少数自旋子带中的电子将隧穿到另一侧的多数自旋子带，此时参与输运的电子较少，导致结电阻较高（高阻态）。值得一提的是，磁隧道结与自旋阀的主要区别在于它们的结构，即磁隧道结的核心部分是由两个铁磁金属层和中间的绝缘势垒层组成的三明治结构，而自旋阀的中间层则通常是非磁性金属。

1975 年，Julliere 在 Co/Ge/Fe 结构中首次观测到隧穿磁阻效应。为了解释这一现象，Julliere 基于铁磁层/势垒层/铁磁层提出了一个自旋极化电子隧穿模型。自旋电子隧穿示意图见图 8-14。在该模型中，其中浅色和深色分别表示自旋向下和向上。假定：①电子隧穿过程中的自旋守恒，即电子穿越绝缘体势垒层的自旋方向保持不变；②每个自旋通道的电导正比于该通道上两个磁性层费米面上有效态密度的乘积，零偏压下，当两铁磁性层的磁矩呈现平行排列时，隧穿电导 G_P 可以表示为

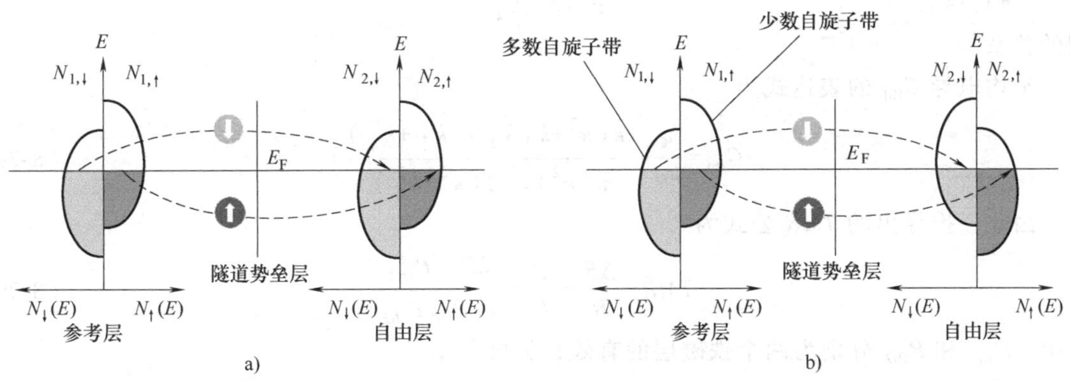

图 8-14　磁隧道结核心结构铁磁层/绝缘势垒层/铁磁层及自旋电子隧穿示意图

a）磁化状态相对平行排列　b）磁化状态相对反平行排列

$$G_P = C[N_{1,\uparrow}N_{2,\uparrow} + N_{1,\downarrow}N_{2,\downarrow}] \tag{8-22}$$

当两铁磁性层的磁矩呈现反平行排列时，隧穿电导 G_{AP} 又可以表示为

$$G_{AP} = C[N_{1,\uparrow}N_{2,\downarrow} + N_{1,\downarrow}N_{2,\uparrow}] \tag{8-23}$$

式中，G_P、G_{AP} 分别为两铁磁层的磁矩平行和反平行时的电导；C 为常数；$N_{(1,2),(\uparrow,\downarrow)}$ 分

别为两个磁性层费米面处多数自旋态和少数自旋态（↑，↓）的态密度。

根据式（8-22）、式（8-23），隧道结磁阻值可以表示为

$$TMR=\frac{\Delta R}{R_{AP}}=\frac{R_{AP}-R_P}{R_{AP}}=\frac{\Delta G}{G_{AP}}=\frac{2P_1P_2}{1+P_1P_2} \tag{8-24}$$

或

$$TMR=\frac{\Delta R}{R_P}=\frac{R_{AP}-R_P}{R_P}=\frac{2P_1P_2}{1-P_1P_2} \tag{8-25}$$

式中，R_P 和 R_{AP} 分别为两个铁磁层磁矩方向平行和反平行时的隧穿电阻；P_1 和 P_2 分别为两个磁性层的自旋极化率。不同的研究人员对 TMR 的定义不同，先前一般采用式（8-24），近几年的研究中，大部分研究人员都采用式（8-25），所以在相应文献中可能看到 $TMR>100\%$的结果。由式（8-24）、式（8-25）可以看出，当两个磁性层的自旋极化率均不为零时，磁隧道结存在磁阻效应，并且两个铁磁层的自旋极化率越大，隧道结磁阻值越高。

Julliere 模型本身存在不足，作为另一种隧穿磁阻的计算方法，Slonczewski 模型从量子力学的角度，针对分子场不共线的铁磁层，进一步描述隧穿磁阻效应。Slonczewski 模型的主要思想是利用具有不同波矢 $\boldsymbol{\kappa}_\uparrow$ 和 $\boldsymbol{\kappa}_\downarrow$ 的自旋极化的近自由电子模型来描述两边铁磁金属中载流子的情况；考虑绝缘势垒层的影响，用矩形势垒来模拟中间绝缘层，并给出了 *TMR* 和铁磁层磁化强度方向夹角的变化关系。

隧穿电导和铁磁层磁化强度方向夹角 θ 及有效自旋极化率 P_{fd} 的关系为

$$G=G_{fbf}(1+P_{fb}^2\cos\theta)\ |P_{fb}|<1 \tag{8-26}$$

$$P_{fbi}=\frac{(k_{\uparrow i}-k_{\downarrow i})(\kappa^2-k_{\uparrow i}k_{\downarrow i})}{(k_{\uparrow i}+k_{\downarrow i})(\kappa^2+k_{\uparrow i}k_{\downarrow i})} \tag{8-27}$$

式中，$\frac{k_{\uparrow i}-k_{\downarrow i}}{k_{\uparrow i}+k_{\downarrow i}}$为自旋极化率 P_i。令 $A_i=\frac{\kappa^2-k_{\uparrow i}k_{\downarrow i}}{\kappa^2+k_{\uparrow i}k_{\downarrow i}}$，表示有效自旋极化率和原自旋极化率之间的关系。

平均电导 G_{fbf} 的表达式为

$$G_{fbf}=\frac{\kappa}{hd}\left[\frac{e\kappa(\kappa^2+k_\uparrow k_\downarrow)(k_\uparrow+k_\downarrow)}{\pi(\kappa^2+k_\uparrow^2)(\kappa^2+k_\downarrow^2)}\right] \tag{8-28}$$

因此，推导出的 *TMR* 公式为

$$TMR=\frac{\Delta R}{R}=\frac{\Delta G}{G}=\frac{2P_{fb1}P_{fb2}}{1+P_{fb1}P_{fb2}} \tag{8-29}$$

式中，P_{fb1} 和 P_{fb2} 分别为两个铁磁层的有效自旋极化率。

此模型给出了 *TMR* 和铁磁层磁化强度方向夹角的变化关系，在后续的一系列研究中多数以该模型为理论基础进行理论计算。

2. 基于二维磁性材料的磁隧道结

原子层级厚的二维磁性材料为提升 MTJ 性能或构建新型的 MTJ 提供了更多的可能性。以 CrI_3、$Cr_2Ge_2Te_6$ 和 Fe_3GeTe_2 为代表的二维磁性材料具备二维长程磁有序和垂直磁各向异性，且具有绝缘体、半导体或金属特性，为设计全二维范德瓦尔斯的 MTJ 提供了材料基础。例如，绝缘体或半导体特性的二维磁性材料可同时作为 MTJ 的铁磁层和中间隧穿层。CrI_3

是一个典型的二维磁性绝缘体材料，在低温下表现出独特的层间反铁磁耦合和厚度依赖的磁相特性，可以高效控制电子流动。Song 等构建类似三明治结构的石墨烯/CrI_3/石墨烯自旋过滤磁隧道结（Spin-Filter Magnetic Tunnel Junctions，SF-MTJ），如图 8-15a～c 所示。利用双层 CrI_3 磁化方向平行/反平行的状态来控制电子隧穿过 CrI_3 的概率，以达到对电子流动的调控，从而实现“0”和“1”的信息编码。实验发现，增加 CrI_3 的层数可提高 MTJ 的自旋极化，当增加到四层时隧穿磁阻率达到 19000%。这种 SF-MTJ 与传统 MTJ 不同，上、下两层的石墨烯并非铁磁性导体，完全通过 CrI_3 实现隧穿磁阻效应，每一层 CrI_3 都是独立的隧穿势垒，其磁性决定电子自旋方向，从而实现自旋过滤。反过来，MTJ 的电子隧穿特性可用于研究二维磁性材料的磁学特性。Klein 等在石墨烯/四层 CrI_3/石墨烯的隧道结中利用超磁跃迁（Metamagnetic Transition）使得四层 CrI_3 势垒的磁阻为 550%，如图 8-15d、e 所示，而且通过隧穿电导随磁场的变化情况可解析 CrI_3 隧穿层的磁化状态。这种以二维磁性材料作为中间势垒层的全二维 MTJ 还可实现电学手段调控二维磁性材料的磁性。

金属性的二维铁磁材料，如 Fe_3GeTe_2 和 Fe_3GaTe_2，已作为全二维 MTJ 中的铁磁层，产生高自旋极化，势垒层一般选择非磁性的绝缘或半导体二维材料，如 h-BN、MoS_2、WS_2、WSe_2、InSe 等。Morpurgo 等构建了全二维范德瓦尔斯 Fe_3GeTe_2/h-BN/Fe_3GeTe_2 隧道结，在低温（4.2K）下此隧道结的隧穿磁阻达 160%，如图 8-15f、g 所示，并推算出 Fe_3GeTe_2 的自旋极化率为 66%。Min 等在 Fe_3GeTe_2/h-BN/Fe_3GeTe_2 和 Fe_3GeTe_2/WSe_2/Fe_3GeTe_2 隧道结中分别获得隧穿磁阻率 300%和 110%，并通过偏置电压调控注入载流子的净自旋极化和极性反转（即电子可调谐的自旋极化开关），从而导致隧穿磁阻的符号变化。这种自旋极化的反转主要归因于二维铁磁金属 Fe_3GeTe_2 的高能局域自旋态的贡献，这是在传统隧道结中无法获得的。在全二维范德瓦尔斯器件中，二维铁磁体和半导体或绝缘体构成的异质界面具有很高的自旋极化度，有利于获得比传统隧道结中更大的隧穿磁电阻效应（即高隧穿磁阻率）。

由于 Fe_3GeTe_2 的居里温度低于室温（300K），因此基于 Fe_3GeTe_2 的 MTJ 需要在低温下才能实现较大的隧道磁电阻，不利于实际应用。Fe_3GaTe_2，这种在 2022 年被发现的室温二维铁磁材料，能制备室温 MTJ，实现室温下的隧道磁电阻效应。Zhu 等构建了 Fe_3GaTe_2/WSe_2/ Fe_3GaTe_2 隧道结，首次在全二维范德瓦尔斯器件中实现很大的室温隧穿磁阻效应，隧穿磁阻率在室温（300K）下可达 85%，且随温度的降低而升高，低温（10K）下可达 164%。而且此隧道结的工作温度高达 380K，这是二维范德瓦斯磁隧道结中创纪录的最高工作温度。Pan 等将 WTe_2 层与 Fe_3GaTe_2/h-BN/ Fe_3GaTe_2 MTJ 堆垛，构建了全二维基于轨道转移力矩的磁随机存储器（OTT-MRAM）单元，如图 8-15j、k 所示。室温下在 WTe_2 中施加脉冲电流（I_W），可驱动底层 Fe_3GaTe_2 的磁化翻转，顶层 Fe_3GaTe_2 的磁化状态一直保持不变，从而出现低电阻态和高电阻态。在 MRAM 中，信息的读取通过测量隧道结的电阻来完成，低电阻态和高电阻态分别对应于编码“0”和“1”。

8.5.2　自旋-轨道矩器件

自旋-轨道矩（Spin-Orbit Torque，SOT）可以提供有效且多样化的方法来实现电信号控制磁性材料的磁化状态或磁动力学，因此其在自旋电子学领域具有广泛的应用。特别是 SOT 在未来磁信息存储技术上具有巨大的应用价值，可用于新一代磁存储器和逻辑器件。例如，

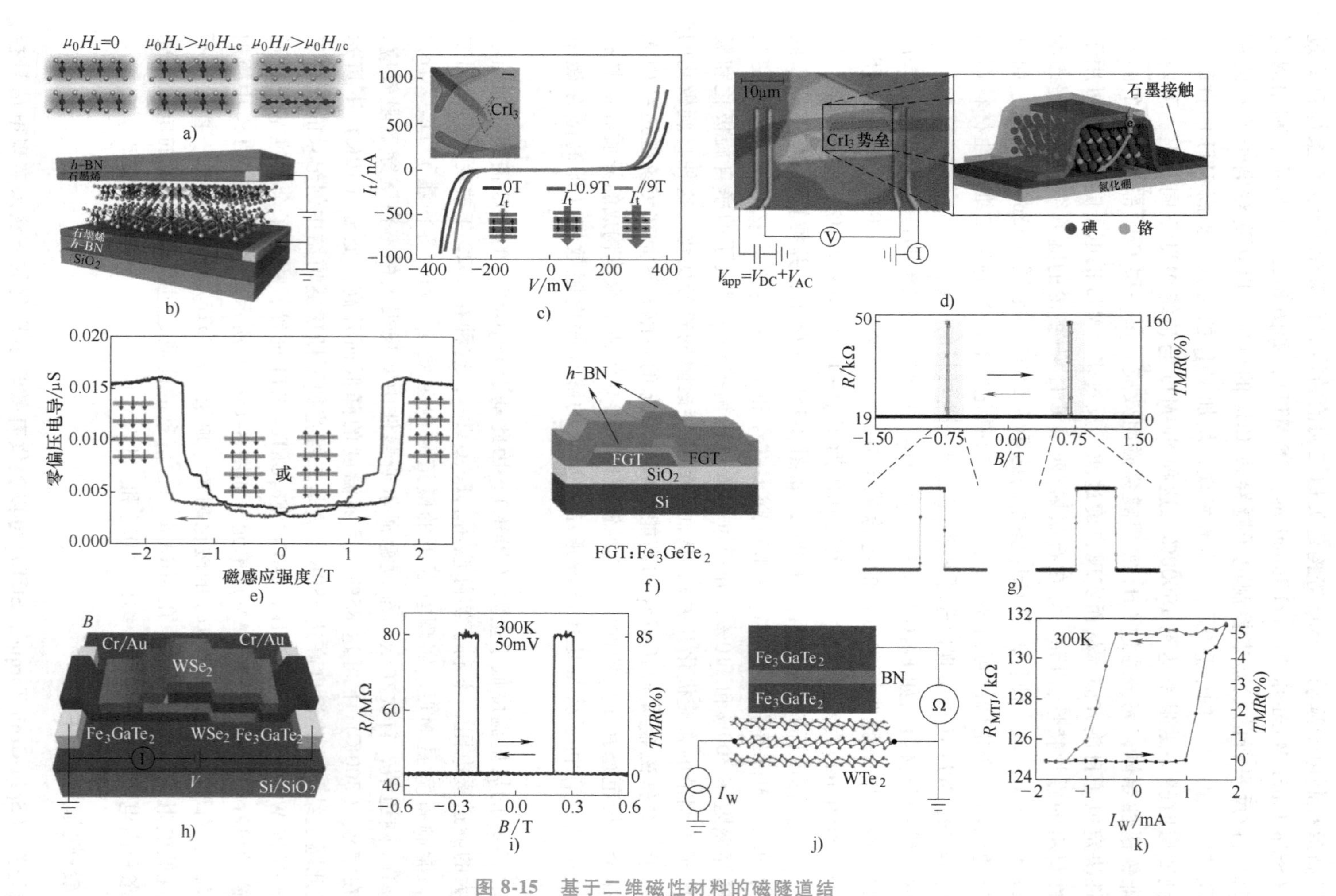

图 8-15 基于二维磁性材料的磁隧道结

a）双层 CrI_3 在无磁场、垂直磁场和平面磁场下的磁化状态 b）石墨烯/双层 CrI_3/石墨烯的自旋过滤磁隧道结（SF-MTJ）示意图（h-BN 作为保护层提高器件稳定性） c）不同磁场条件下 SF-MTJ 的隧穿电流情况 d）基于四层 CrI_3 的隧道结光学显微图（虚线显示隧道结区） e）500μV 交流激励下通过一个四层 CrI_3 隧穿层的电导随垂直磁场的变化 f）Fe_3GeTe_2/h-BN/Fe_3GeTe_2 隧道结示意图 g）温度 4.2K 下隧穿电阻随垂直磁场的变化（B 约±0.7T 时出现电阻急剧地跳跃，隧穿磁阻率约 160%） h）Fe_3GaTe_2/WSe_2/Fe_3GaTe_2 隧道结示意图 i）在偏置电压 50mV 下，室温的电阻和隧穿磁阻率随磁场的变化 j）基于 WTe_2/Fe_3GaTe_2/h-BN/Fe_3GaTe_2 的轨道转移力矩磁随机存储器（OTT-MRAM）单元示意图 k）在 WTe_2 中施加写入电流脉冲（I_W）、室温（300K）下隧穿磁阻在高电阻和低电阻态之间切换

SOT 可以实现电流诱导的磁化翻转，用于制备第三代的自旋-轨道矩磁性随机存储器（SOT-MRAM），实现读写路径分开。SOT 还可以驱动磁畴壁和磁斯格明子的运动，应用于制备基于 SOT 的赛道存储器、逻辑器件等新型自旋电子学器件。

1. 自旋-轨道矩

自旋-轨道矩指基于自旋-轨道耦合，利用电荷流诱导的自旋流在磁性材料中产生的一种力矩。SOT 能够有效调控磁性材料的磁化状态或磁动力学，实现电信号对磁性的调控，为设计新一代磁存储和逻辑等器件提供物理基础。SOT 的材料体系包括非磁重金属、块体非中心对称铁磁体和反铁磁体、拓扑材料（如拓扑绝缘体或半金属）、空间反演对称性破缺的异质结构等。

（1）自旋-轨道矩的基本原理

典型的铁磁和重金属双层薄膜结构，由于重金属（如 Pt、Ta、W）具有强自旋-轨道耦合，施加的电荷流经由自旋霍尔效应（Spin Hall Effect）产生横向的自旋流，在界面累积的自旋流对邻近的磁性薄膜产生自旋-轨道转矩，可操纵磁化方向的翻转。自旋流的形成除了通过重金属的自旋霍尔效应，还可以通过异质界面处空间反演对称性破坏而形成的 Rashba-Edelstein 效应。

对于前者，利用自旋霍尔效应可以使电荷电流转换为纯自旋电流，表达式为

$$J_S = \frac{h}{2e}\theta_{SH}(J_C \times \sigma) \tag{8-30}$$

式中，J_C 为电荷电流；J_S 为自旋霍尔效应产生的自旋电流；σ 为自旋电流的极化；h、e 和 θ_{SH} 分别为普朗克常量、基本电荷和自旋霍尔角。自旋霍尔角是重金属的固有特性，决定了自旋电流的极化方向，也决定了从电荷流到自旋流密度的转换效率。

对于后者，Rashba-Edelstein 效应是一种物理机制，起源于空间反演对称性破缺结构中出现的界面 Rashba 自旋-轨道耦合，也可以实现电荷电流到自旋电流的相互转换。

（2）自旋-轨道矩与磁矩的相互作用

在 SOT 作用下，磁性层的磁化动力学过程可由 Landau-Lifshitz Gilbert（LLG）方程描述为

$$\frac{\mathrm{d}M}{\mathrm{d}t} = \gamma M \times H_{eff} + \frac{\alpha}{M_S}\left(M \times \frac{\mathrm{d}M}{\mathrm{d}t}\right) + \frac{\gamma}{\mu_0 M_S}\tau_{SOT} \tag{8-31}$$

式中，γ 为旋磁比对于自由电子而言，$\gamma = 1.76\times10^{11}/(\mathrm{S}\cdot\mathrm{T})$；$H_{eff}$ 为由外磁场、各向异性场和交换场共同作用下产生的有效磁场强度，α 为 Gilbert 阻尼；M_S 为铁磁层饱和磁化强度，τ_{SOT} 为自旋-轨道矩。式（8-31）等号右侧第一项描述了磁化强度 M 在有效磁场强度 H_{eff} 作用下的进动过程；第二项则描述了磁化强度 M 在其平衡位置的弛豫过程；第三项为 SOT（τ_{DL} 和 τ_{FL}）的相关项。SOT 所涉及的两个力矩为：Damping-like 力矩 $\tau_{DL} \propto \boldsymbol{m}\times(\boldsymbol{\sigma}\times\boldsymbol{m})$ Field-like 力矩 $\tau_{FL} \propto \boldsymbol{m}\times\boldsymbol{\sigma}$。其中 $\boldsymbol{m}$ 和 $\boldsymbol{\sigma}$ 分别为铁磁层磁矩和非磁层自旋极化方向的单位矢量。

SOT 可以驱动磁化翻转或磁畴运动，用于构建基于 SOT 的磁性随机存储器（SOT-MRAM）、赛道存储器、自旋逻辑器件、自旋霍尔纳米振荡器和人工突触器件等。

2. 基于二维磁性材料的自旋-轨道矩器件

SOT 已被广泛用于自旋电子学中电流诱导的磁化翻转，特别是应用于下一代磁性随机存

储器（MRAM）。因此，对于二维磁性材料在自旋电子学的应用，最受关注的是在基于二维磁性材料的 SOT 器件中通过电流诱导 SOT 驱动磁化翻转。2019 年，研究人员首先在 Fe_3GeTe_2/Pt 异质结构器件中实现 SOT 驱动二维磁性材料的磁化翻转。Wang 等在 Fe_3GeTe_2/Pt 异质结构器件中观测到电流诱导 SOT 驱动 Fe_3GeTe_2 的磁化翻转，如图 8-16a 所示。在这种结构中，由于自旋霍尔效应能使电荷流转变为自旋流，铂（Pt）层中自旋极化电流产生的 SOT 可有效地改变多层 Fe_3GeTe_2 的磁化方向，最终实现电流诱导磁化翻转。如图 8-16b 所示，在温度 100K 下的反常霍尔信号测量结果显示，施加面内电流诱导 SOT，使得反常霍尔电阻在上、下两种状态之间切换，对应翻转上、下磁化方向。值得注意的是，此时 SOT 只驱动部分磁化翻转（完全翻转状态用图 8-16b 中的虚线标记），且同时需要 50mT 面内磁场辅助磁化翻转。Ostwal 等在 $Cr_2Ge_2Te_6$/Ta 异质结构器件中实现了低临界电流密度 $5\times10^5A/cm^2$ 下 SOT 驱动 $Cr_2Ge_2Te_6$ 的磁化翻转，同样需要面内磁场的辅助和低温环境，如图 8-16c、d 所示。Li 等在 Fe_3GaTe_2/Pt 异质结构器件中实现了室温下 SOT 驱动 Fe_3GaTe_2 磁化翻转，如图 8-16e、f 所示，且临界电流密度最低可达 $1.3\times10^7A/cm^2$。

到目前为止，基于二维磁性材料的 SOT 器件多数集中在二维磁性材料与传统金属材料构成的异质结构器件。未来，基于全二维范德瓦尔斯异质结构的 SOT 器件是一个重要的研究方向。Shin 等通过构筑全二维范德瓦尔斯异质结构 Fe_3GeTe_2/WTe_2 器件，实现了 SOT 高效地驱动 Fe_3GeTe_2 磁化翻转，如图 8-16g、h 所示，在温度 150K 下临界翻转电流密度最低可达 $3.90\times10^6A/cm^2$。研究人员在二维磁性材料和拓扑绝缘体的异质结构中也实现了电流诱导的 SOT 驱动磁化翻转。Mogi 等在 MBE 生长的全二维范德瓦尔斯异质结构 $Cr_2Ge_2Te_6/(Bi_{1-x}Sb_x)_2Te_3$ 器件，实现了拓扑表面态自旋极化电流诱导的 SOT 驱动磁化翻转，如图 8-16i、j 所示，且接近完全（88%）的磁化翻转。而在 $Fe_3GeTe_2/(Bi_{0.7}Sb_{0.3})_2Te_3$ 异质结构器件中温度 100K 下 SOT 驱动磁化翻转的临界电流密度为 $5.8\times10^6A/cm^2$。Singh 等在全二维范德瓦尔斯异质结构 $Fe_{2.78}GeTe_2/WTe_2$ 器件中实现了无外磁场辅助下 SOT 驱动磁化翻转，如图 8-16k、l 所示，在温度 170K 下沿着最低对称轴方向（a 轴）的临界翻转电流密度最低可达 $9.8\times10^6A/cm^2$，且在 150～190K 下均可实现无外场辅助的鲁棒性磁化翻转。由于温度越低，$Fe_{2.78}GeTe_2$ 矫顽力越大，临界翻转电流密度会越大。这些基于二维磁性材料的 SOT 器件可以获得比传统的重金属/铁磁薄膜异质结构器件至少小一个数量级的临界翻转电流密度。另外，SOT 调控二维反铁磁材料的磁序也备受关注，原因在于反铁磁材料所具备的超快开关动力学特性以及对磁杂散场的强大抗干扰能力。

基于二维磁性材料的 SOT 器件在磁存储上的应用，其主要目标是为了实现室温且低临界翻转电流密度下的 SOT 驱动磁化翻转。SOT 除了可以操纵磁有序实现磁化翻转应用于 SOT-MARM 外，还可以驱动磁畴壁和磁斯格明子的运动。SOT 驱动磁畴壁运动大大提高了磁畴壁的运动速度，比磁场诱导磁畴壁运动的速率高三个量级以上，可用于制备基于 SOT 的赛道存储器。利用电流产生的 SOT 还可以调控磁斯格明子。利用垂直磁各向异性的二维磁性材料构建全二维范德瓦尔斯异质结构 SOT 器件，有望实现高密度、高速度与低能耗的信息非易失存储、多态存储，高开关比的逻辑器件等自旋电子学器件。

8.5.3 自旋场效应晶体管

自旋场效应晶体管（Spin Field-Effect Transistor，Spin-FET）也称自旋极化场效应晶体

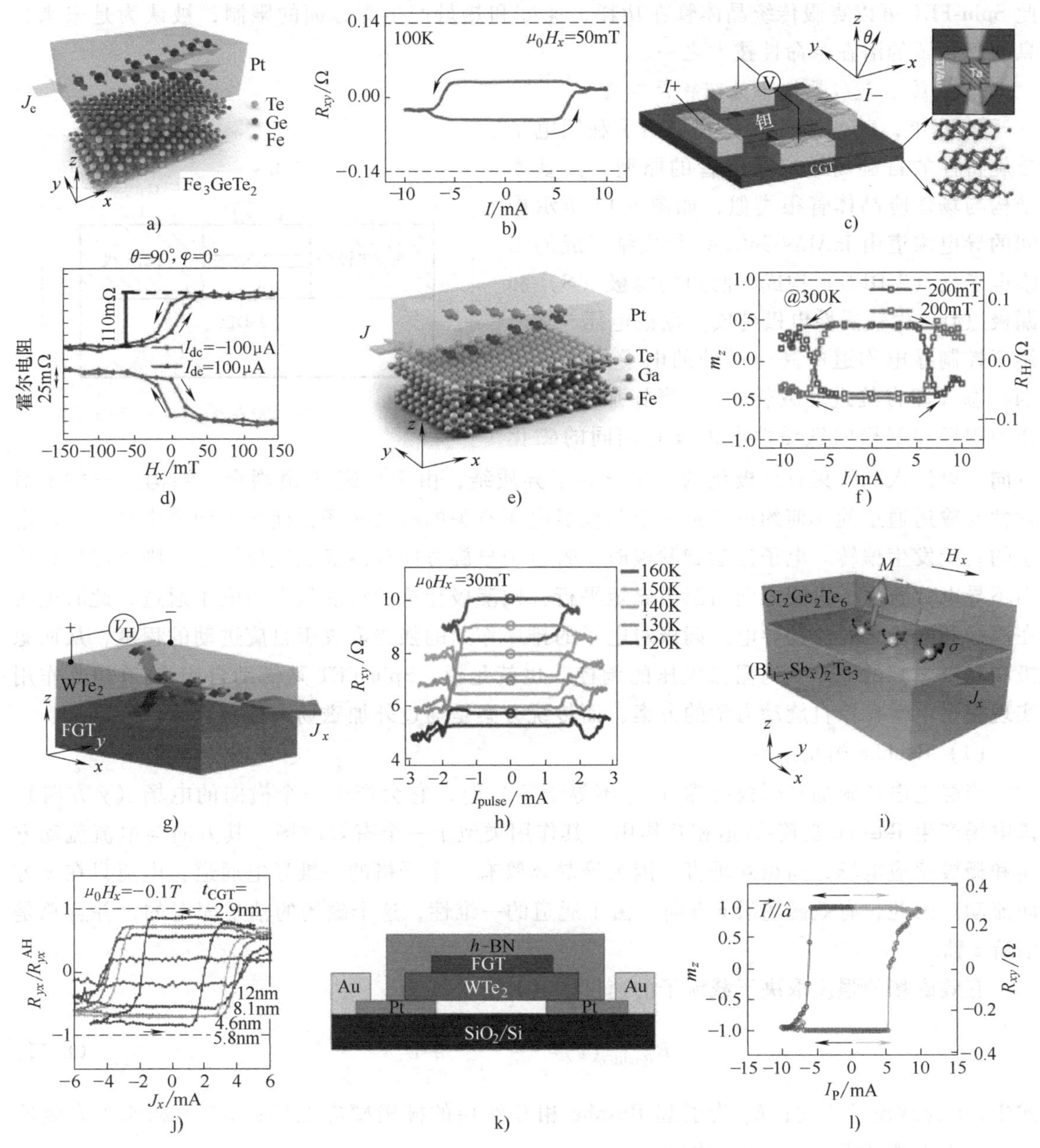

图 8-16　基于二维磁性材料的 SOT 器件

a) Fe_3GeTe_2/Pt 异质结构示意图　b) 在温度 100K、50mT 面内磁场辅助下电流诱导 Fe_3GeTe_2 磁化翻转
c) $Cr_2Ge_2Te_6$/Ta 异质结构器件示意图　d) 在温度 4K 下电流诱导 $Cr_2Ge_2Te_6$ 磁化翻转
e) Fe_3GaTe_2/Pt 异质结构示意图　f) 在室温（300K）、±200mT 面内磁场辅助下电流诱导 Fe_3GaTe_2 磁化翻转
g) 全二维范德瓦尔斯异质结构 Fe_3GeTe_2/WTe_2 示意图　h) 在不同温度、30mT 面内磁场辅助下电流诱导 Fe_3GeTe_2 的磁化翻转　i) $Cr_2Ge_2Te_6/(Bi_{1-x}Sb_x)_2Te_3$ 异质结构及磁化翻转示意图
j) 在温度 2K、−0.1T 面内磁场辅助下电流诱导 $Cr_2Ge_2Te_6$ 磁化翻转　k) $Fe_{2.78}GeTe_2/WTe_2$ 异质结构示意图　l) 在温度≤190K、a 轴方向电流可实现无外磁场辅助下的磁化翻转

管，是一种基于自旋电子学原理的新型晶体管。与传统晶体管利用电子的电荷来传递信息不同，Spin-FET 利用电子的自旋旋转来调控电流，所以这种调控方法所需要的能量很低。因

此 Spin-FET 可以克服传统晶体管在功耗、速度和热量产生等方面的限制，被认为是未来信息处理领域的潜在革命性技术之一。

1. 自旋场效应晶体管的结构及原理

1990 年，Datta 和 Das 首次提出了利用电子自旋特性的自旋场效应晶体管的原型，其基本结构与场效应晶体管很类似，如图 8-17 所示中间的导电沟道由 InAlAs/InGaAs 异质结形成的二维电子气（2-DEG）构成，两边的源极（S）和漏极（D）由铁磁性电极构成，栅极电压（V_G）用于控制导电沟道中高速运动的电子的自旋进动状态（即自旋进动或转动）。当施加磁场时，作为源极和漏极的铁磁性电极具有相同的磁化方向，以注入和收集自旋极化的电子。对于异质结，由于自旋-轨道耦合、结构反演的不对称性与输运通道的几何约束导致一个与栅极电压有关的有效磁场，使导电沟道中高速运动电子的自旋发生偏转。电子传输到漏极时，若电子自旋方向与漏极磁矩反平行，则被漏极排斥而不导电；若电子自旋方向与漏极磁矩平行，则漏极让这种自旋状态的电子通过，此时电流在源极和漏极之间流动导电。漏极对电子的排斥作用的强弱取决于自旋进动的程度，从而源极和漏极之间的电流受到栅极电压的调控。也就是说，Spin-FET 是借助自旋-轨道相互作用实现完全电学操控自旋动力学的方案，而传统方案是通过外加磁场来控制自旋。

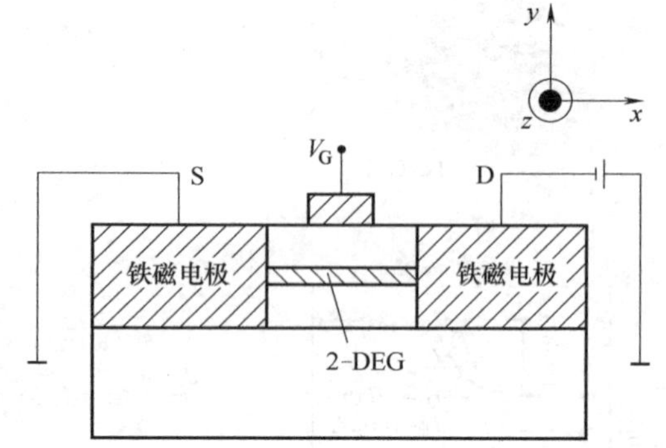

图 8-17　自旋场效应晶体管结构示意图

（1）Rashba 相互作用

当静电电位施加到栅极终端（V_G 不等于零）时，它会产生一个横向的电场（y 方向）。该电场产生 Rashba 自旋-轨道相互作用，其作用类似于一个有效磁场，其方向与电流流动方向和栅极感应电场方向相互垂直。因为该晶体管有一个严格的一维导电通道，电流只在 x 方向流动。因此，有效磁场沿 z 方向。由于通道的一维性，这个磁场的轴是固定的，并且总是沿着 z 轴。

有效磁场的强度取决于载流子的速度，其计算公式为

$$B_{\text{Rashba}}(v)=\frac{2(m^*)^2a_1}{e\hbar^2}E_y v \tag{8-32}$$

式中，v 为载流子速度；E_y 为引起 Rashba 相互作用的栅极感应电场；m^* 为载流子有效质量；a_1 为材料常数；e 为电子电荷。

注入的载流子的自旋围绕这个有效磁场进动（就像拉莫尔进动一样），其频率 Ω 由拉莫尔频率给出，即

$$\Omega(v)=\frac{eB_{\text{Rashba}}(v)}{m^*}=\frac{2m^*}{\hbar^2}aE_y v \tag{8-33}$$

这种进动发生在 xy 平面，因为有效磁场是沿着 z 轴的方向。自旋在空间中进动的速率可以从拉莫尔频率获得，即

$$\Omega(v)=\frac{\mathrm{d}\phi}{\mathrm{d}t}=\frac{\mathrm{d}\phi}{\mathrm{d}x}\frac{\mathrm{d}x}{\mathrm{d}t}=\frac{\mathrm{d}\phi}{\mathrm{d}x}v=\frac{2m^*}{\hbar^2}aE_y v \tag{8-34}$$

$$\frac{\mathrm{d}\phi}{\mathrm{d}x}=\frac{2m^*}{\hbar^2}aE_y \tag{8-35}$$

式中，ϕ 为自旋进动角；$\frac{\mathrm{d}\phi}{\mathrm{d}x}$为自旋进动的空间速率。

注意：自旋进动的空间速率$\frac{\mathrm{d}\phi}{\mathrm{d}x}$与载流子速度无关。因此，每一个电子，不管它的注入速度如何，也不管它在通道中遭受的动量随机碰撞如何，当它穿过源极和漏极之间的距离时，它的进动角度是完全相同的。这个进动角度计算公式为

$$\Phi_{\mathrm{Rashba}}=\frac{2m^*}{\hbar^2}aE_yL \tag{8-36}$$

式中，L 为源极到漏极的距离（或导电通道长度）。

如果改变 Rashba 相互作用的栅极感应电场 E_y 使得 $\Phi_{\mathrm{Rashba}}=(2n+1)\pi$，其中 n 为整数，则到达漏极的载流子的自旋与漏极的磁化反平行，此时这些载流子被阻塞，理想情况下没有电流流动。因此，通过用栅极电势改变 E_y，可以改变Φ_{Rashba} 并调制源极-漏极电流，从而实现了场效应晶体管的作用。注意：这个晶体管可以在高温下工作。高温会引起电子速度的热扩散，也许还会增加随机改变电子速度的碰撞率，但这无关紧要。由于Φ_{Rashba} 独立于电子速度，热效应对Φ_{Rashba} 没有影响，因此高温不会降低 Spin-FET 的性能，只要它有一个一维的通道。

（2）Dresselhaus 相互作用

除了 Rashba 相互作用外，半导体通道中还存在其他类型的自旋-轨道相互作用，如 Dresselhaus 自旋轨道相互作用，它存在于任何缺乏晶体反演对称性的材料中。这种相互作用也会产生一个有效的磁场。假设晶体管的通道在［100］晶体学方向上，在这种情况下，由于 Dresselhaus 相互作用的有效磁场将沿 x 轴方向，其强度为

$$B_{\mathrm{Dresselhaus}}(v)=\frac{2(m^*)^2a_2}{e\hbar^2}\left[\left(\frac{\pi}{W_z}\right)^2-\left(\frac{\pi}{W_y}\right)^2\right]v \tag{8-37}$$

式中，W_z 和 W_y 为量子线通道的横向尺寸（假设为矩形截面）；a_2 为另一个材料常数。幸运的是，这个有效磁场也与载流子速度 v 成正比。

如果注入最初沿 y 轴或 z 轴极化的自旋，那么由于 Dresselhaus 相互作用，这些自旋将沿 x 轴方向的有效磁场进动。进动发生在 yz 平面上。由上述公式可以得到自旋在源极和漏极之间运动时的角度为

$$\Phi_{\mathrm{Dresselhaus}}=\frac{2(m^*)^2a_2}{\hbar^2}\left[\left(\frac{\pi}{W_z}\right)^2-\left(\frac{\pi}{W_y}\right)^2\right]L \tag{8-38}$$

这个角度与载流子速度无关。可以通过利用栅压电势改变 W_z 进而改变$\Phi_{\mathrm{Dresselhaus}}$，实现晶体管的作用。该器件具有原始 Spin-FET 的所有优点，即由于$\Phi_{\mathrm{Dresselhaus}}$ 与载流子速度无关，因此热效应没有不利影响。所以，这种晶体管也能够在高温下工作，而不会有任何严重的性能下降。

2. 自旋场效应晶体管的研究现状和存在的问题

Spin-FET 自提出后备受关注，前景诱人，是自旋电子学领域的研究热点之一。但是基于自旋的电子器件真正走向实用还面临一些困难，主要如下：①自旋极化电流从铁磁性电极

注入半导体的效率仍过低；②电子在穿越导电沟道时不能很好地保持其自旋极化状态，即自旋弛豫寿命过短；③界面不均匀性（或者界面质量不高）所产生的不需要的电场，难以实现具有均匀 Rashba 参数的弹道型自旋极化输运且 Rashba 参数由栅极电压有效控制；④结构反演不对称应该远远超过体反演不对称，并且自旋进动率必须足够大以便在弹道输运中达到至少半个周期的进动。这几个主要的问题使得室温下制造 Datta-Das 自旋场效应晶体管面临巨大挑战，需要寻找更合适的材料和制备非常干净的界面。因此，有应用前景的新型场效应晶体管仍是一个前沿待解难题。

3. 基于二维磁性材料的自旋场效应晶体管

研究人员致力于采用新材料和设计新原理以构建新型自旋场效应晶体管。自从 2004 年石墨烯被发现后，研究人员已经对二维 Spin-FET 进行了大量的研究，其中单层和双层石墨烯已被用作 Spin-FET 的导电通道。但目前二维 Spin-FET 的实用化还面临巨大挑战，如铁磁源极端自旋注入效率低、沟道内自旋进动和铁磁漏极通道内自旋滤波低等问题。在不施加栅极电压的情况下，沟道内部存在一些类似 Dresselhaus 磁场的磁场。此外，Spin-FET 的通道内还存在 DP、BAP 或 EY 弛豫等各种自旋弛豫，以及核自旋引起的超精细相互作用。二维磁性材料可以为 Spin-FET 性能提升或开发新型 Spin-FET 提供更多方案。

Gong 等通过第一性原理计算预测了一种基于反铁磁双层 VSe_2 通道的自旋场效应晶体管。栅极电压可以使不同层的能级向相反方向移动，并在费米能级关闭奇异自旋极化态的带隙，从而产生较大自旋极化的半金属属性。Jiang 等构建了一种基于石墨烯/CrI_3/石墨烯的隧道结并双栅配置的自旋隧穿场效应晶体管。通过将双层 CrI_3 作为磁性隧道势垒，施加垂直电场可实现双层 CrI_3 在铁磁性和反铁磁性的切换。与传统的 Spin-FET 相比，这种自旋隧穿场效应晶体管通过电场控制磁化状态而不是自旋电流，而且通过增加 CrI_3 层数实现了接近 400%的高低电导比。Gong 等研究发现，对半导体性的双层 A 型反铁磁体（层内铁磁，层间反铁磁）施加垂直方向电场可以很方便地实现 100%自旋极化的 Half-Metallicity 性质，有望用于制备新型的 Spin-FET。

8.5.4 其他应用

二维磁性材料是二维自旋电子学应用的理想材料，除了磁隧道结、自旋-轨道矩器件、自旋场效应晶体管应用之外，其在磁斯格明子、摩尔超晶格、磁振子，以及忆阻器、磁传感器、磁光调制器、自旋逻辑、自旋二极管等方面都极具应用潜力。Wang 等采用集铁电性和铁磁性于一身的 $CuCrP_2S_6$，制备可调谐忆阻器并实现了双极整流行为，显示了其在低功耗、非易失的新型磁电多态忆阻器上的应用潜力。Phan 等提出了一种利用单层 VSe_2 的新型磁传感器薄膜作为高灵敏度的磁心。二维磁性材料及其异质结构也是生成磁振子和磁斯格明子的潜力平台。磁振子是自旋波的量子，是磁有序材料中电子自旋的集体激发。磁振子电流可用于携带、传输和处理信息，且具有无耗散传输的特点。研究人员已经在多个二维磁性材料中观测到磁振子，如 CrI_3。在多种二维磁性材料及其异质结构体系观察到磁斯格明子，如 Fe_3GeTe_2/$Cr_2Ge_2Te_6$ 异质结构，而且通过转移堆叠技术制备转角的二维磁性范德瓦尔斯异质结构可以形成摩尔超晶格，能有效调控层间磁耦合强度，以诱导产生磁斯格明子。

此外，二维磁性材料及其异质结构具有独特的电子特性、可控性和新颖的量子态，使其在神经形态计算和量子计算方面都具备应用潜力。在以往的研究中，二维材料及其异质结构由于具有原子层级厚度、无悬挂键表面和机械强度高的特点，已经广泛用于神经形态计算的原理型器件中，展现了在高性能的人工神经元和突触方面的应用前景。二维磁性材料集合了二维磁性和二维材料的优势，为量子领域的研究开辟了新路径。特别是二维磁性材料及其异质结构能够生成具有拓扑自旋结构且抗干扰能力的磁斯格明子，有望实现更紧凑、更节能、更容错、更有弹性的神经形态器件和高能效的磁斯格明子量子比特。

参考文献

[1] MERMIN N D, WAGNER H. Absence of ferromagnetism or antiferromagnetism in one- or two-dimensional isotropic Heisenberg models [J]. Phys. Rev. Lett., 1966, 17 (22): 1133-1136.

[2] HUANG B, CLARK G, NAVARRO-MORATALLA E, et al. Layer-dependent ferromagnetism in a van der Waals crystal down to the monolayer limit [J]. Nature, 2017, 546 (7657): 270-273.

[3] GONG C, LI L, LI Z, et al. Discovery of intrinsic ferromagnetism in two-dimensional van der Waals crystals [J]. Nature, 2017, 546 (7657): 265-269.

[4] MIE G. Zur kinetischen theorie der einatomigen korper [J]. Ann. Phys., 1903, 316: 657-697.

[5] LENNARD-JONES J E. Cohesion [J]. P. Phys. Soc., 1931, 43: 461-482.

[6] HAMAKER H C. The London-van der Waals attraction between spherical particles [J]. Physica, 1937, 4: 1058-1072.

[7] NOVOSELOV K S, GEIM A K, MOROZOV S V, et al. Electric field effect in atomically thin carbon films [J]. Science, 2004, 306 (5696): 666-669.

[8] HOHENBERG P C. Existence of long-range order in one and two dimensions [J]. Physical Review, 1967, 158 (2): 383-386.

[9] DENG Y, YU Y, SONG Y, et al. Gate-tunable room-temperature ferromagnetism in two-dimensional Fe_3GeTe_2 [J]. Nature, 2018, 563 (7729): 94-99.

[10] FEI Z, HUANG B, MALINOWSKI P, et al. Two-dimensional itinerant ferromagnetism in atomically thin Fe_3GeTe_2 [J]. Nat. Mater., 2018, 17 (9): 778-782.

[11] GONG C, ZHANG X. Two-dimensional magnetic crystals and emergent heterostructure devices [J]. Science, 2019, 363 (6428): eaav4450.

[12] GONG C, LI L, LI Z, et al. Discovery of intrinsic ferromagnetism in two-dimensional van der Waals crystals [J]. Nature, 2017, 546 (7657): 265-269.

[13] JIANG X, LIU Q, XING J, et al. Recent progress on 2D magnets: fundamental mechanism, structural design and modification [J]. Appl. Phys. Rev., 2021, 8 (3): 031305.

[14] MAK K F, SHAN J, RALPH D C. Probing and controlling magnetic states in 2D layered magnetic materials [J]. Nat. Rev. Phys., 2019, 1 (11): 646-661.

[15] XIAO H, MI M J, WANG Y L. Recent development in two-dimensional magnetic materials and multi-field control of magnetism [J]. Acta. Phys. Sin-Ch. Ed., 2021, 70 (12): 127503-127519.

[16] JIANG X H, QIN S C, XING Z Y, et al. Study on physical properties and magnetism controlling of two-dimensional magnetic materials [J]. Acta. Phys. Sin-Ch. Ed., 2021, 70 (12): 127801-127823.

[17] LIU N S, WANG C, JI W. Recent research advances in two-dimensional magnetic materials [J]. Acta. Phys. Sin-Ch. Ed., 2022, 71 (12): 127504-127532.

[18] YU W, LI J, HERNG T S, et al. Chemically exfoliated VSe_2 monolayers with room-temperature ferromagnetism [J]. Adv. Mater., 2019, 31 (40): 1903779.

[19] KIM K, LIM S Y, KIM J, et al. Antiferromagnetic ordering in van der Waals 2D magnetic material $MnPS_3$ probed by Raman spectroscopy [J]. 2D Mater., 2019, 6 (4): 041001.

[20] BARANAVA M S, HVAZDOUSKI D C, SKACHKOVA V A, et al. Magnetic interactions in $Cr_2Ge_2Te_6$ and $Cr_2Si_2Te_6$ monolayers: ab initio study [J]. Materials Today: Proceedings, 2020, 20: 342-347.

[21] LIN M W, ZHUANG H L, YAN J, et al. Ultrathin nanosheets of $CrSiTe_3$: a semiconducting two-dimensional ferromagnetic material [J]. J. Mater. Chem. C., 2016, 4 (2): 315-322.

[22] ROEMER R, LIU C, ZOU K. Robust ferromagnetism in wafer-scale monolayer and multilayer Fe_3GeTe_2 [J]. npj 2D Mater. Appl., 2020, 4 (1): 33.

[23] YANG X, ZHOU X, FENG W, et al. Strong magneto-optical effect and anomalous transport in the two-dimensional van der Waals magnets Fe_nGeTe_2 ($n = 3, 4, 5$) [J]. Phys. Rev. B., 2021, 104 (10): 104427.

[24] OTROKOV M M, MENSHCHIKOVA T V, VERGNIORY M G, et al. Highly-ordered wide bandgap materials for quantized anomalous Hall and magnetoelectric effects [J]. 2D Mater., 2017, 4 (2): 025082.

[25] YAN J Q, LIU Y H, PARKER D S, et al. A-type antiferromagnetic order in $MnBi_4Te_7$ and $MnBi_6Te_{10}$ single crystals [J]. Phys. Rev. Mater., 2020, 4 (5): 054202.

[26] FERRENTI A M, KLEMENZ S, LEI S, et al. Change in magnetic properties upon chemical exfoliation of FeOCl [J]. Inorg. Chem., 2020, 59 (2): 1176-1182.

[27] MIAO N, XU B, ZHU L, et al. 2D Intrinsic Ferromagnets from van der Waals Antiferromagnets [J]. J. Am. Chem. Soc., 2018, 140 (7): 2417-2420.

[28] JIANG X, KUKLIN A V, BAEV A, et al. Two-dimensional MXenes: from morphological to optical, electric, and magnetic properties and applications [J]. Phys. Rep., 2020, 848: 1-58.

[29] 张霞. 晶体生长 [M]. 北京：化学工业出版社，2019.

[30] YAN J Q, SALES B C, SUSNER M A, et al. Flux growth in a horizontal configuration: an analog to vapor transport growth [J]. Phys. Rev. Mater., 2017, 1 (2): 023402.

[31] WANKLYN B M, MAQSOOD A. The flux growth of some rare-earth and iron group complex oxides [J]. J. Mater. Sci., 1979, 14 (8): 1975-1981.

[32] TACHIBANA M. Beginner's guide to flux crystal growth [M]. Tokyo: Springer Japan, 2017.

[33] ZHANG G, GUO F, WU H, et al. Above-room-temperature strong intrinsic ferromagnetism in 2D van der Waals Fe_3GaTe_2 with large perpendicular magnetic anisotropy [J]. Nat. Commun., 2022, 13 (1): 5067.

[34] WANG Z, ZHANG T, DING M, et al. Electric-field control of magnetism in a few-layered van der Waals ferromagnetic semiconductor [J]. Nat. Nanotechnol., 2018, 13 (7): 554-559.

[35] CASTO L D, CLUNE A J, YOKOSUK M O, et al. Strong spin-lattice coupling in $CrSiTe_3$ [J]. APL Mater., 2015, 3 (4): 041515.

[36] 王欢，何春娟，徐升，等. 拓扑半金属及磁性拓扑材料的单晶生长 [J]. 物理学报，2023，72 (3): 15-45.

[37] HU D, XU G, XING L, et al. Two-dimensional semiconductors grown by chemical vapor transport [J]. Angew. Chem. Int. Edit., 2017, 56 (13): 3611-3615.

[38] MCGUIRE M A, DIXIT H, COOPER V R, et al. Coupling of crystal structure and magnetism in the layered, ferromagnetic insulator CrI_3 [J]. Chem. Mater., 2015, 27 (2): 612-620.

[39] DU K Z, WANG X Z, LIU Y, et al. Weak van der Waals stacking, wide-range band gap, and raman study on ultrathin layers of metal phosphorus trichalcogenides [J]. ACS Nano, 2016, 10 (2): 1738-1743.

[40] LIU C, ZHANG S, HAO H, et al. Magnetic skyrmions above room temperature in a van der Waals ferromagnet Fe_3GaTe_2 [J]. Adv. Mater., 2024, 36 (18): 2311022.

[41] HUANG Y, SUTTER E, SHI N N, et al. Reliable exfoliation of large-area high-quality flakes of graphene and other two-dimensional materials [J]. ACS Nano, 2015, 9 (11): 10612-10620.

[42] HUANG Y, PAN Y H, YANG R, et al. Universal mechanical exfoliation of large-area 2D crystals [J]. Nat. Commun., 2020, 11 (1): 2453.

[43] MOON J Y, KIM M, KIM S I, et al. Layer-engineered large-area exfoliation of graphene [J]. Sci. Adv., 2020, 6 (44): eabc6601.

[44] ZHANG Y, CHU J, YIN L, et al. Ultrathin magnetic 2D single-crystal CrSe [J]. Adv. Mater., 2019, 31 (19): 1900056.

[45] LI B, WAN Z, WANG C, et al. Van der Waals epitaxial growth of air-stable $CrSe_2$ nanosheets with thickness-tunable magnetic order [J]. Nat. Commun., 2021, 20 (6): 818-825.

[46] CHEN C, CHEN X, WU C, et al. Air-stable 2D Cr_5Te_8 nanosheets with thickness-tunable ferromagnetism [J]. Adv. Mater., 2022, 34 (2): 2107512.

[47] CHEN W, SUN Z, WANG Z, et al. Direct observation of van der Waals stacking-dependent interlayer magnetism [J]. Science, 2019, 366 (6468): 983.

[48] RIBEIRO M, GENTILE G, MARTY A, et al. Large-scale epitaxy of two-dimensional van der Waals room-temperature ferromagnet Fe_5GeTe_2 [J]. Npj 2d Mater. Appl., 2022, 6 (1): 10.

[49] ZHANG X, LU Q, LIU W, et al. Room-temperature intrinsic ferromagnetism in epitaxial $CrTe_2$ ultrathin films [J]. Nat. Commun., 2021, 12 (1): 2492.

[50] MA S, LI G, LI Z, et al. 2D magnetic semiconductor Fe_3GeTe_2 with few and single layers with a greatly enhanced intrinsic exchange bias by liquid-phase exfoliation [J]. ACS Nano, 2022, 16 (11): 19439-19450.

[51] FENG J, SUN X, WU C, et al. Metallic Few-layered VS2 ultrathin nanosheets: high two-dimensional conductivity for in-plane supercapacitors [J]. J. Am. Chem. Soc., 2011, 133 (44): 17832-17838.

[52] YANG H, WANG F, ZHANG H, et al. Solution synthesis of layered van der Waals (vdW) ferromagnetic $CrGeTe_3$ nanosheets from a non-vdW Cr_2Te_3 template [J]. J. Am. Chem. Soc., 2020, 142 (9): 4438-4444.

[53] SHABBIR B, NADEEM M, DAI Z, et al. Long range intrinsic ferromagnetism in two dimensional materials and dissipationless future technologies [J]. Appl. Phys. Rev., 2018, 5 (4): 041105.

[54] BAGGA V, KAUR D. Synthesis, magnetic ordering, transport studies on spintronic device heterostructures of 2D magnetic materials: a review [J]. Mater. Today Proc., 2020, 28: 1938-1942.

[55] POKROVSKII V L, UIMIN G V. Magnetic properties of plane and layer systems [J]. Sov. Phys. JETP, 1974, 38: 847.

[56] ONSAGER L, Crystal statistics. I. a two-dimensional model with an order-disorder transition [J]. Phys. Rev., 1944, 65: 117.

[57] PARK J G, COLLINS B A, DARAGO L E, et al. Magnetic ordering through itinerant ferromagnetism in a metal-organic framework [J]. Nat. Chem., 2021, 13 (6): 594-598.

[58] PRANGE R E, KORENMAN V. Local-band theory of itinerant ferromagnetism. IV. equivalent Heisenberg model [J]. Phys. Rev. B., 1979, 19 (9): 4691-4697.

[59] JIANG S, LI L, WANG Z, et al. Controlling magnetism in 2D CrI_3 by electrostatic doping [J]. Nat. Nanotechnol., 2018, 13 (7): 549-553.

[60] HUANG B, CLARK G, KLEIN D R, et al. Electrical control of 2D magnetism in bilayer CrI_3 [J]. Nat.

Nanotechnol. , 2018, 13 (7): 544-548.

[61] TAN C, XIE W Q, ZHENG G, et al. Gate-controlled magnetic phase transition in a van der Waals magnet Fe_5GeTe_2 [J]. Nano. Lett. , 2021, 21 (13): 5599-5605.

[62] TIAN Y, GAO W, HENRIKSEN E A, et al. Optically driven magnetic phase transition of monolayer $RuCl_3$ [J]. Nano. Letters. , 2019, 19 (11): 7673-7680.

[63] BO L, LIU S, YANG L, et al. Light-tunable ferromagnetism in atomically thin Fe_3GeTe_2 driven by femtosecond laser pulse [J]. Phys. Rev. Lett. , 2020, 125 (26): 267205.

[64] SONG T, FEI Z, YANKOWITZ M, et al. Switching 2D magnetic states via pressure tuning of layer stacking [J]. Nat. Mater. , 2019, 18 (12): 1298-302.

[65] WANG Y, WANG C, LIANG S J, et al. Strain-sensitive magnetization reversal of a van der Waals magnet [J]. Adv. Mater. , 2020, 32 (42): 2004533.

[66] O'NEILL A, RAHMAN S, ZHANG Z, et al. Enhanced room temperature ferromagnetism in highly strained 2D semiconductor $Cr_2Ge_2Te_6$ [J]. ACS Nano. , 2023, 17 (1): 735-742.

[67] MAY A F, OVCHINNIKOV D, ZHENG Q, et al. Ferromagnetism near room temperature in the cleavable van der Waals crystal Fe_5GeTe_2 [J]. ACS Nano, 2019, 13 (4): 4436-4442.

[68] CHEN X, SHAO Y T, CHEN R, et al. Pervasive beyond room-temperature ferromagnetism in a doped van der Waals magnet [J]. Phys. Rev. Lett. , 2022, 128 (21): 217203.

[69] MI M, ZHENG X, WANG S, et al. Variation between antiferromagnetism and ferrimagnetism in $NiPS_3$ by electron doping [J]. Adv. Funct. Mater. , 2022, 32 (29): 2112750.

[70] HUAN Y, LUO T, HAN X, et al. Composition-controllable syntheses and property modulations from 2D ferromagnetic Fe_5Se_8 to metallic Fe_3Se_4 nanosheets [J]. Adv. Mater. , 2023, 35 (1): 2207276.

[71] NINGRUM V P, LIU B, WANG W, et al. Recent advances in two-dimensional magnets: physics and devices towards spintronic applications [J]. Research, 2020, 2020: 1768918.

[72] ZHAO R, WU Y, YAN S, et al. Magnetoresistance anomaly in Fe_5GeTe_2 homo-junctions induced by its intrinsic transition [J]. Nano. Res. , 2023, 16 (7): 10443-10450.

[73] ZHANG B, LU P, TABRIZIAN R, et al. 2D magnetic heterostructures: spintronics and quantum future [J]. npj Spintronics, 2024, 2 (1): 6.

[74] ZHANG L, HUANG X, DAI H, et al. Proximity-coupling-induced significant enhancement of coercive field and Curie temperature in 2D van der Waals heterostructures [J]. Adv. Mater. , 2020, 32 (38): 2002032.

[75] IDZUCHI H, LLACSAHUANGA ALLCCA A E, PAN X C, et al. Increased Curie temperature and enhanced perpendicular magneto anisotropy of $Cr_2Ge_2Te_6$/NiO heterostructures [J]. Appl. Phys. Lett. , 2019, 115 (23): 232403.

[76] WANG H, LIU Y, WU P, et al. Above room-temperature ferromagnetism in wafer-scale two-dimensional van der Waals Fe_3GeTe_2 tailored by a topological insulator [J]. ACS Nano, 2020, 14 (8): 10045-10053.

[77] TONG Q, LIU F, XIAO J, et al. Skyrmions in the moire of van der Waals 2D magnets [J]. Nano Lett. , 2018, 18 (11): 7194-7199.

[78] WU Y, FRANCISCO B, CHEN Z, et al. A van der Waals interface hosting two groups of magnetic skyrmions [J]. Adv. Mater. , 2022, 34 (16): 2110583.

[79] WU Y, CUI Q, ZHU M, et al. Magnetic exchange field modulation of quantum Hall ferromagnetism in 2D van der Waals $CrCl_3$/graphene heterostructures [J]. ACS Appl. Mater. Inter. , 2021, 13 (8): 10656-10663.

[80] WU Y F, ZHU M Y, ZHAO R J, et al. The fabrication and physical properties of two-dimensional van der

Waals heterostructures [J]. Acta. Phys. Sin-Ch. Ed., 2022, 71 (4): 048502-1-24.

[81] LEE Y, BAE S, JANG H, et al. Wafer-scale synthesis and transfer of graphene films [J]. Nano. Lett., 2010, 10 (2): 490-493.

[82] SCHNEIDER G F, CALADO V E, ZANDBERGEN H, et al. Wedging transfer of nanostructures [J]. Nano. Lett., 2010, 10 (5): 1912-1916.

[83] GAO L, REN W, XU H, et al. Repeated growth and bubbling transfer of graphene with millimetre-size single-crystal grains using platinum [J]. Nat. Commun., 2012, 3 (1): 699.

[84] YANG X, LI X, DENG Y, et al. Ethanol assisted transfer for clean assembly of 2D building blocks and suspended structures [J]. Adv. Funct. Mater., 2019, 29 (26): 1902427.

[85] JAIN A, BHARADWAJ P, HEEG S, et al. Minimizing residues and strain in 2D materials transferred from PDMS [J]. Nanotechnology, 2018, 29 (26): 265203.

[86] CASTELLANOS-GOMEZ A, BUSCEMA M, MOLENAAR R, et al. Deterministic transfer of two-dimensional materials by all-dry viscoelastic stamping [J]. 2D Mater., 2014, 1 (1): 011002.

[87] ZOMER P J, GUIMARãES M H D, BRANT J C, et al. Fast pick up technique for high quality heterostructures of bilayer graphene and hexagonal boron nitride [J]. Appl. Phys. Lett., 2014, 105 (1): 013101.

[88] PURDIE D G, PUGNO N M, TANIGUCHI T, et al. Cleaning interfaces in layered materials heterostructures [J]. Nat. Commun., 2018, 9 (1): 5387.

[89] WANG L, MERIC I, HUANG P Y, et al. One-dimensional electrical contact to a two-dimensional material [J]. Science, 2013, 342 (6158): 614-617.

[90] WANG J I J, YANG Y, CHEN Y A, et al. Electronic transport of encapsulated graphene and WSe_2 devices fabricated by pick-up of prepatterned *h*-BN [J]. Nano. Lett., 2015, 15 (3): 1898-1903.

[91] ZOMER P J, DASH S P, TOMBROS N, et al. A transfer technique for high mobility graphene devices on commercially available hexagonal boron nitride [J]. Appl. Phys. Lett., 2011, 99 (23): 232104.

[92] BAE S, KIM H, LEE Y, et al. Roll-to-roll production of 30-inch graphene films for transparent electrodes [J]. Nat. Nanotechnol., 2010, 5 (8): 574-578.

[93] LI X, ZHU Y, CAI W, et al. Transfer of large-area graphene films for high-performance transparent conductive electrodes [J]. Nano. Lett., 2009, 9 (12): 4359-4363.

[94] SHI J, MA D, HAN G-F, et al. Controllable growth and transfer of monolayer MoS_2 on Au foils and its potential application in hydrogen evolution reaction [J]. ACS Nano., 2014, 8 (10): 10196-10204.

[95] TAYCHATANAPAT T, WATANABE K, TANIGUCHI T, et al. Quantum Hall effect and Landau-level crossing of Dirac fermions in trilayer graphene [J]. Nat Phys., 2011, 7 (8): 621-625.

[96] GEORGIOU T, BRITNELL L, BLAKE P, et al. Graphene bubbles with controllable curvature [J]. Appl. Phys. Lett., 2011, 99 (9): 093103.

[97] CASTELLANOS-GOMEZ A, BUSCEMA M, MOLENAAR R, et al. Deterministic transfer of two-dimensional materials by all-dry viscoelastic stamping [J]. 2D Mater., 2014, 1 (1): 011002.

[98] ZHONG D, SEYLER K L, LINPENG X, et al. Van der Waals engineering of ferromagnetic semiconductor heterostructures for spin and valleytronics [J]. Sci. Adv., 3 (5): e1603113.

[99] WAKAFUJI Y, MORIYA R, MASUBUCHI S, et al. 3D manipulation of 2D materials using microdome polymer [J]. Nano. Lett., 2020, 20 (4): 2486-2492.

[100] UWANNO T, HATTORI Y, TANIGUCHI T, et al. Fully dry PMMA transfer of graphene on h-BN using a heating/cooling system [J]. 2D Mater., 2015, 2 (4): 041002.

[101] HAIGH S J, GHOLINIA A, JALIL R, et al. Cross-sectional imaging of individual layers and buried inter-

faces of graphene-based heterostructures and superlattices [J]. Nat. Mater., 2012, 11 (9): 764-767.

[102] LU X, STEPANOV P, YANG W, et al. Superconductors, orbital magnets and correlated states in magic-angle bilayer graphene [J]. Nature, 2019, 574 (7780): 653-657.

[103] PURDIE D G, PUGNO N M, TANIGUCHI T, et al. Cleaning interfaces in layered materials heterostructures [J]. Nat. Commun., 2018, 9 (1): 5387.

[104] JULLIERE M. Tunneling between ferromagnetic films [J]. Phys. Lett. A., 1975, 54 (3): 225-226.

[105] HIROTA E, SAKAKIMA H, INOMATA K, Giant magneto-resistance devices [M]. Heidelberg: Springer Berlin Heidelberg, 2002.

[106] 钟智勇. 磁电阻传感器 [M]. 北京：科学出版社，2015.

[107] SLONCZEWSKI J C. Conductance and exchange coupling of two ferromagnets separated by a tunneling barrier [J]. Phys. Rev. B., 1989, 39 (10): 6995-7002.

[108] 张佩佩. 磁性隧道结的隧穿磁电阻研究 [D]. 成都：四川师范大学，2012.

[109] SONG T, CAI X, TU M W Y, et al. Giant tunneling magnetoresistance in spin-filter van der Waals heterostructures [J]. Science, 2018, 360 (6394): 1214-1218.

[110] KLEIN D R, MACNEILL D, LADO J L, et al. Probing magnetism in 2D van der Waals crystalline insulators via electron tunneling [J]. Science, 2018, 360 (6394): 1218-1222.

[111] WANG Z, SAPKOTA D, TANIGUCHI T, et al. Tunneling spin valves based on Fe_3GeTe_2/*h*-BN/Fe_3GeTe_2 van der Waals heterostructures [J]. Nano. Lett., 2018, 18 (7): 4303-4308.

[112] MIN K-H, LEE D H, CHOI S-J, et al. Tunable spin injection and detection across a van der Waals interface [J]. Nat. Mater., 2022, 21 (10): 1144-1149.

[113] ZHU W, XIE S, LIN H, et al. Large room-temperature magnetoresistance in van der Waals ferromagnet/semiconductor junctions [J]. Chin. Phys. Lett., 2022, 39 (12): 128501.

[114] PAN Z-C, LI D, YE X-G, et al. Room-temperature orbit-transfer torque enabling van der Waals magnetoresistive memories [J]. Sci. Bull., 2023, 68 (22): 2743-2749.

[115] ANDO K, TAKAHASHI S, HARII K, et al. Electric manipulation of spin relaxation using the spin Hall effect [J]. Phys. Rev. Lett., 2008, 101 (3): 036601.

[116] LIU L, MORIYAMA T, RALPH D C, et al. Spin-torque ferromagnetic resonance induced by the spin Hall effect [J]. Phys. Rev. Lett., 2011, 106 (3): 036601.

[117] LIU L, PAI C F, LI Y, et al. Spin-torque switching with the giant spin hall effect of tantalum [J]. Science, 2012, 336 (6081): 555-558.

[118] EDELSTEIN V M. Spin polarization of conduction electrons induced by electric current in two-dimensional asymmetric electron systems [J]. Solid, State, Commun., 1990, 73 (3): 233-235.

[119] RYU J, LEE S, LEE K J, et al. Current-induced spin-orbit torques for spintronic applications [J]. Adv. Mater., 2020, 32 (35): 1907148.

[120] WANG X, TANG J, XIA X, et al. Current-driven magnetization switching in a van der Waals ferromagnet Fe_3GeTe_2 [J]. Sci. Adv., 2019, 5 (8): eaaw8904.

[121] ALGHAMDI M, LOHMANN M, LI J, et al. Highly efficient spin-orbit torque and switching of layered ferromagnet Fe_3GeTe_2 [J]. Nano. Lett., 2019, 19 (7): 4400-4405.

[122] OSTWAL V, SHEN T, APPENZELLER J. Efficient spin-orbit torque switching of the semiconducting van der Waals ferromagnet $Cr_2Ge_2Te_6$ [J]. Adv. Mater., 2020, 32 (7): 1906021.

[123] LI W, ZHU W, ZHANG G, et al. Room-temperature van der Waals ferromagnet switching by spin-orbit torques [J]. Adv. Mater., 2023, 35 (51): 2303688.

[124] SHAO Y, LV W, GUO J, et al. The current modulation of anomalous Hall effect in van der Waals

Fe_3GeTe_2/WTe_2 heterostructures [J]. Appl. Phys. Lett., 2020, 116 (9): 092401.
[125] MOGI M, YASUDA K, FUJIMURA R, et al. Current-induced switching of proximity-induced ferromagnetic surface states in a topological insulator [J]. Nat. Commun., 2021, 12 (1): 1404.
[126] FUJIMURA R, YOSHIMI R, MOGI M, et al. Current-induced magnetization switching at charge-transferred interface between topological insulator $(Bi, Sb)_2Te_3$ and van der Waals ferromagnet Fe_3GeTe_2 [J]. Appl. Phys. Lett., 2021, 119 (3): 032402.
[127] KAO I H, MUZZIO R, ZHANG H, et al. Deterministic switching of a perpendicularly polarized magnet using unconventional spin-orbit torques in WTe_2 [J]. Nat. Mater., 2022, 21 (9): 1029-1034.
[128] RYU K S, THOMAS L, YANG S H, et al. Chiral spin torque at magnetic domain walls [J]. Nat. Nanotechnol., 2013, 8 (7): 527-533.
[129] FERT A, REYREN N, CROS V. Magnetic skyrmions: advances in physics and potential applications [J]. Nat. Rev. Mater., 2017, 2 (7): 17031.
[130] DATTA S, DAS B. Electronic analog of the electro-optic modulator [J]. Appl. Phys. Lett., 1990, 56 (7): 665-667.
[131] BYCHKOV Y A, RASHBA E I. Oscillatory effects and the magnetic susceptibility of carriers in inversion layers [J]. J. Phys. C: Solid State Phys., 1984, 17 (33): 6039-6045.
[132] DRESSELHAUS G F. Spin-orbit coupling effects in Zinc blende structures [J]. Phys. Rev., 1955, 100: 580-586.
[133] GONG S J, GONG C, SUN Y Y, et al. Electrically induced 2D half-metallic antiferromagnets and spin field effect transistors [J]. Proc. Natl. Acad. Sci. U S A, 2018, 115 (34): 8511-8516.
[134] JIANG S, LI L, WANG Z, et al. Spin tunnel field-effect transistors based on two-dimensional van der Waals heterostructures [J]. Nat. Electron., 2019, 2 (4): 159-163.
[135] GONG S J, GONG C, SUN Y Y, et al. Electrically induced 2D half-metallic antiferromagnets and spin field effect transistors [J]. Proceedings of the National Academy of Sciences, 2018, 115 (34): 8511-8516.
[136] WANG X, SHANG Z, ZHANG C, et al. Electrical and magnetic anisotropies in van der Waals multiferroic $CuCrP_2S_6$ [J]. Nat. Commun., 2023, 14 (1): 840.
[137] JIMENEZ V O, KALAPPATTIL V, EGGERS T, et al. A magnetic sensor using a 2D van der Waals ferromagnetic material [J]. SCI REP-UK, 2020, 10 (1): 4789.
[138] CHUMAK A V, VASYUCHKA V I, SERGA A A, et al. Magnon spintronics [J]. Nat. Phys., 2015, 11 (6): 453-461.
[139] CENKER J, HUANG B, SURI N, et al. Direct observation of two-dimensional magnons in atomically thin CrI_3 [J]. Nat. Phys., 2021, 17 (1): 20-25.

习　题

1. 什么是范德瓦尔斯力？简述其来源。
2. 简述范德瓦尔斯层状材料的定义。
3. 为什么二维磁性能稳定存在？
4. 如何通过隧道结的隧穿磁阻率推算铁磁层的自旋极化率？
5. 简述自旋-轨道矩驱动磁化翻转的基本原理。
6. 简述自旋场效应晶体管的工作原理。

第 9 章

磁热效应与磁制冷材料

9.1 磁热效应的原理

9.1.1 磁热效应的概念

1. 磁热效应

1881 年，德国物理学家 Warburg 发现铁在加磁场的过程中放热，从此拉开了人类认识、研究磁热效应的序幕。磁热效应，指磁性材料在磁化或退磁时放热或吸热的物理现象，是所有磁性材料的一种内禀性质。具体来说，磁性材料在没有外磁场的环境下，其内部磁矩呈混乱无序排列，此时体系的磁熵较大；在施加外磁场后，磁性材料在微观表现为原子内部的磁矩方向趋向于有序排列，即磁熵减小，宏观表现为绝热温度的升高，即向外界环境放出热量；撤掉外磁场后，磁矩又开始向无序状态转变，绝热温度开始降低，此时材料向外界环境吸收热量。磁卡即磁热效应（Magnetocaloric Effect），是由外磁场变化而引起的磁性物质放热或吸热的现象。反磁热效应是指磁性材料在磁化时吸热、在退磁时反而放热的物理现象。这一物理现象会在反铁磁体系中被观察到，在施加磁场向铁磁有序转变时磁熵变为正值，即施加磁场时体系的磁有序度不仅没有升高反而降低。

2. 磁热效应的定性描述

从磁热效应的表述可知，加磁场材料会放热，撤掉磁场材料会吸热。下面来定性解释磁热效应这一物理现象。首先，需要明确磁熵的概念。磁熵是磁性材料内部磁矩混乱度的量度，它独立于晶格熵和电子熵。如果把磁性材料内部的总熵记为 S，磁熵记为 S_M，晶格熵记为 S_L，电子熵记为 S_E，那么有

$$S=S_M+S_L+S_E \tag{9-1}$$

直接考察磁场变化对磁性材料和环境的热交换关系并不方便。因此，假设材料与环境在初始状态是绝热或是接触，由此衍生出两个角度对磁热效应进行解释。

第一个考察角度是磁性材料一直与环境接触，即等温过程。在这一过程中，材料的温度与环境温度始终一致。首先对磁性材料加磁场。一方面由于是等温过程，而晶格振动和电子振动都由温度直接决定，所以 S_L+S_E 的值保持不变；另一方面，外磁场使得磁矩一致排列，磁熵 S_M 减小。由式（9-1）可知，材料内部总熵 S 减小。热力学中，又有：

$$\mathrm{d}S=\int_{始}^{终}\frac{\mathrm{d}Q}{T} \tag{9-2}$$

因此，可以断定 $dQ<0$，这意味着材料放热。环境与材料始终接触，所以材料只能向环境中放热。撤掉磁场，情况相反。从这一角度看，加磁场放热，撤磁场吸热。

第二个考察角度是设想先把材料绝热隔离，再加磁场观察状态变化，然后再撤掉绝热层，与环境热交换，即绝热过程。考察过程为可逆的准静态过程，根据热力学知识，此过程中系统总熵保持不变。首先加磁场磁熵减小，相应地晶格、电子熵就会增大。根据上面所述的温度决定关系，材料的温度会升高。因为是绝热过程，系统不能和环境交换热量，因此此阶段磁性材料只是获得了较高的温度。然后撤掉绝热层，因为有温差，热量将从高温端流向低温端，所以，材料向环境放热。同样的道理，撤掉磁场，材料将从环境吸热。

两个角度得出一致的结论：磁性材料在加磁场时向环境放热、撤掉磁场时从环境吸热。基于磁热效应的磁制冷技术就是利用了吸热过程。在实际操作中，上述"环境"为目标制冷区。构造一个循环，使材料靠近目标区时撤掉磁场（吸热）、远离目标区时加磁场（放热），如此循环往复，便可使目标区的温度不断降低。当然，上面解释的是正常磁热效应，反常磁热效应材料则需要构造工作方向相反的循环过程。

9.1.2　磁热效应的物理描述

1. 磁热效应的热力学描述

根据热力学基本理论可建立起磁化强度、磁场与熵、温度之间的关系。材料的热学性质可由吉布斯自由能 G 来表示。对于温度为 T、压力为 P 和磁场为 H 的磁性体系，G 与内能 U、熵 S、磁化强度 M 和体积 V 的关系为

$$G=U-TS+PV-MH \tag{9-3}$$

相同磁场变化下，可以用等温磁熵变（ΔS_{M}）和绝热温升（ΔT_{ad}）表征磁热效应的大小。对应的全微分为

$$\mathrm{d}G=V\mathrm{d}P-S\mathrm{d}T-M\mathrm{d}H \tag{9-4}$$

因此，对吉布斯自由能有

$$S(T,H,P)=-\left(\frac{\partial G}{\partial T}\right)_{H,P} \tag{9-5}$$

$$M(T,H,P)=-\left(\frac{\partial G}{\partial H}\right)_{T,P} \tag{9-6}$$

式（9-5）、式（9-6）联立，可得著名的 Maxwell 关系式，即

$$\left(\frac{\partial S}{\partial H}\right)_{T,P}=\left(\frac{\partial M}{\partial T}\right)_{H,P} \tag{9-7}$$

熵 $S(T,\ H,\ P)$ 的全微分可以表示为

$$\mathrm{d}S=\left(\frac{\partial S}{\partial T}\right)_{H,P}\mathrm{d}T+\left(\frac{\partial S}{\partial H}\right)_{T,P}\mathrm{d}H+\left(\frac{\partial S}{\partial P}\right)_{T,H}\mathrm{d}P \tag{9-8}$$

在恒定磁场、恒定压力下，系统的比热 $C_{H,P}$ 定义为

$$C_{H,P}=T\left(\frac{\partial S}{\partial T}\right)_{H,P} \tag{9-9}$$

下面讨论在压力恒定（$\mathrm{d}P=0$）情况下的几种情形。

1）等温条件下（$\mathrm{d}T=0$），由式（9-7）和式（9-8）可知

$$dS=\left(\frac{\partial M}{\partial T}\right)_{H,P}dH \tag{9-10}$$

对式（9-10）积分可得外磁场变化（$\Delta H=H_2-H_1$）下的等温熵变 ΔS 为

$$\Delta S=S(T,H_2,P)-S(T,H_1,P)=\int_{H_1}^{H_2}\left(\frac{\partial M}{\partial T}\right)_{H,P}dH \tag{9-11}$$

根据前面的描述，等温条件下，系统总熵等于磁熵，所以等温熵变即为等温磁熵变。

2）绝热条件下（$dS=0$），由式（9-7）~式（9-9）可知，

$$dT=-\frac{T}{C_{H,P}}\left(\frac{\partial M}{\partial T}\right)_{H,P}dH \tag{9-12}$$

积分可得外磁场变化（$\Delta H=H_2-H_1$）下的绝热温度变化 ΔT_{ad} 为

$$\Delta T_{ad}=-\int_{H_1}^{H_2}\frac{T}{C_{H,P}}\frac{\partial M(H,T)}{\partial T}dH \tag{9-13}$$

3）等磁场条件下（$dH=0$），有

$$dS=\left(\frac{C_{H,P}}{T}\right)dT \tag{9-14}$$

对式（9-14）积分可得该磁场下温度变化（$\Delta T=T_2-T_1$）下系统的熵变为

$$\Delta S=S(H,T_2,P)-S(H,T_1,P)=\int_{T_1}^{T_2}\frac{C_{H,P}}{T}dT \tag{9-15}$$

因此，通过实验中测得的材料 $M(T, H)$ 及 $C(H, T)$ 数据，根据式（9-11）和式（9-13）即可求得材料的等温磁熵变和绝热温变。

2. 磁热效应的统计学描述

下面从热力学推导出磁熵表达式，直接考察磁熵 S_M 的形式及磁场对磁熵变化的影响。由上可知磁性材料的总熵由磁熵、晶格熵和电子熵三部分组成。根据固体物理学中对晶格热容和电子热容的描述，再结合式（9-15），可以写出晶格熵 S_L 和电子熵 S_E 的表达式为

$$S_L=9Nk_B\int_0^T\frac{T^2}{T_D^3}\left[\int_0^{\frac{T_D}{T}}\frac{x^4e^x}{(e^x-1)^2}dx\right]dT \tag{9-16}$$

$$S_E=\gamma T \tag{9-17}$$

式中，N 为系统中研究对象的总数目；k_B 是玻尔兹曼常数；T_D 为德拜温度；γ 为电子比热容系数。在高温区，电子熵对总熵的贡献可以忽略。

磁熵的表达式推导需要从磁性系统的热力学统计说起。热力学中对系统熵（这里指磁熵 S_M）与配分函数 Z 的关系有严密的论证和明确的表示，即

$$S_M=Nk_B\left(\ln Z-\beta\frac{\partial}{\partial\beta}\ln Z\right) \tag{9-18}$$

式中，N 为系统中研究对象的总数目；k_B 为玻尔兹曼常数；$\beta=1/k_BT$。配分函数 Z 的形式为

$$Z=\sum_l\omega_l e^{-\beta\varepsilon_l} \tag{9-19}$$

式中，l 为系统中个体所处状态的序号；ω_l 为系统中处于第 l 种状态的个体数目；ε_l 为系统中处于第 l 种状态的个体能量。朗之万对顺磁体系统的磁矩分布给出了明确描述，据此写出

配分函数，再代入式（9-18）即可得到磁熵的表达式为

$$S_M(H,T)=Nk_B\left[\ln\frac{\sinh\left(\frac{2J+1}{2J}x\right)}{\sinh\left(\frac{1}{2J}x\right)}-xB_J(x)\right] \tag{9-20}$$

式中，$x=\frac{Jg_J\mu_B H}{k_B T}$；$B_J(x)$ 为布里渊函数。虽然式（9-20）推导自顺磁体系统，它同样可以描述铁磁系统顺磁温区（居里温度以上）的情况。

在高温、低场条件下（$x\ll1$）：

对于顺磁体，有

$$S_M(T,H)=Nk_B\left[\ln(2J+1)-\frac{C_J H^2}{2T^2}\right] \tag{9-21}$$

对于铁磁体，在居里温度以上有

$$S_M(T,H)=Nk_B\left[\ln(2J+1)-\frac{C_J H^2}{2(T-T_C)^2}\right] \tag{9-22}$$

式中，$C_J=M_{eff}^2/3k_B^2$，M_{eff} 为磁性原子的有效磁矩，$M_{eff}=g_J\sqrt{J(J+1)}\mu_B$，$g_J$ 为朗德因子，J 为角动量量子数，μ_B 为玻尔磁子。

$0\to H$ 的磁场变化下，系统的磁熵变与温度依赖关系如下：

对于顺磁体有

$$\Delta S_M(0\to H,T)=-\frac{Nk_B C_J H^2}{2T^2} \tag{9-23}$$

对于铁磁体，在居里温度以上有

$$\Delta S_M(0\to H,T)=-\frac{Nk_B C_J H^2}{2(T-T_C)^2} \tag{9-24}$$

其实，顺磁区的磁熵变关系亦可通过居里外斯定律进行推导。根据居里外斯定律，有

$$M=\frac{NM_{eff}^2}{3k_B T}H \tag{9-25}$$

将式（9-25）代入式（9-11），可得

$$\Delta S_M(0\to H,T)=-\frac{NM_{eff}^2 H^2}{6k_B T^2} \tag{9-26}$$

式（9-26）与式（9-23）结果相同。

需要说明的是，式（9-24）仅适用于远离居里温度的高温区，此时研究对象处于绝对顺磁态，不存在任何诸如短程铁磁序的磁耦合。对于居里温度附近磁场与磁熵变的依赖关系，Oesterreicher 和 Parker 于 1984 年用分子场理论给出了答案，即

$$\Delta S_M=-1.07R\left(\frac{g_J\mu_B JH}{k_B T_C}\right)^{\frac{2}{3}} \tag{9-27}$$

其中，R 为普适气体常数；g_J 为朗德因子；μ_B 为玻尔磁子；J 为总角动量量子数；k_B 为玻尔兹曼常数。可以看出，居里温度附近的磁热效应与磁场之间满足 ΔS_M-$H^{2/3}$ 的线性关系，

即 ΔS_M 的 $H^{2/3}$ 定律。

2006 年，Franco 对上述定律做出修正，指出对于二级相变材料来说，磁熵变与外加磁场的关系为

$$\Delta S_M \propto H^n \tag{9-28}$$

对于非晶软磁合金来说，在极低温下处于磁基态时，$n=1$；在发生铁磁相变后表现为顺磁态时，$n=2$；在居里温度 T_C 处，$n \approx 0.75$。另外，通过引入 θ，可以将原来的等温磁熵变曲线转化成约化普适磁熵变曲线，其中

$$\theta = \begin{cases} -\dfrac{T-T_C}{T_1-T_C} & T \leqslant T_C \\ \dfrac{T-T_C}{T_2-T_C} & T > T_C \end{cases} \tag{9-29}$$

式中，T_1、T_2 分别为半高宽对应的两个温度点，并且 $T_1<T_C<T_2$。

另外，根据式（9-21）和式（9-22）还可以计算出绝对顺磁状态下系统的磁熵绝对值。绝对顺磁（PM）状态下，$T \to \infty$，$H=0$，因此有

$$S_M(PM) = Nk_B \ln(2J+1) \tag{9-30}$$

其实，式（9-30）也可通过量子力学途径得出。对于一个含有 N 个磁性原子的磁性系统，如果每个磁性原子的角动量子数为 J，根据量子力学可知，每个磁矩可能处于 $2J+1$ 种状态中的一种。那么，对于整个系统而言，系统的可能微观状态数 $\Omega=(2J+1)^N$。根据统计物理学中玻尔兹曼定理的描述，有

$$S_M = k_B \ln\Omega \tag{9-31}$$

可得式（9-30）。这个结果表明，磁性系统磁熵的理论最大值与系统中单个磁性原子的总角动量量子数或其固有磁矩密切相关。

通过式（9-31）还可以明显看出磁矩完全一致排列时，即所有磁矩都沿一个方向取向时微观状态数 $\Omega=1$，代入式（9-31）可得 $S_M=0$。这种绝对磁有序状态很难达到，最接近的情况是绝对零度条件。这也是把绝对温度 0K 或附近的可操作温度点作为总熵的参考零点的理论依据之一。

9.2 磁制冷材料的性能评估

磁制冷材料是磁制冷技术应用中的重要一环，评估磁制冷材料的性能关键是评估其磁热效应（MCE），通常衡量磁热效应的主要参数有等温熵变（ΔS_M）、绝热温度变化（ΔT_{ad}）、磁制冷温跨（δT_{FWHM}）和磁制冷能力（RC），在实际衡量一个材料时，需要综合考虑上述几个参数，综合来说这四个参数越大越好。

9.2.1 等温熵变

等温熵变是等温条件下，外加磁场的改变所导致的磁性材料内部磁熵的变化。等温条件下，一般认为晶格熵与电子熵不发生变化，因此此时的内部磁熵变即为总熵变。磁熵变是磁性材料在磁化或退磁时磁有序度的变化。

磁熵变有两种计算方法，一种是基于 M-H 曲线计算，根据式（9-11），磁熵变计算公

式为

$$\Delta S_M\left(\frac{T_i+T_{i+1}}{2}\right)=\frac{1}{T_{i+1}-T_i}\sum_j\{[M(H_j,T_{i+1})-M(H_j,T_i)]\times(H_{j+1}-H_j)\} \tag{9-32}$$

将式（9-32）逐点画出，便得到磁熵变曲线，正常铁磁性材料的磁熵变为负值，所以一般画出的是$-\Delta S_M(T)$-T曲线。

磁熵变的第二种计算方法是基于比热数据计算，对于式（9-19）选取合适的温度点 2K（一般选取绝对零度或者接近绝对零度）作为绝对熵的参考零点，则可以计算恒定磁场 H_0 下，温度 T 与绝对熵 $S(T)$ 的函数关系为

$$S(H_0,T,p)=\int_{2K}^{T}\left(\frac{C_{H_0,p}}{T}\right)dT \tag{9-33}$$

改变磁场能得到另一组函数关系，即

$$S(H_1,T,p)=\int_{2K}^{T}\left(\frac{C_{H_1,p}}{T}\right)dT \tag{9-34}$$

即可得到等温磁熵变为

$$\Delta S(H_0\rightarrow H_1,T,p)=S(H_1,T,p)-S(H_0,T,p) \tag{9-35}$$

绝对总熵大小为

$$S(H_0,T)=\sum_{i=1}^{n}\frac{C(H_0,T_i)}{T_i}(T_{i+1}-T_i) \tag{9-36}$$

其中，$T_n=T$。再根据式（9-35）即可得到磁熵变。

9.2.2 绝热温变

绝热温变为绝热条件下，外加磁场的改变所导致的材料温度变化。如果能顺利测得零场和带场时的比热数据，则绝热温变的计算公式为

$$\Delta T_{ad}(T)=T(S,H)-T(S,0) \tag{9-37}$$

在实际操作中，加磁场时的比热很难测试成功，因为磁场的升高往往会使样品移动位置，从而与低温胶接触不良。如果没有加场时的比热数据，就没有加场条件下的总熵曲线，最后也无法获得绝热温变 ΔT_{ad}。对此，研究人员提出了近似的处理方法，即把式（9-17）中的比热 $C(H,\ T)$ 近似认为与磁场无关，并用 $C(0,\ T)$ 来代替，最终绝热温变计算公式为

$$\Delta T_{ad}(T)_{\Delta H}=\frac{1}{C(0,T)}\Delta S_M(T)_{\Delta H} \tag{9-38}$$

Pecharsky 等认为式（9-38）的应用意味着对 ΔS_M 和 $C(0,\ T)$ 可靠性的认可，如果认可了这两组数据，就可以精确地计算ΔT_{ad}。具体方法是首先依据式（9-36）计算零场总熵 $S(H=0,\ T)$，然后借助磁性测量及麦克斯韦关系计算得到的磁熵变 $\Delta S_M(0-H,\ T)$ 数据，得到加场时的总熵为

$$S(H,T)=S(0,T)+\Delta S(T) \tag{9-39}$$

最后再依据式（9-37）计算得到绝热温变。

等温熵变与绝热温变的关系如图 9-1 所示。

9.2.3 制冷温跨与制冷能力

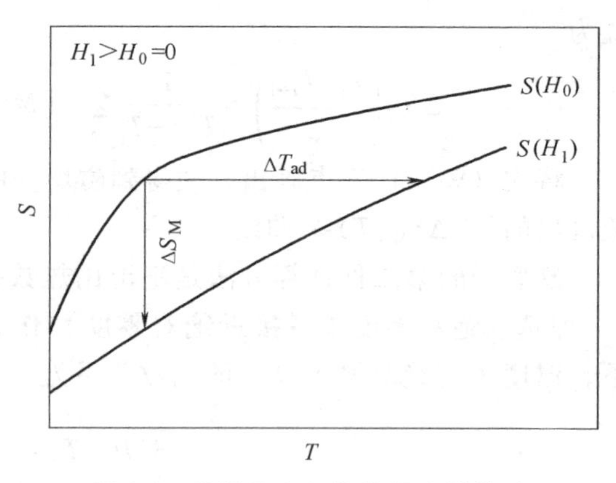

图 9-1 等温熵变与绝热温变的关系

制冷温跨指磁熵变曲线中磁熵变峰的半高宽，又称磁制冷材料的工作温区。制冷温跨的端点温度（T_1、T_2）通过峰值的半高直线与磁熵变曲线的交点确定。制冷温跨的计算公式为

$$\delta T_{FWHM}=T_2-T_1 \tag{9-40}$$

制冷能力（RC）指磁熵变曲线半高宽所对应的温度范围内磁熵变绝对值对温度的积分。表示磁制冷材料在一个制冷循环中可传递的热量。制冷能力计算公式为

$$RC=\int_{T_1}^{T_2}|\Delta S_M(T)|\mathrm{d}T \tag{9-41}$$

相对制冷能力（RCP）是指磁熵变的最大值与该值所对应的半高宽的乘积。相对制冷能力 RCP 通过计算公式为

$$RCP=|\Delta S_M(T)|_{max}\times\delta T_{FWHM} \tag{9-42}$$

温区平均熵变（TEC）是 Griffith 等于 2018 年提出的评估磁热材料实用性的参数。取一个确定的温度跨度，在磁熵变曲线中寻找一个区间使其在这个温度跨度内的平均磁熵变最大，这个温度跨度即为 TEC，其计算公式为

$$TEC(\Delta T_{lift})=\frac{1}{\Delta T_{lift}}\max_{T_{mid}}\left[\int_{T_{mid}-\frac{\Delta T_{lift}}{2}}^{T_{mid}+\frac{\Delta T_{lift}}{2}}\Delta S_M(T)_{\Delta H,T}\mathrm{d}T\right] \tag{9-43}$$

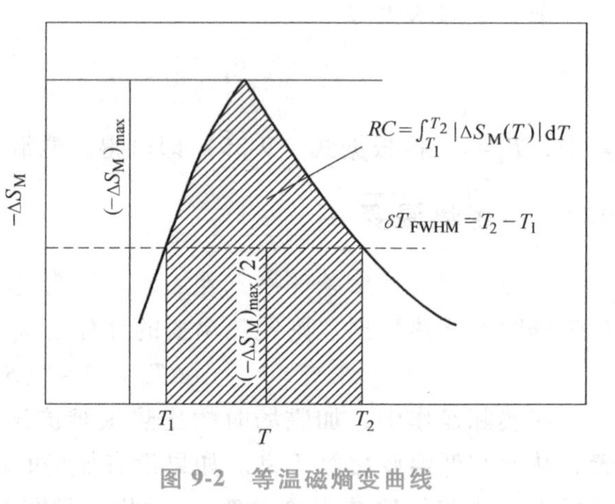

图 9-2 等温磁熵变曲线

式中，ΔT_{lift} 为选定的温度跨度，是降温过程热端和冷端的温度差值；T_{mid} 为选定的温度跨度内使 $TEC(\Delta T_{lift})$ 最大时的中心温度。

如图 9-2 所示为等温磁熵变曲线。

9.3 磁制冷材料的分类

9.3.1 按工作温区分类

1. 分类

自从第一台以片状单质 Gd 为磁制冷工质的磁制冷机问世以来，研究人员对磁制冷材料的探索一直在进行，并且在近十几年取得了突飞猛进的进展。这些材料几乎涵盖了从室温区到低温区的整个温度范围。磁制冷材料的温区划分与制冷工程不同，一般把这些材料按照适

用温区分为五类：250K 以上称为室温区材料，80~250K 称为中温区材料，10~80K 称为低温区材料，1~10K 称为深低温区材料，1K 以下称为极低温区材料。如图 9-3 所示。

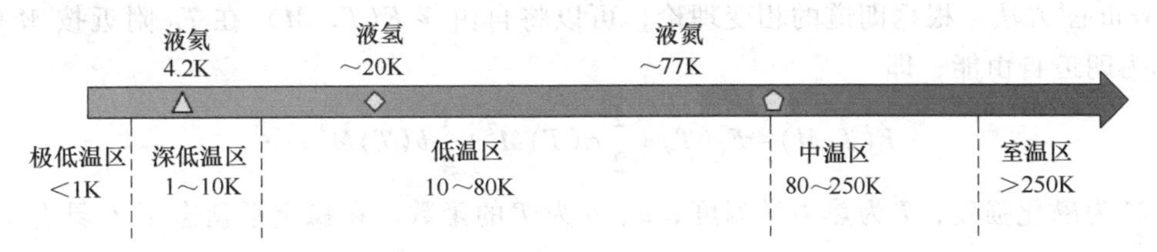

图 9-3　磁制冷材料的分类

2. 磁制冷

磁制冷是一种基于磁热效应的固态制冷方式，其环保和高效的特点使其在未来的制冷市场中有着广阔的应用前景。磁制冷技术与传统的气体压缩制冷技术相比具有更环保、能源利用效率高等多项优势。传统的气体压缩制冷系统使用的是氟利昂等制冷剂，这些制冷剂对环境有害，可能导致臭氧层破坏和温室效应。而磁制冷技术不需要使用这些有害的制冷剂，因此对环境的影响较小。磁制冷系统的能源利用效率比传统制冷系统高。在理想情况下，磁制冷系统的能效比传统的气体压缩制冷系统高 20%~30%。这是因为磁制冷系统避免了气体压缩和膨胀过程中的能量损失。磁制冷是一种基于磁热效应的制冷技术，它利用磁性材料在磁场中加磁场放热、撤磁场吸热的物理性质来实现制冷过程。磁制冷技术的核心原理是磁热效应。当磁性材料在没有外部磁场的情况下处于较低的熵（无序）状态时，其内部磁矩是随机排列的。一旦施加外部磁场，磁矩会趋向于排列整齐，从而减少系统的熵。根据热力学第二定律，系统熵的减少必须伴随着热量的吸收，导致材料的温度下降。当外部磁场被移除时，磁矩恢复到无序状态，系统熵增加，材料释放热量，温度升高。

3. 磁热材料

磁热材料是指具有磁热效应或反磁热效应的磁性材料，这种材料在磁场的作用下能够表现出温度变化的特性。磁热效应主要是由材料内部磁矩的重新排列引起的，这种重新排列在材料吸收或释放热量时发生，从而导致材料温度的变化。磁热材料最典型的应用就是制冷，因此，又称磁制冷材料。磁制冷材料是磁制冷机的核心之一，是热量变化的来源。等温熵变（ΔS_M）和绝热温变（ΔT_{ad}）是定量描述磁热效应大小的两个物理量。在磁熵变方面，有三个衡量磁制冷材料性能的重要参数，即磁熵变峰值（ΔS_M^{max}）、制冷温区（T_{width}）和制冷能力（RC）。

9.3.2　按相变性质分类

根据材料在相变过程中的热力学行为，磁制冷材料主要分为两大类：一级相变磁制冷材料和二级相变磁制冷材料。一级相变磁制冷材料在发生磁相变过程中往往伴随着晶体结构的变化或者是晶格常数的突变，所以其往往具有较大的磁熵变峰值，但同时也伴随较大的磁滞和热滞，使其在实际应用当中效率较低。而二级相变磁制冷材料与之相反，其磁滞和热滞均可忽略，但相对于前者磁熵变峰值较小。因此研究人员倾向于寻找介于一级相变和二级相变临界点的磁制冷材料，既可以拥有一级相变的巨磁热效应，也具有二级相变无磁滞和无热滞的特点。因此，判断其相变类型对于考究磁制冷材料的应用潜力具有重要意义。

1. 磁相变性质的判定

对于具有二级磁相变体系的临界行为的分析，最直接和最常用的方法就是基于平均场理论的 Arrott 图方法。根据朗道的相变理论，可以将自由能 $F(T, M)$ 在 T_C 附近按 M 的幂展开，称为朗道自由能，即

$$F(T,M)=F_0(T)+\frac{1}{2}a(T)M^2+\frac{1}{4}b(T)M^4+\cdots \tag{9-44}$$

式中，M 为磁化强度；T 为热力学温度；a、b 为 T 的函数。在稳定平衡态下 F 具有极小值，应有

$$\frac{\partial F}{\partial M}=M(a+bM^2)=0 \tag{9-45}$$

$$\frac{\partial^2 F}{\partial M^2}=a+3bM^2>0 \tag{9-46}$$

式（9-45）、式（9-46）有三个解，即

$$M=0,\ M=\pm\sqrt{-\frac{a}{b}} \tag{9-47}$$

其中，$M=0$ 表示无序态，对应于 $T>T_C$ 的温度范围，将 $M=0$ 代入式（9-46）可知，在 $T>T_C$ 时 $a>0$；非零解 $M=\pm\sqrt{-\frac{a}{b}}$ 表示有序态，对应于 $T<T_C$ 的温度范围，将其代入式（9-46）可知，在 $T<T_C$ 时 $a<0$。序参量在 T_C 处连续地由零转变为非零，所以在 T_C 处应有 $a=0$。因此可以简单地假设

$$a(T)=a_0\left(\frac{T-T_C}{T_C}\right)=a_0 t \tag{9-48}$$

和

$$b(T)=b(\text{常量}) \tag{9-49}$$

因为式（9-47）给出的 $M=\pm\sqrt{-\frac{a}{b}}$ 应是实数，而在 $T<T_C$ 时 $a<0$，故常数 $b>0$。

在存在外磁场的情况下，如果体积的变化可以忽略，铁磁体自由能的自然变量是温度 T 和磁化强度 M。根据磁介质的基本热力学方程，可得

$$\mathrm{d}F=-S\mathrm{d}T+\mu_0 H\mathrm{d}M \tag{9-50}$$

因此

$$\mu_0 H=\left(\frac{\partial F}{\partial M}\right)_T=aM+bM^3 \tag{9-51}$$

$$\frac{\mu_0 H}{M}=a+bM^2 \tag{9-52}$$

为此，需要在居里温度 T_C 附近测量一系列的等温磁化强度曲线，然后将其以 M^2-H/M 的形式作图，即 Arrott 图。根据 Banerjee 判据，如果 Arrott 图在整个温度范围内斜率均为正值，对应于 $b>0$，说明其为二级相变，反之为一级相变。从式（9-52）可以看出，当体系适用平均场模型时，Arrott 图应该呈现为一系列具有恒定斜率 b 的平行曲线，特别是当 $T=T_C$ 时曲线应该经过原点。

此外，对于具有二级磁相变的磁性系统，Oesterreicher 和 Parker 于 1984 年用分子场理论得出了磁熵变峰值在居里温度附近与磁场的依赖关系，即

$$\Delta S_{\mathrm{M}}=-1.07R\left(\frac{g_J\mu_{\mathrm{B}}JH}{k_{\mathrm{B}}T_{\mathrm{C}}}\right)^{\frac{2}{3}} \tag{9-53}$$

式中，μ_{B} 为玻尔磁子；R 为普适气体常数；g_J 为朗德因子，J 为总角动量量子数；k_{B} 为玻尔兹曼常数。由式（9-53）可知，对于二级相变磁制冷材料而言，在居里温度处，磁熵变与磁场的$\frac{2}{3}$次方成正比。

以上两种判断二级相变的方法都是基于平均场理论。但实验表明对于某些软磁非晶合金并不适用式（9-53），为此必须脱离平均场理论的框架。Franco 等对上述关系式进行了修正并提出了一系列新的关系式，即磁热效应标度律。

首先了解一下临界指数。对于具有二级磁相变的材料，其在居里温度 T_{C} 附近的临界行为可以用一系列临界指数 β、γ 和 δ 来描述。这些临界指数分别由自发磁化强度 M_{S}、初始磁化率 χ_{o} 和临界等温磁化强度 $M(H)_{T=T_{\mathrm{C}}}$ 求得，即

$$M_{\mathrm{S}}(T)\propto|T_{\mathrm{C}}-T|^{\beta}\quad T<T_{\mathrm{C}} \tag{9-54}$$

$$\chi_{\mathrm{o}}(T)\propto|T-T_{\mathrm{C}}|^{-\gamma}\quad T>T_{\mathrm{C}} \tag{9-55}$$

$$M(H)\propto H^{\frac{1}{\delta}}\quad T=T_{\mathrm{C}} \tag{9-56}$$

标度率就是临界指数之间的关系。上述三个指数之间的关系为

$$\delta=1+\frac{\gamma}{\beta} \tag{9-57}$$

对于磁性体系，状态的标度方程为

$$\frac{H}{M^{\delta}}=h\left(\frac{t}{M^{\frac{1}{\beta}}}\right) \tag{9-58}$$

式中，t 为约化温度，$t=(T-T_{\mathrm{C}})/T_{\mathrm{C}}$；$h(x)$ 为标度函数；β 和 δ 为临界指数。将其代入

$$\Delta S_{\mathrm{M}}=\int_0^H\left(\frac{\partial M}{\partial T}\right)_H\mathrm{d}H \tag{9-59}$$

可得

$$\frac{\Delta S_{\mathrm{M}}}{a_{\mathrm{M}}H^{\frac{\alpha-1}{\beta\delta}}}=s\left(\frac{t}{H^{\frac{1}{\beta\delta}}}\right) \tag{9-60}$$

由式（9-60）可以看出，如果约化温度除以 $H^{\frac{1}{\beta\delta}}$ 并且磁熵变除以 $a_{\mathrm{M}}H^{\frac{\alpha-1}{\beta\delta}}$，那么所有的不同磁场的磁熵变曲线都会落到同一条曲线上。要想构造这样一条普适曲线，最关键是选取实验曲线的参考点，为此，选磁熵变的峰值为这一参考点。为了实现不同磁场条件下磁熵变峰值的一致性，必须对各磁场下的磁熵变曲线执行归一化处理，使得在不同磁场强度下测量的磁熵变峰值在数值上等同，即都设定为 1。同时，在居里温度以下和以上，温度轴以不同的方式进行重新缩放，可以通过规定每条曲线的两个参考点的位置对应于 $\theta=\pm1$ 来实现，即

$$\theta=\begin{cases}-\dfrac{T-T_C}{T_{r1}-T_C} & T\leqslant T_C \\ \dfrac{T-T_C}{T_{r2}-T_C} & T>T_C\end{cases} \tag{9-61}$$

式中，T_{r1} 和 T_{r2} 为每条曲线的两个参考点的温度。如果普适曲线存在，那么体系属于二级相变，反之为一级相变。

但是当体系为复合相、相变温度比较分散时，相变类型的判断就比较有挑战性。为此 Law 等提出了一种新的判别方法。

由式（9-24）可知，在居里温度以上（$T>T_C$），磁熵变与磁场的二次方成正比。

对于二级铁磁相变，在临界温区（$T=T_C$）附近，M-H 曲线符合 Arrott-Noakes 状态方程，即

$$H^{\frac{1}{\gamma}}=a(T-T_C)M^{\frac{1}{\gamma}}+bM^{\frac{1}{\beta}+\frac{1}{\gamma}} \tag{9-62}$$

式中，β 和 γ 为临界指数。两边对 T 求微分可得

$$\frac{\partial M}{\partial T}\Big|_{T=T_C}=\frac{-\alpha\beta\gamma}{b^{\frac{\beta+\gamma\beta}{\beta+\gamma}}(\beta+\gamma)}\times H^{\frac{\beta-1}{\beta+\gamma}} \tag{9-63}$$

代入式（9-59）可得

$$\Delta S_M\Big|_{T=T_C}=\frac{-\alpha\beta\gamma}{b^{\frac{\beta+\gamma\beta}{\beta+\gamma}}(2\beta+\gamma-1)}\times H^{\frac{\beta-1}{\beta+\gamma}+1} \tag{9-64}$$

T_C 处磁熵变随外磁场 H 和临界指数的关系为

$$(-\Delta S_M)_{\max}\propto H^n \tag{9-65}$$

$$n=1+\frac{\beta-1}{\beta+\gamma} \tag{9-66}$$

当体系适用于平均场理论时（$\beta=0.5$，$\gamma=1$），那么 $n=3/2$。

当 $T<T_C$ 时，可以将磁化强度写为温度与磁场的函数，即

$$M(H,T)=M_S(T)+\varepsilon(H) \tag{9-67}$$

式中，$M_S(T)$ 为自发磁化；$\varepsilon(H)$ 实验显示与温度无关。将其代入式（9-59）可得

$$\Delta S_M=\int_0^H\left(\frac{\partial M_S}{\partial T}\right)_H\mathrm{d}H \tag{9-68}$$

因为 M_S 与外磁场无关，所以对其积分可以得到当 $T<T_C$ 时，磁熵变与磁场呈一次函数的关系。

Law 等在对磁熵变与磁场依赖关系的深入分析中，发现对于二级相变，通常 n（磁熵变与磁场的幂次关系的指数）值不会超过 2。然而，在体系经历一级相变时，特别是在相变温度的临界点附近，观察到 n 值会出现异常，即 n 会短暂地超过 2，表现出一种过冲现象。这种方法的优势在于不需要对数据进行拟合，也不需要对所研究的材料施加特定的状态方程。

2. 热滞与磁滞

热滞是指磁性材料在升温和降温过程中磁化强度的差异。磁制冷机以磁性材料为工作物质，通过对其反复磁化和退磁实现制冷。在这一过程中，制冷机相当于一个热泵，不断转移

热量。所以在选择磁制冷材料时，材料的热滞将是影响其制冷效率的关键因素。热滞广泛存在于一级磁相变材料中，如 FeRh 合金、RCo_2 系列合金。热滞的存在会极大地影响磁制冷材料的工作效率。Franco 研究了一级相变磁制冷材料 $La_{0.6}Pr_{0.4}Fe_{11.6}Si_{1.4}$ 在制冷过程中对磁场和温度周期性变化的响应。由于热滞的存在，其有效磁制冷温跨从 8.7K 缩短到 3.8K，极大地降低了其制冷效率。为此研究人员从工艺、化学元素掺杂等多种方法出发去减少甚至消除热滞。

磁滞是指磁性材料在磁化和退磁过程中磁化强度的差异。在制冷机工作过程中，退磁是通过磁场和工质的分离实现的，这就要求退磁化过程中剩磁为零，即磁制冷工质必须是软磁材料。如果剩磁不为零，那么在第二次循环中，磁熵变将大打折扣。这对于磁制冷而言是致命的，剩磁大的材料不能用作磁制冷工质。另外，剩磁的出现也意味着磁滞，磁滞将带来能量损失。在磁化（放热）过程中外界需要克服材料内部阻力做功，即

$$W_{H\uparrow} = \int_{H\uparrow} H\mathrm{d}M \tag{9-69}$$

在退磁化（吸热）过程中，外界对材料做功（为负，吸收热量），即

$$W_{H\downarrow} = \int_{H\downarrow} H\mathrm{d}M \tag{9-70}$$

对于有磁滞的材料，意味着式（9-69）和式（9-70）的值不等。损失的热量可以表示为

$$\Delta E = W_{H\uparrow} - W_{H\downarrow} \tag{9-71}$$

这说明对于有磁滞的材料，在每一次循环中并没有把外界投入的功百分之百用来制冷，而是损失掉了。从能源成本上来讲，这类材料用于磁制冷不划算。需要指出的是，有些磁制冷材料虽有磁滞，但是没有剩磁，这类材料可以用作磁制冷，只是如上所述效率不高。

9.3.3　按材料体系分类

1. 非稀土合金

非稀土合金磁制冷材料是一类不含稀土元素的磁性材料，与传统的磁制冷材料依赖于稀土元素（如 Gd、Tb、Dy、Ho、Er、Tm 等）不同，非稀土合金往往使用其他非稀土的磁性金属或合金（如 Fe、Co、Ni 等）。非稀土合金具有成本低、易获取、环境友好等特点，但目前许多非稀土合金在磁热效应方面的表现可能不及传统的稀土磁制冷材料，如磁熵变峰值较低、温度范围大部分集中在室温区等，可能会影响其在实际应用中的效率和实用性。

2. 稀土单质

二级相变稀土金属 Gd 是最典型的稀土单质磁制冷材料。Gd 在相变温度附近具有大的磁热效应，一直被用于室温磁制冷样机的制冷工质。但 Gd 的纯度不高会降低磁热效应，纯度要求高及相变温度单一的特点，使其应用受到较大的限制。

3. 稀土二元合金

二元合金方面主要有 RM（M=Ni,Ga,Pd），RM_2（M=Al,Co,Ni）和 R_3Co 等化合物。其中 RGa（R=Pr,Gd,Tb,Dy,Ho,Er,Tm）化合物为 CrB 型晶体结构的多相变材料，具有自旋重取向（SR）和铁磁到顺磁两个连续的磁相变。RCo_2（R=Dy,Ho,Er）化合物属于 C15 结构的 Laves 相，为亚铁磁体，表现出一级磁相变特征。R_3Co 系列中的 Dy_3Co、Ho_3Co 和 Tm_3Co 材料具有两个连续相变，而 Gd_3Co 和 Er_3Co 是单相变材料。

4. 稀土三元合金

三元低温磁制冷材料按结构分主要有 ZrNiAl 型、$MgZn_2$ 型、CeFeSi 型、$ThCr_2Si_2$ 型、AlB_2 型、$NaZn_{13}$ 型等。这类材料具有优异的磁热效应和可调控性，通过改变组成元素的种类和比例，可以精细调控材料的居里温度和磁热性能，以适应不同温区的应用需求。

5. 稀土四元合金

稀土镍硼合金（RNi_2B_2C）是一种典型的稀土四元合金，呈四方 $LuNi_2B_2C$ 型结构，并存在超导和磁性有序现象。李领伟等系统地研究了磁性和超导电性在这类物质中的共存和竞争关系。RNi_2B_2C（R=Dy,Ho,Er）化合物在 6.4K、8.5K 和 10.5K 处出现超导跃迁，T_N 为 10.5K、6.5K 和 6.0K。当磁场变化为 0~5T 时，RNi_2B_2C（R=Dy,Ho,Er）的最大磁熵变分别为 17.6J/(kg·K)、17.7J/(kg·K) 和 9.8J/(kg·K)。

6. 稀土非晶

除了在所研究的温度范围内存在较小的磁滞之外，与大部分晶体材料相比，非晶材料往往具有更宽的制冷温跨、可调控的有序化温度、较高的电阻率、较小的涡流以及较高的耐蚀性。Ho、Dy、Tb 和 Er 基稀土非晶合金具有中等或较强的随机磁各向异性，导致缺乏长程铁磁有序。由于随机磁各向异性的存在，在低温下所有 Ho、Dy、Tb、Er 基稀土非晶合金都表现出类似自旋玻璃的行为，具有明显的磁滞回线。与许多晶体材料相比，稀土非晶合金能在相对较宽的温度范围内表现出较大的磁热效应。

7. 稀土高熵合金

相比于传统合金，高熵合金不但具有较大的成分自由度，而且表现出显著的机械性能、相稳定性、耐磨和耐腐蚀性等优势。高熵合金的发展主要分为第一代高熵合金和第二代高熵合金两个阶段，第一代高熵合金主要针对等原子比的单相固溶体高熵合金进行研究，到最近的第二代着重于具有复杂相或非等原子比组成的第二代高熵合金。有关高熵合金磁热效应的研究开始于高熵块体金属玻璃。高熵块体金属玻璃是高熵合金和块体金属玻璃的结合体，并表现出各自所不具备的强烈拓扑和化学紊乱。

关于高熵合金的研究大部分都针对高熵块体金属玻璃，并且可以预见的是经过甩带处理获得的高熵块体金属玻璃通常在低温处会表现出类自旋玻璃行为，在居里温度处发生铁磁-顺磁的二级磁相变，虽然磁熵变峰值与具有巨磁热效应特征的一级磁相变材料相比没有突出优势，但却具有较宽的制冷温跨、较高的制冷能力和良好的力学性能，是潜在的优秀磁制冷材料。

9.4 磁制冷材料的应用

9.4.1 磁制冷材料的应用概述

磁制冷材料是一类以磁热效应为基础实现制冷应用的材料。通常，磁制冷材料都是耦合到磁制冷机中实现具体的制冷效果。在制冷领域，这类材料的应用广泛。无论是空气调节、冷链物流、生物医药，还是高能物理、超导技术、航空航天等领域，都需要制冷技术，而磁制冷材料所衍生的磁制冷技术有着绿色环保、高能效、稳定可靠等优点，是上述领域的重要制冷技术。从工作温区的角度，磁制冷材料可以大致划分为室温区、中温区、低温区、深低温区以及极低温区。下面对典型温区的磁制冷材料及其应用进行详细概述。

9.4.2 室温磁制冷材料的应用

磁制冷材料按照工作温区分类，将250K以上的归为室温区或高温区材料。室温区磁制冷材料最靠近日常生活的应用，可以在家用制冷设备、医疗设备、光电子器件等领域发挥重要作用，因而研究热度最高。室温磁制冷技术有望在未来走进普通大众的生活。该温区材料研究的快速发展从单质Gd开始，已报道的近室温区磁热材料种类众多，表现出大磁热效应的代表性材料主要包括Gd及其合金Gd-Si-Ge系列、La-Fe-Si系列、Mn基Fe_2P型化合物等。

1976年，Brown经过多种铁磁性金属和合金的比较研究，发现单质金属Gd（$T_C=293K$，二级相变）具有诸多优点，最适合用于室温磁制冷，并报道了其所在实验室研制的磁制冷装置。该系统在0~7T磁场变化时，等温条件下放热可达4J/(kg·K)，相当于在绝热条件下温度升高了14K。在此后的很长时间，稀土金属Gd被认为是室温区唯一可被利用的磁制冷工质。

1997年，Pecharsky等首次报道了$Gd_5(Si_xGe_{1-x})_4$系列化合物的巨磁热效应，随后又拓展了该系列工作，这些工作是磁制冷材料研究的重要突破。其中，在0~5T的磁场变化下，$Gd_5Si_2Ge_2$化合物的磁熵变峰值高达18.5J/(kg·K)，接近Gd的两倍。该材料巨大的磁热效应源自一级磁相变和结构相变的耦合。但同时，$Gd_5Si_2Ge_2$化合物具有严重磁滞后和热滞后，这会带来额外的能量损耗，降低效率。2003年前后，Lewis和Provenzano等分别在$Gd_5Si_{1.5}Ge_{2.5}$和$Gd_5Si_2Ge_2$中加入少量Fe来减少磁滞，但同时磁热效应也会降低。通过元素替代的方法（如Fe、Ni、Co、Cu、Al等）能够提高其相变温度至室温区，除了少量的Ga和Sn替代会保持其一级相变特征并略微提高其磁热性能外，其他元素替代一般会引起磁热效应性能的降低。

La-Fe-Si系列材料是目前最有应用价值的室温区磁制冷材料。2001年，中国科学院物理研究所沈保根院士团队报道了具有立方$NaZn_{13}$相结构的$LaFe_{11.4}Si_{1.6}$化合物表现出可逆的巨磁热效应，在0~5T磁场变化下其磁熵变峰值$(-\Delta S_M)_{max}$高达20J/(kg·K)，制冷能力RC为530J/kg，相变温度在210K附近。其巨磁热效应主要源于具有一级相变特征的巡游电子变磁转变且伴随有晶格负膨胀。由于$LaFe_{13-x}Si_x$体系的相变温度都远低于室温，需要对其进行优化进一步提高相变温度至室温。通过Co的替代或间隙原子的引入，使化合物在室温呈现巨大的磁熵变，如$La(Fe,Co,Si)_{13}$在0~5T磁场变化下的磁熵变为20.3J/(kg·K)，$LaFe_{11.5}Si_{1.5}H_{1.8}$为20.5J/(kg·K)，室温磁熵变值远高于Gd的值，并且化合物的相变温度在127~340K之间连续可调。

2002年特古斯教授等发现$MnFeP_{0.45}As_{0.55}$具有一级相变特征的磁结构耦合转变，从而表现出巨磁热效应。在0~2T和0~5T磁场变化下，磁变峰值分别为14.5J/(kg·K)和18J/(kg·K)，热滞小于1K，工作温度接近室温。但由于As是有毒元素，制备和使用受限。因此，研究人员通过P或Ge原子完全替代As的方式对该材料进行了优化。如富Mn相$Mn_{1.1}Fe_{0.9}P_{1-x}Ge_x$（$0.20\leqslant x<0.23$）和$Mn_{1.2}Fe_{0.8}P_{1-x}Ge_x$（$0.2\leqslant x\leqslant 0.5$），同样获得了大磁热效应。其中，$Mn_{1.2}Fe_{0.8}P_{0.78}Ge_{0.22}$化合物在0~2T和0~5T磁场变化下，磁熵变峰值分别为19J/(kg·K)和31J/(kg·K)。此外，Ge和Si同时替代As后也能在室温区保持巨磁热

效应，如 $MnFeP_{0.89-x}Si_xSi_{0.11}$ 在 $x=0.26$ 时，0~2T 时的磁熵变峰值在 292K 处为 16J/(kg·K)，但是会导致该成分的热滞略微增加。

9.4.3 低温磁制冷材料的应用

低温区磁制冷材料的研究虽然不如室温区那么如火如荼，但由于在低温区工作的磁制冷材料在气体液化储存方面有重要作用，逐渐成为研究的热点。尤其是液氢和液氮的沸点分别为 20.4K 和 77K。寻找在低温区工作的磁制冷材料对氢气以及氮气液化有着重要意义。下面详细介绍近些年低温区磁制冷材料的研究进展。

在近些年的研究中，Laves 相的 RCo_2 化合物受到广泛关注。由于其在受到磁场、压力或温度等影响会产生一级相变，进而产生大的磁热效应。1999 年 Wada 发现单晶 $ErCo_2$ 在 32K 处会发生变磁转变（亚铁磁-顺磁转变）；并且在外加磁场从 0.5T 升高至 5T 的情况下，变磁转变行为会从 32K 升高至 43K，表现为明显的一级相变特性，导致 $ErCo_2$ 的大磁热效应，0~5T 磁场变化下磁熵变峰值为 37.2J/(kg·K)，但相应的 $ErCo_2$ 存在明显的磁滞后效应，临界温度受磁场影响明显，磁热可逆性较差，使其在应用方面受到限制。研究人员近期通过机器学习的方法预测 HoB_2 化合物具有大磁热效应，并且成功合成了多晶 HoB_2 化合物。其在 11K 以及 15K 附近分别发生自旋重取向相变以及铁磁顺磁相变，并且 HoB_2 化合物存在大磁热效应，0~5T 磁场变化下磁熵变峰值为 40.1J/(kg·K)。通过 Arrott 图以及归一化磁熵变曲线可以判定 HoB_2 化合物磁相变为二级相变，HoB_2 的大磁热效应以及好的磁热可逆性令其在低温区磁制冷应用方面具有巨大潜力。2018 年，Guillou 发现了二元合金 Eu_2In 的低磁场大磁热效应，Eu_2In 化合物的居里温度为 58K，在低磁场变化下呈现出巨磁热效应。其中 0~1T 和 0~2T 变场下磁熵变峰值分别为 24.4J/(kg·K) 和 28.2J/(kg·K)。由于现在磁制冷机所采用的永磁体提供的磁场强度大小约为 1.5 T，所以在低磁场变化下拥有大磁热效应的材料在应用方面更加有潜力。但对于 Eu_2In 化合物来说，由于相变类型为一级相变而在热磁可逆性上存在缺陷。在低温区磁制冷材料研究中，稀土-镓化合物（RGa，R 为稀土原子）受到广泛关注。如 ErGa 化合物在 15K 和 30K 处分别出现自旋重取向相变和铁磁-顺磁相变，并且相应地在磁熵变曲线中的 15K 和 30K 处出现两个峰。磁熵变峰值的最大值出现在居里温度处，在 0~2T 和 0~5T 磁场变化下，磁熵变的最大值分别为 10.9J/(kg·K) 和 21.3J/(kg·K)。同时在自旋重取向相变温度附近还有一个局域极大值，在 0~2T 和 0~5T 磁场变化下该极大值分别为 7.6J/(kg·K) 和 16.7J/(kg·K)。ErGa 材料在低温区磁熵变大小虽然不算出众，但其磁熵变曲线在 15K 和 30K 处出现两个峰值，对应在较大温度区间保持较大磁熵变值。这种类平台状磁熵变曲线导致 ErGa 化合物大的制冷温跨以及制冷能力，使其在低温区磁制冷材料中表现出很大的竞争力。除此之外，TmGa 化合物在 12K 和 15K 处分别出现铁磁-调制反铁磁相变和反铁磁-顺磁相变，但从磁熵变曲线中只能观察到对应反铁磁-顺磁相变的一个峰。这是因为两个磁相变距离太近，两个峰值相互交叠以至于难以区分。TmGa 化合物的磁熵变在 RGa 化合物中最大，在 0~1T 和 0~2T 磁场变化下，磁熵变峰值分别高达 12.9J/(kg·K) 和 20.7J/(kg·K)。这一结果在低温磁制冷材料的应用方面具有很大优势。稀土-镍化合物（RNi，R = 稀土原子）由于其磁结构以及磁相变同样受到广泛关注，其中 ErNi 与 HoNi 都存在两个相变（低温的自旋重取向相变及高温的铁磁-顺磁相变）。ErNi 化合物的相变温度分别为 $T_{SR}=6.5K$、$T_C=10.75K$；HoNi 化合物的相变温度分别为 T_{SR}

$=16K$、$T_C=33K$。HoNi 化合物的磁熵变大小并不出众，0~5T 磁场变化下磁熵变峰值为 16.6J/(kg·K)。但其磁熵变曲线呈现平台状，制冷温跨高达 41.6K。而 ErNi 在 0~5T 磁场变化下磁熵变峰值为 29.6J/(kg·K)。Zheng 在 ErNi 化合物中通过少量 Ho 原子替代，使平均角动量量子数增大的同时，没有显著改变居里温度大小。使 ErNi 材料在 0~5T 磁场变化下的磁熵变峰值从 29.6J/(kg·K) 提高到 34J/(kg·K)（$Ho_{0.1}Er_{0.9}Ni$），得到了性能更好的低温区磁制冷材料。

9.4.4　深低温磁制冷材料的应用

深低温区制冷一直是研究人员关注的对象，一方面由于众多基础和前沿科学研究（凝聚态物理、空间探测和量子计算）都需要低温条件进行支撑，而对于这些需要将目标区域降温至亚开温度（Sub-Kelvin）的技术来说，仍需要在 1~10K 这个过渡温区找到适合工作的磁热材料，并通过分步降温最终达到 mK 量级的温度；另一方面随着国防科技、医疗卫生等领域的飞速发展，在物性测量、超导应用以及医疗卫生等方面，液氦的需求量越来越大，其沸点为 4.2K，所以寻找深低温区磁制冷材料具有重要意义。下面详细介绍近些年在深低温区磁制冷材料方面的研究进展。

二元合金化合物中，Laves 相的 RAl_2（R=稀土原子）受到广泛关注，其中 $ErAl_2$ 化合物在 14K 处经历一个铁磁-顺磁转变，并且其磁热效应比较出众，在 0~2T 和 0~5T 磁场变化下磁熵变大小分别为 22.6J/(kg·K) 和 36.2J/(kg·K)。Yang 等通过使用自旋量子数 S 更小的 Tm 原子对 $ErAl_2$ 中 Er 的位置进行替代，在降低相变温度的同时得到了具有大磁热效应的深低温磁制冷材料。在 Tm 替代量为 70% 和 80% 时，得到的 $Er_{0.3}Tm_{0.7}Al_2$ 和 $Er_{0.2}Tm_{0.8}Al_2$ 磁熵变大小在 0~2T 磁场变化下分别为 21.4J/(kg·K) 和 22.7J/(kg·K)，与母相材料 $ErAl_2$ 相比，其磁热效应相当甚至更大。更值得注意的是，通过降低体系内部的自旋量子数，成功将相变温度从 14K 分别降低至 8K 和 7.2K，使该材料可以在深低温区进行应用。后续通过临界指数判定、归一化磁熵变曲线和基于平均场理论的线性拟合证明相变类型为二级相变，大大增加了其在深低温区磁制冷应用的潜力。

在三元化合物中，稀土基三元化合物 RCr_2Si_2 由于其相变温度低于 10K 的特性在深低温区磁制冷应用中受到广泛关注。而 $ErCr_2Si_2$ 在相变温度低至 1.9K 的同时具有低场大磁热效应，其在 0~1T 磁场变化下磁熵变高达 16.6J/(kg·K)。Xi 等在 Er 位置引入非磁原子 Y，在小磁场下得到了更大的饱和磁化强度，进一步提高了材料的低场大磁热效应。在 Y 替代量达到 10% 的情况下，将材料在 0~1T 磁场变化下磁熵变峰值从 16.6J/(kg·K) 提高至 19.2J/(kg·K)。并且通过基于平均场理论的线性拟合和归一化磁熵变曲线证明相变类型为二级相变，大大增加了其在深低温区磁制冷应用的潜力。Xu 等还研究了三元稀土间金属化合物 TmCoSi 和 TmCuSi，这两种化合物在低温处都存在两个磁转变。TmCoSi 化合物分别在 3.8K 和 4.4K 处发生铁磁-反铁磁相变和反铁磁-顺磁相变；而 TmCuSi 在 5.6K 和 6.2K 处同样发生铁磁-反铁磁相变和反铁磁-顺磁相变。并且 TmCoSi 和 TmCuSi 在 0~1T 磁场变化下磁熵变分别为 12J/(kg·K) 和 8.7J/(kg·K)，通过归一化磁熵变曲线表明相变均为二级相变，说明 TmCuSi 和 TmCoSi 在深低温区磁制冷方面具有很大的应用潜力。

9.4.5　极低温磁制冷材料的应用

极低温区指的是温度小于 1K 的温度区间，在极低温下工作的磁制冷材料，其相变温度需小于其工作温度，否则会因工作温度过低，导致其从磁无序态变为磁有序态，使得其在固定磁场变化下的磁熵变变得极小，最终无法获得需要的冷量。目前对于极低温磁制冷材料的应用方式是将其装配到特定的传热结构中制成磁热模块，放到制冷机中使用。应用场景主要是空间探索和量子计算机。对于空间探索而言，空间望远镜是其中最重要的部件之一，而空间望远镜在工作时需要保持很高的灵敏度和热稳定性，通常需要 mK 级别的工作温度，因此需要使用极低温磁制冷技术，目前已知无论是美国国家航空航天局（NASA），还是日本国家航天局（JAXA）抑或者是欧洲航天局（ESA），都在深空探索任务中使用了极低温磁制冷技术。而量子计算机这一应用场景目前还处于一个概念的状态，并未发现实际的应用问世。

由于极低温磁制冷技术的发展，带动了极低温区磁制冷材料的研究，最具有代表性的就是传统材料，如水合顺磁盐、钆镓石榴石（GGG）等。其中，应用较多的水合顺磁盐包括铬钾明矾（CPA）、铁铵明矾（FAA）等，二者的相变温度分别是 9mK 和 26mK。如此低的相变温度是由于其内部的结晶水增大了磁性离子之间的间距，从而减弱了磁相互作用导致。这对于更低温度的工作场景是有利的。但磁制冷机通常需要多个制冷级将温度降到 1K 以下，在几十毫开的温区，上述两种材料的优势很明显，但在较高温度下，如几百毫开附近，上述两种材料的磁熵变就会变得很小，此时就需要一种相变温度合适的材料来补充这个缺陷，而石榴石这一体系的材料，其磁相变温度普遍在几百毫开，很好地弥补了水合顺磁盐在较高温区磁熵变较小的问题，可以和水合顺磁盐在多级磁制冷机中互补使用。其中钆镓石榴石（GGG）的相变温度在 380mK 附近，在拥有不错的制冷能力的同时，其导热性也很好，在 2K 附近是 0.01W/(K · cm)，是较高温区水合顺磁盐的良好替代材料。

水合顺磁盐和钆镓石榴石两类材料的应用已经非常成熟，目前各国使用的主要还是这两类材料作为极低温磁制冷机的制冷工质。但随着科技的进步，对于制冷的要求也日益严苛，因此探索新的材料进一步提高制冷机的效率非常重要。下面介绍一些极低温磁制冷的新材料。

第一类是无水无机化合物，这类化合物相比于传统的水合顺磁盐，少了内部的结晶水，因此其热稳定性进一步提高，更有利于在一些严苛环境下的应用。无水无机化合物包括磷酸盐、氟化物、硼酸盐等。磷酸盐中由 U. Arjun 提出的 $NaYbP_2O_7$ 和王豪杰提出的 $K_3Gd(PO_4)_2$ 两种化合物，都是优秀的极低温磁制冷材料。前者的相变温度小于 45mK，其体积磁熵变为 $64mJ/(K \cdot cm^3)$，大于 CPA 和 FAA 这两种传统顺磁盐材料。而后者的磁相变温度为 580mK，其在 1T 磁场变化下的磁熵变为 20.2J/(kg · K)，相比于 GGG 的 9.4J/(kg · K) 是更有优势。氟化物中刘鹏发现的 $LiDyF_4$ 和 $LiErF_4$ 两种化合物，磁相变温度分别为 0.62K 和 0.38K。同时其在 1T 磁场变化下的磁熵变分别为 18.9J/(kg · K) 和 16.1J/(kg · K)，与 GGG 相比磁熵变更大。同时，这两种材料具有大的磁各向异性，这意味着可以通过在静磁场中材料易轴和难轴方向的旋转来实现退磁和励磁。硼酸盐中具有代表性的分别是 Tokiwa 发现的 $KBaYb(BO_3)_2$ 和 A. Jesche 发现的 $KBaGd(BO_3)_2$，这两种化合物由于其自身的磁挫特性，使得其本身可以在低于磁相变温度的温度下工作。经过实际测试可知前者的最低工作温度可以达到 22mK，而后者的最低温度虽然比前者略有上升，为 122mK，但由于 Gd 离子的取代，使得其本身的体积磁熵变增大了很多，达到 $192mJ/(K \cdot cm^3)$，相比 $Mn(NH_4)_2(SO_4)_2 \cdot 6H_2O$(MAS) 这种传统的顺磁盐更好。

第二类是合金，相较于化合物，合金在导热性方面有着天然的优势，有利于对传统的磁热模块中的传热结构做出优化，从而增大磁热材料本身与系统的体积比，进而提高制冷机本身的效率，这对于其在制冷机中的应用是有利的。Dongjin Jang 提出的 $YbPt_2Sn$ 和 Tokiwa 发现的 $YbCo_2Zn_{20}$ 这两种合金，均有在极低温区制冷的潜力。其中前者的磁相变温度在 250mK 附近，同时其体积磁熵变达到了 $127mJ/(K \cdot cm^3)$，远远高于 CPA 和 FAA。而 $YbCo_2Zn_{20}$ 在使用 Sc 取代 Co 之后，其最低冷却温度可以低至 100 mK 以下，同时其磁熵变峰值集中在低场区域，这意味着使用该种材料可以使得磁制冷机中的永磁体重量减小，从而使得制冷机本身的重量更小、变得更紧凑。这对于深空探索而言意义重大。

总之，对于极低温磁制冷技术的应用，主要集中在深空探索和一些极低温下物理机理的研究。而极低温磁制冷材料是其中重要的一环，为了解决磁制冷系统本身的永磁体笨重问题，具有大磁熵变的磁制冷材料受到欢迎，同时具有高导热性的材料可以优化一部分传热结构，这对于整个系统的传热效率和质量都是一个提升。

参考文献

[1] WARBURG E. Magnetische untersuchungen [J]. Ann. Phys., 1881, 249: 141-64.

[2] VONSOVSKII S V, HARDIN R. Magnetism [M]. New York: Wiley, 1974.

[3] MORRISH A H. The physical principles of magnetism [M]. New York: Wiley, 1965.

[4] TISHIN A M. Handbook of Magnetic Materials Vol. 12 (ed. Buschow, K. H. J.) 395-524 (North Holland, Amsterdam, 1999).

[5] 邹君鼎. $LaFe_{13-x}Si_x$ 和 $RCo_{2-x}Fe_x$ (R=Er, Tb) 化合物的磁性和磁热效应 [D]. 北京：中国科学院研究生院，2007.

[6] 基泰尔. 固体物理导论 [M]. 项金钟，吴兴惠，译. 北京，化学工业出版社，2005.

[7] 汪志诚. 热力学统计物理 [M]. 北京：高等教育出版社，2000.

[8] 近角聪信. 铁磁性物理 [M]. 葛世慧，译. 兰州：兰州大学出版社，2002.

[9] OESTERREICHER H, PARKER F T. Magnetic cooling near Curie temperatures above 300 K [J]. J. Appl. Phys., 1984, 55: 4334-8.

[10] FRANCO V, BLÁZQUEZ J S, CONDE A. Field dependence of the magnetocaloric effect in materials with a second order phase transition: a master curve for the magnetic entropy change [J]. Appl. Phys. Lett., 2006, 89 (22): 222512.

[11] 杨福家. 原子物理学 [M]. 北京：高等教育出版社，2000.

[12] ROMANOV A Y, SILIN V P. On the magnetocaloric effect in inhomogeneous ferromagnets [J]. Phys. Met. Metallogr., 1997, 83 (2): 111-115.

[13] PECHARSKY V K, GSCHNEIDNER K A. Magnetocaloric effect from indirect measurements: magnetization and heat capacity [J]. J. Appl. Phys., 1999, 86: 565-575.

[14] GRIFFITH L D, MUDRYK Y, SLAUGHTER J, et al. Material-based figure of merit for caloric materials [J]. J. Appl. Phys., 2018, 123: 034902.

[15] BROWN G V. Magnetic heat pumping near room temperature [J]. J. Appl. Phys., 1976, 47 (8): 3673-3680.

[16] TEGUS O, BRÜCK E, BUSCHOW K H J, et al. Transition-metal-based magnetic refrigerants for room-temperature applications [J]. Nature, 2002, 415 (6868): 150-152.

[17] BANERJEE S K. On a generalised approach to first and second order magnetic transitions [J]. Phys.

Lett., 1964, 12: 16-17.

[18] LAW J Y, FRANCO V, MORENO-RAMÍREZ L M, et al. A quantitative criterion for determining the order of magnetic phase transitions using the magnetocaloric effect [J]. Nat. Commu., 2018, 9: 2680.

[19] ARROTT A, NOAKES J E. Approximate equation of state for Nickel near its critical temperature [J]. Phys. Rev. Lett., 1967, 19: 786-789.

[20] KAESWURM B, FRANCO V, SKOKOV K P, et al. Assessment of the magnetocaloric effect in La, Pr (Fe, Si) under cycling [J]. J. Magn. Magn. Mater., 2016, 406: 259-265.

[21] LI L W, NISHIMURA K, KADONAGA M, et al. Giant magnetocaloric effect in antiferromagnetic borocarbide superconductor RNi_2B_2C (R = Dy, Ho, and Er) compounds [J]. J. Appl. Phys., 2011, 110 (4): 3912.

[22] PECHARSKY V K, GSCHNEIDNER K A. Giant magnetocaloric effect in $Gd_5Si_2Ge_2$ [J]. Phys. Rev. Lett., 1997, 78 (23): 4494-4497.

[23] LEWIS L H, YU M H, GAMBINO R J. Simple enhancement of the magnetocaloric effect in giant magnetocaloric materials [J]. Appl. Phys. Lett., 2003, 83 (3): 515-517.

[24] PROVENZANO V, SHAPIRO A J, SHULL R D. Reduction of hysteresis losses in the magnetic refrigerant $Gd_5Ge_2Si_2$ by the addition of iron [J]. Nature, 2004, 429 (6994): 853-857.

[25] PECHARSKY V K, GSCHNEIDNER K A. Tunable magnetic regenerator alloys with a giant magnetocaloric effect for magnetic refrigeration from ~20 to ~290 K [J]. Appl. Phys. Lett., 1997, 70 (24): 3299-3301.

[26] HU F X, SHEN B G, SUN J R, et al. Influence of negative lattice expansion and metamagnetic transition on magnetic entropy change in the compound [J]. Appl. Phys. Lett., 2001, 78: 3675-3677.

[27] HU F X, SHEN B G, SUN J R, et al. Very large magnetic entropy change near room temperature in $LaFe_{11.2}Co_{0.7}Si_{1.1}$ [J]. Appl. Phys. Lett., 2002, 80: 826-828.

[28] HU F X, QIAN X L, SUN J R, et al. Magnetic entropy change and its temperature variation in compounds $La(Fe_{1-x}Co_x)_{11.2}Si_{1.8}$ [J]. J. Appl. Phys., 2002, 92: 3620-3623.

[29] CHEN Y F, WANG F, SHEN B G, et al. Magnetic properties and magnetic entropy change of $LaFe_{11.5}Si_{1.5}Hy$ interstitial compounds [J]. J. Phys.: Condens. Matter, 2003, 15 (7): 15L161.

[30] SOUGRATI M T, HERMANN R P, GRANDJEAN F, et al. A structural, magnetic and Mössbauer spectral study of the magnetocaloric $Mn_{1.1}Fe_{0.9}P_{1-x}Ge_x$ compounds [J]. J. Phys.: Condens. Matter., 2008, 20 (47): 475206.

[31] OU Z Q, WANG G F, LIN S, et al. Magnetic properties and magnetocaloric effects in $Mn_{1.2}Fe_{0.8}P_{1-x}Ge_x$ compounds [J]. J. Phys.: Condens. Matter., 2006, 18 (50): 11577-11584.

[32] CAM THANH D T, BRÜCK E, TEGUS O, et al. Magnetocaloric effect in MnFe (P, Si, Ge) compounds [J]. J. Appl. Phys. 2006, 99 (8): 08Q107.

[33] WADA H, TOMEKAWA S, SHIGA M. Magnetocaloric effect of $ErCo_2$ [J]. J. Magn. Magn. Mater., 1999, 196-197: 141-64.

[34] BAPTISTA DE CASTRO P, TERASHIMA K, YAMAMOTO T D, et al. Machine-learning-guided discovery of the gigantic magnetocaloric effect in HoB_2 near the hydrogen liquefaction temperature [J]. NPG Asia Mater., 2020, 12: 35.

[35] GUILLOU F, PATHAK A K, PAUDYAL D, et al. Non-hysteretic first-order phase transition with large latent heat and giant low-field magnetocaloric effect [J]. Nat. Commun., 2018, 9: 2925.

[36] CHEN J, SHEN B G, DONG Q Y, et al. Large reversible magnetocaloric effect caused by two successive magnetic transitions in ErGa compound [J]. Appl. Phys. Lett., 2009, 95: 132504.

[37] MO Z J, SHEN J, YAN L Q, et al. Low field induced giant magnetocaloric effect in TmGa compound [J]. Appl. Phys. Lett., 2013, 103: 052409.

[38] ZHENG X Q, ZHANG B, WU H, et al. Large magnetocaloric effect of $Ho_xEr_{1-x}Ni$ ($0 \leqslant x \leqslant 1$) compounds [J]. J. Appl. Phys., 2016, 120: 163907.

[39] YANG S X, ZHENG X Q, WANG D S, et al. Giant low-field magnetocaloric effect in ferromagnetically ordered $Er_{1-x}Tm_xAl_2$ ($0 \leqslant x \leqslant 1$) compounds [J]. J. Mater. Sci. Technol., 2023, 146: 168-176.

[40] XI L, ZHENG X Q, GAO Y W, et al. Giant low-field magnetocaloric effect of (Er, Y) Cr_2Si_2 compounds at ultra-low temperatures [J]. Sci. China Mater., 2023, 66: 2039-2050.

[41] XU J W, ZHENG X Q, YANG S X, et al. Giant low field magnetocaloric effect in TmCoSi and TmCuSi Compounds [J]. J. Alloys Compd., 2020, 843: 155930.

[42] ARJUN U, RANJITH K M, JESCHE A, et al. Efficient adiabatic demagnetization refrigeration to below 50 mK with ultrahigh-vacuum-compatible ytterbium diphosphates $AYbP_2O_7$ (A = Na, K) [J]. Phys. Rev. Appl., 2023, 20 (1): 014013.

[43] WANG H, MO Z, GONG J, et al. Large low-field reversible magnetocaloric effect in $K_3Gd(PO_4)_2$ at sub-Kelvin temperature [J]. J. Rare Earths, 2023.

[44] LIU P, YUAN D, DONG C, et al. Ultralow-field magnetocaloric materials for compact magnetic refrigeration [J]. NPG Asia Mater., 2023, 15 (1): 41.

[45] TOKIWA Y, BACHUS S, KAVITA K, et al. Frustrated magnet for adiabatic demagnetization cooling to milli-Kelvin temperatures [J]. Commu. Mater., 2021, 2 (1): 42.

[46] JEACHE A, WINTERHALTER-STOCKER N, HIRSCHBERGER F, et al. Adiabatic demagnetization cooling well below the magnetic ordering temperature in the triangular antiferromagnet $KBaGd(BO_3)_2$ [J]. Phys. Rev. B, 2023, 107 (10): 104402.

[47] JANG D, GRUNER T, STEPPKE A, et al. Large magnetocaloric effect and adiabatic demagnetization refrigeration with $YbPt_2Sn$ [J]. Nat. Commu., 2015, 6 (1): 8680.

[48] TOKIWA Y, PIENING B, JEEVAN H S, et al. Super-heavy electron material as metallic refrigerant for adiabatic demagnetization cooling [J]. Sci. Adv., 2016, 2 (9): e1600835.

习 题

1. 根据顺磁体热磁曲线的趋势，预估顺磁体的磁熵变曲线轮廓。

2. 对于具有单一磁相变的磁热材料而言，磁熵变曲线往往呈现中间高、两边低的形状，试阐述理由。

3. 等场条件下，磁熵可以通过比热数据求得，然后不同磁场条件下的磁熵相减可以得到磁熵变数据。那么，在上述计算过程中，最低温度点可以任意选取吗？请阐述理由。

4. 从低温磁制冷材料的研究进展可以发现，重稀土基化合物往往具有较大的磁熵变峰值，试分析其中的物理机制。

5. 证明：对铁磁性材料而言，磁熵变与磁场的幂指数关系参数 n 在顺磁区等于 2。

[37] [illegible] et al. [illegible] field induced giant magnetocaloric effect in [illegible] compound [J]. Appl. Phys. Lett., [illegible]

[38] [illegible] X Q, ZHANG B, WU H, et al. Large magnetocaloric effect of Ho[illegible] compounds [J]. J. Appl. Phys., 2016, 120: 163907.

[39] [illegible] ZHENG X Q, [illegible] et al. Giant low-field magnetocaloric effect in ferromagnetically ordered [illegible] compounds [J]. J. Mater. [illegible] 2022 [illegible]

[40] [illegible] et al. Giant low-field magnetocaloric effect [illegible] compounds at ultra-low temperatures [J]. [illegible] Mater., 2024 [illegible]

[41] [illegible] ZHANG Y, et al. Giant low field magnetocaloric effect [illegible] compounds [J]. J. Alloys Compd., 2020, 832: [illegible]

[42] [illegible] BANERJEE [illegible] et al. Efficient adiabatic demagnetization refrigeration [illegible] [J]. [illegible]

[43] [illegible]

[44] [illegible] magnetocaloric materials for cryogenic magnetic [illegible] [J]. [illegible] 2023 [illegible]

[45] [illegible] et al. [illegible] for adiabatic demagnetization refrigeration [illegible] temperatures [J]. Commun. Mater., 2021, 2(1): 42.

[46] [illegible] et al. Adiabatic demagnetization [illegible] well below the magnetic ordering temperature [illegible] [J]. Phys. Rev. B, 2023, 107 [illegible]

[47] [illegible] [J]. Nat. Commun., 2015, 6(1): [illegible]

[48] TOKIWA Y, PIENING B, JEEVAN H S, et al. Super-heavy electron material as metallic refrigerant for adiabatic demagnetization cooling [J]. Sci. Adv., 2016, 2(9): e1600835.

[illegible]